地空导弹机电设备诊断与维修技术

王 崴 高 鹏 瞿 珏
杨 洁 刘海平 刘晓卫 著
邱 蓥

国防工业出版社
·北京·

内 容 简 介

本书为适应地空导弹、航空装备等领域机电装备的快速发展，面向机械电子、机电一体化等机电类专业的教学需要，根据高等教育人才培养目标和教学大纲，兼顾军队院校教育注重实用技术的特点编写而成，全书共分8章，全面介绍地空导弹机电设备诊断与维修技术。本书主要内容有设备诊断与维修概论、机械设备润滑技术、机械零件修复技术、机械设备状态监测与故障诊断技术、电气设备的故障诊断与维修、液压系统的故障诊断与处理、地空导弹武器系统典型机电设备常见故障的诊断与修理、战场抢修和装备战伤应急处理。

本书案例丰富，涵盖机电设备常见故障的诊断与维修技术、方法等内容，可作为普通高等院校、高等职业院校机电类专业教材，也可作为地空导弹部队从事装备保障岗位的技术军官、军士的培训教材，还可供科研院所和其他军兵种有关专业的工程技术人员参考。

图书在版编目(CIP)数据

地空导弹机电设备诊断与维修技术/王崴等著. ——北京:国防工业出版社,2023.3
ISBN 978-7-118-12820-8

Ⅰ.①地… Ⅱ.①王… Ⅲ.①地空导弹系统-机电设备-故障诊断②地空导弹系统-机电设备-维修 Ⅳ.①TJ761.1

中国国家版本馆 CIP 数据核字(2023)第 060306 号

※

国防工业出版社出版发行
(北京市海淀区紫竹院南路23号　邮政编码100048)
北京虎彩文化传播有限公司印刷
新华书店经售

*

开本 787×1092　1/16　印张 17　字数 306 千字
2023 年 3 月第 1 版第 1 次印刷　印数 1—1000 册　定价 89.00 元

(本书如有印装错误,我社负责调换)

国防书店:(010)88540777　　书店传真:(010)88540776
发行业务:(010)88540717　　发行传真:(010)88540762

前　言

目前,国家"创新驱动发展""中国制造 2025"等系列规划均对工程人才培养提出了新的更高要求。如何适应未来技术发展趋势,培养服务新型智能装备制造与维护的机电类专业人才是新工科专业建设必将面临的重要挑战。随着地空导弹武器装备的快速发展,其智能化、集成化程度不断提高,要确保武器装备的良好状态和作战效能的有效发挥,迫切需要培育新工科背景下具有扎实专业基础和综合创新能力的高素质应用型创新人才,使其具备武器装备维修维护方面扎实的理论知识和专业技能。

着眼为地空导弹装备保障专业人才培养打下坚实的机电设备诊断与维修的基础理论和专业知识,本书的编写采用"面向部队、面向装备、面向未来,机、电、液结合,维修理论与维修实践结合,故障诊断与故障维修并重,突出地空导弹机电设备故障诊断与维修的实际应用"的编写思路,着力于阐述地空导弹机电设备常见故障、损伤和先进、常用的诊断维修技术,力求将技术的先进性、学习的系统性、使用的指导性、适应的广泛性、解决问题的有效性统一起来。

本书以院校及部队机电设备故障诊断与维修维护人才的知识和能力培养需求为依据,分析教学内容和教学目标,尽可能做到书中内容系统全面、结构完整、重点突出、叙述透彻、启发性和适用性强,充分体现新技术和理论的表述,逻辑性强,条理清晰,知识关联度好,充分反映装备特色。第一章系统阐述设备维修基本概念和组织管理;第二章基于机械零件最常见的失效形式介绍磨损类型、磨损机理及影响因素,综述设备润滑的原理和润滑材料、润滑油的选用和代用及更换,对装备润滑系统进行分析和选择;第三章综述常用机械零件修复技术的类型、特点及应用,新型机械零件修复技术类型、特点及应用,能够选择相应的技术完成机械零件的修复;第四章阐述机械故障及分类、机械故障诊断的分类及内容,研究常见机械故障监测与诊断技术,能用相应的技术对机械设备的常见故障进行诊断;第五章研究电气设备的绝缘试验与温度监测的内容与方法,常用电气设备故障处理与维修技术,能够对装备电气设备的典型故障进行诊断与维修;第六章介绍液压系统的故障分类及诊断方法,能够对液压油引起的故障进行分析与处理,研究液压系统主要液压元件的故障与维修方法,液压设备的合理使用与维护内容;第七章综述地空导弹武器系统典型机电装备常见故障,对机械系统、电气系统及液压系统的故障进行综合诊断,选择合适的维修方法进行针对性维修;第八章结合战场环境特点,阐述了战场抢修和装备战伤应急处理的基本概念和典型方法。

本书由空军工程大学防空反导学院作战保障教研室组织编写,王学智教授负责主审,编写分工如下:王崴编写第一、二章,高鹏编写第三章,瞿珏编写第四章,邱崟编写第五章,杨洁编写第六章,刘海平、刘晓卫编写第七、八章,全书由王崴、李建栋统稿,王庆力完成部分图表制作。

本书的特色在于:

(1) 体系全面,覆盖了机、电、液设备,能够为机电类专业学生提供全面的机电设备故障诊断与维修理论支撑;

(2) 内容先进,体现了国内外机电设备故障诊断与维修技术的最新发展,满足社会与技术发展对人才培养的需求;

(3) 技术实用,将维修理论、维修技术与机电设备故障诊断与维修实践紧密结合,能够解决实际的维修问题;

(4) 针对性强,与地空导弹武器装备的机、电、液设备紧密相关,能够针对地空导弹机电设备故障诊断与维修的实际需求。

由于水平和经验所限,书中难免存在疏漏和不足之处,恳请读者予以批评指正。

编　者

2020 年 4 月

目　录

第一章　设备诊断与维修概论 ... 1
第一节　设备故障基本概念 ... 1
第二节　设备维修基本概念 ... 6
第三节　设备维修组织与管理 ... 10
思考题 ... 27

第二章　机械设备润滑技术 ... 28
第一节　机械零件的磨损 ... 28
第二节　机械设备润滑原理 ... 35
第三节　润滑材料 ... 39
第四节　机械设备润滑系统 ... 49
第五节　机械设备的密封 ... 60
思考题 ... 67

第三章　机械零件修复技术 ... 68
第一节　概述 ... 68
第二节　机械修复技术 ... 70
第三节　焊接修复技术 ... 74
第四节　电刷镀修复技术 ... 84
第五节　粘接与粘涂 ... 90
第六节　治漏 ... 95
第七节　其他修复技术 ... 97
思考题 ... 100

第四章　机械设备状态监测与故障诊断技术 ... 101
第一节　概述 ... 101
第二节　振动监测与诊断技术 ... 102
第三节　噪声监测与诊断技术 ... 125
第四节　温度监测技术 ... 128
第五节　油液监测与诊断技术 ... 135
第六节　无损检测技术 ... 148
思考题 ... 167

第五章　电气设备的故障诊断与维修 ... 169
第一节　电气设备的绝缘试验与温度监测 ... 169

第二节　常用电气设备故障处理与维修技术 ………………………………… 180
　　第三节　装备电气故障诊断与维修 …………………………………………… 189
　　思考题 ……………………………………………………………………………… 197

第六章　液压系统的故障诊断与处理 …………………………………………………… 198
　　第一节　液压系统故障及诊断技术 …………………………………………… 198
　　第二节　液压油引起的故障及诊断 …………………………………………… 201
　　第三节　装备液压系统中的测量装置 ………………………………………… 203
　　第四节　液压系统常见故障分析与排除 ……………………………………… 208
　　第五节　液压系统的维护保养 ………………………………………………… 221
　　思考题 ……………………………………………………………………………… 224

第七章　地空导弹武器系统典型机电装备常见故障的诊断与修理 …………………… 225
　　第一节　地空导弹武器机械设备的修理 ……………………………………… 225
　　第二节　地空导弹武器电气设备的修理 ……………………………………… 230
　　第三节　地空导弹武器液压设备的修理 ……………………………………… 237
　　思考题 ……………………………………………………………………………… 246

第八章　战场抢修和装备战伤应急处理 ………………………………………………… 247
　　第一节　战场抢修的特点与要求 ……………………………………………… 247
　　第二节　典型损伤模式的抢修方法 …………………………………………… 253
　　思考题 ……………………………………………………………………………… 263

参考文献 …………………………………………………………………………………… 264

第一章 设备诊断与维修概论

第一节 设备故障基本概念

机电设备一般是指机械、电器及电气自动化设备。机电设备在运行过程中要承受力、热、摩擦、磨损等多种作用。随着使用时间的增长,其运行状态不断发生变化,有的性能将逐步劣化,有的零件将失效,甚至完全不能工作,从而发生了故障。在机电设备维修中,研究故障的目的是通过故障诊断技术查明故障模式,追寻故障机理,探求降低故障概率的方法,提高机电设备的可靠程度和有效利用率。

一、设备故障的定义与分类

(一) 故障的定义

故障是指整机或零部件在规定的时间和使用条件下不能完成规定的功能,或各项技术经济指标偏离正常状况,但在某种情况下尚能维持一段时间工作,若不能得到妥善处理将导致事故。例如:某些零部件损坏、磨损超限、焊缝开裂、螺栓松动,使工作能力丧失;传动系统失去平衡和噪声增大;工作机构的工作能力下降;燃油和润滑油的消耗增加,当其超出了规定的指标时,即发生了故障。

(二) 故障分类

对故障进行分类是为了估计故障事件的影响深度、分析故障的原因,以便采取相应的对策。依据不同的分类标准,机械故障可以分为很多种,对机械故障进行很好的分类后就能更好地针对不同的故障形式采取相应的对策,常见的机械故障分类如表1-1所列。

表1-1 常见的机械故障分类

分类依据	故障名称	定义
按故障性质分	暂时性故障	这类故障带有间断性,在一定条件下,系统所产生的功能上的故障,通过调整系统参数或运行参数,无须更换零部件即可恢复系统的正常功能
	永久性故障	由某些零部件损坏而引起的,必须经过更换和修复后才能消除故障
按引发故障的过程速率分	突发性故障	出现故障前无明显征兆,难以靠早期试验或测试来预测,这类故障发生时间很短暂,一般带有破坏性,如转子的突然断裂等,会造成灾难性的事故
	渐发性故障	设备在使用过程中某些零部件因疲劳、腐蚀、磨损等造成使用性能的下降,最终超出允许值而发生的故障。该类故障具有一定规律性,能够通过早期状态监测和故障预报来预防
按故障发生的时期分	早期故障	这种故障的产生可能是设计、加工或材料上的缺陷,在机械设备投入运行初期暴露出来,或者是机械设备在装配完成后,在使用初期各个系统之间处在磨合的时期,如齿轮箱中的齿轮对、轴承及其他摩擦副需经过一段时间的"跑合",才能使工作状况逐渐改善,这种早期故障经过暴露、处理、完善后,故障率开始下降
	使用期故障	在设备有效寿命期内发生的故障,这种故障是由于载荷(外因)和系统特性(内因,零部件故障、结构损伤等)无法预知的偶然因素引起的。对这个时期的故障进行监测与诊断具有重要意义,可以及时捕捉故障信息

续表

分类依据	故障名称	定义
按故障发生的时期分	后期故障	它发生在设备的后期,由于设备长期使用,甚至超过设备的使用寿命后,设备的零部件逐渐磨损、疲劳、老化等原因使系统功能退化,最后可能导致系统发生突发性的、危险性的、全局性的故障。这期间设备故障率呈上升趋势,应密切关注有关参数,并进行监测、诊断
按故障的表现形式分	结构型故障	如裂纹、磨损、腐蚀、配合松动等
	参数型故障	如共振、流体涡动、过热等
按故障机理分	磨损	摩擦磨损、黏着磨损、磨黏磨损、冲蚀和气蚀磨损及接触疲劳磨损等
	腐蚀	气液腐蚀、化学腐蚀及应力腐蚀等
	结构失效	失稳、断裂、疲劳及变形过大等
	系统失效	机械设备中的松、堵、挤、漏、不平衡及不对中等

二、故障统计特征与发生原因

一个正常工作的产品在何时发生故障是难以预言的,因为任何一个产品,虽然在相同的工艺流程、相同的试验条件下生产出来,但是材料特性、操作者技术状态、使用管理水平、环境条件会有很大的差异,所以同一种或同一批产品的寿命各不相同,具有离散性。

随着科学技术的发展,尤其是可靠性理论的发展,维修活动也由定性向定量发展。无论是可靠性工程还是维修工程,要定量地研究产品出现故障的规律,必须运用统计特征量,即利用统计技术和方法对零部件或设备的故障模式、寿命特征量等进行描述和分析,使之在统计上呈现一定的规律性。

(一) 故障的统计特征

在考察机器的故障情况或者说在研究产品的可靠性时,往往关心产品从开始使用到丧失规定功能这段时间的长短,对于可修的产品则更关心它两次故障间的工作时间有多长,有时更需要了解产品在某个瞬间故障的概率是多少,以及各故障模式所占比例,各故障原因的重要程度等。产品的故障统计特征,就是以产品的故障统计数据为基础进行可靠性分析,并以可靠性指标来表征。

1. 可靠度 $R(t)$ 与累积故障分布函数 $F(t)$ 的关系

如果用随机变量 T 来表示产品从开始工作到发生故障的连续正常工作时间,用 t 表示某一指定时间,则产品在该时刻的可靠度 $R(t)$ 为随机变量 T 大于时间 t 的概率,即

$$R(t) = p(T > t) \tag{1-1}$$

对立事件的概率,即累积故障概率或故障分布函数 $F(t)$,为随机变量 T 小于或等于 t 的概率,即

$$F(t) = p(T \leq t) \tag{1-2}$$

设

$$X(t) = \begin{cases} 1, & \text{表示 } t \text{ 时刻产品正常工作} \\ 0, & \text{表示 } t \text{ 时刻产品处于故障状态} \end{cases}$$

对于不可修产品,可靠度与故障分布函数还可以表示为

$$R(t) = p[X(t) = 1] \tag{1-3}$$

$$F(t) = p[X(t) = 0] \tag{1-4}$$

显然,产品在规定时间内发生故障与不发生故障是对立的,因此有时也把产品的故障分布函数 $F(t)$ 称为不可靠度。

可靠度 $R(t)$ 与故障分布函数 $F(t)$ 的关系,可用如下公式表示:

$$F(t) + R(t) = 1 \tag{1-5}$$

假设有同一种类的产品 N 个,在 $t=0$ 时开始使用,该产品工作到一定的时间 t,有 N_f 个产品出了故障,余下 N_s 个(残存数)产品还继续工作。由于 N_f 和 N_s 都是时间的函数,因此可以写成 $N_f(t)$ 和 $N_s(t)$。若在使用时间内,没有更换任何产品,则

$$N_f(t) + N_s(t) = N \tag{1-6}$$

由于某个事件的概率可用大量试验中该事件发生的频率来估计。因此,当 N 个产品从开始工作到 t 时刻的故障数为 $N_f(t)$,则当 N 足够大时,产品在该时刻的累积故障概率,可近似地用到该时刻出了故障的产品数量与投入使用产品数量之比表示:

$$F(t) = \frac{N_f(t)}{N} \tag{1-7}$$

2. 故障分布密度 $f(t)$ 与可靠度 $R(t)$ 的关系

通常把故障分布函数 $F(t)$ 的导数称为故障分布密度,记作 $f(t)$,用下述公式描述:

$$f(t) = \frac{dF(t)}{dt} \tag{1-8}$$

$$f(t) = -\frac{dR(t)}{dt} \tag{1-9}$$

故障分布密度函数 $f(t)$ 和 $F(t)$、$R(t)$ 的关系为

$$R(t) = 1 - F(t) = \int_0^\infty f(t)dt - \int_0^t f(t)dt = \int_t^\infty f(t)dt \tag{1-10}$$

由此可知,可靠度 $R(t)$ 与累积故障分布函数 $F(t)$ 成互补关系,累积故障分布函数 $F(t)$ 与故障分布密度函数 $f(t)$ 成微积分关系。

在工程中确定故障分布密度 $f(t)$ 时,可以近似地用在 t 时刻给定的一段时间 Δt 内,同一种类产品单位时间内发生故障的数量($\Delta N_f(t)/\Delta t$)与投入使用的或试验的总产品数量 N 之比表示,即

$$f^*(t) = \frac{1}{N} \cdot \frac{\Delta N_f(t)}{\Delta t} \tag{1-11}$$

3. 故障率 $\lambda(t)$ 与可靠度 $R(t)$ 的关系

产品在 t 时间后的单位时间内故障的产品数,相对于 t 时还在工作的产品数的百分比,称为产品在该时刻的瞬时故障率 $\lambda(t)$,习惯上称为故障率。

假设 N 个产品的可靠度为 $R(t)$,那么产品在 t 时刻到 $t+\Delta t$ 时刻的故障数为

$$NR(t) - NR(t+\Delta t) \tag{1-12}$$

又由于产品在 t 时刻正常工作的产品数为 $NR(t)$,因此瞬时故障率可以写成

$$\lambda(t) = \frac{N[R(t) - R(t+\Delta t)]}{NR(t)\Delta t} \tag{1-13}$$

当 N 足够大,$\Delta t \to 0$ 时,利用极限概念就能化为求导数的形式,则

$$\lambda(t) = \frac{f(t)}{R(t)} \tag{1-14}$$

在实际工程计算时可按下式

$$\lambda^*(t) = \frac{1}{N_s(t)} \times \frac{\Delta N_f(t)}{\Delta t} \tag{1-15}$$

这样故障率可以表示为产品在某段时间内的故障数与此段时间内的总工作时间之比,即

$$\lambda^*(t) = \frac{某段时间内的故障数}{此段时间内的总工作时间} \tag{1-16}$$

有了故障密度函数还要引进故障率这个概念有以下两个原因。

(1) 它们反映了不同概念。故障率 $\lambda(t)$ 表示的是某时刻,以后的单位时间内产品故障数与 t 时刻残存产品数之比,它反映了该时刻后单位时间内产品故障的概率。因此,有人把故障率称为故障强度。产品故障率越高,其可靠性越差。而故障密度 $f(t)$ 反映了某时刻 t 以后单位时间内产品故障数与 $t=0$ 时总产品数之比。因此,故障分布密度反映产品在所有可能工作时间范围内的故障分布情况。

(2) 由故障率 $\lambda(t)$ 容易用来区分产品的故障阶段。

4. 平均寿命

1) 平均寿命定义

平均寿命这个术语,对不可修产品和可修产品在概念上是不相同的。对不可修产品是指平均无故障工作时间,对可修产品是指平均故障间隔时间中的平均工作时间,而不是指每个产品报废的时间。平均无故障工作时间是不可修复产品故障前工作时间的平均值或数学期望。平均故障间隔时间是可修复产品在相邻两次故障之间的时间的平均值或数学期望。

设可修复产品第一次工作时间为 t_1,随后出现故障,需要停止工作,修复一段时间后又工作一段时间 t_2,又修复一段时间……这样交替地进行下去。平均故障间隔时间为工作时间的平均值和修复时间的平均值之和。

有时只着眼于产品的工作时间,而不考虑修复工作所需的时间,认为故障是瞬间得到排除的。这时平均故障间隔时间即为相邻两次故障之间工作时间的平均值。平均无故障工作时和平均故障间隔时间都是产品故障前工作时间的平均值。

2) 平均寿命计算公式

平均无故障工作时间和瞬间修复条件下的平均故障间隔时间,都是工作时间的平均值。所以,不管是可修产品,还是不可修产品,其平均寿命在数学上的表达式是一致的。

设 N 个不可修产品在相同条件下进行使用或试验,测得全部寿命数据为 $t_1, t_2, \cdots, t_i$,则其平均寿命为

$$\theta = 平均无故障时间 = \frac{1}{N} \sum_{i=1}^{N} t_i \tag{1-17}$$

如果 N 值很大,则可将数据分成 m 组,每组中的中值为 t_i,每组频数即故障数目为 ΔN_{fi},则

$$\theta = \frac{1}{N} \sum_{i=1}^{m} t_i \Delta N_{fi} \tag{1-18}$$

设第 i 组的频率 $p_i = \frac{\Delta N_{fi}}{N}$,则式(1-18)又可写成

$$\theta = \frac{1}{N} \sum_{i=1}^{m} t_i N p_i \left(或 \theta = \sum_{i=1}^{m} t_i p_i \right) \tag{1-19}$$

式(1-19)为离散型随机变量的数学期望。

设一个可修产品在使用期中,发生了 N 次故障,每次故障修复后又如新的一样继续工作,其工作时间分别为 $t_1, t_2, \cdots, t_i$,则其平均寿命为

$$\theta = 平均故障间隔时间 = \frac{1}{N} \sum_{i=1}^{N} t_i \qquad (1-20)$$

在工程实践中,对于可修产品,平均寿命是指一个或多个产品在它的使用寿命期中的某段时间内的总工作时间与故障数之比,即

$$\theta = \frac{某段时间的总工作时间}{此段时间的故障数} \qquad (1-21)$$

值得注意的是,对统计一批数量为 N 的产品所求得的平均寿命 θ,仅仅是正常工作时间的数学期望。

(二)设备故障发生的原因

1. 设备自身缺陷的影响

机械设备发生故障的原因,有的来自设备自身缺陷的影响。有设计方面的问题,如原设计结构、尺寸、配合、材料选择不合理等;有零件材料缺陷的问题,如材料材质不匀、内部残余应力过大等;有制造方面的问题,如制造过程中的机械加工、铸锻、热处理、装配、标准件等存在工艺问题;有装配方面的问题,如零件的选配、调整不合理,安装不当等;还有检验、试车等方面的问题。

2. 使用方面的原因

机械设备在使用中受到种种因素作用,逐渐损坏或老化,以致发生故障甚至失去应有的功能。涉及外部作用的因素主要有以下一些。

(1)磨粒作用。大多数机械设备都受到周围环境中的粉尘磨粒作用,如果直接与磨粒接触或无任何防护措施,则机械设备寿命会在很宽范围内变化。

(2)腐蚀作用。金属表面与周围介质发生化学及电化学作用而遭受破坏称为腐蚀。腐蚀和磨损大多同时存在,腐蚀过程伴有摩擦力作用,腐蚀使材料变质、变脆;摩擦使腐蚀层很快脱落。这种腐蚀与磨损的联合作用称为蚀损或腐蚀磨损。

(3)自然因素。自然气候除了湿度外,还有温度、大气压力、太阳辐射等,可能导致电气设备、塑料和橡胶制品的各种损坏。

(4)载荷状况。其对机械状况的影响是不一样的,不同大小的载荷所造成的磨损程度也不同。当载荷高于设计平均载荷时,则机件磨损过程加剧,甚至导致事故的发生;而减少载荷后,磨损则会减少。研究和实践还表明,间歇性载荷对机件的磨损影响很大。

3. 设备维护与管理水平的影响

机械设备的维护与管理水平,在很大程度上决定着设备的故障率。这些大多是人为因素造成的。

(1)未遵守制造和修理的技术规程。零件制造质量低劣,材料不合格,机件装配精度不够;缺乏严格的检验,未剔除有缺陷不符合技术条件的零件,而让其继续装配到机器上;在不具备必要的装配设施、缺乏装配检验仪器的情况下,实施违章装配。

(2)保管运输不当。零件在运输、存放过程中管理制度不严,使机件产生某些缺陷,如发动机曲轴长期水平放置产生弯曲、零件无包装致使工作表面碰伤、电器元件受潮、橡胶制品因沾油或暴晒而老化等。

(3)维护保养不当。新机器或维修后的机器未进行必要的磨合,即投入大负荷生产;不按规定进行定期维护保养;冷却润滑油不符合要求,造成机件早期磨损;未对设备进行有效的监测,使

潜在故障向整个机器扩展,波及其他零件,最终导致故障发生等。凡此种种,都容易使设备产生故障。

（4）操作者的技术水平和熟练程度,也直接影响设备故障的发生率。

以上所述均属于主观上的原因,是使用中的人为因素,可以通过建立合理的维修保养制度、制定技术操作规程、严格质量检验、加强人员培训等方法,以消除不利的影响,减少故障发生,延长机器使用寿命。

第二节 设备维修基本概念

一、设备维修的定义与作用

设备维修是对装备或设备进行维护和修理的简称。这里所说的维护是指为保持装备或设备完好工作状态所做的一切工作,包括清洗擦拭、润滑涂油、检查调校,以及补充能源、燃料等消耗品;修理是指恢复装备或设备完好工作状态所做的一切工作,包括检查、判断故障,排除故障,排除故障后的测试,以及全面翻修等。由此可见,维修是为了保持和恢复装备或设备完好工作状态而进行的一系列活动。

维修是伴随生产工具的使用而出现的。随着生产工具的发展,机器设备大规模的使用,人们对维修的认识也在不断地深化。维修已由事后排除故障发展为事前预防故障;由保障使用的辅助手段发展成为生产力和战斗力的重要组成部分。

（一）维修是事后对故障和损坏进行修复的一项重要活动

设备在使用过程中难免会发生故障和损坏,维修人员在工作现场随时应付可能发生的故障和由此引发的生产事故,尽可能不让生产停顿下来,显然这对于保持正常生产秩序、保证完成生产任务是不可或缺的。

（二）维修是事前对故障主动预防的积极措施

对影响设备正常运转的故障,事先采取一些"防患于未然"的措施,通过事先采取周期性的检查和适当的维修措施,避免生产中的一些潜在故障以及由此可能引发的事故,则可保障设备正常运转。

（三）维修是设备使用的前提和安全工作的保障

随着机器设备高技术含量的增加,新技术、新工艺、新材料的出现,导致设备越是现代化,对设备维修的依赖程度就越大。离开了正确的维修,离开了高级维修技术人员的指导,设备就不能保证正常使用并发挥其生产效能,就难以避免事故。

（四）维修是生产力和战斗力的重要组成部分

采购新装备的目的,是为了维持或增强生产力和战斗力,从而更好地完成规定的任务。新装备要达到所要求的生产力和战斗力,需要不断进行调试、试运行、维护和保养,才能达到或者超越既定的生产力和战斗力,因此,维修是生产力和战斗力的重要组成部分。

（五）维修是提高企业竞争力的有力手段

激烈的市场竞争迫使企业必须提高产品质量,降低生产成本,以增强竞争力。维修能够保证设备正常运转维持稳定生产;维修能够改善设备运行状况延长设备的寿命;维修提供的售后服务可以保证产品使用质量,维护用户利益,提高企业信誉。因此,维修是提高企业竞争力的有力手段。

（六）维修是实行产品全面质量管理的有机环节

产品质量的管理，既要重视设计、制造阶段的"优生"，又要重视使用、维修阶段的"优育"，需要实行全面质量管理。产品投入使用后，通过维修才能发现问题，才能为不断改进产品设计提供有用信息，所以说维修是实行产品全面质量管理的有机环节。

二、设备维修工作的分类

（一）维修工作的种类

从不同的角度出发，维修工作可以有不同的分类方法，最常用的是按照维修的目的与时机，分为预防性维修、修复性维修、改进性维修和现场抢修四种维修工作。

（1）预防性维修：通过对装备的检查、检测，发现故障征兆以防止故障发生，使其保持规定状态所进行的各种维修工作。预防性维修包括擦拭、润滑、调整、检查、更换和定时拆修或翻修等。这些工作是在故障发生前预先对设备进行的，目的是消除故障隐患。预防性维修主要用于故障后果会危及生产安全、影响生产任务完成或导致较大经济损失的情况。预防性维修的内容和时机是事先加以规定并按照预定的计划进行的，因而也可称为计划维修。

（2）修复性维修：设备发生故障后，使其恢复到规定状态所进行的维修工作，也称排除故障维修或修理。修复性维修包括故障定位、故障隔离、分解、更换、再装、调校、检验、记录、修复损坏件等。修复性维修因其内容和时机带有随机性，不能在事前做出确切安排，因而也可称为非计划维修。

（3）改进性维修：在维修过程中对设备进行局部的技术改进，以提高其性能的工作。在维修过程中，常常发现有些事故或故障的发生会和设计有关。为了消除隐患，往往需要采取一些措施对设备的原有技术状态，包括其物理状态和技术参数加以改进。例如，对易损坏的部位予以加强，或改变其应力条件，改变管线、线路的固定位置和固定方法，改变配合间隙，换用性能更好的材料等。这些工作既可以是预防性的，又可以是修复性的。同时，因其改动不大，不需要重新设计，不属于设备改装，因而可以划为单独一类的维修工作，只有在维修过程中进行的并且与维修的目的一致的设备改进工作才属于改进性维修。

改进性维修主要针对的对象是：原设备部分结构不合理，新产品中已作改进的结构；故障频繁的结构；需要缩短辅助时间、减轻劳动强度、减少能耗和污染的结构；按新的工艺要求需要提高精度的结构。

（4）现场抢修：生产现场设备遭受损伤或发生故障后，在评估损伤的基础上，采用快速诊断与应急修复技术，对设备进行现场修理，使之全部或部分恢复必要功能或实施自救的工作。这种抢修虽然属于修复性的，但是修理的速度、环境、条件、时机、要求和所采取的技术措施与一般修复性维修不同，是单独一类的维修工作。

（二）维修方式

维修方式是对设备及其机件维修工作内容和时机的控制形式。一般来说，维修工作内容需要着重掌握的是拆卸维修和深度广度比较大的修理，因为它所需要的人力、物力和时间比较多，对装备的使用影响比较大。因此，实际使用中，维修方式是指控制拆卸、更换和大型修理时机的形式。在控制拆卸或更换时机的做法上，概括起来不外乎三种：第一种是规定一个时间，只要用到这个时间就拆下来维修和更换；第二种是不问使用时间多少，用到某种程度就拆卸和更换；第三种就是什么时候出了故障，不能继续使用了，就拆下来维修或更换。这三种做法分别称为定时方式、视情方式和状态监控方式。定时方式和视情方式属于预防性维修范畴，而状态监控方式则属于修复性维修范畴。

（1）定时方式：按规定的时间不问技术状况如何而进行拆卸工作的方式。此处的"规定的时间"可以是规定的间隔期、累计工作时间、日历时间、里程和次数等。拆卸工作的范围可以从将设备分解后清洗直到装备全面翻修。对于不同的设备，拆卸工作的技术难度、资源要求和工作量的差别都较大。拆卸工作的好处是可以预防那些不拆开就难以发现和预防的故障所造成的故障后果。工作的结果可以是设备或机件的继续使用或重新加工后使用，也可以是报废或更换。

定时方式以时间为标准，维修时机的掌握比较明确，便于安排计划，但针对性差，维修工作量大，经济性差。

（2）视情方式：当设备或其机件有功能故障征兆时即进行拆卸维修的方式。同样，工作的结果可以是设备或机件的继续使用或重新加工后使用，也可以是报废或更换。

大量的故障不是瞬时发生的，故障从开始发生到发展成为最后的故障状态，总有一段出现异常现象的时间，而且有征兆可查寻。因此，如果采用性能监控或无损检测等技术能找到跟踪故障迹象过程的办法，则就可能采取措施预防故障发生或避免故障后果。所以，也称视情维修方式为预知维修或预兆维修方式。

视情方式能够有效预防故障，较充分利用机件的工作寿命，减少维修工作量，提高设备的使用效益。

在视情方式的基础上，20世纪90年代出现了主动维修方式和预测维修方式。主动维修方式是对重复出现的潜在故障根源进行系统分析，采用先进维修技术或更改设计的办法，从故障根源上预防故障的一种维修方式。预测维修方式是通过一种预测和状态管理系统向用户提供出正确的时间对正确的原因采取正确的措施的有关信息，可以在机件使用过程中安全地确定退化机件的剩余寿命，清晰地指示何时该进行维修，并自动提供使任何正在产生性能或安全极限退化事件恢复正常所需的零部件清单和工具，这是一种真正的视情维修方式。

（3）状态监控方式：在装备或其机件发生故障或出现功能失常现象以后进行拆卸维修的方式，也称为事后方式。

对不影响安全或完成任务的故障，不一定非进行预防性维修工作不可，机件可以使用到发生故障之后予以修复；但是也不能放任不管，仍需要在故障发生之后，通过所积累的故障信息，进行故障原因和故障趋势分析，从总体上对设备可靠性水平进行连续监控和改进。工作的结果除更换机件或重新修复外，还可采用转换维修方式和更改设计的方式。

状态监控方式不规定设备的使用时间，因此能最充分地利用装备寿命，使维修工作量达到最低，是一种最经济的维修方式，目前应用较为广泛。

表1-2列出了三种主要维修方式的异同点，供选用时参考。

表1-2 三种主要维修方式的异同点

对比项目	定时	视情	事后
维修判据	按时间标准更换或维修	按状况标准	不控制送修，而按数据分析结果采取相应的措施
维修性质	预防性的	预防性的	非预防性的
控制对象	一个具体项目	一个具体项目	某项目或某机种所有重要项目的总体状况和维修大纲的有效性
控制方式	定期更换或分解	事前不断监控项目的状态变化	事后不断监控项目总体的状况(可靠性)

续表

对比项目	定时	视情	事后
所需的基本条件	数据和经验,用以确定寿命	视情设计、控制手段、检查参数和视情资料	数据收集分析系统
检查方法	分解检查	不分解检查(定量)	不检查
适用范围	影响严重,对安全有危害而且发展迅速或无条件视情的耗损故障	影响严重,对安全有危害,且发展缓慢并有条件视情的耗损故障	对安全无直接危害的下列三种故障: ①偶然故障; ②规律不清楚的故障; ③故障损失小于预防维修费用的耗损故障

（三）维修工作类型

维修工作类型是按所进行的预防性维修工作的内容及时机控制原则划分的种类。预防性维修工作可以划分为保养、操作人员监控、使用检查、功能检测、定时拆修、定时报废和综合工作七种维修工作类型。

（1）保养：为保持设备固有设计性能而进行的表面清洗、擦拭、通风、添加油液或润滑剂、充气等工作。它是对技术、资源的要求最低的维修工作类型。

（2）操作人员监控：操作人员在正常使用设备时对其状态进行监控的工作，其目的是发现潜在故障。这类监控包括对设备所进行的使用前检查，对设备仪表的监控，通过气味、噪声、振动、温度、视觉、操作力的改变等感觉辨认潜在故障。但它对隐蔽功能不适用。

（3）使用检查：按计划进行的定性检查工作，如采用观察、演示、操作手感等方法检查，以确定设备或机件能否执行其规定的功能。例如，对火灾告警装置、应急设备、备用设备的定期检查等，其目的是发现隐蔽功能故障，减少发生多重故障的可能性。

（4）功能检测：按计划进行的定量检查工作，以确定设备或机件的功能参数是否在规定的限度之内，其目的是发现潜在故障，通常需要使用仪表、测试设备。

（5）定时拆修：装备使用到规定的时间予以拆修，使其恢复到规定状态的工作。

（6）定时报废：装备使用到规定的时间予以废弃的工作。

（7）综合工作：实施上述的两种或多种类型的预防性维修工作。

（四）维修等级

机械设备维修按设备技术状态劣化的程度、修理内容、技术要求和工作量大小可分为小修、项修、大修和定期精度调整等不同等级。

（1）小修：工作量最小的局部修理。小修主要是根据设备日常检查或定期检查中所发现的缺陷或劣化征兆进行修复。

小修的工作内容是拆卸有关的设备零部件，更换和修复部分磨损较快和使用期限等于或小于修理间隔期的零件，调整设备的局部机构，以保证设备能正常运转到下一次计划修理的时间的修理。小修时，要对拆卸下的零件进行清洗，将设备外部全部擦净。小修一般在生产现场进行，由现场维修工人执行。

（2）项修：项目修理简称项修，是根据机械设备的结构特点和实际技术状态，对设备状态达不到生产工艺要求的某些项目或部件，按实际需要进行的针对性修理，只针对需要检修的部分进行拆卸分解和修复。修理时，一般要进行部分分解体、检查、修复或更换失效的零件，必要时对基准件进行局部维修和调整精度，使设备达到应有的精度和性能。

项修包括如下主要内容。

① 全面进行精度检查，确定需要拆卸分解、修理或更换的零部件。

② 修理基准件,刮研或磨削需要修理的导轨面。
③ 对需要修理的零部件进行清洗、修复或更换。
④ 清洗、疏通各润滑部位,换油,更换油毡、油线。
⑤ 修理漏油部位。
⑥ 喷漆或补漆。
⑦ 按相关检验标准,对修完的设备进行全部检查。

(3) 大修:设备大修是工作量最大、修理时间较长的一种计划修理。大修时,将设备的全部或大部分解体,修复基础件,更换或修复全部不合格的机械零件、电器元件;修理、调整电气系统;修复设备的附件以及翻新外观;整机装配和调试,从而全面消除大修前存在的缺陷,恢复设备规定的精度与性能。通常,在设备大修时还应考虑适当地进行相关技术改造,在不改变整机结构的情况下,按产品工艺要求局部提高个别主要部件的精度等。对机械设备大修总的技术要求是:全面清除修理前存在的缺陷,大修后应达到设备出厂或修理技术文件所规定的性能和精度标准。

(4) 定期精度调整:对精、大、稀设备的几何精度进行有计划的定期检查并调整,使其达到或接近规定的精度标准,保证其精度稳定以满足生产工艺要求。通常,该项检查的周期为1～2年,并应安排在气温变化较小的季节进行。

(五) 维修目标

维修的目标是以最少的经济代价,使设备经常处于完好和生产准备状态,保持、恢复和提高设备的可靠性,保障使用安全和环境保护的要求,确保生产任务的完成。

1. 保障设备的完好状态,提高设备可用性

设备的完好状态是其可用性的主要标志。设备在使用过程中,需要进行预防性维修、修复性维修、改进性维修以及现场抢修,在这些维修工作实施期间,减少对使用的影响,以提高可用性或使用可用度。

2. 保持、恢复和提高设备可靠性

维修的基本任务是保持和恢复设备设计时赋予的固有可靠性,在发现固有可靠性水平不足时,除了向工业部门反馈改进设计信息外,也需要通过改进性维修来提高可靠性。

3. 保障设备使用过程中的安全性和环境保护的要求

有各种因素影响使用安全性和环境保护的要求,从维修方面来讲,主要是预防故障,特别是具有影响安全性和环境性的故障,同时尽力避免使用维修中的人为差错。

4. 以最低的消耗取得最佳的维修效果

维修要实现上述可用性、可靠性、安全性的目标,需要消耗一定的人力、物力、财力,应进行维修的经济性分析,降低维修成本,力求以最低的消耗取得最佳维修效果。

第三节 设备维修组织与管理

一、设备维修性分析

维修贯穿于机械设备的整个寿命周期。做好维修需要三个条件,又称维修三要素,它们是:机械设备的维修性;维修工人和技术人员的素质和技术;维修保障系统,包括测试装置、工具、备件和材料供应等。

维修性表示维修的难易程度,是机械设备的固有设计特征。因此,维修性与维修的关系非常密切,可以说每项维修操作都受到设备维修性的影响和制约。

(一) 维修性指标

1. 维修性、维修度的概念

维修性是指"产品在规定条件下和规定的时间内,按规定的程序和方法进行维修时,保持或恢复到能完成规定状态的能力"。它反映了设备是否适宜通过维护和修理的手段,来预防故障,查找其原因和消除其后果的性质。对于设备的维修性要求主要体现在用于维修的时间、费用或人员、材料、设施、试验设备等其他资源较少,而维修之后,能够达到其规定的性能。

维修性的概率度量称为维修度,它是定量地度量维修性的指标。评价维修性的主要参数是维修的速度,即与由发生故障到恢复正常状态所花费的时间有关。维修度是指"产品在规定条件下和规定的时间内,按规定的程序和方法进行维修时,保持或恢复到能完成规定状态的概率"。

2. 维修性评定常用指标

为了实际生产中使用的方便,评定设备的维修性常用下述几类指标:

(1) 延续时间指标。维修包括诊断、预防或排除设备故障等作业。维修时间分为事后维修时间和预防维修时间。维修性是评价维修时的方便和快速程度,所以常用完成各项维修作业所需的时间来判别。

① 平均事后维修时间。在设备使用阶段内,可能会多次发生故障。每当发生故障时,都要采取一系列的措施,使之恢复到规定的完好状态。整个过程所需时间即为事后维修时间。平均事后维修时间(或平均修理时间)则是多次事后维修时间的平均值。由于它只考虑有效的维修时间即直接对设备进行维修操作花费的时间,因此反映了设备固有的维修性。

② 平均预防维修时间。指的是完成预防维修项目所用的平均延续时间,其只包括直接用于维修作业的时间,不包括后勤保障和行政管理延迟的时间。

③ 平均维修时间。包括事后维修和预防维修所需的平均延续时间,维修时间随机变量分布形式有正态分布、对数正态分布、指数分布和威布尔分布。

④ 后勤保障拖延时间。指的是由于等待备件、等待材料、等待运输等所延误的时间。据实际统计,在总的维修停机时间中,后勤保障拖延时间常占很大的比重。

⑤ 行政管理拖延时间。指的是由于行政管理性质的原因,使维修工作不能进行而延误的时间。

⑥ 维修停机时间。包括维修时间、后勤保证拖延时间和行政管理拖延时间。

(2) 工时指标。许多情况下,为了完成某项维修任务,可以通过增加人力资源等来缩短维修延续时间。因此,在评价维修性时,还应考虑维修所花费的劳动工时。工时指标是维修作业复杂性和维修频度的函数,常用的工时指标有 4 个。

① 设备或系统每运行 1h 的维修工时(工时/h)。

② 设备或系统每运行 1 个月的维修工时(工时/月)。

③ 设备或系统每运行 1 个周期的维修工时(工时/周期)。

④ 设备或系统每项维修措施的维修工时(工时/项)。

(3) 维修频率指标。它关系到能否使设备或系统对维修的要求减少到最低限度。维修频率指标有平均维修间隔时间和平均更换间隔时间。

① 平均维修间隔时间是各类维修活动(事后维修和预防维修)之间的平均工作时间。它是确定设备或系统有效度的主要参数。

② 平均更换间隔时间表示某零件或总成更换之间的平均时间。在有些情况之下,进行事后维修和预防维修作业并不需要更换零部件;但在另一些情况下,则可能需要更换零部件。因此,

平均更换间隔时间是确定备件需要量的一个重要参数。

(4) 维修费用指标。对于许多设备来说，维修费用在寿命周期费用中占的比重是很大的。设备维修性设计的最终目标是以最低的费用来完成维修工作。维修费用指标常用的有5个，可根据具体情况选用。

① 每项维修措施的费用。
② 设备或系统每运行1h的维修费用。
③ 每月的维修费用。
④ 每项任务或任务中每个部分的维修费用。
⑤ 维修费用占寿命周期费用的比率。

(二) 机械设备的有效度

有效度又称可利用度，是指可维修的设备在任一时刻t，能维持其功能的概率，亦即无论什么时候，想要使用设备时，设备处于可以使用状态的百分数。

实际生产中，有效度常作为评价设备运行效果的指标，如完好率和运转率等。从设备的维修来看，有效度是设备的一项重要指标，使用该指标时所关心的并不是某个时刻的有效度，而是某一时间间隔的有效度。按维修时间不同有三种有效度。

1. 固有有效度

固有有效度是指设备或系统在规定的使用条件和可迅速得到适用工具、备件和人力的保证环境中，能在给定的时间内正常运行的概率。它不包括预防维修时间和后勤、行政管理拖延时间。固有有效度是由设计赋予设备的，体现了设备的固有品质。

2. 可达有效度

可达有效度的定义与固有有效度相似，只是在设备的停机时间中不但包括事后维修时间，还包括预防维修时间。和固有有效度一样，停机时间除去后勤和行政管理拖延的时间。可达有效度与预防维修频数有关，而预防维修频数受到预防维修制度的影响，所以可达有效度不仅受设计的制约，而且与维修制度有关。如预防维修周期太短，预防维修频数就大，从而使可达有效度降低。寻求设备的最大有效度是制定预防维修周期的一个重要原则。

3. 工作有效度

工作有效度又称使用有效度，其定义为设备在规定的条件和实际运行环境中使用时，一旦需要就能良好运行的概率。工作有效度不仅受设计、维修制度的影响，而且与维修企业的生产管理有关，因此工作有效度用来评价实际运行环境中的设备的利用率是比较适用的。

(三) 维修性分配与验证

1. 维修性分配

设备或系统是由若干总成、部件或子系统组合而成的，它们通过相互作用而实现联系，以完成一定的功能。各总成或子系统本身也都要完成其各自的规定功能，并相互间发生联系。机械设备的维修性是建立在系统中各个组成部分之间的作用关系和它们所具有的维修性基础之上的，也就是说设备的维修性为其组成部分维修性的函数。

维修性分配就是将对设备或系统的维修性的要求，如维修间隔期、平均事后维修时间、平均预防维修时间和每工作1h的维修工时等分配到总成、部件或子系统中去。

总成或子系统的维修性分配完成之后，即可将各个总成的平均事后维修时间值用同样的方法分配到更低一级的项目中去。

单是确定平均事后维修时间的值是不够的，因为满足平均事后维修时间要求有多种方案，但在费用效果上则是不同的，如为了达到平均事后维修时间值，可采用增加从事维修工作人员的数量和使手工操作自动化等方式。因此,对重大的设备项目还要规定附加的约束条件,如每级维修人员的技术等级和设备每运行1h的维修工时。

2. 维修性验证

维修性验证的目的是为了实际检验维修性定性和定量的要求是否达到,也可评价各种维修作业后勤保证要求的条件,如测试和保障设备、备件、维修人员、技术文件等。

维修性验证一般在设计试制阶段的后期,即样机完成后进行。实施维修性验证是在模拟环境条件下测定平均事后维修时间、平均预防维修时间,由平均事后维修时间和平均预防维修时间计算出平均维修时间,最大事后维修时间。将所得到的结果与要求值相比较,若满足要求则接收,不能满足要求则拒收。

二、设备维修管理

(一) 维修原则

在机械设备修理工作中,正确地确定失效零件是修复还是更换,将直接影响设备修理的质量、内容、工作量、成本、效率和周期等,它由很多因素决定,处理前必须进行一定的技术经济分析。

1. 确定零件修复或更换应考虑的因素

(1) 零件对设备精度的影响。有些零件失效后影响设备精度,如主轴、轴承、导轨等基础件磨损将使被加工零件质量达不到要求,这时就应该修复或更换。一般零件的磨损未超过规定公差时,估计能使用到下一修理周期者可不更换;估计用不到下一修理周期或会对精度产生影响而拆卸不方便的,则应考虑修复或更换。

(2) 零件对完成预定使用功能的影响。当设备零件失效已不能完成预定的使用功能时,如离合器失去传递动力的作用,凸轮机构不能保证预定的运动规律,液压系统不能达到预定的压力和压力分配等,均应考虑修复或更换。

(3) 零件对设备性能和操作的影响。当零件失效后虽能完成预定的使用功能,但影响了设备的性能和操作时,如齿轮传动噪声增大、效率下降、平稳性变差,运动部件运动阻力增大、启动和停止不能准确到位,零件间相互位置产生偏移等,均应考虑修复或更换。

(4) 零件对设备生产率的影响。零件失效后致使设备的生产率下降,如机床导轨磨损、配合表面碰伤、丝杠副磨损和弯曲等,使机床不能满负荷工作,应按实际情况决定修复或更换。

(5) 零件本身强度和刚度的变化。零件失效后,强度大幅下降,继续使用可能会引起严重事故,这时必须修复或更换;重型设备的主要承力件,发现裂纹必须更换;一般零件,由于磨损加重,间隙增大,而导致冲击负荷加重,从强度角度考虑应予以修复或更换。

(6) 零件使用条件的恶化。失效零件继续使用可引起生产效率大幅下降,甚至出现磨损加剧,工作表面严重发热或者出现剥蚀等,最后引起卡死或断裂等事故,这时必须修复或更换,如渗碳或氮化的主轴支承轴颈磨损,失去或接近失去硬化层,就应修复或更换。

在确定失效零件是否应修复或更换时,必须首先考虑零件对整台设备的影响,然后考虑零件能否保证其正常工作的条件。

2. 修复零件应满足的要求

在保证设备精度的前提下,失效的机械零件能够修复的应尽量修复,要尽量减少更换新件。一般来说,对失效零件进行修复,可节约材料、减少配件的加工、减少备件的储备量,从而降低修理成本和缩短修理时间,但修复零件应满足如下要求。

(1) 准确性。零件修复后,必须恢复零件原有的技术要求,包括零件的尺寸公差、形位公差、表面粗糙度、硬度和其他技术条件等。

(2) 可能性。修理工艺是选择修理方法或决定零件修复、更换的重要因素。一方面,应考虑现有的修理技术水平,能否保证修理后达到零件的技术要求;另一方面,应不断改进修理工艺。

(3) 可靠性。零件修复后的耐用度至少应能维持一个修理间隔期。

(4) 安全性。修复的零件必须恢复足够的强度和刚度,必要时要进行强度和刚度验算,如轴颈修磨后外径减小,轴套镗孔后孔径增大,都可能影响零件的强度与刚度不能满足设备的要求。

(5) 时间性。失效零件采取修复措施,其修理周期一般应比重新制造周期短,否则应考虑更换新件,除非一些大型、精密的重要零件,短时无法更换新件,尽管修理周期长些,也只能采取修复。

(6) 经济性。决定失效零件是修理还是更换,还应考虑修理的经济性,要同时比较修复、更换的成本和使用寿命,当修理成本低于新制件成本时,应考虑修复,以便在保证维修质量的前提下降低修理成本。

(二) 维修制度

机械设备的维修制度是指在科学的维修思想指导下,选择一定的维修方式作为管理依据,为保证取得最优技术效果而采取的一系列组织、技术措施的总称。维修制度可分为两大体系:一个是在"以预防为主"的维修思想指导下,以磨损理论为基础的计划预防维修制;另一个是在"以可靠性为中心"的维修思想指导下,以故障统计理论为基础的预防维修制。

1. 计划预防维修制

计划预防维修制是在掌握设备磨损和损坏规律的基础上,根据各种零件的磨损速度和使用极限,贯彻防患于治的原则,相应地组织保养和修理,以避免零件的过早磨损,防止或减少故障,延长设备的使用寿命,从而能较好地发挥设备的使用效能和降低使用成本。

计划预防维修制的具体实施可概括为"定期检查、按时保养、计划修理"。

"定期检查、按时保养"是指检查和保养必须按规定的时间间隔严格地执行。它的内容包括清洁、润滑、紧固、调整、故障排除、易损零件及部位的检查、修理、更换等。它一方面是保证设备正常运转所必需的技术措施;另一方面也是一种可靠性检查,消灭了隐患,查明了设备的技术状态,使维修工作比较主动。

"计划修理"是指设备的修理是按计划进行的。设备修理分定期修理法和检查后修理法两类:定期修理法,即以修理间距定修理日期,具体修理内容在修理时根据设备分解检查后的实际技术状态来确定;检查后修理法,即按设备工作量编制修理计划,根据定期检查摸清设备的实际技术状态,参考修理间距,确定出具体修理日期、修理种类和修理内容。

实施计划预防维修制需要具备以下条件。

(1) 通过统计、测定、试验研究,确定总成、主要零部件的修理周期。

(2) 根据总成、主要零部件的修理周期,并考虑基础零件的修理,合理地划分修理类别。

(3) 制定一套相应的修理技术定额标准。

(4) 具备按职能分工、合理布局的修理基地。

前面三项是必不可少的条件,也只有具备了这些条件,计划预防维修制的贯彻才能取得实际的效果。所以说计划预防维修制的基础是一套定额标准,其核心是修理周期结构。

修理周期的制定是以配合件或零件的磨损规律为基础,根据设备的磨损规律拟订保养维修计划。

计划预防维修制的主要缺点是较多从技术角度出发,经济性较差,因为定期维修常常会造成部分机件不必要的"过剩维修"。

2. "以可靠性为中心"的维修制

"以可靠性为中心"的维修制是以可靠性理论为基础的,鉴于一些复杂设备一般只有早期和偶然故障,而无耗损期,因此定期维修对许多故障是无效的。现代机械设备的设计,只使少数项目的故障对安全有危害,因而应按各部分机件的功能、功能故障、故障原因和故障后果来确定需做的维修工作。20 世纪 60 年代美国联合航空公司提出"逻辑分析决断法"对重要维修项目逐项分析其可靠性特点及发生功能性故障的影响来确定应采用的维修方式,如图 1-1 所示。

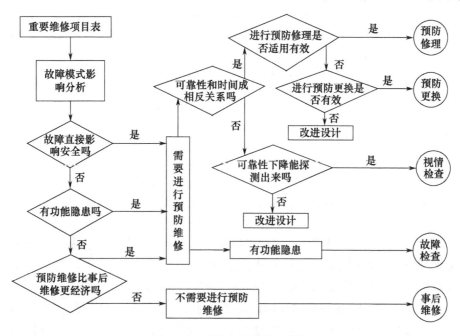

图 1-1 维修方式逻辑决断图

"逻辑分析决断法"分为以下三个步骤。

第一步是鉴定重要维修项目。它以项目的功能故障对设备整体的影响为准,凡会产生严重影响的应定为重要项目。严重影响是指故障会影响安全、工作质量明显下降、使用或维修费用昂贵等。鉴定是从高层(如发动机)自上而下地进行,到某一层的项目其故障影响不严重了,那么从它起以下的项目就不需要作分析了。

第二步是列出每个项目的所有功能、功能故障、故障影响和故障原因。

第三步是列出每个重要项目的所有功能故障所要求做的工作。

最后根据分析结果制定机械设备的维修项目、内容、方式、方法和等级。

实行"以可靠性为中心"的维修制应具备以下条件。

(1) 有充分的可靠性试验数据、资料和作为判别机件状态的依据。

(2) 要求产品设计制造部门和维修部门密切配合制定产品的维修大纲。

(3) 具备必要的检测手段和标准。

3. 点检定修制

日本从 1950 年起从美国引进了生产维修制,经过消化改进,逐步地确定起一套设备管理的基本制度——点检定修制。在我国,推行点检定修制同样也是一项极为重要的措施。

(1) 点检制,就是对设备进行定时、定项、定点、定人、定量的检查,对设备运行进行监督,建立记录档案,及时了解设备的维护性能和劣化程度,并依靠经验和统计,判断设备劣化倾向,从而制订经济的检修计划,实行预防维修和预知维修。

设备的点检根据点检的周期和方法,分为日常点检、定期点检、重点点检、总点检、精密点检和解体点检六种。

① 日常点检:由岗位生产工人对所有设备,在24h内不断进行巡回检查。这种点检占设备总点检量的20%~80%,是点检的基础。其目的是通过岗位操作工人的五官感觉发现异常,排除小故障,不断维护保养设备,保证设备的正常运转。

② 定期点检:由专业点检人员凭借感官和简易的仪器仪表,对重点设备进行定期详细点检,这种点检是点检工作的核心部分,比日常点检技术性强、难度大。它不仅是靠经验而且靠仪器仪表和倾向管理、技术诊断相配合进行点检。定期点检的主要目的是测定设备性能劣化程度,调整主要部位,保持规定的设备性能。

③ 重点点检:对主要设备不定期地将全部岗位工人集中起来,专门对一台设备进行一次比较彻底的点检。这种点检不仅是对设备彻底检查,更重要的是对岗位工人日常点检不完善处的良好补充。

④ 总点检:对不同系统的设备不定期地进行一次由专业点检人员集中进行的检查,如液压系统设备或全部紧固件等。

⑤ 精密点检:对比较关键的部位通过倾向管理的办法和技术诊断的手段进行的点检。这种点检是由技术人员和点检工用仪器不定期地对设备的精度认真测定、分析,保持设备规定的功能与精度。

⑥ 解体点检:对主要设备进行部分或全部解体,由安检人员与专职点检人员配合一起对各主要零件的磨损、疲劳、损伤等状况进行定性、定量的检查。

(2)定修制,就是每月按规定时间把设备停下来修理。定修的时间是固定的,每次定修时间一般不超过16h,连续几天的定修称为年修。定修制与计划检修的不同在于:定修制是由点检站提出检修项目,并组织实施;而计划预防维修制是由设备维修部门提出计划,由专门检修部门组织实施;定修制是根据点检的科学判断,使机器的零件磨损到极限之前进行更换。

(三)维修信息管理

维修管理的基本任务是有效地管理维修过程中的人、物质、资金、设备和技术即五种基本资源,在信息时代,五种基本资源就是通过这些资源的信息来进行有效管理的。

1. 维修决策与信息的关系

维修决策按其权限范围的不同大体可分为三个层次,即维修战略决策、战术决策和业务活动决策。维修体制的确定、维修方法的制定、维修网点的规划布局等,属维修战略决策;维修周期的调整、维修方针和维修手段的改革等,属维修战术决策;维修计划的制订、送修和报废、维修工艺的选择、配件材料的补充及人力设备的安排等属维修业务活动决策。

任何决策,必须事先通过各种方式收集与决策问题有关的信息,以作为决策的基础。决策者通过对信息的分析、判断和推理,得出各种解决问题的方案,从中择优做出决策并付诸实施;在实施过程中产生的新信息反馈回来,决策者据此再修改决策或重新制定决策。由此可见,决策过程同时也形成一个信息流程。信息系统是为支援决策系统而产生的,维修管理人员了解情况、调查研究、文电信函来往等,都是获取信息,这些收集和处理信息的工作直接增强了维修管理的效率,提高了维修管理的水平。总之,必须建立维修信息收集处理系统,才能适应管理现代化的要求。

2. 收集维修信息的作用

概括来说,收集信息会给维修管理带来以下效益。

(1)根据信息可以摸清设备故障的规律,以便及时采取措施,保证设备正常运行。

(2)使维修管理从定时维修或事后维修逐步过渡到视情维修。

(3) 全面、准确地掌握设备运行状态和维修情况,帮助维修人员总结经验,不断提高维修水平。

(4) 及时向设计制造部门反馈产品质量,为设计制造部门不断改进产品设计、提高产品质量提供可靠依据。

3. 维修信息的分类及收集内容

维修信息可分为技术信息和管理信息两类。维修技术信息指技术说明书、维护规程、技术标准、工艺要求、改装图纸以及涉及维修的各种技术数据如油耗、功率、温度、压力、间隙、振动等。维修管理信息则指故障、维修次数、寿命、维修工时、维修费用、备件需要量、材料消耗量等。

维修管理数据资料可分为以下七类。

(1) 设备状况。机械设备的型号、出厂日期、修理次数、最近修理日期、工作时间、寿命、检修原因等。

(2) 运行数据。运行时数、停机时间、从事何种作业等。

(3) 维修工作数据。工时消耗、维修项目、修理类别、工作进度等。

(4) 人员组织数据。维修人员和管理人员姓名、数量、技术等级等。

(5) 材料供应数据。材料周转情况、备件及材料的品种和数量、零备件库存量、加工件及修复件入库量等。

(6) 维修保障设备数据。维修设备状况、工作负荷、检测仪器校验等。

(7) 维修费用数据。维修人员工资、设备折旧费、材料费、工时费等。

4. 维修管理信息系统

维修管理信息系统的基本模式如图1-2所示,它是在实施过程中通过信息处理的环节把维修管理职能连接起来而成的。维修单位收集外部和内部的资料并加以整理而获得情报信息,根据信息结合自己的条件制定出计划,并将计划的各项指标分解成新的信息,自上而下和自下而上反复落实,付诸行动,然后把执行情况与计划目标进行比较,产生出表示偏差的新信息并反馈回去,以便控制计划的执行。在这个信息流程中,过程①是资料加工处理过程,输出的是供决策用的情报;过程②是决策过程,输出的是决策后的结果;过程③是执行过程,如计划的执行,输出的结果是执行情况;过程④是反馈控制过程,将执行结果与计划目标对比获得表示偏差的新信息,反馈给输入部门以便及时进行调整控制。

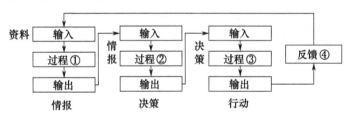

图1-2 维修管理信息系统的基本模式

(四) 维修计划管理

1. 维修计划的编制

维修管理中的一个重要环节就是编制维修计划,合理的维修计划有利于合理地安排人力、物力和财力,保证生产顺利进行,并能缩短修理停歇时间,减少维修费用和停机损失,所以维修计划是搞好维修管理、增强预见性、减少盲目性的有效措施。

维修计划的目标是以最低的资源费用使机械设备能在规定的寿命期间内,按规定的性能运行,并达到最大的可利用率。

设备维修与产品生产不同,它受技术状态、作业安排、意外故障的发生以及维修资源的供应情况等条件的制约,往往给维修计划的制订带来许多困难,因而维修计划比产品生产计划更具有随机性、不均衡性和复杂性。

编制设备维修计划要符合:国家的政策、方针要有充分的设备运行数据、可靠的资金来源,还要同生产、设计以及施工条件等相平衡。具体编制时要注意以下几个问题。

(1) 计划的形成要有牢固的实践基础,要根据设备检查记录,列出设备缺陷表,提出大修项目申请表报主管部门审核,最后形成计划。

(2) 严格区分设备大、中、小修界限,分别编制计划,并逐步制定设备的检修规程和通用修理规范。

(3) 要处理好年度修理计划与长远计划间的关系,设备检修计划与革新改造计划间的关系,设备长远规划与生产规划间的关系。

(4) 设备修理计划的实施,必须依靠设计、施工、制造、物质供应等部门的配合,这是实现设备修理计划的技术物质基础。因此,在编制设备修理计划的过程中,应做好同这些部门的协调工作。

(5) 编制计划要以科学的、先进的数据和信息为依据,如检修周期、定额、修理复杂系数、备件更换和检修质量标准等。

编制设备维修计划是一项复杂的工作,必须统筹安排。可以运用网络技术编制检修计划,统筹全局,最优安排工作秩序,找出关键工序,从而达到缩短工期,节约人力、财力的目的。

2. 设备维修的排队模型

在设备维修工作中,当设备修理的到达速度超过维修平均速度时,会出现排队待修的现象;即使平均维修速度比设备修理的到达速度高,也因设备维修到达间隔时间与维修时间的随机性,排队仍然是不可避免的。排队过长,设备停机损失大;若增添维修能力,除了要增加投资,还会因设备随机到达,造成人员、设备的空闲浪费。

为了解决上述问题,计划人员利用排队论的数学分析方法,定量地研究和分析机器维修排队系统的运行效率,估计维修服务的满足程度,确定系统参数的最优值,然后通过改变维修组数量和结构,修改排队规则,改变工作方法和维修装备,利用预防维修或无维修设计,降低维修任务输入速度等途径,提高维修服务的工作效率和总体经济效益。

(1) 维修排队系统。在研究设备维修排队问题时,按习惯把使用中的设备总体称为"顾客源",将其中不能正常工作需排队修理的设备称为"顾客",承担维修任务的组织、人员、设施则统称为服务机构。顾客由顾客源出发,到达服务机构,按一定的规则排队等待服务,服务结束后离去。排队规则和服务规则是说明顾客在排队系统中按怎样的规则、次序接受服务。

(2) 维修任务的到达过程。任务到达过程包括顾客源、顾客到达方式、顾客相继到达间隔三个基本特征。仅就设备维修而言,顾客源可能是有限的,也可能是无限的。例如,面向社会服务的修理厂的顾客源可以看作是无限的,而一个企业或农场的修理间的顾客源显然是有限的。

由于设备发生故障是随机的,因而顾客到达的方式一般是单一的,但在总成换修和旧件修复中,顾客小批量到达的现象也是存在的。

(3) 维修排队规则。在排队系统中,顾客按一定的规则和次序等待和接受服务,这个规则取决于服务机构状况和顾客意志。与维修有关的规则如下。

① 等待制。顾客到达时,所有的服务台均被占用,顾客被迫排队等待,直到最终接受服务。在等待制中最常见的服务规则是按照排队的顺序,先到先服务,但也允许优先服务,如机器的小故障随到随修,生产线上的关键设备发生故障应立即排除,均属优先服务。

② 及时制。顾客到达时,若服务机构的所有服务台均被占用,顾客不肯等待,立即离开转向他处。为减少停机损失,用户往往寻求最及时的服务。

③ 有限等待制。当顾客到达服务机构,不能马上接受服务,要排队等待,但队伍长、有限制,超过限制就不能再排,一方面是服务机构的服务空间和能力有限,不允许过多的顾客等待;另一方面是顾客权衡等待时间长短,太长则离去。

(4) 服务机构的结构。在设备维修中,服务机构的结构与维修生产的组织方式有关。当采用小组包修方式,仅有一个包修组时,是单队单服务台结构;有两个以上包修组时,是单队多服务台并列结构。当按部件流水法作业时,可以近似地认为是单队多服务台串联的结构。在此结构下,一些修理项目可以交叉进行,或是仅进行单一项目的服务,每个专业服务台前均可单独排队。由于各种作业时间的固有差别,把每个专业服务台看作子队列分别研究,能更有效地发挥各服务台的实际能力。为使问题简化,常将整个维修部门看作单队单服务台结构。

(5) 排队系统的优化。利用排队方法研究设备维修问题,最终要达到系统优化的目的。系统优化的目标有两个:一是要使顾客等待费用与服务机构成本之和为最小;二是要使服务机构的利润为最大。

与系统优化有关的各种费用,在稳态情况下都按单位时间考虑。其中,服务费用(包括实际消耗和空闲浪费)与设备待修的停机损失是可以确切计算或估算的;至于因排队过长而失掉潜在顾客的损失,就只能根据统计的经验资料来估计。服务水平也可以由不同形式来表示,主要是平均服务率,其次是服务台个数,以及服务强度等。在取得上述数据之后,就可以用微分法求出费用的最小值和利润的最大值。

(五) 维修备件的库存管理

1. 备件范围的确定

一台设备由许多零件、部件和总成组成,哪些应列为备件?这要视设备的类型、拥有量、使用条件、机修车间加工能力和地区供应情况而定,不同企业备件范围可能不同,所以备件的确定要区别情况,具体分析,一般可参照以下原则确定。

(1) 所有标准件和外购件,如轴承、密封件、紧固件、皮带、油封等。

(2) 消耗量大的易损件。

(3) 消耗量不大,但制造周期长、加工复杂的零件。

(4) 传动系统的部分零件,如变速箱的齿轮、花键轴、拨叉等。

(5) 起保持机械设备功能作用的主要运动件,如曲轴、轴瓦、凸轮轴等。

由于机械设备种类繁多,型号复杂,必须在实际工作中注意积累资料,不断摸索,才能正确地确定哪些零件作为备件。

2. 备件储备定额的计算与控制

(1) 备件储备定额的计算。备件存储的数量界限就是储备定额,经济合理的储备定额要满足下列三个条件。

① 满足维修工作的需要,并便于适应备件市场需求的波动。市场需求量往往是不稳定的,而维修预测又不可能完全准确,这就会产生市场供求的矛盾,而这种矛盾可以通过合理的存储进行调节,以弥补维修预测的失误。

② 具有应付意外变故的能力。也就是在必要的消耗量之外,适当多储备一些,以便在发生如验收不合格或不能如期交货等某种意外变故时,不致出现库存告罄的状况。

③ 不超量储备,避免积压。超过前两项要求而多余的储备量,便是积压。备件的积压占用了部分流动资金,影响资金周转和企业的效益。

最佳的存储额是在满足以上条件的前提下使备件存储费用最低。备件存储费用涉及下列几种费用。

① 存储费。包括资金积压的利息,存储期内因物品流失和变质损坏的损失费,以及保管费、折旧费等。存储费随着存储量的多少和存储时间的长短而变化。

② 备件订购费用。包括采购备件时所需差旅费、合同费等,自制备件时,所需的机具调整费。

③ 缺货损失费。由于备件短缺,使有故障的设备不能及时修复投入生产,不能按时完成生产计划所造成的损失,采取紧急措施所发生的费用以及延误工期或交货期的赔偿费用等。

(2) 备件的订货方式。要制定某种零件经济合理的储备定额,需要有一定的资料依据,如月平均消耗量、订货周期、订货费用、物资的保管费用等。这些资料的取得主要是根据以往的历史数据。储备定额的计算应依据不同的订货方式进行。通常的订货方式有以下三种:

① 定量订货方式。凡不属国家统管定期订货即随时可以订货的零配件,而且每批的订货量大致相同,都可以采取这种方式。在这种情况下,经济订货批量是使订货费用与存储费用之和即总库存费用最小而得出的。

② 定期订货方式。该方式是指备件订货的时间是固定不变的,但订货的数量可根据需要量和库存情况而定,因此它没有经济批量的问题,一般维修企业常常按月或季度提出采购计划。

③ 维持库存方式。这种方式适用于一些使用量很少,需求随机性很大,价格高的备件,如工程机械的发动机机体、后桥壳体等。储备的原则是适当地确定一个储备量,不需要计算,既不要求定期订货也不要求定量订货,遇有急用随时补充,以维持一定数量的库存,以防用时短缺。

(3) 库存控制的 ABC 分析法。库存控制 ABC 法就是把库存备件分为三类,分类标准取决于它们占库存资金总额的累积百分数,以及相关品种数占库存备件品种总数的累计百分数,其中:A 类备件品种大约占总品种数的 5%~10%,而累计资金占库存资金 60%~70%;B 类备件品种大约占总品种数的 25%~30%,而累计资金占库存资金总额的 20% 左右;C 类备件品种大约占总品种数的 60%~70%,而累计资金只占库存资金总额的 10%~20%。

此法首先将备件按品种价格由高向低顺序排列,然后将其分为 A、B、C 三类,但应注意有些备件虽然价格不高,但在生产中属关键备件,也必须纳入 A 类。按上述分类,管理人员可用不同的方法对库存各类备件进行科学管理,库存管理和控制方法如表 1-3 所列。

表 1-3 对 A、B、C 三类备件的库存管理和控制方法

控制项目	A	B	C
控制程度	严格控制	一般控制	稍加控制
存货量计算	详细计算	根据过去记录	不记录、低了即进货
进出记录	详细记录	有记录	无记录
存货情况检查	经常检查	偶尔记录	不检查
安全库存量	低	较大	大量

3. 维修备件计划的编制与考核

(1) 备件计划的编制。年度备件计划是全年配件加工订货、申请采购和平衡资金来源的依据,因此备件计划的编制是备件供应工作的一个重要环节。年度备件计划编制依据以下方面:

① 年度机械使用计划及大修计划。

② 各使用单位提出的配件需用计划,再加上一定的安全储备量。

③ 通过计算求出的各类备件的储备定额。

④ 流动资金限额。
⑤ 现有的实际库存数量。

计划编制完成后,应根据流动资金限额加以平衡并作必要的调整,并根据年度计划编制季度和月计划。

(2) 考核库存控制的方法。备件管理与控制的好坏,主要从其经济效益和准确程度两个方面加以考核,其方法如下:

① 由备件资金的周转速度反映备件库存控制的水平,周转期的计算公式为

$$备件储备资金周转期(天) = \frac{期末库存占用资金(元)}{日平均备件消耗金额(元)} \qquad (1-22)$$

备件资金周转期越短越好,速度越快越好。

② 备件储备资金占用总额,在满足维修需要和减少停机损失的前提下应尽量减少。

③ 备件品种合格率。它是指当年领用备件品种数与当年平均库存备件品种数之比,用以考核备件的储备准确程度。

(六) 维修质量管理

1. 维修质量标准

维修质量标准作为维修质量管理的依据。设备维修的质量标准主要是指技术标准和经济标准。这些标准在实施中,虽然常因对象不同,所选指标各有差异,但最终总要体现在适用性、可靠性、安全性、经济性等质量特性上。

一般来讲,设备所具有的质量特性在设计阶段已经决定了。在设备投入使用之后,一旦发生故障或性能劣化,通过维修能恢复到出厂时的性能水平,即可认为是达到了维修的质量标准。因此,习惯上是把设备出厂时所具有的技术经济标准,当作维修的质量标准。这种做法其实并不全面,因为从本质上看设备质量好坏的真正标准,并不完全只是技术经济条件,还应包含用户的满足程度。设计不合理的设备,即使通过修理,恢复到出厂标准,仍不能满足用户的实际需要。

技术是不断进步的,用户对设备质量的要求也是随时间、地点、条件而不断变化的,因而制定出的标准就不可能一成不变,要根据情况修改、提高完善。

2. 影响维修质量的因素

(1) 影响因素分析。人员素质、设备状态、工艺方法、检验技术、维修生产环境、配件质量、使用情况都是影响维修质量的潜在因素。前五种存在于维修企业内部,属于企业本身的可控因素;后两种则在企业控制之外,但对维修质量影响极大。这些因素所引起的质量波动可归纳为偶然原因和异常原因两类。

偶然原因是指引起质量微小变化,难以查明且难以消除的原因。如工人操作中的微小变化,配件性能、成分的微小差异,检测设备与测量读值的微小误差,环境条件的微小差异等。这类原因是不可避免的,但对质量影响不大,不必特别控制,随着管理水平的提高,会逐步得到改善。

异常原因是指引起质量异常变化,可以查明且可以消除的原因。如工人违反工艺规程或工艺方法不合理,设备和工装的性能、精度明显劣化,配件规格不符或质量低劣,检测误差过大等。这类原因是可以避免的,然而一旦发生将引起较大的质量波动,往往使工序质量失去控制。因此,应把这类原因作为质量控制的对象,及时查明消除。

(2) 确定影响因素的方法。根据统计数据,先运用排列图找出主要问题,再针对主要问题进行分层次的因果分析找出产生问题的主要原因,是确定影响质量因素的常用方法。

图 1-3 是分析某柴油机油耗高主要问题的排列图。从中发现清洁度、碰伤拉毛和缸盖变形三项所占比重最大,是造成油耗高的主要问题。

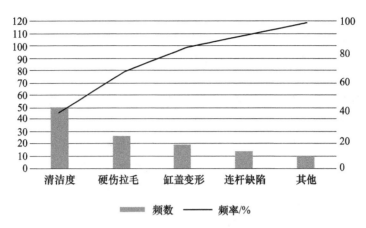

图1-3 分析某柴油机油耗高主要问题的排列图

图1-4是查找变速箱漏油主要原因的因果分析图。围绕所有可能的影响因素逐层细查,画出状如鱼刺的因果图,最终发现螺钉不密封是漏油的主要原因。

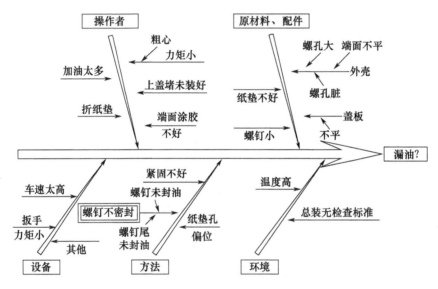

图1-4 查找变速箱漏油主要原因的因果分析图

3. 维修质量控制

(1) 维修配件的质量控制。鉴于大多数维修配件是来自维修企业外部的配件生产厂,维修企业应以预防为主,配件质量控制工作的重点应放在选择最好的供应单位和外购配件的质量验收两个方面。衡量配件供应单位好坏的标准是:能否提供质量好的配件;能否及时地供应配件;能否按正确的数量供应配件;能否保持低的有竞争力的价格;能否提供好的售后服务。外购配件的质量控制主要要做好样品质量检验和成批配件的质量检验。

(2) 维修过程的质量控制。

① 以日常预防为主的维修过程质量控制。首先是加强维修工艺管理,即制定正确的工艺标准和完整详细的作业规程,使操作者在作业过程中有章可循;其次是进行经常性的工序质量分析,随时掌握工序质量的现状及动向,以便及时发现和纠正偏差,使工序质量始终处于可以控制的稳定状态。分析的对象包括列入计划的质量指标和检验过程中发现的质量问题。

② 关键工序的质量控制。抓维修过程的质量要从关键工序入手,因为质量不好并不是所有

工序的质量都不好,往往只是某几道关键工序的质量不好。例如:与设备主要性能、寿命、安全性有直接关系的工序;质量不稳定、返修率高的工序;经试验或用户使用后反馈意见大的工序;对后续工序质量影响大的工序等均属此类。针对维修作业过程中的这些薄弱环节和关键部位,应在一定时期内,建立重点控制的管理点,集中人力、物力和技术,首先对影响质量的诸因素进行深入的分析,展开到可以直接采取措施的程度,然后对展开后的每一因素确定管理手段、检验项目、检验频次和检验方法,并明确标准,制定管理图表,指定负责人。通过关键工序的重点管理,整个维修作业线的维修质量将得到明显的改善。

(3) 维修过程的质量检验。检验是控制维修质量的重要手段,它是依据技术标准,对配件、总成、整机及工艺操作质量进行鉴定验收。机械和动力设备的验收是根据修理内容表,进行修理项目完成情况检查、更换件检查、精度和技术性能检查、空转和负荷试验。通过检查验收,做到不合格的备件不使用,不合格的作业不转工序,不合格的总成不装配,不合格的整机不出厂。总成或整机装配的末道工序是检验的重点,应设立检验点,由专职检验人员把关。检验应选择合理的方式,既要能正确反映维修对象的质量情况,又要减少检验费用,缩短检验周期。

检验要有计划和必要的体系,实行自检、互检和专职人员检验相结合的制度,发挥每个人的积极性,形成全员管理质量的局面。检验应具备先进可靠的手段,测试设备要有定期检查、维修制度,以保证检测的准确性。检验应能反映质量状况,为质量管理提供信息,因此质量记录必须完整,具有科学性和追踪性。

(4) 维修质量信息管理。设备维修质量信息包括与使用、维修有关的各种原始记录,如设备开动时的记录,故障类别、原因分析、修复方法、更换件清单的记录,保养内容、状况、技术问题等的记录,定期检测记录,事故记录,修前预检记录,修理内容、消耗、工序检验记录,试车验收记录等。有了这些信息就能够主动有效地指导维修作业,监督维修质量。

质量信息的收集、记录、统计、分析、传递、反馈等项工作是由图 1-5 所示的维修质量信息反馈系统按照一定的路线和程序完成的。这个系统既包括维修系统内的质量信息反馈,又包括用户对维修系统的质量信息反馈。反馈循环不止,维修质量在循环中不断得到改善和提高。

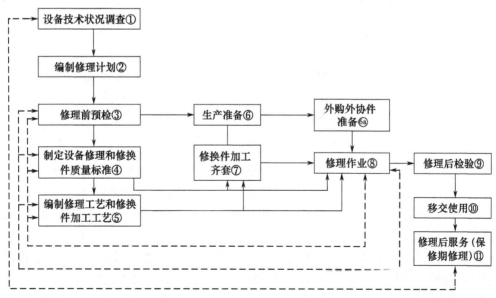

图 1-5 维修质量信息反馈系统

4. 控制维修质量的统计方法

(1) 设备工程能力指数。设备工程能力是指设备在标准状态下稳定作业的能力。标准状态是指设备在规定的技术条件下进行作业,即把其他条件固定下来,只研究设备对作业质量的影响。这样就能通过对设备作业质量的统计分析,定量地判断设备的技术状态和修理质量,并确定设备的调整措施和修理类别。

(2) 维修质量的统计方法。控制维修质量的统计方法有直方图法、控制图法等,这些方法与产品质量控制方法相同。

5. 维修质量监督

为了明确维修质量的责任,维护用户的合法权益,除在企业内部建立严格的检验制度外,还应制定有约束力的维修法规,法规应包括设备在使用中的维修界限、维修配件的质量标准、设备生产厂家在设备投入使用后的经济寿命周期内应负的维修责任、维修网点的维修质量责任制等条款。

三、设备维修技术经济分析

(一) 机械设备的寿命周期费用分析

1. 设备寿命周期费用的构成

设备的寿命周期费用就是指设备一生的总费用,可以定性地用图1-6表示,纵轴表示费用,横轴表示设备的一生;一般规划、设计、制造阶段所花费用是递增的,到安装阶段开始时下降,其后运行阶段基本保持一定的费用水平,可是运转阶段要比安装阶段持续的时间长得多,之后费用再次上升时就到了设备需要更新的时期了。这样,设备一生的总费用即图中曲线所包围的总面积,这就是寿命周期费用。

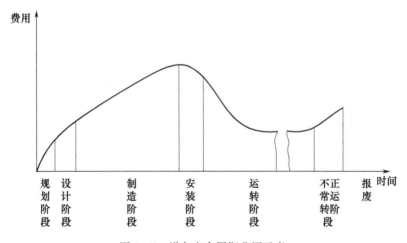

图1-6 设备寿命周期费用示意

设备的寿命周期费用由设备的设置费即原值和设备的维持费组成,不同的机械设备其寿命周期费用的具体项目可能有所不同。一般设备的寿命周期费用可用下式表示：

全寿命周期费用 = 研制费 + 生产费 + 安装运输费 + 运行操作费 + 维修费 = 设置费 + 维持费

2. 设备寿命周期费用各因素的相互关系

研究设备寿命周期费用是以可靠性、维修性为基础的。提高设备的可靠性与维修性的目的在于提高设备的可利用率,从而达到寿命周期费用最经济。在设备性能已定的条件下,设备的可利用率和费用的关系是：可靠性、维修性好的设备可利用率高,但其原始费用(设置费或购价)也高,而使用费用便宜,即维修费支出少,设备劣化损失也少。在设备规划设计时必须分析和估算寿命周期费用,进行综合权衡,选取寿命周期费用的最佳点,来进行可靠性和维修性设计。

3. 设备寿命周期费用的分析方法

为了支持设备设计、购置、维修使用诸项管理决策,目前已研究出若干种寿命周期费用的分析估算方法,这些方法大致分为两类,即相互关系费用估算法和工程监督费用估算法。

(1) 相互关系费用估算法。这种方法是以已有的机械设备为基础,将其与新的设备相比较。这就要求已有设备的性能和费用数据都较齐全。通过对这些数据的统计分析,提出新设备的寿命周期费用预测。在估算时,常常用以下几种方法:

① 参数法。用于设备开发的初期阶段。利用已有的资料,制定出技术性能和费用方面的适当参数(如时间、重量、性能等)和全系统、各子系统费用之间的关系式,用此估算出全系统的费用。

② 工业管理法。用于设备的设计研制阶段。将系统分解为各个子系统和组成部分,按适当的参数逐个估算,然后求出总额。

③ 类比法。用于设备系统开发研制的初期阶段。参照过去已有的相似系统或其组成部分,作类比后算出估算值。

(2) 工程监督费用估算法。这种方法又称费用项目分别估算法,是对构成设备系统总费用的许多单项费用分别进行估算。系统费用项目包括以下内容:

① 原值或设置费的估算。考虑到运输、关税、时间和物价波动等因素,根据调研或过去积累的实际资料进行估算。动力公用设备、计量装置、管道等辅助设备可分别按主机费用的百分比估算。

② 工资及工资附加费的估算。在考虑到工资增长率的条件下,按操作和辅助工人总数乘以人均费用(包括工资、工资附加费、企业管理费、福利费、退休人员工资、医药费、教育费等)来估算。

③ 燃料动力费。它可按计划年度消耗量乘以广义单价(包括供能设备费用、供能人员费用、管理费用等)进行估算。

④ 运行用消耗品费。包括润滑油、润滑脂、工具、磨料、砂布、棉丝、清洗剂、记录纸等杂品物料,可根据积累的资料和适当参数来估算。

⑤ 维修费。包括日常保养和计划保养费、故障和事故修理费、预防性计划修理费、改善修理费等,根据设备类别、复杂系数、自修或送修等费用的历史资料进行估算。

⑥ 后勤保障费用。包括备件、器材库存费、设备税、保险费以及其他费用。

(二) 维修措施的技术经济分析

1. 技术经济分析方法

进行技术经济分析所用的方法很多,但基本上可以分成三种类型:第一类是方案比较法,这种方法是借助于一组能从各方面说明方案技术经济效果的指标体系,对实现同一目标的各个可行方案进行技术经济分析比较,从中选出最优方案;第二类是价值分析法,即通过对方案进行功能和成本分析,找出提高价值的途径;第三类是系统分析法,它是从整体出发,建立经济数学模型,对方案进行计算分析或模拟试验,求出最优解进行综合评价,找出最佳方案。

在技术经济分析中最常用的方法是方案比较法,对两个以上技术方案进行比较时,必须使它们具有可比性,所以方案比较法首要的环节是要使各方案的条件等同化,即满足条件的可比性,然后才能运用数学手段进行综合运算、分析对比,从中选出最优方案。方案比较法的程序大致如下:

第一步,建立各种可行的技术方案,明确维修措施所要达到的目标。

第二步,分析各个可行方案在技术上、经济上的优缺点。这种分析是建立在对各个方案透彻了解的基础上的,所以专家评审法是经常采用的方法之一。

第三步,对技术方案进行经济评价,即建立反映技术方案各项技术经济指标和参数、变量之间关系的经济数学模型并求解。一般的数学模型都由反映经济效果的目标函数和约束条件组成。

第四步,对技术方案进行综合评价。在求得每个方案的目标函数值后,各方案之间即可进行比较,从中找出最优方案。但是每个方案的优缺点,并不都是能用数量表示的,或者说并非都能通过经济数学模型反映出来,因此必须同时考虑那些不能用数量表示的因素的影响,进行全面的分析和评价,才能优选出技术上先进、经济上合理的最佳方案。

2. 技术经济评价指标

在分析不同方案的技术经济效果时,首先应确定评价的依据和标准,也就是要利用一系列技术经济指标来衡量方案的优劣。只用个别指标衡量它的技术经济效果,往往达不到全面和准确地进行评价的目的,以致造成盲目肯定或轻易否定的决策错误,所以必须考虑与维修措施方案有关的技术、资金、时间、效益等因素,建立一套相互联系、相互补充并针对多种因素进行综合评价的指标体系,方能对方案的技术经济效果做出全面的评价。

构成技术经济评价指标体系的指标是多种多样的,下面对一些常用的指标,按劳动成果、劳动消耗、时间因素及其他综合关系进行分类,如图1-7所示。

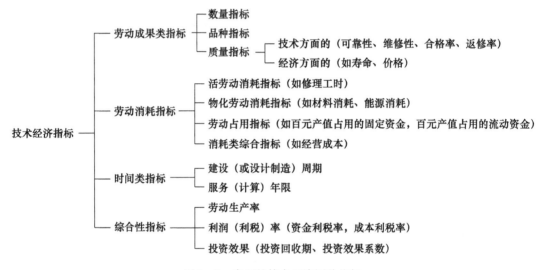

图1-7 常用的技术经济评价指标

3. 技术方案经济评价方法

技术方案的经济评价方法很多,各有一定的优缺点和适用范围,根据国内技术经济学的研究和应用实践,这些方法大致可按表1-4所列的归纳分类。

表1-4 技术方案经济评价方法分类

投资效果计算与评价方法 追求目标		时间因素 静态	动态	
			按各年经营费用相同计算	按逐年现金流量计算
维修效果	投资回收期	投资回收期法 追加投资回收期法 财务报表法	投资回收期法(PB法)	
	投资收益率法	简单投资收益率法	内部收益率法(IRR法)	净现值法(NPV法) 现值指数法(NPVR法)
维修耗费	总费用	总算法	现值总费用比较法(PW法)	
	年费用	年计算费用法	年成本比较法(AC法)	

思 考 题

1-1 简述故障的定义及分类。
1-2 简述设备维修的定义、作用及其分类。
1-3 设备维修的方式有哪些?各个维修方式有哪些异同点?
1-4 维修工作类型和等级是如何划分的?
1-5 如何对设备维修技术进行经济分析?

第二章 机械设备润滑技术

第一节 机械零件的磨损

磨损是相互接触的物体在相对运动中表层材料不断损伤的过程,它是伴随摩擦而产生的必然结果。之所以磨损问题引起人们极大的重视,是因为磨损所造成的损失十分惊人。根据统计,机械零件的失效主要有磨损、断裂和腐蚀三种方式,而磨损失效占约80%。因而研究磨损机理和提高耐磨性的措施,将有效地节约材料和能量,提高机械设备的使用性能和寿命,减少维修费用。研究磨损的目的在于通过各种磨损现象的观察和分析,找出它们的变化规律和影响因素,从而寻求控制磨损和提高耐磨性的措施。

一、黏着磨损

当摩擦副表面相对滑动时,由于黏着效应所形成的黏着结点发生剪切断裂,被剪切的材料脱落成磨屑,或由一个表面迁移到另一个表面,此类磨损统称为黏着磨损。

(一)黏着磨损机理

黏着磨损是常见的一种磨损形式。

通常摩擦表面的实际接触面积只有名义接触面积的0.01%~0.1%。对于重载高速摩擦副,接触峰点的表面压力有时可达500MPa,并产生1000℃以上的瞬时温度。而由于摩擦副体积远小于接触峰点,一旦脱离接触,峰点温度便迅速下降,一般局部高温持续时间只有几毫秒。摩擦表面处于这种状态下,润滑油膜、吸附膜或其他表面膜便会发生破裂,使接触峰点产生黏着,随后在滑动中黏着结点破坏,金属从表面撕裂下来,形成磨粒,如图2-1所示。一些金属黏着在另一金属表面上,形成了黏着磨损。

图2-1 黏着磨损过程

(二)黏着磨损分类

按照摩擦表面损坏程度,黏着磨损又可分为5类。

1. 轻微磨损

(1)破坏现象:剪切破坏发生在黏着结合面上,表面转移的材料较少。

(2)损坏原因:黏着结合强度比摩擦副的两基体金属都弱。

2. 涂抹

(1)破坏现象:剪切破坏发生在软金属浅层里面,软金属涂抹在硬金属表面上。

(2)损坏原因:黏着结合强度大于较软金属的抗剪强度。

3. 擦伤

(1)破坏现象:剪切发生在软金属的亚表层内,有时硬金属表面也有划伤。

(2) 损坏原因:黏着结合强度比两基体金属都高,转移到硬面上的黏着物质又拉削软金属表面。

4. 撕脱

(1) 破坏现象:剪切破坏发生在摩擦副一方或两方金属较深处。

(2) 损坏原因:黏着结合强度大于基体金属的抗剪强度,切应力高于黏着结合强度。

5. 咬死

(1) 破坏现象:由于黏着点的焊合,不能相对运动。

(2) 损坏原因:黏着强度比任一基本金属抗剪强度都高,而且黏着区域大,切应力低于黏着结合强度。

(三) 黏着磨损计算

简单的黏着磨损可以根据 Archard 于 1953 年提出的模型进行计算。

如图 2-2 所示,选取摩擦副之间的黏着结点面积为以 a 为半径的圆,每一个黏着结点的接触面积为 πa^2。如果表面处于塑性接触状态,则每个黏着结点支承的载荷为

$$W = \pi a^2 \sigma_s \qquad (2-1)$$

式中:σ_s 为软材料的受压屈服强度。

假设黏着结点沿球面破坏,即迁移的磨屑为半球形。于是,当滑动位移为 $2a$ 时的磨损体积为 $\frac{2}{3}\pi a^2$。若定义单位位移产生的磨损体积为体积磨损 $\frac{dV}{ds}$,即体积磨损度可写为

$$\frac{dV}{ds} = \frac{\frac{2}{3}\pi a^2}{2a} = \frac{W}{3\sigma_s} \qquad (2-2)$$

式中:V 为磨损体积;s 为滑动位移。

考虑到并非所有的黏着结点都形成半球形的磨屑,引入黏着磨损常数 k_s,则

$$\frac{dV}{ds} = k_s \frac{W}{3\sigma_s} \qquad (2-3)$$

Archard 计算模型虽然是近似的,但可以用来估算黏着磨损寿命。Fein 于 1971 年用四球机测得几种润滑剂的抗黏着磨损性能,表 2-1、表 2-2 列出 Tabor 于 1972 年用销盘磨损机测定的几种材料在摩擦条件下的 k_s 典型值。

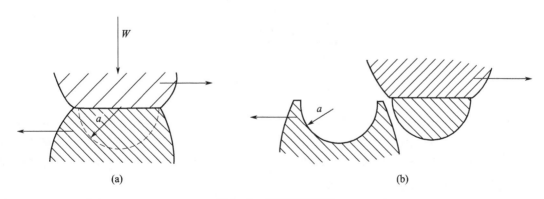

图 2-2 黏着磨损模型

(b) 黏着结点破坏;(a) 黏着结点形成。

表 2-1　几种润滑剂的 k_s 值

（四球机实验，载荷 400N，滑动速度 0.5m/s）

润滑剂	摩擦因数 f	摩擦常数 k_s	当量齿轮寿命	
			总转数	工作时间
干燥氩气	0.5	10^{-2}	10^2	以秒计
干燥空气	0.4	10^{-3}	10^5	以分钟计
汽油	0.3	10^{-3}	10^5	以小时计
润滑油	0.12	10^{-7}	10^7	以周记
润滑油加硬脂酸（采用冷却）	0.08	10^{-9}	10^9	以年计
标准发动机油	0.07	10^{-10}	10^{10}	以年计

表 2-2　几种材料的黏着磨损常数 k_s 值

（销盘磨损机实验，空气中干摩擦，载荷 4000N，滑动速度 1.8m/s）

摩擦副材料	摩擦因数 f	摩擦常数 k_s
软钢—软钢	0.6	10^{-2}
硬质合金—淬硬钢	0.6	5×10^{-1}
聚乙烯—淬硬钢	0.6	10^{-3}

表中黏着磨损常数值 k_s 远小于 1，这说明在所有的黏着结点中只有极少数发生磨损，而大部分黏着结点不产生磨屑，对于这种现象还没有十分满意的解释。

二、磨料磨损

在摩擦过程中，由于硬的颗粒或表面硬的凸起物引起材料从其表面分离出来的现象称为磨料磨损。

（一）磨料磨损的分类

磨料磨损的分类方法很多，根据摩擦表面所受压力和冲击力大小不同可分为三种形式。

（1）凿削式磨料磨损。凿削式磨料磨损的特征是磨粒对材料发生碰撞，使磨料切入摩擦表面并从表面凿削下大颗粒金属，使摩擦表面出现较深的沟槽等现象，如挖掘机铲斗、破碎机锤头等零件的表面损坏多属这一类磨损，如图 2-3 所示。

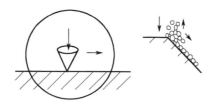

图 2-3　凿削式磨料磨损

（2）碾碎式磨料磨损。碾碎式磨料磨损的特征是应力较高。磨料与表面接触时，最大压应力超过磨料的压碎强度，因而使磨料夹在两摩擦表面之间，不断被碾碎。被碾碎的磨料挤压金属表面，使韧性材料产生塑性变形或疲劳，使脆性材料发生碎裂或剥落，如粉碎机的滚筒、球磨机的衬板等零件的表面损坏多属这一类磨损。

（3）擦伤式磨料磨损。擦伤式磨料磨损的特征是应力较低。磨料与表面接触的最大压应力不超过磨料的压碎强度，因而磨料仅擦伤表面，可见有微细的切削痕迹，如犁铧、运输机槽板片零件的表面损坏多属这一类磨损,如图2-4所示。

根据磨粒和表面的相互位置不同,磨料磨损又可分为以下两种基本形式:

(1) 二体磨料磨损。二体磨料磨损是指硬磨料或硬表面微凸体与一个摩擦表面对磨时的磨损。用锉刀打磨较软金属就属于这类磨损形式。

(2) 三体磨料磨损。三体磨料磨损是指两摩擦表面间有松散的磨粒时的磨损。松散的磨粒有两种来源:一种是外来的杂质或加入的磨料;另一种是摩擦表面本身产生的磨料。三体磨料磨损多属于碾碎式磨料磨损。

(二) 磨料磨损机理

关于磨料磨损的机理,有多种假说,下面介绍主要的三种。

(1) 微量切削假说。微量切削假说认为,磨料磨损主要是由于磨料在金属表面发生微观切削作用引起的,当法向载荷将磨粒压入表面,在相对滑动时摩擦力通过磨粒的犁沟作用,对表面产生犁刨作用,因而产生槽状磨痕。

(2) 疲劳破坏假说。疲劳破坏假说认为,摩擦表面在磨粒产生的循环接触应力作用下,使表面材料因疲劳而剥落。

(3) 压痕假说。对于塑性大的材料来说,磨粒在力的作用下压入材料表面而产生压痕,从表面层上挤压出剥落物。

现假设一个简化的模型,如图2-5所示。

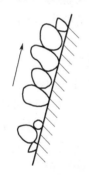 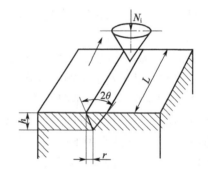

图2-4 擦伤式磨料磨损　　　　　　　　图2-5 压痕模型

摩擦副的一个表面是平滑的软表面,另一个是粗糙的硬表面,其微凸体的顶部呈圆锥形,圆锥的半角为θ。在载荷N_i作用下,硬微凸体的峰顶穿入软表面材料的深度为h。当相对滑动时,此载荷只由前方半接触面积支承,因此有

$$N_i = \frac{1}{2}\pi r^2 \sigma_s \tag{2-4}$$

当锥体移动dl时,去掉材料的体积是$dv = rhdl$,则

$$h = r\cot\theta \quad dv = r^2 dl \cot\theta \tag{2-5}$$

所以一个微凸体滑动一个单位距离所产生的磨损体积为

$$\frac{dv}{dl} = r^2 \cot\theta \tag{2-6}$$

由式(2-4)得　　　　　　　　　　$r^2 = 2N_i/(\pi\sigma_s)$

故

$$\frac{dv}{dl} = \frac{2N_i}{\pi\sigma_s}\cot\theta \tag{2-7}$$

假设N_i是稳定的,可得滑动距离为L的总磨损体积为

$$V = \sum \left(\frac{\mathrm{d}v}{\mathrm{d}l}\right)L = \frac{2NL}{\pi\sigma_s}\cot\theta \qquad (2-8)$$

令 $K = \dfrac{2\cot\theta}{\pi}$，代入式(2-8)得

$$V = \frac{KNL}{\sigma_s} \qquad (2-9)$$

把软材料的抗压屈服强度 σ_s 用硬度 H 表示，则有

$$V = \frac{KNL}{H} \qquad (2-10)$$

式中：K 为磨料磨损系数。

式(2-10)说明：磨料磨损量与滑动距离和载荷成正比，与材料的硬度成反比。上述公式是根据二体磨料磨损导出的，但也可用于三体磨损的情况。

（三）磨料磨损的影响因素

从磨损机理可以看出，摩擦表面抗磨料磨损的强度主要取决于材料和磨粒的机械性质和摩擦副的工作条件。

（1）材料硬度的影响。磨损量与材料硬度有密切关系，因此硬度应当作为主要参数考虑。一般情况下，材料的硬度越高，耐磨性越好。有人曾把抗磨料磨损的能力用金属表面的硬度 H_m 和磨粒硬度 H_a 的比值来表示，发现：当 $H_m/H_a > 0.8$ 时，抗磨能力急剧增大；当 $H_m/H_a \leq 0.8$ 时，抗磨能力明显较低。

试验证明：为减小磨损，表面硬度为磨粒硬度的 1.3 倍时，效果最佳。

（2）材料弹性模量的影响。试验表明：材料弹性模量减小时，磨损也减小。这是由于弹性模量减小时，摩擦副间的贴合情况改善，使局部单位载荷降低；同时，当表面间有磨粒时，表面的弹性变形有可能允许磨粒在其间通过，因而可减小表面受损。例如，用于船舶螺旋桨中的水润滑的橡胶轴承，在含泥沙的水中工作时，比弹性模量大的青铜等制成的轴承具有更大的抗磨能力。

（3）磨粒尺寸的影响。一般金属的磨损率随磨粒平均尺寸的增大而增大，但磨粒到一定临界尺寸后，磨损率不再增大。磨粒的临界尺寸随金属性能的不同而异。例如，柴油机液压泵柱塞摩擦副的磨损，当磨粒尺寸在 3~6μm 时，磨损量最大；当磨粒尺寸为 20μm 左右时，活塞对缸套的磨损量最大。

（4）载荷的影响。试验表明：相对磨损率与压力成正比，但当压力达到并超过临界压力时，磨损率增加变得平缓，如图 2-6 所示。

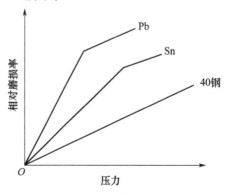

图 2-6 相对磨损率随压力变化关系

三、表面疲劳磨损

摩擦表面材料微体积由于受到交变接触应力的作用,其表面因疲劳而产生物质流失的现象,称为表面疲劳磨损。

(一)表面疲劳磨损机理

产生表面疲劳磨损的内因是金属表层内存在物理缺陷和化学缺陷。物理缺陷有晶格缺陷、点缺陷、位错、空格和表面缺陷等。金属夹杂物、杂质原子都属于化学缺陷。

产生表面疲劳磨损的零件表面特征是,有深浅不同、大小不一的痘斑状凹痕,或有较大面积的表层剥落。齿轮、滚动轴承、叶轮工作表面常发生这种磨损。一般把深度为 0.1~0.4mm 的痘斑凹痕称为浅层剥落,或称点蚀,把深度为 0.4~2.0mm 的痘斑凹痕称为剥落。

产生表面疲劳磨损的机理:在外力的作用下,表面有缺陷的地方就会产生应力集中,将引发裂纹,并逐渐扩展,最后使裂纹上的材料断裂剥落下来。

据分析,材料所受的最大正应力发生在表面,最大切应力处的材料强度不足,就可能在该处首先发生塑性变形,经一定应力循环后,即产生疲劳裂纹,然后沿最大切应力的方向扩展到表面,最后使表面材料脱落。

(二)表面疲劳磨损的影响因素

由表面疲劳磨损的机理可知,表面疲劳磨损与裂纹的形成及其扩展有关,因此,凡是能够阻止裂纹形成及其扩展的方法都能减少表面疲劳磨损。表面疲劳磨损的影响因素如下:

(1)材质的影响。钢的冶炼质量对零件抗表面疲劳磨损的能力有极为显著的影响。钢中的非金属夹杂物,特别是脆性的带有棱角的氧化物、硅酸盐及其他各种复杂成分的点状或球状夹杂物,破坏了基体的连续性,对表面疲劳磨损有严重的影响。

(2)表面硬度的影响。轴承钢的硬度为 62HRC 时,抗表面疲劳磨损的能力最大。表面硬度过高或过低,使用寿命均会明显下降,如图 2-7 所示。

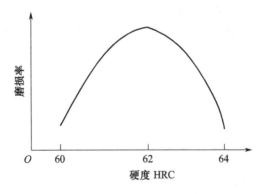

图 2-7 磨损率随硬度变化体系

对齿轮来说,齿面硬度在 58~62HRC 的范围内为最佳。一般要求小齿轮硬度大于大齿轮,磨合之后,使接触应力分布均匀。齿轮的硬度匹配很重要,直接影响接触疲劳寿命。例如,EQ-400 型减速器小齿轮和大齿轮(模数 12mm)的硬度比为 1.4~1.7 时寿命可以提高 1 倍以上。原设计为小齿轮调质理,大齿轮正火处理,后改为小齿轮齿面感应加热淬火,大齿轮调质处理。

(3)润滑油的影响。润滑油的存在不但能减小表面间的摩擦,而且增大了实际接触面积,使接触部分的压力接近平均分布,从而提高抗表面疲劳磨损的能力。油的黏度低,容易使油渗入表面裂纹中,加速裂纹的扩展,使疲劳寿命降低。润滑油中含水量过多,也促使点蚀的发生,所以必须严格控制润滑油中的含水量。

润滑油中,适当地加入某些添加剂可减缓疲劳磨损,如二硫化钼、三乙醇胺等。

四、腐蚀磨损

材料在摩擦过程中与周围介质发生化学反应或电化学反应而引起的物质表面损失的现象,称为腐蚀磨损。

由于介质的性质、介质作用在摩擦表面上的状态以及摩擦副材料性能不同,腐蚀出现的状态也不同。这种磨损同时有两种作用产生,即化学作用和机械作用。

纯净金属暴露在空气中时,表面会很快与空气中的氧气反应而形成一层几十个分子厚度的氧化膜,形成十分迅速,只需不到1min。由于氧化膜对基体金属的附着力较弱,当摩擦时,很容易因机械作用使其碎裂而脱落,但又很快形成新的氧化膜。这样连续不断地氧化—脱落—再氧化—再脱落,从而造成氧化磨损。

氧化膜越厚,其内应力越大,当内应力超过本身的强度时,就会发生破裂而脱落。如果形成的氧化膜是脆性的,它与基体金属结合强度弱,则氧化膜极易被磨掉。

氧化物硬度与基体金属硬度的比值对氧化磨损有显著影响。如氧化物硬度大于基体金属硬度,则由于载荷作用时两者变形不同,氧化膜易碎裂而脱落。如果两者硬度相近,载荷作用时两者能同步变形,氧化膜就不易脱落。

当摩擦副在酸、碱、盐水等特殊介质中工作时,表面生成的各种化合物在摩擦过程中也会不断被磨掉。介质腐蚀的损坏特征是摩擦表面遍布点状或丝状的腐蚀痕迹。有些金属(如镍、铬等)在特殊介质中易形成结构致密、与基体结合牢固的钝化膜,因而其抗腐蚀磨损能力较强。另一些金属(如铝、镉等)很易被润滑油中的酸性物质所腐蚀,因而使含有这种金属成分的轴承材料在摩擦过程中成块剥落。

关于腐蚀磨损的磨损率,可以用相似于分析黏着磨损的方法作简化分析。

假设表面摩擦由许多微凸体相互接触所组成,微凸体接触面积为以 a 为半径的圆,保护膜达到临界厚度 t_c 时被磨掉。按前面的分析方法,每个微凸体的接触面积为

$$\Delta A = \pi a^2 = \frac{\Delta N}{\sigma_s} \tag{2-11}$$

厚度为 t_c 的磨屑体积为

$$\Delta A = \pi a^2 t_c$$

假设滑过的距离为

$$\Delta l = 2a$$

则单位长度上每个微凸体的磨损率为

$$\frac{\Delta V}{\Delta l} = \frac{\pi a^2 t_c}{2a} \tag{2-12}$$

若有 n 个微凸体接触,总的接触面积为

$$A = \pi a^2 n = \frac{N}{\sigma_s} \tag{2-13}$$

考虑 n 个微凸体发生磨屑的概率为 k_2,则总磨损率为

$$\theta = \frac{V}{L} = k_2 \sum \frac{\Delta V}{\Delta L} = k_2 t_c \sum \pi \sigma^2 = \frac{k_2 t_c}{2a} A = \frac{k_2 t_c N}{2a \sigma_s} = \frac{K_c N}{H}$$

式中:θ 为腐蚀磨损系数 K_c、表面膜临界厚度 t_c、微凸体接触面积的平均半径 a 和发生磨屑的概率

k_2 的函数;H 为硬度用来表示材料的抗压屈服点强度。

五、微动磨损

(一) 微动磨损的概念

微动磨损为两个配合表面之间由一微小振幅滑动所引起的一种磨损形式。

微动磨损是一种典型的复合式磨损。由于多数机器在工作时都会受到振动,因此这种磨损很常见,如过盈配合、螺栓连接、键连接等结合表面都可能产生这种磨损。

(二) 微动磨损的机理

当两结合表面受法向载荷时,微凸体产生塑性变形并发生黏着。在外界微小振幅的振动作用下,黏着点被剪切而形成磨粒。由于表面紧密配合,磨粒不容易排出,在结合表面起磨料作用,因而引起磨料磨损。裸露的金属接着又发生黏着、氧化、磨料磨损等,如此循环往复。许多研究表明:微动磨损的磨损率随材料副的抗黏着磨损能力的增大而减小,随着振幅的增大而急剧增大。此外,磨损率还与压力、相对湿度有密切关系。

因此,要减轻微动磨损,应控制过盈配合的预应力的大小,减小振幅,采用适当的表面处理和润滑。实践表明:工具钢对工具钢、冷轧钢对冷轧钢、采用二硫化钼润滑的铸铁对铸铁或不锈钢等摩擦副均有较好的抗微动磨损能力。铝对铸铁、工具钢对不锈钢、镀铬层对镀铬层等摩擦副,其抗微动磨损的能力都很差。

第二节 机械设备润滑原理

为了减少机器设备零件表面的摩擦阻力和降低材料磨损,其工作表面间需加入润滑剂进行润滑。

机器设备中各种摩擦副的材质、结构、工作条件和作用各不相同,对润滑的具体要求也会不同,但基本要求原则都是:按照摩擦副的工作条件,选用合适的润滑剂。确定正确的润滑方式和方法,将润滑剂加入到摩擦副表面间,使其处于良好的润滑状态。

一、润滑状态及其转化

润滑油加入到摩擦副两表面间,形成具有法向承载能力和低剪切强度的润滑膜。按照润滑膜的形成原理和特征的不同,润滑状态可以分为边界润滑、薄膜润滑、弹性流体动压润滑、流体静压润滑和流体动压润滑等。通常也将弹性流体动压润滑、流体静压润滑和流体动压润滑统称为流体润滑。

各种润滑状态所形成的润滑膜厚度不同,但仍需与表面粗糙度结合起来考虑,这样才能正确地判断出润滑状态。机器设备中的摩擦副,通常总有几种润滑状态同时存在,可称为混合润滑状态。表2-3列出了各种润滑状态的基本特征。

表2-3 各种润滑状态的基本特征

润滑状态	典型膜厚	润滑膜形成方式	应用
流体动压润滑	1~100μm	由摩擦表面相对运动所产生的动压效应形成流体润滑膜	中高速时的面接触摩擦副,如润滑轴承
流体静压润滑	1~100μm	通过外部压力作用将流体送到摩擦表面之间,强制形成润滑膜	各种速度下的面接触摩擦副,如润滑轴承、导轨等

续表

润滑状态	典型膜厚	润滑膜形成方式	应用
弹性流体动压润滑	$0.1\sim1\mu m$	与流体动压润滑相同	中高速下的点、线接触摩擦副,如齿轮、滚动轴承等
薄膜润滑	$10\sim100\mu m$	与流体动压润滑相同	低速下的点、线接触高精度摩擦副,如精密滚动轴承
边界润滑	$1\sim50\mu m$	润滑油分子和金属表面之间产生物理或者化学作用形成润滑膜	低速重载下的高精度摩擦副

图2-8所示是著名的Stribeck曲线,纵坐标是摩擦系数,横坐标是轴承特性数,其中η为润滑油黏度、v为滑动速度、p为轴承单位面积上所承受的载荷。曲线表示滑动轴承在不同的载荷、速度和润滑油黏度工况下与摩擦系数之间的关系,通过实验得出滑动轴承的润滑状态与其转化过程。为了消除温度对黏度的影响,实验时采用25℃作为计算摩擦系数的根据。图中的曲线表明以下三种润滑状态区域:边界润滑区、混合润滑区、流体润滑区,并表明它们的转化过程。

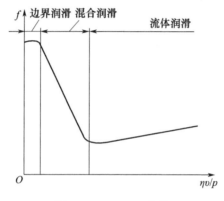

图2-8 Stribeck曲线

两摩擦表面间存在一层极薄的(有的只有一两层分子厚)起润滑作用的膜(称为边界膜)的状态称为边界润滑;两摩擦表面被一层油膜完全隔开的润滑状态称为流体润滑(油膜厚度可达0.1mm或更厚),由于没有金属的直接接触,不产生黏着磨损,因此它是一种比较理想的润滑状态;混合润滑是介于边界润滑和流体润滑之间的一种润滑状态,两摩擦表面之间的相互作用力靠边界膜和较厚的流体动压或静压油膜共同承担,也可能有个别的微凸体直接接触。究竟摩擦表面间处于何种润滑状态,要视膜厚比而定,即

$$A = h/Rq \qquad (2-14)$$

式中:h为两摩擦表面粗糙峰中线间的距离,即平均润滑膜厚度;Rq为两摩擦表面的综合表面粗糙度,$Rq = \sqrt{Rq_1^2 + Rq_2^2}$。

当$A<1$时,为边界润滑状态;当$A=1\sim3$时,为混合润滑状态;当$A\geqslant3$时,为流体润滑状态。

从图2-8可以看出,随着工况参数(如载荷、速度、润滑油的黏度等)的改变,润滑状态将发生转化。在流体润滑中,摩擦副的表面被流体膜分开,流体膜厚度h远远大于表面粗糙度Rq,由于摩擦副没有直接的接触,没有表面材料的磨损产生,但可能有气蚀或流体腐蚀产生;如果黏度或速度降低或载荷增加,油膜的承载能力则降低,油膜厚度逐渐减薄,两个表面被分开的程度也减小,如果产生了第一个凸峰接触,便达到了混合润滑区。

在混合润滑区中,载荷分别由流体膜及凸峰二者承担,摩擦阻力也由于油膜被剪切及凸峰之间的相互作用而产生。因此,在混合润滑区内,各种形式的磨损都可能产生;如果润滑的工况再逐步向左移动,凸峰接触及相互作用的数目增多,油膜厚度降低到几个分子层厚度或一个分子层厚度,则进入边界润滑区。

在边界润滑区中,摩擦系数显著增大,如果载荷再增加,边界膜破裂,就会出现明显的黏着现象,磨损率增大,表面温度升高,最后可能出现胶合。

摩擦系数最小值发生在混合润滑区域和流体润滑区域的转变处,在流体润滑区域中,由于流体内摩擦阻力因速度增高而增加,摩擦系数缓慢升高。

三种润滑状态在机器设备的运行中是相互转化的,单独存在的情况较少,只是有主次之分。对于高速运转的机器设备,通常采用流体润滑来保证其处于良好的润滑状态。

二、流体润滑

(一) 流体动压润滑

在相对运动的表面间加入流体,形成具有足够压力的润滑膜,将相互接触的表面分开,由流体摩擦代替材料表面间的固体摩擦,这种润滑状态称为流体润滑。

在中高速下点、线接触的摩擦副中,如齿轮、滚动轴承等的润滑状态主要是弹性流体动压润滑(EHL)。由于摩擦副的载荷集中作用,使接触内压力很高,在润滑计算时要考虑用弹性力学来分析接触表面的弹性变形,根据润滑剂的流变学性能分析润滑剂的黏压效应,计算过程十分复杂,通常需使用计算机采用数值计算求解。

在中高速下面接触的摩擦副中,例如,滑动轴承的润滑状态是流体动压润滑,其流体膜承载能力主要是摩擦副表面的相对运动所产生的动压效应和挤压效应而形成的。可用一般形式的雷诺方程并结合图 2-10 来说明流体动压润滑形成的机理。

$$\frac{\partial}{\partial x}\left(\frac{\rho}{\eta}h^3\frac{\partial p}{\partial x}\right)+\frac{\partial}{\partial y}\left(\frac{\rho}{\eta}h^3\frac{\partial p}{\partial y}\right)=6\left[\frac{\partial}{\partial x}(U\rho h)+\frac{\partial}{\partial y}(V\rho h)+2\rho(\omega_h+\omega_o)\right]$$

上式中等号左端表示润滑膜压力在润滑表面上随坐标 x、y 的变化,等号右端表示润滑膜压力的各种效应。图 2-9(a)表示滑动轴承的形状特征及其产生的动压效应,说明润滑油流体沿收敛方向流动将产生正压力,沿发散方向流动一般不能产生正压力;图 2-9(b)表示伸缩效应,说明为了产生正压力,润滑油流体表面速度沿运动方向应逐渐降低;图 2-9(c)表示变密度效应,说明润滑油密度沿运动方向逐渐降低时,也将产生流体压力,虽然变密度效应所产生的流体压力并不高,但也会使相互平行的表面具有一定的承载能力;图 2-9(d)表示挤压效应,说明两个平行表面在法向力的作用下使润滑膜厚度逐渐减薄而产生压力流动。其中动压效应和挤压效应是形成承载润滑膜的主要因素。

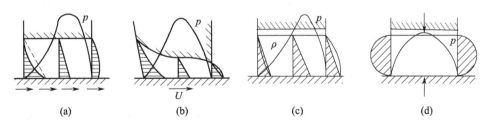

图 2-9 压力形成机理
(d)挤压效应;(c)变密度效应;(b)伸缩效应;(a)动压效应。

在机器设备中要实现流体动压润滑,应满足以下三个必要充分条件:

(1) 两摩擦表面间必须有相对运动。

(2) 两摩擦表面间的润滑油层必须沿相对运动方向呈收敛状,即形成油楔(有时,平行间隙由于热楔作用同样可以形成具有承载能力的润滑膜)。

(3) 润滑油必须有一定的黏度。

以高速的滑动轴承形成的流体动压润滑为例:轴不转动时,如图2-10(a)所示,由于轴的重量使轴与轴承接触面之间的润滑油被挤出来;当轴开始转动时,如图2-10(b)所示,由于油有一定的黏度,轴就会带着轴承内下方的楔形油层沿轴的转动方向向前移动,迫使轴向上抬,并略向右偏;当轴转速提高时,轴的位置也随之提高,偏心度也随之减小,如图2-10(c)所示,直至轴与轴承的中心在偏左侧形成稳定偏心距 e,如图2-10(d)所示。

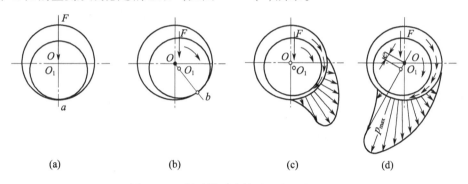

图 2-10 滑动轴承流体动压润滑的形成

(二) 流体静压润滑

流体静压润滑是指利用外部压力源使润滑油具有一定的压力,形成具有足够承载力,并将两接触表面隔开的一种润滑状态。图2-11所示的静压轴承就是典型的流体静压润滑,油泵输出的压力油经节流器后进入对应的油腔,各油腔对称分布,面积相等。空载时,油腔产生的压力支承主轴,在不计主轴(及其轴上的零件)重量时,主轴处于平衡状态,并在轴承中心。各腔产生的压力均为 p_0,主轴与轴承的间隙均为 h_0,构成均匀油膜。在外载荷作用下,主轴向下移动一个位移 e,引起主轴与轴承的间隙,各油腔的压力发生变化。

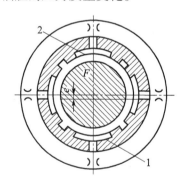

图 2-11 静压轴承

油腔1处的压力变化:间隙由 h_0 变为 h_0-e;封油面上的油液流阻力增大,从油腔1流出的油液流量减小,与它相连的节流器在油液流过时产生的压降减小。所以,油腔1的压力升高到 p_1。

油腔2的压力因间隙增大到 h_0+e 反而下降(从 p_0 降到 p_2,即 $p_1>p_2$)。主轴在这样两个力的作用下向上移动,直至达到新的平衡位置。

流体动压润滑最大的问题是,在低速或静止状态下无法形成足够的压力使油膜能够承受载荷,所以会出现边界润滑状态,使表面磨损;流体静压润滑却能使油膜在低速或静止状态任何速度范围内承受外载荷作用而不出现磨损。由于具有启动摩擦阻力小、适用速度范围较宽、运动精度较高、抗振性好、使用寿命长等优点,流体静压润滑得到了广泛应用,大量应用于重型机床、精密机床、高效率机床、数控机床、冶金机械和发电设备等中。

(三)流体动静压润滑

综合动压润滑和静压润滑的优点,产生了新的润滑技术,这就是流体动静压润滑技术。

流体动静压润滑的结构不同于前两者。它既可以在运动状态下利用自身形成压力油膜,又可借助外部提供的压力支承零件,形成润滑油膜。这种润滑的最大特点是:支承面无论在静止、启动、停止时,或在稳定运动、交变工况时,都能形成具有足够压力的润滑膜,从而降低启动转矩,防止出现边界摩擦及黏着磨损情况。同时,它又具有温升小,功率损耗低,精度保持好,使用安全等优点。目前,流体动静压润滑技术已日益广泛地应用在大型、高速、重型、精密机械设备中。

按照润滑系统的工作原理,动静压润滑可分为以下三种形式:

(1)静压浮起,动压工作。该系统的特点是:在支承启动、制动或速度低于某一值时,静压系统工作;当正常运转时,静压系统停止工作,动压系统工作。该系统已用于重载球磨机、轧钢机、水轮发电机、重型机床等机器设备中,尤其用于带载启动的机械设备中。

(2)动静压混合作用。该系统的特点是:静压系统不只在启动、制动或速度低于某一值时起作用,即使在正常运行中也同样工作,与动压系统同时支承和润滑。常用于轴承刚度要求高的轻载场合,如机床的主轴轴承。

(3)静压工作为主,动压作用为辅。该系统的特点是:以静压为主要作用,动压做辅助,一旦静压出现故障,动压可以补充,起保护作用;并充分利用动压油膜,增大支承能力。常用于既有安全要求,又有对主轴旋转精度要求较高的精密设备。

第三节 润 滑 材 料

一、润滑材料分类

润滑材料按其物质形态可分为四类。

(一)液体润滑剂

液体润滑剂是用量最大、品种最多的润滑材料,它包括矿物油、合成油、水基液和动、植物油。液体润滑剂有较宽的黏度范围,对不同的载荷、速度和温度条件下工作的摩擦副和运动部件都提供了较宽的选择余地。其中以矿物油为基础的润滑油,用途非常广泛。

合成油是以化学合成方法制备成有机液体,再经过调配或加工而制成的。它具有一定的化学结构和物理、化学性质,多使用在比较苛刻的工况下,如极高温、极低温、高真空度、重载、高速、具有腐蚀性环境以及辐射环境等。

水基液多用作金属加工液及难燃性液压介质。常用的水基液有乳化液(油包水或水包油型)、水—乙二醇以及其他化学合成液或半合成液。

动、植物油常用作难燃液压介质。其优点是油性、生物降解性好,可满足环境保护的要求;缺点是氧化安全性、热稳定性和低温性能不理想。

(二)润滑脂

润滑脂主要由基础油、稠化剂和各种功能添加剂在高温下混合而成。主要品种按稠化剂的组成可分为皂基脂、烃基脂、无机脂和有机脂等。润滑脂除了具有抗磨、减摩和润滑性能外,还能起密封、减振、阻尼、防锈等作用。其润滑系统简单,维护管理容易,可节省操作费用;缺点是流动性小,散热性差,高温下易产生相变、分解等。

(三) 固体润滑剂

固体润滑剂分为软金属、金属化合物、无机物和有机物等。按其物质形态可分为固体粉末、薄膜和自润滑复合材料等。固体粉末分散在气体、液体及胶体中使用;薄膜可通过喷涂、电泳沉积、真空沉积、电镀、烧结、粘结等工艺方法做成。

固体润滑剂的使用范围广,能够适应高温、高压、低速、高真空、强辐射等特殊使用工况,特别适用于给油不方便、维护拆卸困难的场合。它的缺点是摩擦系数较大,冷却散热较差,干膜在使用过程中补充困难等。

(四) 气体润滑剂

气体润滑剂取用方便,不会变质,不会引起对周围环境及支承元件的污染;使用气体润滑剂的支承元件摩擦小;工作温度范围较广;摩擦副两表面间能够保持较小间隙,容易获得较高精度;在放射性环境及其他特殊环境下能正常工作。其缺点是必须有气源,须由外部提供干净而干燥的气体;支承元件动态稳定性较差,对支承元件的制造精度及材质有较高要求。

表2-4是四类润滑剂的性能比较。

表2-4 四类润滑剂的性能比较

润滑剂性能	液体润滑剂	润滑脂	固体润滑剂	气体润滑剂
液体动压润滑	优	一般	无	良
边界润滑	差至优	良至优	良至优	差
冷却	很好	差	无	一般
低摩擦	一般至良	一般	差	优
易于加入轴承	良	一般	差	良
保持在轴承中的能力	差	良	很好	很好
密封能力	差	很好	一般至良	很好

根据润滑剂的使用场合,国际标准化组织(ISO)在ISO 6743标准中将润滑剂分为18组。我国在参照该标准18组分类的基础上增加了特殊润滑剂(S组)产品,形成了润滑剂分类的国家标准(GB/T 7631.1—2008),如表2-5所列。

表2-5 润滑剂、工业用油和有关产品(L类)的分类

组别	应用场合	组别	应用场合
A	全损耗系统	P	气动工具
B	脱模	Q	热传导
C	齿轮	R	暂时保护防腐蚀
D	压缩机(包括冷冻机和真空泵)	T	汽轮机
E	内燃机	U	热处理
F	主轴、轴承和离合器	X	用润滑脂的场合
G	导轨	Y	其他应用场合
H	液压系统	Z	蒸汽气缸
M	金属加工	S	特殊润滑剂应用场合
N	电器绝缘		

二、润滑油

（一）润滑油的组成

润滑油一般由基础油和添加剂两部分组成。基础油的性质决定了各类润滑油的基本性能，而添加剂不仅可以弥补基础油的某些性能的不足，还可以增加一些特定的性能。

（二）润滑油的黏度等级分类标准

在 GB/T 3141—1994《工业液体润滑剂 ISO 黏度分类》中规定了工业液体润滑剂的 ISO 黏度等级分类标准，如表 2-6 所列。表 2-6 中的黏度等级分类标准不适用于内燃机油和车辆齿轮油。

表 2-6 ISO 黏度分类

ISO 黏度等级	中间点运动黏度(40℃)/(mm²/s)	运动黏度范围(40℃)/(mm²/s)	
		最小	最大
2	2.2	1.98	2.42
3	3.2	2.88	3.52
5	4.6	4.14	5.06
7	6.8	6.12	7.48
10	10	9.00	11.0
15	15	13.5	16.5
22	22	19.8	24.2
32	32	28.8	35.2
46	46	41.4	50.6
68	68	61.2	74.8
100	100	90.0	110
150	150	135	165
220	220	198	242
320	320	288	352
460	460	414	506
680	680	612	748
1000	1000	900	1100
1500	1500	1350	1650
2200	2200	1980	2420
3200	3200	2880	3520

注：对于某些 40℃运动黏度等级大于 3200 的产品，如某些含高聚物或沥青的润滑剂，可以参照本分类表中的黏度等级设计，只要把运动黏度测定温度由 40℃改为 100℃，并在黏度等级后加后缀符号"H"即可。如黏度等级为 15H，则表示该黏度等级是采用 100℃运动黏度确定的，它在 100℃时的运动黏度范围应为 13.5~16.5mm²/s。

（三）润滑油的性能指标

掌握润滑油的性能指标，并进一步熟知其适用场合，为机器设备选择合适的润滑油提供必要的依据。

润滑油的性能指标主要有：

（1）黏度。黏度是一项主要性能指标，它用来表示润滑油内部产生相对运动时内摩擦阻力的大小。使用润滑油的目的是在运动的摩擦表面上形成油膜，而油膜的形成与润滑油的黏度有关。黏度过小，不易形成油膜，易形成边界润滑或混合润滑状态而加速磨损；黏度过大，则流动性小,渗透性差,不易流到所需要润滑的间隙部位,而且散热性差、内摩擦阻力大、启动困难、消耗功率多,以致不能起到应有的润滑作用,反而加速磨损。

表示黏度的单位和测定黏度的方法很多。润滑油按照国际标准均以40℃运动黏度的平均值命名,黏度牌号有2、3、5、7、10、15、22、32、46、68、100、150、220、320、460、680、1000、1500共18级。

润滑油的黏度随温度的变化而变化。温度升高,则黏度降低;温度降低,则黏度增大。润滑油的这种性能称为"黏温性能",常用黏度指数表示。黏度指数高说明油品黏度随温度的变化较小,黏温性能较好。要注意的是,在实际工作中的润滑油的黏度值并非是按规定的测试温度测得的黏度值,而是随工作温度变化而变化的一种暂时黏度值。

运动黏度可用运动黏度测定仪测定。

(2)油性和极压抗磨性。油性和极压抗磨性是表示润滑油抗磨损能力的指标。油性表示油膜的吸附能力,极压抗磨性是衡量润滑油在苛刻的工作条件下防止或减少摩擦表面磨、擦伤或胶合的润滑能力的指标。

润滑油的油性取决于它的化学组成。两种黏度相同和使用条件相同的润滑油,若它们的油性不同,则润滑的效果也不同,特别是当油膜厚度为 $10^{-5} \sim 10^{-4}$ mm 的边界润滑时,油性就起决定性作用。当处于冲击性载荷或高温载荷时,摩擦部位的金属表面和润滑油中添加的极压抗磨剂生成化学反应膜,此时润滑油的极压抗磨性就起决定性作用。

评定润滑油极压抗磨性的实验室用摩擦磨损试验机种类很多,如用四球试验机测定最大无卡咬负荷(P_B值)、烧结负荷(P_D值)等,用梯姆肯试验机测定OK值等,用法莱克司试验机测定摩擦系数和磨损值,用阿尔门试验机分别利用不同形状的试验件(如环、块、槽等)测试油品的摩擦磨损特性,还有用FZG齿轮试验机来测定工业齿轮油的卡咬负荷等。

需要指出的是:生产实际中使用的机械设备,其摩擦副的材质、工作表面的接触方式、压力和转速等多种参数都是变化的,上述各种试验机的测定结果都仅仅是在某一特定的条件下对润滑油极压抗磨性的一种评价。

(3)酸值。酸值是表示润滑油中含有酸性物质量的指标,单位 mgKOH/g,它表示用于中和1g试样中酸性组分所需要的碱量。

润滑油的酸性组分主要是有机酸和酸性添加剂,同时也包括无机酸类、酯类、酚类化合物、重金属盐等。对于新油,酸值表示油品精制的程度,或者是酸性添加剂的加入量;对于旧油,酸值则表示其氧化变质的程度。润滑油在储存和使用过程中,由于在一定温度下与空气中的氧发生反应,生成一定的有机酸,或由于添加剂的消耗,酸值也会发生变化。所以,若油品的酸值过大,说明油品氧化变质严重,应考虑换油。

(4)水分。润滑油的水分是指润滑油中含水量的质量百分比或体积百分比。一般在润滑油中水分呈三种状态存在:游离水、乳化水和溶解水。游离水容易脱去,而乳化水和溶解水则不易脱去。润滑油中水分的存在会破坏润滑油膜,使润滑效果变差,并加速有机酸对金属的腐蚀作用,锈蚀设备。水分还会使一部分添加剂分解沉淀,堵塞油路,影响润滑油的循环和供应。

(5)水溶性酸或碱。水溶性酸或碱是指油中溶于水的游离无机酸和碱,以及低分子有机酸和碱性氧化物,它们将严重腐蚀设备,加速油品变质,降低油品的绝缘性能。油中如含有水溶性酸或碱,则表明油液已被污染或氧化分解。

(6)机械杂质。机械杂质是指存在于润滑油中所有不溶于汽油、乙醚和苯等溶剂的沉淀物或胶状悬浮物。它们大部分是砂石、铁屑以及由添加剂带来的一些难溶于溶剂的有机金属盐等杂质。机械杂质的存在会加速机器零件的磨损,加速油品老化,并且容易堵塞油路。机械杂质和颗粒污染度都反映油品的清洁程度。

（7）闪点。指在规定的实验条件下加热油品，使油面上方的油蒸汽与空气的混合气体在同给定的小火焰接触时产生闪火现象的最低温度即为油品的闪点。闪点是油品的安全指标，油品使用环境的温度一般应低于闪点 20~30℃ 为宜。

（8）凝点。在规定的实验条件下使油品冷却到停止流动时的最高温度即为凝点。凝点是油品低温流动性的重要指标，油品使用环境的温度一般比凝点高 15~30℃ 为宜。

（9）灰分。在规定的条件下，把试用油完全燃烧后所剩下的残留物称为灰分，以占试用油的质量百分数表示。灰分可作为判断油品精制深度的一项指标。润滑油中灰分过高，会使发动机零件表面产生积炭；柴油机油和燃料中的灰分，会增加气缸和活塞环的磨损。

（10）残炭。在规定条件下，将油加热、蒸发和燃烧后形成的焦黑色残留物称为残炭，以其占试用油的质量百分数表示。残炭是内燃机油和空气压缩机油的主要质量指标之一。在这些机器工作时，其活塞不断地将润滑油带入高温的气缸内，部分润滑油蒸发和燃烧，部分分解氧化结成胶膜，而与未烧尽的油及其他杂质一起沉积在气缸上温度较低的各部件上形成了积炭。积炭不易导热，因此气缸壁、活塞顶部积炭增加时就会妨碍散热，使零件过热。积炭在火花塞上会引起点火不灵，沉积在阀门上会使阀门开关不灵甚至烧坏。如果空压机积炭太多，甚至会引起爆炸，应该予以注意。

现在很多油品都含有金属、硫、磷、氮等元素的添加剂，它们的残炭值很高，因此，测定含添加剂的新油的残炭已经失去了其本来的意义。对添加剂含量高的油品，通常是控制其基础油的残炭，而不控制成品油的残炭。

（11）抗腐蚀性。抗腐蚀性是判定油品在实验条件下对金属的腐蚀程度。它主要检查油品中有无对金属产生腐蚀作用的有害物质，用对铜片的腐蚀实验来测定。

（12）氧化安定性。氧化安定性是在实验条件下，判定润滑油在加热和金属催化作用下抵抗氧化变质的能力。它是用来评定变压器油、汽轮机油、压缩机油等油在使用、储存和运输中氧化变质的重要指标。

（13）抗乳化性。在规定条件下，使油和水搅拌混合乳化，然后在一定温度下静置，使油水能重新完全分离所需要的时间称为破乳化时间。破乳化时间越短，油品的抗乳化性就越好。油品抗乳化能力强，才能保证润滑作用；反之，会降低润滑作用，还会使油品氧化、酸值增大，极易腐蚀设备。对于液压油、齿轮油、汽轮机油等油，它们在使用中不可避免地与冷却水、蒸汽等接触，抗乳化性就是重要指标。

（14）抗泡沫性。油品在实际使用中，由于受到振荡、搅拌等作用，使得空气混入油中，以至形成泡沫，影响了油品的流动，润滑能力变差，特别是使液压系统不能正常工作。因此就要求油品有抗泡沫性，尤其是液压油。

三、润滑脂

润滑脂是一种常用润滑剂，广泛应用在机械设备中。与润滑油相比，它具有一系列的优点，例如：温度范围比较宽；易于保持在滑动面上，不易流失和泄漏；润滑系统简化，密封简单，能有效地防止污染物和灰尘进入；防锈性与热氧化安定性优良。但是，更换润滑脂困难，散热不易，摩擦力矩比用润滑油大些，在高速场合应用的效果差些。

（一）润滑脂的组成

润滑脂主要由基础油、稠化剂和满足特殊性能要求的各种添加剂组成。它的构成不是一种简单的机械混合或物理变化，若从胶体化学的观点分析，可认为它是由作为稠化剂的分散相和作为基础油的分散介质高度分散而形成的二元胶分散体系。稠化剂分散于液体润滑剂中组成稳定的固体或半固体，加入添加剂是为了改善润滑脂的某些特性。

1. 基础油

润滑脂的基础油一般占润滑脂含量的 80%~90%，润滑脂的流动性和润滑性主要取决于基础油。基础油的类型决定了润滑脂的高温蒸发性能，基础油的黏度和凝点决定了润滑脂的低温泵送性和相似黏度，基础油的黏温性能大致决定了润滑脂的高低温使用范围。

2. 稠化剂

稠化剂一般占润滑脂质量的 10%~20%。它的主要作用是悬浮油液、保持润滑脂与摩擦表面紧密接触，比润滑油对金属的附着能力更高、流动性更小，故能降低润滑脂的流失、滴落或溅散。它也具有一定的润滑、抗压、缓冲和密封效应。稠化剂一般对温度不敏感，润滑脂的稠度随温度的变化较小，因而润滑脂比润滑油有更好的黏温性能。稠化剂的耐热性和耐水性好。

常用的稠化剂有皂基稠化剂和非皂基稠化剂，其中皂基稠化剂中脂肪酸金属皂是用得最多的稠化剂。

3. 添加剂

润滑脂的添加剂约占 5%，它的作用是改善润滑脂的使用性能和寿命。按其功能不同可分为：

（1）结构改善剂。这种添加剂主要用来稳定润滑脂中的胶体结构，提高矿物油对皂的溶解度，故又称为胶溶剂。它主要是一些极性较强的半极性化合物，如甘油、乙醇等。其他如锂基脂中添加的环烷酸皂、钙基脂中添加的醋酸钙等都属于结构改善剂。

（2）抗氧剂。影响润滑脂氧化的因素很多，皂就是一种易起"氧化强化剂"作用的物质。为了提高润滑脂的抗氧化能力，可在其中添加二苯胺、苯基-α 萘胺、苯基-β 萘胺等抗氧剂。

（3）极压抗磨剂。在高速、重载条件下，常在润滑脂中加入含硫、磷或氯的化合物，以提高润滑脂的油膜强度。这类添加剂有硫化、磷化的高级醇锌盐、磷酸酯类、有机酸皂类、氯化石蜡等。

（4）防锈添加剂。在环境潮湿的条件下以及仪器仪表有防锈要求时，使用的润滑脂中常加入防锈添加剂。防锈添加剂为表面活性大的极性化合物，通常采用亚硝酸钠、石油磺酸钡、二壬基萘磺酸钡等。

（5）抗水添加剂。指为了提高润滑脂的抗水性能加入的一种添加剂，主要用于无机稠化剂调制的润滑脂。例如，在硅胶表面覆盖一层有机硅氧烷，可提高硅胶基脂的抗水能力。

（6）增黏剂。增黏剂可使润滑脂更牢固地附着于金属表面上，同时仍保持自身的可塑。通常增黏剂是聚乙丁烯、聚甲基丙烯酸酯等高分子聚合物。

（7）填料。填料是指加到润滑脂中的不溶解的固体物质。它可以提高润滑脂的抗磨性，也可在一定程度上提高使用温度。常用填料有石墨、二硫化钼、滑石粉、氧化锌、碳酸钙、炭黑、金属粉等。用得最多的是石墨和二硫化钼，它们的添加量一般为 3%~5%。

在润滑脂中加入带润滑性的固体填料可进一步提高润滑脂的润滑性和极压性。

（二）润滑脂的分类

常见润滑脂的分类方法有以下几种。

1. 按组成分类

按组成分类时，可以按基础油分为矿物油润滑脂和合成油润滑脂。按稠化剂分，基本上可分为皂基润滑脂和非皂基润滑脂。皂基润滑脂分为单皂基、混合皂基及复合皂基等类型；非皂基润滑脂分为有机润滑脂、无机润滑脂及烃基润滑脂等类型；还有皂基和非皂基混合基润滑脂（如锂皂—膨润土脂、复合铝—膨润土脂）、非皂基复合润滑脂（如聚脲醋酸钙复合脂）等类型。

2. 按应用分类

（1）按主要作用可分为减摩润滑脂、保护润滑脂和密封润滑脂。

（2）按应用范围可分为多效润滑脂、通用润滑脂和专用润滑脂。

(3) 按摩擦部件可分为滚动轴承润滑脂、齿轮润滑脂、阀门润滑脂和螺纹润滑脂等。

(4) 按应用的工业领域、机械设备可分为汽车工业用润滑脂、航空航天工业用润滑脂、钢铁工业用润滑脂、舰船用润滑脂、食品工业机械用润滑脂等,或分为车用、船用、飞机用、机械用润滑脂。

(5) 按使用的温度范围可分为:

① 低温用润滑脂。可工作于 -40℃ 以下,甚至 -60℃ 以下。

② 高温用润滑脂。可工作于 100℃ 以上,甚至高达 300℃ 以上。

③ 宽温用润滑脂。如 -60~120℃,-40~300℃ 等范围。

(6) 按负荷可分为重负荷极压润滑脂、普通用非极压润滑脂。

3. 按性能分类

按性能分类是指按润滑脂的理化性能进行分类。例如,按稠度分为 NLGI 级的 000 号、00 号、0 号至 6 号几个等级。其中 000 号、00 号润滑脂很软,外观类似流体,称为半流体润滑脂;很硬的、外观似固体的则称为砖脂。一般用固体油膏状的润滑脂,还有按抗水性、防锈性、基础油黏度等分类的润滑脂。

除按以上一般性能分类外,还可按特殊性能,如抗辐射性能分类。

为便于润滑脂的选择和使用,并注意到润滑脂的发展情况,国内外比较趋向于按应用并结合性能分类。如日本工业标准 JIS K2220—2013 按应用分类,并结合使用温度范围、负载大小等再分为若干种,分别制定产品标准。

关于润滑脂的分类,国际标准化组织(ISO)于 1987 年在 ISO 6743/9—1987 第 9 部分"润滑脂"中,公布了润滑剂和有关产品(L 类)的分类标准。1990 年我国也发布了与上述标准等效的国家标准 GB/T 7631.8—1990。这套标准规定了润滑脂标记的字母顺序及定义,如表 2-7 及表 2-8 所列。

表 2-7 润滑油标记的字母顺序(GB/T 7631.8—1990)

L	X(字母1)	字母2	字母3	字母4	字母5	稠度等级
润滑剂类	润滑脂组别	最低温度	最高温度	水污染(抗水性、防锈性)	极压性	稠度号

表 2-8 X 组(润滑脂)的分类

代号字母(字母1)	总的用途	操作温度范围 最低温度/℃	字母2	操作温度范围 最高温度/℃	字母3	水污染	字母4	负荷 EP	字母5	稠度	标记	备注
X	用润滑脂的场合	0 -20 -30 -40 < -40	A B C D E	60 90 120 140 160 180 >180	A B C D E F G	在污染的条件下,表示润滑脂的润滑性、抗水性和防锈性	A B C D E F G H I	在高负荷或低负荷下,表示润滑脂的润滑性和极压性,用 A 表示非极压型脂,用 B 表示极压型脂	A B	可选用如下稠度号: 000 00 0 1 2 3 4 5 6	一种润滑脂的标记是由代号字母 X 与其他4个字母及稠度等级号联系在一起来标记的	包含在这个分类体系范围里的所有润滑脂彼此相容是不可能的。而由于缺乏相容性,可能导致润滑脂性能水平的剧烈降低,因此,在允许不同的润滑脂相接触之前,应和产销部门协商

注:最低温度:设备启动或运转时,或者泵送润滑脂时所经历的最低温度。
最高温度:在使用时,被润滑的部件的最高温度

（三）润滑脂的主要性能指标

了解和认识润滑脂的性能指标,对于正确选用润滑脂,确保其使用效果有着重要的作用。润滑脂的主要性能指标如下:

1. 理化性能

（1）外观。通过目测和感观来检验润滑脂的外观质量,具体是判断润滑脂的颜色、光、软硬度、黏附性、均匀性及纤维状况和拉丝性等。

（2）稠度。稠度表示润滑脂的软硬程度,一般用锥入度计测定。锥入度值越大,表示润滑脂稠度越小,润滑脂越软;反之,锥入度越小,表示润滑脂稠度越大,润滑脂越硬。

按照美国国家润滑脂协会（NLGI）的规定,润滑脂稠度按锥入度可分为000、00、0、1、2、3、4、5、6九个等级,其相对应的锥入度值和适用场合如表2－9所列。

（3）含皂量。对未知组成的润滑脂,有必要测定其含皂量与含油量。通过测定润滑脂的含皂量和含油量,可以了解该润滑脂的其他物理性能是否与含皂量相对应。如果润滑脂中含量超过所要求的数量,尽管在常温下的锥入度合适,但是低温性、启动力矩、分油等性能等会有很大差异。

（4）含水量。润滑脂中的水分有两种形式:一种是游离的水分,除了钙基润滑脂外,游离水分的存在会影响润滑脂的使用性能,加速润滑脂酸化,导致金属部件锈蚀,更为严重的是会破坏润滑脂体系的结构,降低胶体安定性和机械安定性,导致润滑脂无法起到润滑作用。特别是钠基润滑脂,对于游离水特别敏感,在生产、使用和储存过程中要特别注意。另外一种就是结合的水分,它作为润滑脂结构胶溶剂存在。

表2－9 润滑脂稠度与锥入度值及适用场合对应表

NLGI牌号	锥入度（25℃）	使用场合
000	445～475	开式齿轮,齿轮箱和减速器的轮滑
00	400～430	
0	355～385	开式齿轮,齿轮箱或集中润滑系统
1	310～340	中速、中负荷的抗磨轴承润滑
2	265～295	较高速的针型轴承和滚子轴承润滑
3	220～250	中速、中负荷的抗磨轴承,汽车轮毂润滑
4	175～205	水泵,低速、高负荷的轴承和轴颈润滑
5	130～160	特殊条件下的润滑,如球磨机轴颈润滑
6	85～115	

（5）灰分。润滑脂的组分中稠化剂和添加剂在经过高温燃烧后都会产生灰分,灰分来源于金属氧化物、矿物油中的无机物和原料中的杂质。根据灰分的多少可以粗略估计出润滑脂的皂含量和游离碱含量。灰分大的润滑脂,在使用过程中容易增加金属零件的磨损、腐蚀和积炭的产生,因而灰分对润滑脂的质量好坏有很重要的影响。

（6）机械杂质。润滑脂中的机械杂质指除稠化剂、固体添加剂或填充物以外的固体物质。一般来源有未反应的无机盐类、从制脂设备上磨损下来的金属微粒和在制脂及储存过程中从外界混入的杂质（如尘土、沙粒等）等。这些杂质会造成零件的擦伤和磨损,尤其对于精密的轴承和机床等设备使用的润滑脂,应该严格控制其机械杂质的含量。

（7）游离酸和游离碱。润滑脂中的游离酸特别是低分子有机酸或者过多的游离碱,都会引起金属部件的腐蚀以及润滑脂分油量的增大,稠度变软,滴点下降,影响实际使用性能。游离酸多数是矿物油氧化和皂化分解的产物。少量游离碱的存在对抑制皂的水解是有利的,但过多则易引起皂的凝聚。因此,应该严格控制游离酸和游离碱的含量。

（8）防锈性。润滑脂由于其良好的黏附特性，能在金属表面保持足够的脂膜，隔离水分、空气、酸性与腐蚀性气体或液体以免其腐蚀金属表面，因而润滑脂比润滑油更能使金属表面不受侵蚀。

（9）橡胶配伍性。橡胶密封材料是防止外界污物进入设备零件的重要屏障，润滑脂与橡胶的配伍性直接影响到橡胶密封材料的使用寿命，因此要求润滑脂与橡胶的相容性好。一般采用润滑脂与合成橡胶的相容性和溶胀性来表征，即润滑脂与标准橡胶接触时，标准橡胶体积和硬度发生变化的程度。

2. 机械安定性和胶体安定性

（1）机械安定性。润滑脂的机械安定性是指润滑脂在机械剪切力作用下，其骨架结构体系抵抗从变形到流动的能力。机械安定性取决于稠化剂纤维本身的强度、纤维间接触点的吸附力和稠化剂量，而与基础油的黏度无直接关系。它是影响润滑脂使用寿命的重要因素。但润滑脂在机械作用下，稠化剂纤维的剪断是在所难免的，故润滑脂的稠度必然会因使用时间的延长而降低。

（2）胶体安定性。润滑脂的胶体安定性是指润滑脂在受热和受压的条件下，保持胶体结构稳定、基础油不被析出的能力。基础油析出是润滑脂的一种特性，微量的分油可以保持设备润滑，对润滑有利，但过度的分油会使胶体结构破坏、润滑脂变质变硬、失去润滑作用，不能满足设备润滑的要求。胶体安定性取决于制备润滑脂的稠化剂含量、基础油的黏度以及稠化剂、基础油、添加剂之间的配伍性及其制备工艺。

3. 氧化安定性和热安定性

（1）氧化安定性。润滑脂氧化安定性是指润滑脂在储存和使用过程中抗氧化的能力。润滑脂的氧化安定性主要与基础油、稠化剂和添加剂有关。润滑脂的使用温度范围较宽、工作环境复杂、有害物质侵入、较长的使用时间等，都对润滑脂的氧化具有促进作用。特别是皂基润滑脂中的金属离子，它是润滑脂氧化反应的催化剂，这种促进作用使得皂基润滑脂比润滑油更容易氧化。氧化将会产生腐蚀性、胶质和破坏润滑脂结构的物质，这些物质容易引起金属部件的腐蚀和降低润滑脂的使用寿命。

（2）热安定性。热安定性是指润滑脂在受热环境下的胶体安定性和使用寿命，它与润滑脂中的基础油和稠化剂有关。润滑脂在高温条件下使用时不仅会加速润滑脂基础油的蒸发，而且还会加速润滑脂的氧化和大量分油，导致润滑脂的胶体结构破坏而使润滑失效。一般用滴点作为润滑脂热安定性的指标，滴点是指润滑脂从不流动态转变为流动态的温度，用它预测润滑脂的最高使用温度界限。滴点越高，表明该润滑脂的热安定性越好。一般情况下应该选择滴点高于使用部位温度15℃以上的润滑脂产品，才能起到润滑和防护的作用。

4. 抗水性和防腐蚀性

（1）抗水性。润滑脂抗水性是指润滑脂与水或水蒸气接触时抗水冲洗和抗乳化的能力，主要与润滑脂的稠化剂类型有关。一些设备需要在水或水蒸气存在的条件下运转，因而采用润滑的润滑脂必须具有良好的抗水性，否则润滑脂会在潮湿的环境中因吸水而逐渐乳化变质，最终导致其结构破坏流失、润滑失效、设备腐蚀损坏。

（2）防腐蚀性。润滑脂的防腐蚀性主要是指润滑脂可以保护金属表面免于锈蚀的能力。设备处于空气、水及一些腐蚀性气体或液体环境中，如果润滑脂的防腐蚀性能较差，则设备容易被腐蚀。润滑脂的防腐蚀性主要是用"润滑脂铜片腐蚀试验"测定的。

5. 极压性和抗磨性

（1）极压性。润滑脂涂在相互接触的金属表面形成脂膜，其能承载轴向和径向负荷的特性，称为润滑脂的极压性。一般来说，在润滑脂中添加极压剂，如含有二硫化钼或有机钼化合物等可以提高润滑脂的极压性。

（2）抗磨性。润滑脂涂在相互接触的金属表面形成脂膜，其能减轻表面的摩擦和磨损，防止烧结的特性，称为润滑脂的抗磨性。

四、润滑油的选用、代用及更换

（一）润滑油的选用

在购进新机器设备时，首先遇到的一个问题就是正确选用润滑剂。如果选用不当，设备就会出现故障，甚至产生设备毁坏的严重后果。润滑油的选择，原则上必须满足能够降低摩擦阻力和能源消耗，减小表面磨损，延长设备使用寿命，保障设备正常运转，并同时解决冷却、污染和腐蚀问题的要求。在具体选择油品时，主要根据机械设备摩擦副的工作条件选用，这时要考虑：

1. 载荷　摩擦副所承受的载荷大时，应选用黏度大或油性、极压性良好的润滑油；载荷小时，则选用黏度小的润滑油。

承受间隙性或冲击载荷时，应选用黏度较大或极压性好的润滑油。

2. 运动速度　摩擦副相对运动速度高时，选用黏度较小的润滑油；相对运动速度低时，可选用黏度大些的润滑油。

3. 温度　温度是指环境温度和工作温度。当环境温度低时，应选用低凝点的润滑油；当环境温度高时，则选用凝点较高的润滑油。设备零件所处的工作温度高时，应选用黏度较大、闪点较高、氧化安定性较好的润滑油，甚至可以选用固体润滑剂；在工作温度变化范围较大的润滑部位，要选用黏温性能好的润滑油。

4. 工作环境　在潮湿的工作环境里，或与水接触较多的工作条件下，应选用抗乳化性较强、油性和防锈性能较好的润滑油。

按照摩擦副选油的方法，可在工程手册中有关的图表上很方便地查到。

除上述最根本的选油方法外，还有以下两种选油思路：

（1）选用的润滑油名称及其性能与所使用的机械设备或机器零件名称相一致。工业润滑油是按机械设备及润滑部位的名称来命名的，例如，齿轮油用于齿轮传动部位，液压油用于液压传动系统，汽油机油用于汽油发动机的润滑等，因此，可按照油品名称选油，但应注意，不同厂家，其产品的质量也有所不同。

（2）参考设备制造厂家推荐选用的油品。设备制造厂家应对润滑油有所了解和熟悉，并应按照摩擦副的工作条件选用合适的润滑油。但是，使用设备的企业也应注意，生产厂家推荐的润滑油只能作为参考。

（二）润滑油的代用

必须强调，应该正确选用润滑油，尽可能避免代用，更不允许乱代用。但在实际使用中，可能会出现一时买不到合适润滑油的情况，或新试制（或引进）的设备，相应的新的润滑油试制或生产尚未完成，这时则需要选择代用润滑油。

润滑油的代用原则：

（1）代用的润滑油首先要满足设备的工作条件要求。例如，要考虑环境温度和工作温度：工作温度变化大的机械设备，代用油品的黏温性要好些；高温工作的机械设备，要考虑代用油的闪点和氧化安定性能否满足工作要求。

（2）尽量用同种类润滑油或性能相近、添加剂类型相似的润滑油。

（3）一般情况、使用黏度相同或黏度稍高一级的润滑油代用。

（4）选用质量高一档的润滑油代用，保证设备润滑可靠。

选好代用润滑油后，应试运行，确认润滑可靠后方可正式代用。

（三）润滑油的混用

在润滑油的实际使用中，有时会发生一种润滑油与另一种润滑油混用的问题，包括国产润滑油与国外润滑油之间、不同种类润滑油之间、同一种类不同厂家润滑油之间、同一种类不同牌号润滑油之间、新润滑油与正在使用润滑油之间混用等。润滑油混用后，能否保证质量、哪些润滑油可以混用、混用应注意哪些问题等，都需要认真探讨和试验。

（1）一般情况下，应尽量避免混用。因为混用后，其黏度、闪点、密度、酸值、残炭及灰分均有变化，而且会因添加剂不同影响润滑油的相容性，产生沉淀等异常现象。

（2）在以下特殊情况下，可以考虑混合。

① 高质量润滑油混入低质量润滑油，仍用于原使用的机器设备。

② 同一种类但不同牌号的润滑油若要混用，需经调整润滑油黏度、闪点等理化性能，经正确的掺配后方可混用。

（3）对于尚不了解其性能的润滑油，如果确实需要混用，应在混用前做混用试验。如果混用试验中发现有异味或有沉淀生成，则不能混用。即使无异味，无沉淀生成，也最好测定混用前后润滑油的主要理化性能，以做判断和比较。

（4）对混用油品的使用情况要跟踪检测。

（四）润滑油的更换

润滑油的适时更换和更换周期的确定，应该科学、合理。比较科学可靠的方法是依据润滑油的质量指标来确定是否需要更换，也就是"以按质换油取代按时换油"。

按此原则实施的做法是：

（1）参考设备制造厂的推荐换油周期和考察设备的实际运转情况，如运转是否正常，有无振动、噪声，有无发热，油压是否正常，过滤器是否完好等，做出是否要抽取油样检验的决定。

（2）根据润滑油检验情况确定是否更换润滑油。对于机械设备来讲，一般检验润滑油的黏度、酸值、水分、闪点、杂质、总酸值或总碱值等常规理化性能指标；特殊工况还要考虑检验相关指标，如重载情况时需要检验极压性，如是液压油还要检验其清洁度等。

有了检验结果，还要分析这些指标对润滑油质量的具体影响，才能决定是否更换。例如，黏度超标、酸值过大或水分引起油液乳化等，均应采取更换的方法。

润滑油的更换是一个比较复杂的问题，如上所述，要对设备的实际运转情况和油品的检验结果做具体分析，并在实践中不断总结，以制定出合理的设备换油指标和换油周期。相关手册中的各种润滑油换油指标的国家标准和专业标准也可供参考。

第四节　机械设备润滑系统

合理选择和设计机械设备的润滑方法、润滑系统和装置，对于设备保持良好的润滑状态和工作性能，以及获得较长使用寿命都具有重要的意义。

润滑系统的选择和设计包含润滑剂的输送、控制、冷却、净化，以及压力、温度、流量等参数的监控。同时还应考虑以下三个方面的情况：摩擦副类型及工作条件、润滑类型及其性能、润滑方法及供油条件。

在对设备及其润滑要求全面了解和分析的基础上，选择润滑系统的原则为：确定润滑剂的品种；首先保证主要零部件润滑，然后综合考虑其他部位润滑；避免产生不适当的摩擦、噪声和温升，使摩擦副提前失效、损伤；便于保养维修。

一、润滑系统的分类与形式

图 2-12 清楚地表示了润滑系统的分类情况。

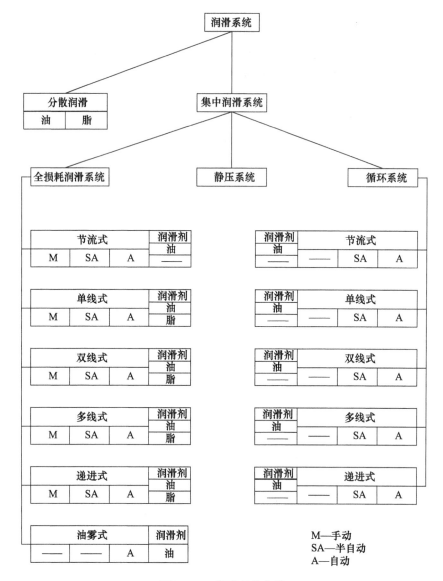

图 2-12 润滑系统分类

机械设备中广泛使用的集中润滑系统有下列几种形式(见图 2-13):

(1) 节流式。利用流体阻力分配润滑剂,其流量正比于压力和节流孔孔径。

这种方式的供油压力为 0.2~1.5MPa,润滑点可达 300 点以上。

(2) 单线式。主油管送油至方向阀,利用方向阀结构,间断地向润滑点供油。其供油压力在 0.3~21MPa 之间,可供 200 点以上的润滑点。

(3) 双线式。借助方向阀实现其后两条主油路的交替供油,再利用润滑剂交替变化的压力升降操纵定量分配器,把定量润滑剂供送至各润滑点。其供油压力在 0.3~21MPa 之间,可供 2000 个润滑点。

(4) 多线式。多头油泵的多个出口可通过管路直接将定量的润滑剂送至相应的润滑点。其

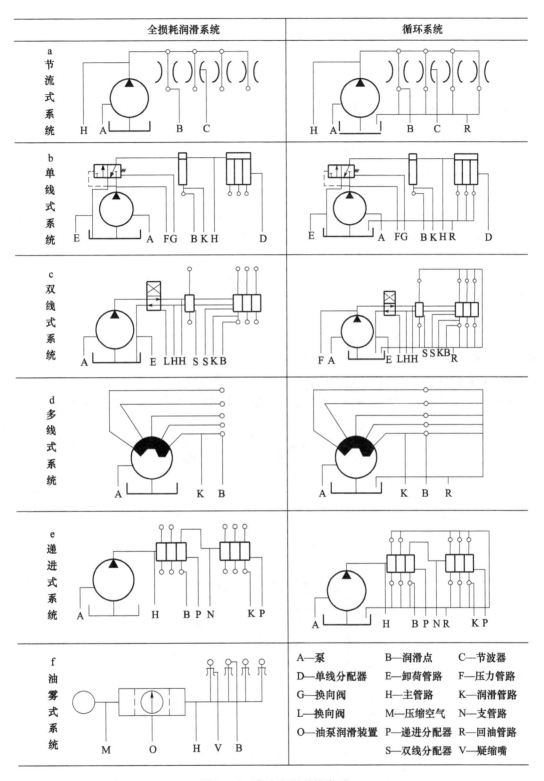

图2-13 集中润滑系统类型

供油压力在0.3~21MPa之间,可供2000个润滑点。

(5)递进式。由压力升降操纵定量分配器,按预定的递进程序将润滑油送至各润滑点。其供油压力在0.3~21MPa之间,可供800个润滑点。

（6）油雾式。油雾器产生可悬浮于气流中的润滑油微粒（油雾），将其通过管路送至凝缩嘴，凝缩嘴将油雾转变成所需粒度并送至润滑点。

二、集中润滑系统

集中润滑系统的主要特点是：准确、定时定量、效率高、使用方便；提高设备的使用寿命，保证机器的使用性能。

（一）集中润滑系统的分类与组成

集中润滑系统的分类方法较多，可按管路设置、回油方式、运动状态或润滑元件分类。无论是哪一类型，系统包含的组成部分大致相同，这些组成部分有：

（1）油源部分，由油箱、过滤器、油泵及动力组成。油源部分的作用是提供干净的润滑油液。

（2）控制部分，包括分配阀、阀门、控制装置、仪表、报警及监测装置。控制部分的作用是使油液按需要向各润滑点供油，并用各种方法监测工作状态，做好故障预报及诊断。

（3）其他部分，主要指管路、冷却器、热交换器等辅助部分。它们使润滑油路畅通，润滑油供给正常。

（二）稀油集中润滑系统

（1）单线阻尼润滑系统，如图2-14所示。这种系统由供油部分、柱塞分配器、压力监控部分及管路组成。供油部分是由电动机、油泵、油箱、过滤器等组合而成的液压站。油液经油泵泵出，经一条主油管道送至分配器。在这里，油液将按比例分配供给各润滑点。压力开关监测油路油压，将信号传递给控制元件，进一步控制供油电动机的转速，改变供油泵输出油量的大小。

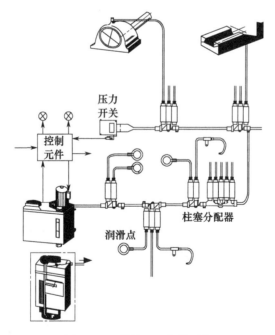

图2-14 单线阻尼润滑系统

这种系统一般用于循环润滑系统，适合于油量需要较少、周期性供油的机床润滑。它可以改变油量大小，具有一定的灵活性；润滑点的少量增减不影响系统的正常运作；一旦某个润滑点出现故障，其他润滑点也不会受到影响。

（2）双线润滑系统，如图2-15所示。与单线润滑系统相比，双线润滑系统在结构上（元件、管路）有所不同；使用了大流量油泵；除了分配器、压力开关外，还增加了换向阀；主管路增至两条;监控系统也增加了堵塞显示器及调压阀。

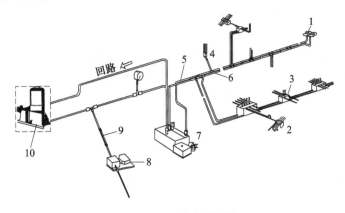

图2-15 双线润滑系统

1—线压力开关;2—递进式分配器;3—双线分配器;4—分单线分配器;5—分主线一;
6—分主线二;7—二位四通换向阀;8—电动堵塞显示器;9—换向阀;10—油泵。

油液从油泵出来后,由主管道向分配器(分流器)供油。本系统采用单线分配器、双线分配器及递进分配器向各润滑点提供润滑油。

二位四通换向阀的作用是改变主油管的功能。当换向阀是主油管之一(如图2-15中主线一)供油时,另一主油管则处于卸压状态,即该油管中未用的油液返回油箱。管路末端的压力开关则是换向阀的控制元件。当各润滑点已经得到润滑后,油路中的油液压力升高,压力开关动作,换向阀换向,并为另一主管路供油做准备。

(3)递进式润滑系统,如图2-16所示。同其他润滑系统一样,递进式润滑系统主要由泵站、分配器和控制器组成。系统具有压力高、定量、准确的特点,并能对任一润滑点的故障做出准确预报,终止运行。

递进式分配器是该系统的关键,如图2-17所示。递进式分配器由进油板D、终端板E及若干供油板组成。每块供油板都有两个排油口,根据润滑点的数量选用供油板。

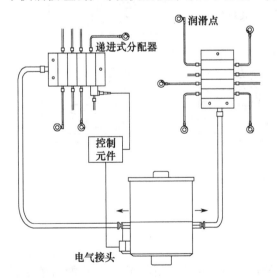

图2-16 递进式润滑系统

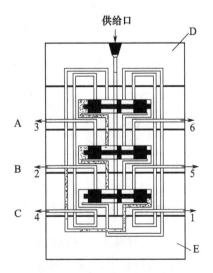

图2-17 递进式分配器工作原理

1~6—分出油口;A、B、C—供油板;
D—进油板;E—终端板。

图 2-17 选用 A、B、C 三块供油板的分配器。图中 1~6 是出油口的代号,也是分配器的出油顺序。其工作原理如下(以图示工作状态为例):

(1) 油液经供给口同时向 A、B、C 供油。

(2) 供油板 B 的阀芯在右位,油液经内部油路进入 A 板左腔,迫使阀芯置于右位。

进入 C 板的油液经阀芯后再进入 B 板左腔,所以 B 板处于图示位置。

(3) 进入 A 板的油液,经左边通路进入 C 板右腔,迫使阀芯左移。左腔油液流出,经管路进入 A 板中部右腔,再经管路流出通路 1。

由于 C 板阀芯左移,由供给口来的油液换位进入 C 板中部右边油腔,再进入 B 板右腔,使 B 板阀芯左移,左腔油液经换位后经 C 板阀芯中部左腔流向出口 2。

(4) B 板阀芯移位,使通过供给口的油液经 B 板中部右腔进入 A 板右腔,其阀芯左移,左腔油液经 B 板中部左腔流向通路 3。

三块板的阀芯均换至左位,实现 1、2、3 供油口向润滑点供油。

同理可分析出其他三个出油口的供油顺序。

(5) 油雾润滑系统。指将油雾润滑装置与其他相应的部分组合而成的润滑系统,如图 2-18 所示。该润滑系统包括动力、控制、冷却、监测等部分。它具有油温、油雾压力、油雾浓度及油雾量等参数的监控功能,能对多种润滑点实施润滑。

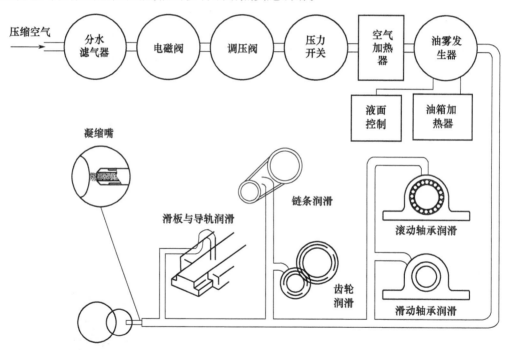

图 2-18 油雾润滑系统图

三、润滑系统常见故障与维修

(一) 润滑系统故障的一般原因

设备在运转过程中,常因润滑系统出现故障致使设备各个机构润滑状态不良,性能与精度下降,甚至造成设备损坏事故。

设备润滑系统发生故障的原因很多。通常可归纳为设计制造、安装调试、使用操作和保养维修不当等原因而引起的设备失效,分述如下:

(1) 机械设计制造方面的原因。在设计制造上容易造成润滑系统故障的原因常有以下几项：

① 设备润滑系统设计计算不能满足润滑条件。例如，某种摇臂钻床主轴箱油池设计得较小，储油量少，润滑泵开动时油液不足循环所需，但当停机后各处回油返流至油箱后，又发生过满而溢出。

② 产品更新换代时未对传统的润滑原理与落后的加油方法加以改造。如有些机床改造后重要的导轨面或动压轴承依然用手工间歇加油润滑，机床容易出现擦伤损坏。

③ 对设备在使用过程中的维修考虑不足。如一些暴露在污染环境的导轨与丝杠缺乏必要的防护装置，油箱防漏性差或回油小于出油，或加油孔开设不合理等，不仅给日后维修造成诸多不便，也易发生故障。

④ 设备润滑状态监测与安全保护装置不完善。对于简单设备定时定量加油即可达到要求，但对于连续运转的机构应设有油窗以观察来油状况。

⑤ 设备制造质量不佳或安装调试得不好。零件油槽加工不准确，箱体与箱盖接触不严密，供油管道出油口偏斜，油封装配不好，油孔位置不正，轴承端盖回油孔倒装，油管折扁，油管接头不牢，密封圈不合规格等都将造成润滑系统的故障。

(2) 设备保养维修方面的原因。设备在使用过程中，保养不善或检修质量不良，是润滑系统发生故障最主要的原因。常见故障原因有以下几种：

① 不经常检查调整润滑系统工作状态。即使润滑系统完好无缺的设备，在运转一定时间之后，难免存在各种缺陷，如不及时检查修理，就会成为隐患，进而引起设备事故。

② 清洗保养不良。不按计划定期清洗润滑系统与加油装置，不及时更换损坏了的润滑元器件，致使润滑油中夹带磨粒，油嘴注不进油，甚至油路堵塞。一些负荷很重，往返运动频繁的滑动导轨，油垫储油槽内的油毡因长期不清洗而失效，结果使导轨咬黏、滑枕不动。一些压力油杯的弹簧坏了，钢球不能封闭孔口；利用毛细管作用，均匀滴油的毛线丢失或插入不深等，这些润滑元器件都应在日常保养中清洗或更换。

③ 人为的故障。不经仔细考虑随意改动原有润滑系统，造成润滑不良的事故也有发生。一般拖板都设有防屑保洁毡垫，要求压贴在与之相对的导轨表面，但有些企业对之长期不洗，任其发硬失效或洗后重装时不压贴。

④ 盲目信赖润滑系统自动监控装置。设备润滑状况监控与联锁装置常因本身发生故障或调整失误而失去监控功能，因而不发或错发信号。因此，要定期检查调整润滑监控装置，只有在确信其工作可靠的前提下，才可放心地操作设备。

以上主要是从设备故障表面现象加以分析，实际生产中，许多故障产生的原因是错综复杂的，有些故障直接原因是保养不良，但包含有润滑系统设计不合理或制造质量欠佳，或是选择润滑材料不当，或是机械零部件的材质与工艺存在的问题等因素。因此，对具体故障要作具体分析，从实际出发找出主次原因，采取有效易行的故障排除方法。必要时对反复发生故障的原润滑系统加以改进，以求系统更加稳定。

(二) 加油元件常见故障的检修

(1) 油环。可分式活动油环由两部分组成，轴在转动过程中，其连接处可能发生跳动，使润滑装置受损，且有松脱的危险，故应定期检查修理。油环润滑要求油箱油面有一定高度，使油环浸过其直径 $1/6 \sim 1/5$。当油面过低时，带进轴承的油量不足，发生润滑不良，甚至完全失效；反之，油面过高，油液受到激烈搅拌（特别是随轴旋转的固定油轮），使油箱发热，也会产生润滑故障，故应经常保持规定的油面高度。

（2）油杯。三种形式压注油杯都是由弹簧顶住小钢球遮蔽加油孔,以防止尘埃落入杯中。这种油杯结构简便,且效果好,使用非常广泛,但也经常出现弹簧卡死,钢球遮蔽不严,脏物易积集孔中而堵塞,偶或钢球脱出,使油孔外露。因此,要正确使用加油工具,及时修复或更换已损坏的油杯。

（3）弹簧盖油杯。利用毛线油芯的毛细管原理,使杯中油液缓慢不断地进入摩擦表面。常见故障是油芯脏或油芯插入油芯管中太浅,或者因油芯材料缺少而用棉纱代替,都将影响流油量。

（4）针阀式注油杯。针阀式注油杯是利用针阀锥面间隙调节滴油量大小,可根据设备运转强度调整间隙量大小,并由爪形固定针阀锥体。当设备使用日久,油中的胶质黏附锥体或脏物积聚在针阀出口,间隙逐渐变小,流油量也随之减少,甚至无油滴出,造成零件干磨损坏,故应经常清洗和调整油杯。

（三）润滑装置常见故障的检修

（1）冷却器常见故障及其消除方法。冷却器常见故障及其消除方法如表2-10所列。

表2-10 冷却器常见故障及消除方法

现象	原因分析	消除方法
进排水温差小、压差大,冷却效果不佳	①气泡阻隔,热交换不好; ②管壁水垢厚,管孔通过截面减少,且不利于热传递	①按开动冷却器步骤重新开动,以除去铜(铝)管外壁附着的气泡; ②用化学、物理方法除去管壁水垢,根据水质情况定期除垢,或使用软水剂、水磁软水装置等
冷却水中带油	热交换管(板)渗漏	找出漏点焊补或粘补;管口与管板不严,可用扩孔法修理,必要时将漏管拆除(但不多于管总数10%),然后将管口板孔堵死

（2）离心净油机常见故障及其消除方法。离心净油机常见故障及其消除方法如表2-11所列。

表2-11 离心式净油机常见故障及其消除方法

现象	原因分析	消除方法
转筒实际转速低于额定转速	①摩擦联轴器的闸皮磨损,间隙过大; ②摩擦联轴器打滑,摩擦部位粘上油脂及脏物,接触不良; ③电源电压太低	①更换闸皮,调整间隙; ②将油脂及脏物擦洗干净,调整联轴器; ③检查电源电压及电动机接线方法是否正确
油浑浊,颜色发暗	用澄清法时,转筒内分离出的水很快充满	打开转筒进行清洗,并检查油中含水量。如果含水量过多,应改为净化法先除水
净化效果不好,分离出的水中含有大量的油	①油、水混合,呈乳化状态; ②油温过低,使黏度太大; ③油中含水及杂质量超过规定3%; ④净渣上罩位置太低,净油流入集水室	①取样化验,根据标准更换新油(或将变质的油再生处理); ②提高油温至55~65℃,以降低油的黏度,检查电加热器的电源电压及接线是否正确; ③先加热沉降杂质,再进行净化; ④重新调整转筒位置
分离法净油时,油和水一起流出	①水封失效; ②脏油进入量过大、不均匀; ③选用了不合适的流量孔板	①重新向转筒注入热水,形成良好水封; ②适当调整进油阀门,使油流速连续、均匀进入; ③更换较小内径的流量孔板
净油机工作时,座盘内出现水和油	①转筒盖下的密封胶圈破裂或膨胀失效; ②转筒的压紧螺母松动	①更换密封胶圈; ②拧紧压紧螺母

续表

现象	原因分析	消除方法
净油室内进水	转筒装置太高	调节止推轴承的高度
转筒振动异常	①在转筒内壁上淤积的沉淀物不均; ②立轴颈部轴承减振器弹簧不正常	①清洗转筒; ②更换弹簧,并调整正确
润滑泵出口压力过低	齿轮泵的齿轮端面与端盖之间的间隙太大	调整并减少齿轮侧面与端盖的间隙

(3) 气动加油(脂)泵常见故障及其消除方法。气动加油(脂)泵常见故障及其消除方法如表2-12所列。

表2-12 气动加油(脂)泵常见故障分析及消除方法

现象	原因分析	消除方法
气动加油泵的流量明显降低	①进油活门卡死; ②活塞与活塞杆之间的月形槽通道被污物卡住; ③油缸活塞行程之间换向顶杆的位置不对	①拆开检查、清洗; ②拆开检查清洗; ③检查后,重新调整换向顶杆的固定位置,以保证油缸活塞行程符合要求
气动加油泵换向不灵	①换向气阀被污物卡住; ②电磁铁芯孔与分配活塞杆有摩擦阻碍; ③空气滤清器未正常工作	①拆开检查、清洗; ②拆开检查并消除摩擦阻碍,并检查电气线路完好; ③检查,清洗空气滤清器
气动加油泵压力上不去	①气缸或油缸与其活塞的间隙过大; ②送油管路或气路有泄漏	①更换活塞,调整间隙; ②检查泄量,及时堵漏

(4) 润滑油箱常见故障及其消除方法。润滑油箱常见故障及其消除方法如表2-13所列。

表2-13 润滑油箱常见故障与消除方法

现象	原因分析	消除方法
油箱故障性漏油(即非设计或制造质量造成的漏油)	①油箱透气帽盖堵塞,运转中油箱自然温升,箱内气压大于外界; ②油面超过油标最高刻线; ③油箱上盖或其他盖板日久变形使间隙增大; ④盖板垫纸破损,原有密封胶变硬; ⑤箱盖(法兰盖)与箱体之间有杂质使接缝不严密; ⑥回油管(孔)被脏物堵塞而漫出; ⑦属于维修性的各种漏油原因	①找出透气孔不通原因改进之;有些透气孔因内外套错位而关闭; ②加油时需按油标规定油面高度加油; ③用配刮方法使其接触均匀密贴; ④更换破损的垫纸;用密封胶重新涂接触面(先将残留的旧密封胶彻底刮除); ⑤每次揭开盖板(法兰盘)再盖(装)时,应除去夹杂物,除尽毛刺; ⑥清理脏物;采取保洁防脏措施; ⑦及时更换磨损零件与密封装置
油箱中含有水分	①切削液溅入或雨水漏入; ②大气中的湿气通过透气孔"呼吸"进入箱内凝聚而成; ③装有冷却器的油箱漏水	①检查箱体各孔板,加强密封,防止渗漏; ②加强透气孔的过滤吸湿装置; ③检查补焊漏处
油箱最高与最低油位不准	①油箱最高与最低油位指示信号失灵,浮子渗漏下沉; ②油箱藏在地坑,油标难以看准	①检查液位控制器,修理浮子漏点; ②在箱顶加装测油针,定期取出观看

(四)润滑系统常见故障的检修

(1)油雾润滑系统常见故障及其消除方法。油雾润滑系统常见故障及其消除方法如表2-14所列。

表2-14 油雾润滑系统常见故障及其消除方法

现象	原因分析	消除方法
油雾压力下降	①供气压力太低; ②分水滤气器积水过多,管道不畅通; ③油雾发生器堵塞; ④油雾管道漏气	①检查气源压力,重新调整减压阀; ②放水、清洗或更换滤气器; ③卸下阀体,清洗吹扫; ④检修
油雾压力升高	①供气压力太高; ②管道有U形弯,或坡度过小,凝聚油堵塞管道; ③管道不清洁,凝缩嘴堵塞	①调整空气减压阀; ②消除U形弯,加大管道坡度或装设放泄阀; ③检查清洗
油雾压力正常,但雾化不良,或吹纯空气,油位不下降	①润滑油黏度太高; ②油温太低; ③吸油管过滤器堵塞; ④喷油嘴堵塞; ⑤油位太低; ⑥油量针阀开启太大; ⑦空气针阀开启太大,压缩空气直接输至管道	①换油; ②检查油温调节器和电加热器使其正常工作; ③清洗或更换; ④卸下喷嘴,清洗检查; ⑤补充至正常油位; ⑥调节油量针阀; ⑦调节空气针阀

(2)MWB型动静压滑动轴承润滑系统常见故障及其消除方法。MWB型动静压滑动轴承润滑系统常见故障及其消除方法如表2-15所列。

表2-15 MWB型动静压滑动轴承润滑系统常见故障及其消除方法

故障	现象	原因	消除方法
建立不起完全液体润滑状态	启动供油系统后,一般用手能轻松地转动(或移动)滑动件,若转不动或比不供油时更难转动,说明某些地方金属直接接触	①油腔有漏油现象,致使滑动件被顶在支承件一边,金属直接接触; ②节流器堵塞使某些油腔中无压力; ③各个节流器的液阻相差甚大,造成某些油腔的压力相差悬殊; ④可变节流器弹性元件刚度太低,造成一端出油孔被堵住; ⑤深沟球轴承的同轴度或推力轴承的垂直度太差,使轴承无足够的间隙	①检查各个油腔的压力是否正常,针对漏油、无压力或压力相差悬殊的油腔采取措施; ②调整各油腔的节流比; ③保证润滑油的清洁; ④合理设计节流器参数; ⑤保证零件的制造精度和装配质量
油腔压力不稳定	主轴不转动时,开始油泵后油腔的压力都逐渐下降,或某几个油腔的压力下降	①滤油器逐渐被堵塞; ②油泵容量不够	更换润滑油,清洗滤油器及节流器
	主轴不转动时,各油腔的压力有抖动	①供油系统的压力脉动太大; ②系统失稳	①检修油泵和压力阀; ②调整参数,使其在稳定范围内工作
	主轴转动后,各油腔压力有周期性的变化	主轴转动时的离心作用	主轴部件进行动平衡
	主轴高速旋转时,油腔压力有不规则的波动	①油腔吸入空气; ②动压力的影响	改变油腔形式和回油槽结构

续表

故障	现象	原因	消除方法
油膜刚度不足	节流比在公差范围内,而油膜刚度太低	供油压力太低	提高供油压力,对于可变节流器,减小膜片厚度或减小弹簧刚度
节流比超出公差范围		①轴承的配合间隙超出设计要求; ②节流器的间隙(或孔径)超出设计要求	①重配主轴,适当加大或减小间隙,此时若引起油膜刚度不足,可提高供油压力; ②同时调整轴承配合间隙和节流器参数
主轴拉毛或抱轴		①润滑油不清洁,过滤器过滤精度不够; ②轴承及油管内杂质未清除; ③节流孔堵塞; ④安全保护装置失灵	①检修过滤器; ②清洗零件; ③清洗零件; ④维修安全保护装置
油腔压力升不高		①油腔配合间隙太大; ②油路有漏油现象; ③油泵容量太小; ④润滑油黏度太低	①重配主轴; ②消除漏油现象; ③选用容量较大的油泵; ④选用合适黏度的润滑油
轴承温升太高	主轴运转1h左右,油池或箱体温度过高	①轴承间隙太小; ②供油压力太高; ③润滑油黏度太高; ④油腔摩擦面积太大	①加大轴承间隙; ②在承载能力及油膜刚度允许条件下,降低供油压力; ③降低润滑油黏度; ④减小封油面宽度
液压冲击	在系统未达到刚度极限时,发生剧烈振动	压力油通过节流器间隙时,流速突然增大,压力突然下降,溶于油中的空气分解而释放出来形成气泡	①降低供油压力; ②减小节流比; ③增大润滑油黏度; ④增大薄膜厚度; ⑤改变管道长度

(3) 滑动轴承失效形式、特征及原因。表2-16为滑动轴承失效形式、特征及原因。

表2-16 滑动轴承失效形式、特征及原因

失效形式			特征	原因
磨损失效	按磨损机理分类	磨粒磨损	轴承表面划伤、材料脱落	轴承表面与硬质颗粒发生摩擦
		黏着磨损	轴承表面局部点被撕脱,形成凹坑或凹槽	由于实际接触面上某些点接触应力过高,形成黏着点,相对滑动时黏着点被剪断
		疲劳磨损	首先产生裂纹,继而裂纹扩展,最终形成疲劳剥落。剥落坑呈大小不一的块状,有时呈疏松的点状,有时呈虫孔状	①轴承表面受到交变应力作用; ②轴承表面工作时产生摩擦热和咬黏现象,温度升高产生热应力; ③铅相由腐蚀和渗出形成疲劳源
	腐蚀磨损	电解质腐蚀	轴承表面产生麻点	硬而脆氧化膜在载荷作用下崩碎剥离
		有机酸腐蚀	轴承表面粗糙	内燃机燃料油不完全燃烧及润滑油被氧化
		其他腐蚀	硫化膜破碎形成磨粒磨损	润滑油中的硫化物与轴承中的银和铜等元素生成硬而脆的硫化膜

续表

<table>
<tr><th colspan="2">失效形式</th><th>特征</th><th>原因</th></tr>
<tr><td rowspan="5">磨损失效</td><td>早期正常磨损</td><td>轴承与轴颈的接触面增大,接触表面粗糙度减小</td><td>工作表面微凸体峰谷相互切割,产生微观磨合</td></tr>
<tr><td>正常磨损</td><td>在规定的使用期限内,配合间隙逐渐增大,轴承承载能力逐渐减弱。当磨损过大时发生振动噪声</td><td>滑动轴承的正常磨损量逐渐积累并超过了规定极限</td></tr>
<tr><td>伤痕</td><td>滑动轴承表面形成点状凹坑或沿轴向分布形成线状痕迹和拉槽</td><td>由于不均匀磨损,凹坑和拉槽使油膜变薄或破坏</td></tr>
<tr><td>异常磨损</td><td>轴承表面严重损伤</td><td>安装时轴线偏斜,轴承承载不均,或刚性不足,局部磨损大</td></tr>
<tr><td>咬黏</td><td>轴承和轴颈直接局部接触,抱死</td><td>高温、高负荷、偏载、轴承间隙过小</td></tr>
<tr><td colspan="2">气蚀失效</td><td>轴承表面出现不规则的剥落,一般较轻微</td><td>润滑油中的蒸气气泡在压力较高区域破裂形成压力波</td></tr>
<tr><td colspan="2">油膜涡动和油膜振荡</td><td>动压轴承发生半频涡动。转速接近等于轴承系统一阶临界转速的2倍时,发生近似等于一阶临界转速的共振</td><td>轴承油膜作用力引起的自激振动</td></tr>
<tr><td colspan="2">过热</td><td>油温或轴承温度升高</td><td>承载能力不足,供油不充分,油质劣化,涡动剧烈,超载运行</td></tr>
</table>

(4) 由于液压油因素引起的机械故障及其消除方法详见第六章内容。

第五节 机械设备的密封

密封装置是机械设备的重要部件,密封失效与泄漏是机械设备常见故障之一。泄漏降低机械设备的工作效率,增大磨损概率,污染环境,并经常导致设备停机。因此,研究机械设备密封装置的维修及泄漏治理技术很有必要。

一、机械密封结构与特点

(一) 基本结构

机械密封一般主要由以下四大部分组成:

(1) 由静止环(静环)和旋转环(动环)组成的一对密封端面,该密封端面有时也称为摩擦副,是机械密封的核心。

(2) 以弹性元件或磁性元件为主的补偿缓冲机构。

(3) 辅助密封机构。

(4) 使动环和轴一起旋转的传动机构。

机械密封的结构多种多样,最常见的结构如图2-19所示。

(二) 主要特点

机械密封与其他形式的密封相比,具有以下特点:

(1) 密封性好。在长期运转中密封状态很稳定,泄漏量很小,据统计约为软填料密封泄漏量的1%以下。

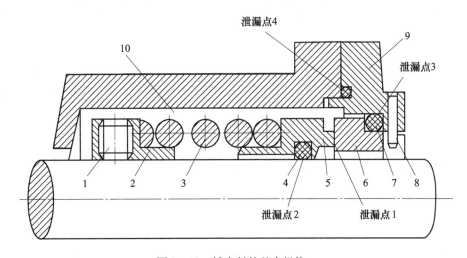

图 2-19 械密封的基本机构
1—紧定螺钉；2—弹簧底座；3—弹簧；4—动环辅助密封圈；5—动环；
6—静环；7—静环辅助密封圈；8—防转销；9—端盖；10—密封腔。

（2）使用寿命长。机械密封端面由自润滑性及耐磨性较好的材料组成，还具有磨损补偿机构。因此，密封端面的磨损量在正常工作条件下很小，一般的可连续使用 1~2 年，特殊的可用到 5~10 年。

（3）运转中不用调整。由于机械密封靠弹簧力和流体压力使摩擦副贴合，在运转中即使摩擦副磨损后，密封端面也始终自动地保持贴合。因此，正确安装后就不需要经常调整，使用方便，适合连续化、自动化生产。

（4）功率损耗小。由于机械密封的端面接触面积小，摩擦功率损耗小，一般仅为填料密封的 20%~30%。

（5）轴或轴套表面不易磨损。由于机械密封与轴或轴套的接触部位几乎没有相对运动，因此对轴或轴套的磨损较小。

（6）耐振性强。机械密封由于具有缓冲功能，因此当设备或转轴在一定范围内振动时，仍能保持良好的密封性能。

（7）密封参数高，适用范围广。在合理选择摩擦副材料及结构，加之设置适当的冲洗、冷却等辅助系统的情况下，机械密封可广泛适用于各种工况，尤其在高温、低温、强腐蚀、高速等恶劣工况下，更显示出其优越性。

（8）结构复杂、拆装不便。与其他密封比较，机械密封的零件数目多，要求精密，结构复杂。特别是在装配方面较困难，拆卸时要从轴端抽出密封环，必须把机器部分（联轴器）或全部拆卸，要求工人有一定的技术水平。

二、机械密封维护与维修

（一）机械密封的维护

（1）维护液膜的稳定性。输送原油过程中，原油的黏度大、润滑性好，可提高动、静环两端面的液膜形成的稳定性；但是纯水则降低了两端面的液膜形成的稳定性，易发生泄漏。在条件许可时，增加机械密封的润滑，提高防泄漏效果，延长机械密封使用寿命。

（2）维持冷却系统的效能。机械密封依靠动、静端面形成液膜形成密封，因而切忌端面干磨,否则两端面间的液膜就会汽化,使摩擦产生的热量无法散失,造成动、静环破裂。因此,机械密封在使用中应绝对保证冲洗冷却液的供应及畅通。如依靠输送介质降低机械密封的温度时,应保证输送介质的充足。

(3) 合理使用机械密封。机械密封经过一段时间使用后,静泄漏量增大,为减少静泄漏量,操作人员有时会人为排空密封箱体内液体,造成短时间内动、静环干磨,违反机械密封使用规程,因而大大降低机械密封的使用寿命。

(4) 适当更换机械密封。机械密封泄漏很大程度上是由于密封箱体的内部间隙、工况发生变化,而密封本身并没有损坏,因此在实际中需要分析,是机械密封损坏还是箱体的工况发生变化,有的可能只需要对旧密封件进行清洗,重新安装使用即可。当旧机械密封损坏,选用新密封的材质、端面粗糙度不达标时,使用效果也可能会不如旧密封的使用效果。

(二) 漏损原因及其消除方法

机械设备的密封装置种类繁多,但泄漏点不外乎以下几处:动、静环间密封;动环与轴套间的密封;轴套与轴间的密封;静环与静环座间的密封;密封端盖与密封箱体间的密封。

常见的机械密封漏损的类别与造成的原因及其消除方法介绍如下。

(1) 周期性漏损。原因如下:

转子轴向窜动,动环来不及补偿位移;操作不稳,密封箱内压力经常变动及转子周期性振动等。

消除的办法为:尽可能减少轴向窜动,使轴向窜动尽量在允差范围内;使操作稳定,消除振动。

(2) 经常性漏损。原因如下:

① 动、静环密封面变形。有可能是端面比压过大,从而产生过多的摩擦热量,使密封面受热变形;机械密封的安装结构不合理,刚性不足,受压后产生变形;安装不妥,受力不均而造成变形等。

消除的办法为:使端面比压在允差范围内;采取合理的零部件结构,增加刚性;应按规定的技术要求正确安装机械密封。

② 组合式的动环及静环镶嵌缝隙不佳。

消除的办法为:动环座、静环座的加工应符合要求,正确安装,确保动、静环镶嵌的严密性。

③ 摩擦副不能跑合,密封面受伤。

消除的办法为:摩擦副应研磨,达到正确跑合;严防密封面的损伤,如已损坏应及时研修。

④ 密封副内有杂物侵蚀。

消除的办法为:保护密封副的清洁。如有杂物侵蚀,则应及时消除。

⑤ 密封面的比压过小,不能形成端面密封。

消除的办法为:采取适当措施,如调节压紧弹簧、适当增加比压。

⑥ 密封圈的密封性不好。造成的原因可能有:V形密封圈本身有缺陷存在;O形密封圈材质不好、老化或有伤痕、过盈不够等;V形密封圈安装方向不符合要求。

消除的办法为:对于V形密封圈,安装方向应正确,不能搞错,使其在介质的压力下能胀开并且其质量应符合要求;对于O形密封圈,其材质应符合规定要求,并有适当的过盈量。

⑦ 静环或动环的密封面与轴垂直度误差太大,密封面不能补偿调整。

消除的办法为:应使其垂直度误差符合规定的技术要求。

⑧ 防转销端部顶住防转槽。

消除的办法为:应使防转销不顶住防转槽。

⑨ 弹簧旋向不对或弹簧偏心。

消除的办法为:应使弹簧的旋向在轴转动时越旋越紧,消除弹簧偏心或更换弹簧,使其符合要求。

⑩ 转子振动。

消除的办法为:根据振动的原因,有针对性地采取措施以消除转子振动。

⑪ 轴套表面上的水垢堆积过多,使动环不能自由滑动。

消除的办法为:应清除轴套上的水垢,使其在轴向能自由移动。

⑫ 轴套表面在密封圈部位有轴向沟槽、凹坑等。

消除的办法为:更换或修补轴套,降低其表面粗糙度值,符合技术要求。

(3) 突然性漏损。机械设备在运转中突然泄漏,少数是因正常磨损或已达到使用寿命,而大多数是由于工况变化较大引起的;高温加剧密封箱体内油气分离,导致密封失效。造成的原因有:抽空、弹簧折断、防转销切断、静环损伤、环的密封表面擦伤或损坏、泄漏液形成的结晶物质等使密封副损坏。

消除的办法为:及时调换损坏的密封零部件;防止抽空现象发生;采取有效措施消除泄漏液所形成的结晶物质的影响等。

(4) 停车后启动漏损。造成的原因有:弹簧锈住失去作用、摩擦副表面结焦或产生水垢等。

消除的办法为:更换弹簧或擦去弹簧的锈渍,采取有效措施消除结焦及水垢的形成。

(5) 安装静试时发生泄漏。机械密封安装调试好后,一般要进行静试,观察泄漏量。如泄漏量小于 10 滴/min,则可认为在正常范围内;如泄漏量比 10 滴/min 大,一般为动环或静环密封圈存在问题;泄漏量较大且向四周喷射,则表明动、静环摩擦副间存在问题。初步观察泄漏量、判断泄漏部位的基础上,再手动盘车观察。若泄漏量无明显变化,则静、动环密封圈有问题;如盘车时泄漏量有明显变化,则可断定是动、静环摩擦副存在问题。如泄漏介质沿轴向喷射,则动环密封圈存在问题居多;泄漏介质向四周喷射或从水冷却孔中漏出,则多为静环密封圈失效。此外,泄漏通道也可同时存在,但一般有主次区别,只要观察细致,熟悉结构,就一定能正确判断。

(6) 运转过程中泄漏。机械密封经过静试后,运转时高速旋转产生的离心力,会抑制介质的泄漏。排除静密封点泄漏外,运转过程中泄漏主要是由于动、静环液膜受破坏所致。引起此类密封失效的原因主要有:密封箱体内抽空造成箱体内无液体,使动、静环面无法形成完整的液膜;安装过程中动环面压缩量过大,导致运转过程中,短时间内动、静两端面严重磨损、擦伤,无法形成密封液膜;动环密封圈制造安装过紧,轴向力无法调整动环的轴向浮动量,动、静环之间液膜厚度不随箱体内的工况发生变化,造成液膜不稳定;工作介质中有颗粒状物质,运转中进入动、静环端面,损伤动、静环密封端面,无法形成稳定液膜;颗粒状物质进入动环弹簧元件或波纹管时,造成动环无法调整轴向浮动量,造成动、静环端面间隙过大,无法形成稳定液膜;设计选型有误,密封端面比压偏低或密封材质冷缩性较大等;旋转轴轴向窜动量超过标准,转轴发生周期性振动及工艺操作不稳定,密封腔内压力经常变化均会导致密封周期性泄漏;摩擦副损伤或变形配合不当,引起泄漏;密封圈材料选择不当,溶胀失弹;设备运转时振动太大;动、静环与轴套间形成水垢,使弹簧失弹而不能补偿密封面的磨损等。

在现场中出现上述问题时,大多需要重新拆装机械密封,有时需要更换机械密封,有时仅需清洗机械密封。

(二) 密封失效

密封失效的原因如下:

(1) 由于两密封端面失去润滑膜而造成的失效。因端面密封载荷的存在,在密封腔缺乏液体时启动旋转轴而发生干摩擦;介质的压力低于饱和蒸气压,使端面液膜发生闪蒸,丧失润滑;如介质为易挥发性产品,在机械密封冷却系统出现垢或阻塞时,由于端面摩擦及旋转元件搅拌液体产生热量而使介质的饱和蒸气压上升,也造成介质压力低于其饱和蒸气压的状况。

（2）由于腐蚀而引起的机械密封失效。密封面点蚀,甚至穿透;由于碳化钨环与不锈钢座焊接,使用中不锈钢座易产生晶间腐蚀;焊接金属波纹管、弹簧等在应力与介质腐蚀的共同作用下易发生破裂。

（3）由于高温效应而产生的机械密封失效。热裂是高温机械密封最常见的失效现象,在密封面处由于干摩擦、冷却水突然中断、杂质进入密封面和抽空等情况下,都会导致环面出现径向裂纹;石墨炭化是使用碳石墨环时密封失效的主要原因之一,在使用中如果石墨环一旦超过许用温度（一般在 $-105\sim250℃$）时,其表面会析出树脂,摩擦面附近树脂会发生炭化,当有胶黏剂时会发泡软化,使密封面泄漏增加,密封失效;氟橡胶、乙丙橡胶等辅助密封件在超过许用温度后,将会迅速老化、龟裂、变硬失弹,现在所使用的柔性石墨耐高温、耐腐蚀性较好,但其回弹性差,而且易脆裂,安装时容易损坏。

（4）由于密封端面的磨损而造成的密封失效。摩擦副所用的材料耐磨性差、摩擦因数大、端面比压（包括弹簧比压）过大等,都会缩短机械密封的使用寿命,对常用的材料,按耐磨性排列的次序为碳化硅—碳石墨、硬质合金—碳石墨、陶瓷—碳石墨、喷涂陶瓷—碳石墨、氮化硅陶瓷—碳石墨、高速钢—碳石墨、堆焊硬质合金—碳石墨;对于含有固体颗粒介质密封面,进入固体颗粒是导致密封失效的主要原因,固体颗粒进入摩擦副端面起研磨剂作用,使密封发生剧烈磨损而失效,密封面合理的间隙、机械密封的平衡程度、密封端面液膜的闪蒸都是造成端面打开而使固体颗粒进入的主要原因;机械密封的平衡程度 β 也影响着密封的磨损,一般情况下平衡程度 $\beta=75\%$ 左右最适宜,$\beta<75\%$ 时磨损量虽然降低,但泄漏增加,密封面打开的可能性增大,对于高负荷（高 pv 值）的机械密封,由于端面摩擦热较大,β 一般取 $65\%\sim70\%$ 为宜。对低沸点的烃类介质等,由于温度对介质汽化较敏感,为减少摩擦热的影响,β 取 $80\%\sim85\%$ 为好。

（5）因安装、运转或设备本身所产生的误差而造成的机械密封泄漏。动、静环接触表面不平,安装时碰伤、损坏;动、静环密封圈尺寸有误、损坏或未被压紧;动、静环表面有异物;动、静环V形密封圈方向装反或安装时反边;轴套处泄漏,密封圈未装或压紧力不够;弹簧力不均匀、单弹簧不垂直、多弹簧长短不一;密封腔端面与轴垂直度不够;轴套上密封圈活动处有腐蚀点;泵在停一段时间后再启动时发生泄漏,这主要是因为摩擦副附近介质的凝固、结晶,摩擦副上有水垢,弹簧腐蚀、阻塞而失弹;泵轴挠度太大。

（四）机械密封使用维修中的注意事项

评定机械密封优劣的主要指标为泄漏量和使用寿命,这两项指标贯穿在机械密封的造型或设计、制造、安装以及使用诸环节中,任一环节出现问题都对密封性能产生不良影响。一般来说,都由制造厂为机械设备配备机械密封,即机械密封的造型和制造环节在制造厂中完成,而安装和使用这两个环节则由用户完成。据有关专家对密封失效原因统计,由于密封本身原因仅占34.5%,而由于安装和使用方面的原因占了41.6%。由此可见,密封失效排第一位的原因并非密封本身的问题,很大程度上取决于安装和使用方面的原因。

机械密封维修中应注意以下几个误区:

（1）弹簧压缩量越大密封效果越好。弹簧压缩量过大,会导致石墨环龟裂、摩擦副急剧磨损、瞬间烧毁。过度的压缩使弹簧失去调节动环的能力,会导致密封失效。

（2）动环密封圈越紧越好。其实动环密封圈过紧有害无益,一是加剧密封圈与轴套间的磨损;二是增大了动环轴向调整的阻力,在工况变化频繁时,无法适时进行调整;三是使弹簧过度疲劳,易损坏,动环密封圈变形,影响密封效果。

(3) 静环密封圈越紧越好。静环密封圈基本处于静止状态,相对较紧时,密封效果会好些,但过紧也是有害的,如引起静环变形,静环材料以石墨居多,一般较脆,过度受力则碎裂,安装、拆卸时困难,极易损坏静环。

(4) 叶轮锁母越紧越好。机械密封泄漏中,轴套与轴之间的泄漏是比较常见的。一般认为,轴间泄漏就是叶轮锁母没有锁紧。其实,导致轴间泄漏的因素较多,如轴间垫失效、偏移、轴间有杂质、轴与轴套配合处有较大的形位误差、接触面破坏、轴上各部件有间隙、轴头螺纹过长等都会导致轴间泄漏。锁母锁紧过度,只会导致轴间垫过早失效,相反适度锁紧锁母,使轴间垫始终保持一定的压缩弹性,在运转中锁母会自动适时锁紧,使轴间始终处于良好的密封状态。

(5) 新的比旧的好。相对而言,新机械密封的效果好于旧的。但新机械密封的质量或材料选择不当、配合尺寸误差较大时,会影响密封效果。在聚合性和渗透性介质中,静环如无过度磨损,还是不更换为好。因为静环长时间处于静止状态,聚合物和杂质的沉积使其与静环座融为一体,有较好的密封作用。

(6) 拆修总比不拆好。一旦出现机械密封泄漏便急于拆修是不合适的,其实有时密封并没有损坏,只需调整工况或适当调整密封就可消除泄漏。机械密封泄漏部位的判断,只有通过仔细观察并多实践,积累经验,才能得出正确结论。

(五) 根据机械密封摩擦副磨损情况分析其故障原因

(1) 摩擦副端面的磨损痕迹大于软环宽度。组成摩擦副的两个密封面宽度是不相等的。一般情况下,硬密封面较宽,软面较窄。经过一段时间的运转后,在硬密封面上有清晰的摩擦痕迹,可根据此痕迹的宽度判断故障的原因。造成密封端面上摩擦痕迹大于软环宽度的原因如下:

① 设备振动大,使动环运转中产生径向和轴向振摆,液膜厚度变化较大,有时密封面被推开,造成泄漏增大。

② 动、静环不同心。在一般的旋转型密封中,静环安装在压盖上,压盖和密封腔配合时的同轴度靠止口保证。实际上止口间隙往往过大,使静环下沉,造成动、静环不同心。在静止式波纹管密封中,由于静环组件重量促使静环下沉,也造成动、静环不同心。此外,轴承箱的配合间隙过大、轴弯曲等都能使摩擦痕迹过宽。

克服上述缺陷的方法,首先消除设备的振动,将转子进行动平衡;采用不易引起振动的联轴器;校正设备和电机的同轴度;检查设备各止口间隙是否过大;在静止式波纹管中采取在静环下方加支承的方法防止下沉。

(2) 摩擦痕迹小于密封面的宽度。产生这种故障现象的原因有以下几方面:

① 静环密封端面不平行的第一种现象是沿密封面内缘连续的接触痕迹,即收敛型缝隙。这种密封拆检时往往查不出其他磨损迹象。运转起来就是泄漏量大。有人认为摩擦痕迹窄了,密封面积减小了,比压增大了,似乎不应该漏。事实恰好相反,当内缘接触时,密封的缝隙呈收敛形状,破坏了密封面的平行,液膜压力大大增加,将密封面推开,泄漏量增大。

② 静环端面不平行的第二种摩擦痕迹是密封面外缘接触,即摩擦痕迹的内径大于静环密封面的内径,密封面间呈喇叭状,这种缝隙形状因液膜压力减小,造成比压增大,磨损加剧,容易出现沟纹,泄漏量增大,无法正常运行。

③ 在动环端面上的摩擦痕迹是不连续的,或局部接触,有时大圆或点状接触,显然这是由动环面不平所致。解决这些缺陷的方法是:检查动、静环的平面度,对不符合要求的要进行研磨,直到合格。为减小密封面的变形,静环密封圈的过盈量不要太大,以免静环变形,高温密封要采取有效的辅助措施,如冲洗、冷却等,尽量减少密封本身温度差。

(3) 密封面上没有摩擦痕迹而出现泄漏。有时密封面上没有摩擦痕迹，其原因有以下几方面：

① 传动装置打滑。有的传动座由顶丝固定在轴套上，这种传动方式常温下尚可使用，如果有温度和离心力的作用，则顶丝打滑，传动会失效。

② 静环与动环没有接触，属于安装失误。

③ 在采用镶嵌式动环时，碳化钨环松脱。

处理办法：传动座由顶丝传动改为键传动或其他可靠的传动方式；为解决安装失误，应仔细复查压缩量；采用线胀系数小的材料制造环座，并适当加大镶装的过盈量。

(4) 摩擦痕迹等于密封面的宽度而出现泄漏。这种现象在机械密封的故障中是十分普遍的。这时密封端面有磨损的沟纹，金属环表面变色，甚至出现裂纹等缺陷。如密封面上无缺陷，问题可能出在其他零件上，如波纹管裂纹等。

(5) 石墨环表面出现均匀的环状沟纹。这是机械密封常见的失效形式。原因如下：

① 密封面间出现汽化，有的介质工作温度较高，摩擦产生的热量很容易使密封面间的液体汽化。

② 在高温时采用浸渍合成树脂的石墨，超过了允许使用的温度，性能下降。

③ 采用了非平衡型密封，载荷系数太大，pv 值高，产生大量的摩擦热，使介质汽化，在某些润滑性不良的介质中，如液态烃、热水等，尽管温度不是很高，有时也出现沟纹。

④ 抽空和气蚀使密封面上出现干摩擦或半干摩擦，其沟纹要深些。

另外，介质不清洁或出现结晶及结焦等时，也会出现沟纹，但这种沟纹较粗。其解决办法如下：

a. 采用冲洗和冷却，降低密封温度。

b. 选用平衡型密封，降低 pv 值，改善密封端面的润滑状况。

c. 选用热导率高的硬质材料制造密封环，如碳化钨、碳化硅等。

d. 减少抽空和气蚀。

(6) 石墨环表面中间有一条深沟。这种密封故障经常发生在温度较高的机械密封中，尤其是无冲洗的非平衡型密封为多，石墨环表面被撕裂下来一小片，在压力和温度的作用下粘结在动环表面上，该粘结的凸物运转时磨损石墨环，表面出现深沟。

解决办法：改为平衡型密封，采用冷却和冲洗，降低温度。

(7) 石墨环内边缘磨损。这种情况多发生在高温机械密封中。压盖有冷却水，冷却水多数为循环水或新鲜水，高温下冷却水结垢，将石墨环内边缘磨损，同时动环和轴套之间也被水垢塞满后失去补偿能力。

解决办法：将现用的冷却水改用软化水或低压水蒸气。

(8) 石墨环的承磨台被磨掉。作为软环的石墨环，有一个承磨台和动环接触。其高度为 2~3mm，超过预计划工作使用寿命 (800~1000h) 后，承磨台会被磨掉，但是在没能达到预计的使用寿命时，承磨台有时就被磨掉了。一般情况下，其表面较为光洁，如弹簧不能补偿，那么动、静环还处于贴合状态，由于此时的接触面积扩大，同时弹力减小，端面比压大大减小，泄漏量增大。

解决办法：选用优质石墨制造静环，将非平衡型密封改为平衡型密封；增设自冲洗装置。

(9) 石墨环断裂。这种故障常发生在烃类直径较大的密封中，由于机械密封未采用冲洗等辅助设施，pv 值较大，摩擦热不易散失，密封面间介质汽化，使石墨环温度升高，因石墨环导热性良好，使静环辅助密封圈温度也升高。聚四氟乙烯的线胀系数为钢铁的10倍左右，但向外径伸长已不可能，因为压盖是钢的，只好向内径方向膨胀，结果对密封圈附近的石墨环形成一个很大的挤压力。与此相反,密封端面附近存在一个使外径膨胀的热应力,在上述两种力的作用下,使石墨环最终产生断裂。

处理措施:加自冲洗装置。

(10) 硬质合金表面灼烧和裂纹。当密封腔中的介质已经汽化或抽空,即摩擦副处于干或半干摩擦状态,密封表面温度急剧升高,摩擦副过热,一旦液体重新出现,摩擦副被急剧冷却,产生大的温度应力。对于导热性好和强度高的材料出现擦亮与变色的痕迹,对于导热性差和强度低的材料则在其表面出现径向裂纹。

解决办法:稳定操作,防止抽空;加自冲洗装置。

思 考 题

2-1 机械零件的磨损形式有哪些?并对各磨损形式进行简单介绍。
2-2 简述各润滑状态的分类及其基本特征。
2-3 简述润滑剂的分类,如何选择使用合适的润滑剂?
2-4 润滑系统如何分类?各类润滑系统有何特点?
2-5 润滑系统有哪些常见故障?简述各类常见故障原因及故障消除方法。
2-6 简述机械密封的分类及特点。
2-7 简述机械密封失效原因及消除方法。

第三章 机械零件修复技术

第一节 概 述

一、机械零件修复的意义

零件修复是机械设备修理的一个重要组成部分,是修理工作的基础。零件修复原理及技术是一门综合研究零件的损坏形式、修复方法及修后性能的学科。应用各种修复新技术修理设备是提高设备维修质量、缩短修理周期、降低修理成本、延长设备使用寿命的重要措施,尤其对贵重、大型零件、加工周期长、精度要求高的零件,需要特殊材料或特种加工的零件,意义更为突出。通常,修复失效零件与更换零件相比具有如下优点:

(1) 减少备件储备,从而减少资金的占用,取得节约的效果。

(2) 减少更换件制造,有利于缩短设备停修时间,提高设备利用率。

(3) 减少制造工时,节约原材料,大大降低修理费用。

(4) 利用新技术修复失效零件还可提高零件的某些性能,延长零件使用寿命。尤其是对于大型零件、贵重零件和加工周期长、精度要求高的零件,意义就更为重大。

二、机械零件常用的修复方法及选择

零件修复方法种类很多。每种修复方法各有其优点,也有局限性,所以应根据自身条件和修理范围适当选择,使修复层与基体结合牢固,使修复工艺对基体金属的不良影响最小,使修复后的零件获得优良的性能,并使修复工作取得良好的经济效益。

常用的修复技术按其所采用的工艺手段分为机械修复技术、焊接修复技术、熔覆修复技术、电镀和刷镀修复技术及粘接修复技术等,具体选择时应考虑如下因素:

(一) 修复工艺对零件材质的适应性

现有修复工艺中,各种工艺对材料的适应有很大的局限性。表 3-1 为各种修复工艺对常用材料的适应性。

(二) 各种修复工艺能达到的修补层厚度

不同的修复工艺所能达到的修复层厚度各不相同,因此要视零件的磨损程度合理选择。图 3-1 为几种主要修复工艺能达到的修补层厚度。

(三) 零件结构对工艺选择的影响

对损坏部位进行修复时,应综合分析零件的整体结构对该部位的限制。如用镶螺纹套法修理螺纹孔和扩孔镶套法修理孔径时,应考虑孔壁厚度及临近孔的距离对该孔的影响。

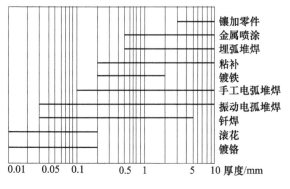

图 3-1 修补层厚度

（四）零件修复后的强度

修补层的强度、修补层与零件的结合强度以及零件修复后的强度变化情况是修理质量的重要指标。各种工艺在一般条件下所能达到的修补层强度相差很大。表3-2为几种修补层的力学性能。

表3-1　各种修复工艺对常用材料的适应性

序号	修理工艺	低碳钢	中碳钢	高碳钢	合金结构钢	不锈钢	灰铸铁	铜合金	铝
1	镀铬	+	+	+	-	-	+		
2	镀铁	+	+	+	+	+	+		
3	气焊	+	+		+		+		-
4	焊条电弧堆焊	+	+	-	+	+	+		
5	埋弧电弧堆焊	+	+						
6	振动电弧堆焊	+	+		+				
7	钎焊	+	+	+	+	+	+	+	-
8	金属喷镀	+	+	+	+	+	+	+	+
9	塑料粘补	+	+	+	+	+	+	+	+
10	塑性变形	+	+					+	+
11	金属扣合						+		

注："+"为修复效果好，"-"为修复效果不好

表3-2　几种修复层的力学性能

序号	修补工艺	修补层本身抗拉强度/MPa	修补层与45钢的结合强度/MPa	零件修复后疲劳强度降低的百分数/%	硬度
1	镀铬	400~600	300	25~30	600~1000HV
2	低温镀铁		450	25~30	45~65HRC
3	焊条电弧堆焊	300~450	300~450	36~40	210~420HBS
4	埋弧电弧堆焊	350~500	350~500	36~40	170~200HBS
5	振动电弧堆焊	620	560	与45钢相似	25~60HRC
6	银钎焊（银的质量分数是45%）	400	400		
7	铜钎焊	287	287		
8	锰青铜钎焊	350~450	350~450		217HBS
9	金属喷涂	80~110	40~95	45~90	200~240HRC
10	环氧树脂粘补		热粘 20~40 冷粘 10~20		80~120HRC

（五）修复工艺对零件物理性能的影响

在选择修复工艺时必须考虑修补层的物理性能，如硬度、加工性、耐磨性及密实性等。硬度高，加工困难；硬度低，磨损较快；硬度不均时，加工表面不光滑。摩擦面的耐磨性不仅与表面硬度有关，还与金相组织、结合情况及表面吸附润滑油的能力有关。对修补后可能发生液体及气体渗漏的零件则要求修补的密实性，不得产生砂眼、气孔、裂纹等。

（六）修复工艺对零件精度的影响

对精度有要求的零件，修复时要考虑其变形。如果被修复零件要预热或修复过程中温度较

高,会使零件退火,淬火组织遭破坏,热变形增大,故修复后要加工整形、热处理等。

另外,还应考虑修复后的刚度,如刚度降低过多也会增加变形,影响精度。

(七) 修复的经济性

对零件的修复,应根据不同修复方法的修复成本、修复周期、修复后的使用周期、使用性能等多方面综合分析,并与更换备件进行比较,力求经济合理。

以上各因素有时是相互矛盾的,在选择工艺时,应结合本单位实际条件从质量、时间、经济三个方面综合分析比较,力争做到工艺合理,经济合算,生产可行。

第二节　机械修复技术

利用机械连接,如螺纹连接、键、销、铆接、过盈连接和机械变形等各种机械方法,使磨损、断裂的零件得以修复的方法称为机械修复法。例如,镶补法、局部修换、金属扣合等,这些方法可利用现有的设备和技术,适应多种损坏形式,不受高温影响,受材质和修补层厚度的限制少,工艺易行,质量易于保证,因此应用很广。缺点是受到零件结构和强度、刚度的限制,工艺较复杂,被修件硬度高时难以加工,精度要求高时难以保证。

零件修复中,机械加工是最基本、最重要的方法。多数失效零件需要经过机械加工来消除缺陷,最终达到配合精度和表面粗糙度等要求。机械加工不仅可以作为一种独立的工艺手段获直接修复零件,同时也可以是其他修复方法(如焊、镀、涂等工艺)的准备或最后加工必不可少的工序,或可以为后续的修理创造条件。

修复旧件的机械加工与新制件加工相比有不同的特点:它的加工对象是成品;旧件除工作表面磨损外,往往会有变形;一般加工余量小;原来的加工基准多数已经破坏,给装夹定位带来困难;加工表面性能已定,一般不能用工序来调整,只能以加工方法来适应它;多为单件生产,加工表面多样,组织生产比较困难等。了解这些特点,有利于确保修理质量。

根据修复方式的不同,机械修复技术主要有以下几种。

一、修理尺寸法

对机械设备的动配合副中较复杂的零件进行修理时,可不考虑原来的设计尺寸,而采用切削加工或其他加工方法恢复其磨损部位的形状精度、位置精度、表面粗糙度和其他技术条件,从而得到一个新尺寸(这个新尺寸,对轴来说比原来设计尺寸小,对孔来说则比原来设计尺寸大),这个尺寸即称为修理尺寸。而与此相配合的零件则按这个修理尺寸制作新件或修复,保证原有的配合关系不变,这种方法称为修理尺寸法。它的实质是在修复尺寸链。

修理尺寸法在汽车和工程机械等行业的维修中应用极为普遍。常用这种方法修复曲轴主轴颈、连杆轴颈、凸轮轴颈、缸套、气缸、活塞等许多零件。修理尺寸法通常是最小修理工作量的维修方法,工作方便、设备简单、经济性好,在一定的修理尺寸范围内能保持零件的互换性。为了得到一定的互换性,便于组织备件的生产和供应,大多数修理尺寸均已标准化,各种主要修理零件都规定有它的各级修理尺寸。如内燃机的气缸套的修理尺寸,通常规定了几个标准尺寸,以适应尺寸分级的活塞备件。

要使修理后的零件符合制造图样规定的技术要求,修理时不仅要考虑加工表面本身的形状精度要求,而且还要保证加工表面与其他未修表面之间的相互位置精度要求,并使加工余量尽可能小。必要时,需要设计专用的夹具。因此要根据具体情况,合理选择零件的修理基准和采用适当的加工方法来加以解决。

修理后零件的强度和刚度仍应符合要求,必要时要进行验算。对于表面热处理的零件,修理后仍应具有足够的硬度,以保证零件修理后的使用寿命;加工后零件表面粗糙度对零件的使用性能和寿命均有影响,如对零件工作精度及保持稳定性、疲劳强度、零件之间配合性质、抗腐蚀性等的影响;对承受冲击和交变载荷、重载、高速的零件更要注意表面质量,同时还要注意轴类零件的圆角半径,以免形成应力集中。另外,对高速运转的零件修复时,还要保证其应有的静平衡和动平衡要求。

二、镶加零件法

配合零件磨损后,在结构和强度允许的条件下,增加一个零件来补偿由于磨损及修复而去掉的部分,以恢复原有零件精度,这样的方法称为镶加零件法。常用的有扩孔镶套、加垫等方法。

如图3-2所示,在零件裂纹附近局部镶加补强板,一般采用钢板加强,螺栓连接。脆性材料裂纹应钻止裂孔,通常在裂纹末端钻直径为3~6mm的孔。

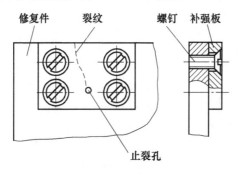

图3-2 镶加补强板

镶套是把内衬套或外衬套以一定的过盈装在磨损的轴承孔或轴颈上,然后加工到最初的基本尺寸或中间的修理尺寸,从而恢复组合件的配合间隙,如图3-3所示。

图3-3(a)、(b)分别表示加内衬套和外衬套承受摩擦扭矩 $M_{摩}$,内外衬套均用过盈配合装到被修复的零件上,其过盈量的大小应根据所受力矩和摩擦力进行计算。有时还可用螺钉、点焊或其他方法固定。如果需要提高内外衬套的硬度,则应在压入前先进行热处理。这种方法只有在允许减小轴颈或扩大孔的情况下才能使用。

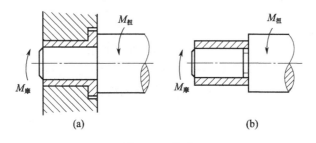

图3-3 镶套
(a)加内衬套(轴承衬套);(b)加外衬套(轴颈衬套)。

镶套法又称附加零件法,附加零件磨损后可以更换,为以后的维修带来方便,因此在维修领域中应用很广。有些机械设备的某些结构,在设计和制造时就应用了这一原理。

应用这种修复方法时应注意:镶加零件的材料和热处理一般应与基体零件相同。必要时选用比基体性能更好的材料。

为了防止松动,镶加零件与基体零件配合要有适当的过盈量,必要时可在端部加胶黏剂、止动销、紧定螺钉、骑缝螺钉或点焊固定等方法定位。

三、局部更换法

若零件的某个部位局部损坏严重,而其他部位仍完好,一般不宜将整个零件报废,在这种情况下,如果零件结构允许可把损坏的部分除去,重新制作一个新的部分,并以一定的方法使新换上的部分与原有零件的基体部分连接在一起成为整体,从而恢复零件的工作能力,这种维修方法称局部更换法。

如图3-4(a)所示,为将双联齿轮中磨损严重的小齿轮的轮齿切去,重制一个小齿圈,用键连接,并用骑缝螺钉固定的局部修换。图3-4(b)是在保留的轮毂上,铆接重制的齿圈的局部修换。图3-4(c)是局部修换牙嵌式离合器以粘接法固定。

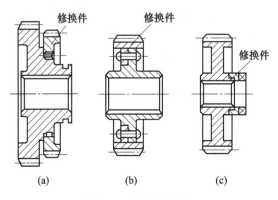

图3-4 局部修换法

四、塑形变形法

塑性材料零件磨损后,为了恢复零件表面原有的尺寸精度和形状精度,可采用塑性变形法修复,如滚花、镦粗法、挤压法、扩张法、热校直等方法。

塑形变形法是利用外力的作用使金属产生塑性变形,恢复零件的几何形状,或使零件非工作部分的金属向磨损部分移动,以补偿磨损掉的金属,恢复零件工作表面原来的尺寸和形状。根据金属材料可塑性的不同,分为常温下进行的冷压加工和热态下进行的热压加工两大类。

五、换位修复法

有些零件由于使用的特点,通常产生单边磨损,或磨损有明显的方向性,对称的另一边磨损较小。如果结构允许,在不具备彻底对零件进行修复的条件下,可以利用零件未磨损的一边,将它换一个方向安装即可继续使用,这种方法称换位修复法。

六、金属扣合法

金属扣合法是利用高强度合金材料制成的特殊连接件以机械方式将损坏的机件重新牢固地连接成一体,达到修复目的的工艺方法。它主要适用于大型铸件裂纹或折断部位的修复。

按照扣合的性质及特点,可分为强固扣合、强密扣合、加强扣合和热扣合四种工艺。

(一) 强固扣合法

强固扣合法适用于修复壁厚8~40mm的一般强度要求的薄壁零件。其工艺过程是:先在垂直于损坏零件的裂纹或折断面上,铣或钻出具有一定形状和尺寸的波形槽。然后把形状与波形槽相吻合的波形键镶入,在常温下铆击,使其产生塑性变形而充满槽腔,甚至嵌入零件的基体之内。由于波形键的凸缘和波形槽相互扣合,将开裂的两边重新牢固连接为一整体,如图3-5所示。波形键的主要尺寸d、b、L归纳成标准尺寸,如图3-6所示。设计时根据受力大小和零件壁厚决定波形键凸缘的数目、波形槽间距和布置形式。

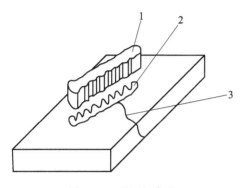

图3-5 强固扣合法
1—波形键;2—波形槽;3—裂纹。

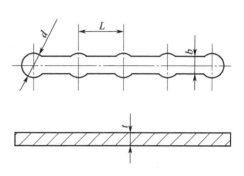

图3-6 波形键
d—凸缘的直径;b—颈宽;t—厚度;L—间距。

通常,$d=(1.4\sim1.6)b$;$L=(1.4\sim1.6)b$;$t\leqslant b$

波形键凸缘的数目一般选用5、7、9个。波形键的材料常用1Cr18Ni9或1Cr18Ni9Ti的奥氏体镍铬钢,其制造工艺是在液压压力机上用模具冷挤压成形,并经热处理,硬度要求达到140HBS左右。

(二)强密扣合法

对承受高压的气缸或容器等有密封要求的零件,应采用强密扣合法,如图3-7所示。

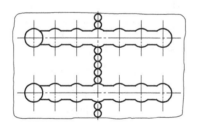

图3-7 强密扣合法

这种方法是在强固扣合的基础上进行。先把损坏的零件用波形键将它连接成一牢固的整体,然后在两波形键之间、裂纹或折断面的对合线上,每间隔一定距离加工缀缝栓孔,并使第二次钻的缀缝栓孔稍微切入已装好的波形键和缀缝栓,形成一条密封的"金属纽带",达到阻止流体受压渗漏的目的。

缀缝栓有螺栓形和圆柱形两种形式。前者承受较低压力,后者承受较高压力、密封要求高的零件。缀缝栓材料以及与零件的连接与波形键相同,用螺栓时可涂以环氧树脂或无机胶黏剂,然后一件件旋入。用圆柱时,分片装入逐步铆紧。

(三)加强扣合法

加强扣合法主要用于修复承受重载荷的厚壁零件,如水压机横梁、轧机主架、辊筒等。这种零件单纯使用波形键扣合不能保证修复质量,而必须在垂直于裂纹或折断面上镶入钢制的砖形加强件来承受载荷,使载荷能够分布到更多的面积和更远离裂纹或折断处。钢制砖形加强件和零件的连接,大多数采用缀缝栓。缀缝栓的中心安排在它们的结合线上,使一半嵌在加强件上,另一半则留在零件基体内,必要时还可再加入波形键。加强件根据需要可设计成十字形、X形、楔形、矩形等,如图3-8所示。

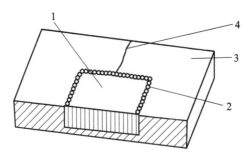

图 3-8 加强扣合法
1—加强件；2—缀缝栓；3—机件；4—裂纹。

（四）热扣合法

热扣合法是利用金属热胀冷缩的原理，将选定的具有一定形状的扣合件进行加热，然后放入零件损坏处与扣合件形状相同已加工好的凹槽中。扣合件在冷却过程中必然产生收缩，将破裂的零件重新密合。它比其他扣合法更加简便实用，多用来修复大型飞轮、齿轮和重型机架等，如图 3-9 所示。

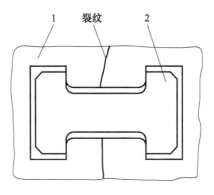

图 3-9 热扣合法
1—零件；2—扣合件。

根据零件损坏部位的形状和安装的可能性，热扣合件可设计成不同的样式。修复轮廓部分损坏常用圆环状扣合件，而工字形扣合件则适用于零件壁部的裂纹或断裂。

金属扣合法对大型铸件发生裂纹或断裂的情况下进行修复，其效果更为显著。由于金属扣合法是在常温下进行，避免了热变形的影响；波形槽分散排列，波形键分层装入，逐步铆击，避免了应力集中。金属扣合法具有工艺简便、不需特殊设备、成本低、质量好、完全用手工作业、便于就地和快速维修等特点。

七、调整法

用增减垫片或调整螺钉的方法来弥补因零件磨损而引起配合间隙的增大，这是维修中最常用的方法。例如，圆锥滚子轴承和各种摩擦片的磨损而引起游动间隙的增大，可通过调整法恢复正常状况。

第三节 焊接修复技术

利用焊接技术修复失效零件的方法称为焊接修复法。用于修补零件缺陷时称为补焊，用于恢复零件的几何形状及尺寸,或赋于零件表面以某些特殊性能的熔敷金属时称为堆焊。焊接修复法在设备维修中占有很重要的地位,其突出的优点是:结合强度高,可修复磨损失效的零件;可以焊补裂纹、断裂与局部损伤;可以用于矫正形状等。焊接技术由于焊修质量高、效率高、设备成本低以及便于现场抢修等特点,应用非常广泛。

焊修的模式是基体与焊条或焊粉在热能的作用下一起熔化并得到良好的晶内结合,结合强度高。但是,热能的影响会使基体的组织和形状发生变化,容易产生焊接变形和应力及裂纹、气孔、夹渣等缺陷,对焊缝强度和密封都有影响,因此,对于重要的零件焊接后应进行退火处理,以消除内应力,不宜修复较高精度、细长和薄壳类零件。

根据提供热能的不同方式,焊修可分为电弧焊、气焊和等离子焊等。按照焊修的工艺和方法不同,又可分为补焊、堆焊和钎焊等。

一、机械零件的补焊修复

机械零件补焊比钢结构焊接困难。由于机械零件多为承载件,除对其材料有物理性能和化学成分要求外,还有尺寸精度和形位精度要求。在焊修时,还要考虑材料的焊接性以及焊接后的加工要求。加之零件损伤多是局部损伤,焊修时要保持未损伤部位的精度和物理、化学要求,焊修后的部位要保持设计规定的精度和材料性能。由于电弧焊能量集中、效率高,能减少对母材组织的影响和零件的热变形,涂药焊条品种多,容易使焊缝性能与母材接近,所以是目前应用最广泛的方法。

(一)钢制零件的补焊

对钢进行补焊主要是为修复裂纹和补偿磨损尺寸。由于钢的种类繁多,所含各种元素在补焊时都会发生一定的影响,因此可焊性差别很大。其中以含碳量的变化最为显著,低碳钢和低碳合金钢在补焊时发生淬硬的倾向较小,有良好的可焊性;随着含碳量的增加,可焊性降低;高碳钢和高碳合金钢在焊补后因温度降低,易发生淬硬倾向,并由于焊区氢气的渗入,使马氏体脆化,易形成裂纹。补焊前的热处理状态对焊补质量也有影响,含碳或合金元素很高的材料都需经热处理后才能使用,损坏后如不经退火就直接补焊比较困难,易产生裂纹。钢件的裂纹可分为焊缝金属在冷却时发生的热裂纹和近焊缝区母材上由于脆化发生的冷裂纹两类。

1. 低碳钢零件

由于低碳钢的焊接性能良好,补焊时一般不需要采取特殊的工艺措施。手工电弧焊一般选用 J42 型焊条即可获得满意的结果。若母材或焊条成分不合格、碳偏高或硫过高,或在低温条件下补焊刚度大的工件时,有可能出现裂纹,这时要注意选用抗裂性优质焊条,如 J426、J427、J506、J509 等,同时采用合理的焊接工艺以减少焊接应力,必要时预热工件。

2. 中、高碳钢零件

中、高碳钢零件,由于钢中含碳量的增高,焊接接头容易产生焊缝内的热裂纹,热影响区内出现由于冷却速度快而产生的低塑性淬硬组织引起的冷裂,焊缝根部主要存在由于氢的渗入而引起的氢致裂纹等。

为了防止中、高碳钢零件补焊过程中产生的裂纹,可采取以下措施:

(1)加强焊接区的清理工作。彻底清除油、水、锈以及可能进入焊缝的任何氢的来源。

(2)焊前预热。预热是防止产生裂纹的主要措施,尤其是工件刚度较大,预热有利于降低热影响区的最高硬度,防止冷裂纹和热应力裂纹,改善接头塑性,减少焊后残余应力。焊件的预热温度根据含碳量或碳当量、零件尺寸及结构来确定。中碳钢一般约为 150~250℃,高碳钢为 250~350℃。某些在常温下保持奥氏体组织的钢种(如高锰钢)无淬硬情况可不预热。

(3) 选用合适的焊条。根据钢件的工作条件和性能要求选用合适的焊条,尽可能选用抗裂性能较强的碱性低氢型焊条以增强焊缝的抗裂性能,特殊情况也可用铬镍不锈钢焊条。

(4) 设法减少母材熔入焊缝的比例。例如,焊接坡口的制备,应保证便于施焊但要尽量减少填充金属。

(5) 选用多层焊。多层焊的优点是前层焊缝被后层焊缝热循环作用使晶粒细化,改善性能。

(6) 用对称、交叉、短段等焊接工艺均可提高焊接质量。

(7) 焊接时应尽量采用小电流、短弧,熄弧后马上用锤头敲击焊缝以减小焊缝内应力。

(8) 焊后热处理。为消除焊接部位的残余应力,改善焊接接头性能(主要是韧性和塑性),同时加速扩散氢的逸出,减少延迟裂纹的产生,焊后必须进行热处理。一般中、高碳钢焊后先采取缓冷措施,并进行高温回火,推荐温度为 600~650℃。

(二) 铸铁零件的补焊

铸铁由于具有突出的优点,因此至今仍是制造形状复杂、尺寸庞大、易于加工、防振减磨的基础零件的主要材料。铸铁零件在机械设备零件中所占的比例较大,且多数为重要基础件。由于这些铸铁件多是体积大、结构复杂、制造周期长,有较高精度要求,而且不作为常备件储备,因此它们一旦损坏很难更换,只有通过修复才能使用。焊接是铸铁件修复的主要方法之一。

1. 铸铁零件补焊的难点

铸铁件含碳量高,组织不均匀、强度低、脆性大,是一种对焊接温度较为敏感、可焊性差的材料,其补焊难点主要有以下几个方面:

(1) 焊缝区易产生白口组织。铸铁含碳量高,从熔化状态遇到骤冷易白口化(指熔合区呈现白亮的一片或一圈),它脆而硬,难以进行切削加工。其产生原因是母材吸热使冷却迅速,石墨来不及析出而形成 Fe_3C。

(2) 铸铁组织疏松(尤其是长期需润滑的零部件),组织浸透油脂,可焊性进一步降低,焊接时,焊缝易产生气孔或咬边。铸铁件原有的气孔、砂眼、缩孔等缺陷也易造成焊接缺陷。

(3) 由于许多铸铁零件的结构复杂、刚性大,补焊时容易产生大的焊接应力,在零件的薄弱部位就容易产生裂纹。裂纹的部位可能在焊缝上,也可能在热影响区内。

(4) 铸件损坏,应力释放,粗大晶粒容易错位,不易恢复原来的形状和尺寸精度。

因此,在对铸铁件进行焊修时,要采取一些必要措施,才能保证质量。例如,在焊前预热和焊后,缓冷、调整焊缝的化学成分、采用小电流焊接减少母材熔深等措施可以防止白口组织的产生,而通过采取减小补焊区和工件整体之间的温度梯度、改善补焊区的膨胀和收缩条件等几方面的措施可以防止裂纹的产生。

2. 铸铁零件补焊的种类

铸铁零件的补焊分为热焊和冷焊两种,需根据外形、强度、加工性、工作环境、现场条件等特点进行选择,常用铸铁零件的补焊方法如表 3-3 所列。

(1) 热焊法。铸铁热焊是焊前对工件高温预热,焊后再加热、保温、缓冷,用气焊和电弧焊均可达到满意的效果。热焊的焊缝与基体的金相组织基本相同,焊后机加工容易,焊缝强度高、耐水压、密封性能好。热焊特别适合铸铁零件毛坯或机加工过程中发现基体缺陷的修复,也适合于精度要求不太高或焊后可通过机加工修整达到精度要求的铸铁件。但是,热焊需要加热设备和保温炉,劳动条件差,周期长,整体预热变形较大,长时间高温加热氧化严重,对大型铸铁来说,应用受到一定限制。热焊法主要用于小型或个别有特殊要求的铸铁零件补焊。

表 3-3 常用铸铁零件的补焊方法

焊补方法	分类	特点
气焊	热焊法	焊前预热 600℃ 左右,在 400℃ 以上施焊,焊后在 600~700℃ 保温缓冷,采用铸铁填充料,焊件内应力小,不易裂,可加工
	冷焊法	也称不预热气焊法,焊前不预热,只用焊炬烘烤坡口周围或加热减应区,焊后缓冷,采用铸铁填充料,焊后不开裂,可加工
电弧焊	热焊法	采用铸铁芯焊条,温度控制同气焊热焊法,焊后不开裂,可加工
	半热焊法	采用钢芯石墨型焊条,预热至 400℃ 左右,焊后缓冷,焊缝强度与母材相近,但工艺较复杂,切削加工性不稳定
	冷焊法	采用非铸铁组织焊条,焊前不预热,要严格执行冷焊工艺要点,焊后性能因焊条而异
纤焊		用气焊火焰加热,铜合金作纤料,母材不熔化,焊后不易裂,强度因纤料而异

(2) 冷焊法。铸铁冷焊是在常温下或仅低温预热进行焊接,一般采用手工电弧焊或半自动电弧焊。冷焊操作简便、劳动条件好,施焊时间较短,具有更大的应用范围,一般铸铁件多采用冷焊。

铸铁冷焊时要选用适当的焊条、焊药,使焊缝得到适当的组织和性能,以便焊后加工和减轻加热冷却时的应力危害。采取一系列工艺措施,尽量减少输入机体的热量、减小热变形、避免气孔、裂纹、白口化等。

铸铁冷焊工艺大致如下:

① 焊前准备。了解零件的结构、尺寸、损坏情况及原因、组织状态、焊接操作条件、应达到的要求等情况,决定修复方案及措施;清整洗净工件;检查损伤情况,对未断件应找出裂纹的端点位置,钻出止裂孔,如果看不清裂纹,可以将可能有裂纹的部位用煤油浸湿,再用氧—乙炔火焰将表面油质烧掉,用白粉笔涂上白粉,裂纹内部的油慢慢渗出时,白粉上即可显示裂纹的痕迹,此外也可采用王水腐蚀法、手砂轮打磨法等确定裂纹的位置。

再将待焊部位开出坡口,为使断口合拢复原,可先点焊连接定位,再开坡口(一般为 V 形坡口)。由于铸件组织较疏松,可能吸有油质,因此焊前用氧—乙炔火焰火烤脱脂(除油),并在低温(50~60℃)预热工件(小件用电炉均匀预热,大件用氧—乙炔焰虚火对焊接部件较大面积进行烘烤),焊接时要根据工件的作用及要求选用适合的焊条,并烘干焊条,铸铁零件常用的国产冷焊焊条如表 3-4 所列。

表 3-4 常用的国产铸铁冷焊焊条

焊条名称	统一牌号	焊芯材料	药皮类型	焊缝金属	主要用途
氧化型钢芯铸铁焊条	Z100	低碳钢	氧化型	碳钢	一般灰铸铁件的非加工面焊补
高钒铸铁焊条	Z116	低碳钢或高钒钢	低氢型	高钒钢	高强度灰铸铁件焊补
高钒铸铁焊条	Z117	低碳钢或高钒钢	低氢型	高钒钢	高强度灰铸铁件焊补
钢芯石墨化型铸铁焊条	Z208	碳钢	石墨型	灰铸铁	一般灰铸铁件焊补
钢芯球墨铸铁焊条	Z238	碳钢	球化剂(加球化剂)	球墨铸铁	球墨铸铁件焊补

续表

焊条名称	统一牌号	焊芯材料	药皮类型	焊缝金属	主要用途
纯镍铸铁焊条	Z308	钝镍	石墨型	镍	重要灰铸铁薄壁件和加工面焊补
镍铁铸铁焊条	Z408	镍铁合金	石墨型	镍铁合金	重要高强度灰铸铁件及球墨铸铁件焊补
镍铜铸铁焊条	Z508	镍铜合金	石墨型	镍铜合金	强度要求不高的灰铸铁件加工面焊补
铜铁铸铁焊条	Z607	紫铜	低氢型	铜铁混合物	一般灰铸铁件非加工面焊补
铜包铜芯铸铁焊条	Z612	铁皮包铜芯或铜包铁芯	钛钙型	铜铁混合物	一般灰铸铁件非加工面焊补

② 施焊。焊接场地应无风、暖和。采用小电流、分段、分层、锤击,以减少焊接应力和变形,并限制基体金属成分对焊缝的影响,这是电弧冷焊的工艺要点。

施焊电流对补焊质量影响很大。电流过大,熔深大,基体金属成分和杂质向熔池转移,不仅改变了焊缝性质,也在熔合区产生较厚的白口层;电流过小,影响电弧稳定,导致焊不透、气孔等缺陷产生。

分段焊的主要作用是减少焊接应力和变形。每焊一小段熄弧后立即用小锤从弧坑开始轻击焊缝周围,使焊件应力松弛,直到焊缝温度下降到不烫手时,再引弧继续焊接下一段。

工件较厚时,应采用多层焊,后焊一层对先焊一层有退火软化作用。使用镍基焊条时,可先用它焊上两层,再用低碳钢焊条填满坡口,节约贵重的镍合金。

多裂纹焊件用分散顺序焊补,即先焊支裂纹,再焊主裂纹,最后焊主要的止裂孔。焊缝经修整后,使组织致密。

施焊时要合理选择规范,包括焊接电流强度、焊条直径、坡口形状和角度、电源极性的连接、电弧长度等。

对手工气焊冷焊时应注意采用"加热减应"焊补。"加热减应"又称"对称加热",就是在补焊时,另外用焊炬对焊件已选定的部位加热,以减少焊接应力和变形,这个加热部位就称"减应区"。

用"加热减应"焊补的关键,在于确定合适的"减应区"。"减应区"加热或冷却不影响焊缝的膨胀和收缩,它应选在零件棱角、边缘和肋等强度较大的部位。

③ 焊后处理为缓解内应力,焊后工件必须保温和缓慢冷却,清除焊渣,检查质量。

对于大、中型不重要或非受力的铸铁件,或焊后不再切削加工的零件,也可以采用低碳钢焊条进行冷焊。焊缝具有钢的化学成分,在钢与铸铁的交界区,通常是不完全熔化区,易产生白口组织,这种焊缝强度低。为增加焊缝的强度,在现场通常用加强螺钉法进行焊补,将螺钉插入焊补部分的边缘和坡口斜面上,如图 3-10 所示。

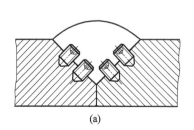
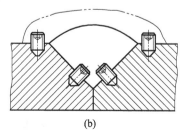

(a)　　　　　　　　　(b)

图 3-10　铸铁冷焊时的加强螺钉

当铸铁件裂纹处的厚度小于 12mm 时，可不开坡口。厚度超过 12mm 时应开 V 形或 X 形坡口，其深度为裂纹深度的 0.5～0.6 倍。螺钉直径可按焊件厚度选择，一般是它的 0.15～0.20 倍，可取 3～12mm。钉的插入深度为直径的 1.5～2.0 倍，螺钉的间距为直径的 4～10 倍，螺钉露出部分的长度等于直径，插入螺钉的数量要根据切应力计算。若焊件不允许焊缝凸出表面时，则要开 6～20mm 深的沟槽，填满沟槽即可满足焊缝的强度。

二、有色金属的焊接修复

机械装备中常用的有色金属有铜及铜合金、铝及铝合金等。因它们的导热性高，线膨胀系数大、熔点低、高温状态下脆性较大、强度低，很容易氧化，所以可焊性差，焊补比较复杂和困难，要求具有较高的操作技术，且需要采取必要的技术措施来保证焊接质量。

(一) 铜及铜合金

铜及铜合金的特点是：在焊补过程中，铜易氧化，生成氧化亚铜，使焊缝的塑性降低，促使产生裂纹；导热性强，比钢大 5～8 倍，焊补时必须用高而集中的热源；热胀冷缩量大，焊件易变形，内应力增大；合金元素的氧化、蒸发和烧损，改变合金成分，引起焊缝力学性能降低，产生热裂纹、气孔、夹渣；铜在液态时能溶解大量氢气，冷却时过剩的氢气来不及析出，而在焊缝熔合区形成气孔，这是铜及铜合金焊补后常见的缺陷之一。

针对上述特点，要保证焊补的质量，必须重视以下问题：

(1) 焊补材料及选择。

电焊条，目前国产的主要有：TCu(T107)——用于焊补铜结构件；TCuSi(T207)——用于焊补硅青铜；TCuSnA 或 TCuSnB(T227)——用于焊补磷青铜、纯铜和黄铜；TCuAl 或 TCuMnAl(T237)——用于焊补铝青铜及其他铜合金。

气焊和氩弧焊焊补时用焊丝，常用的有：SCu-1 或 SCu-2 (丝 201 或丝 202)——适用于焊补纯铜；SCuZn-3 (丝 221)——适用于焊补黄铜。

用气焊焊补纯铜和黄铜合金时，也可使用焊粉。

(2) 焊补工艺。

焊补时必须要做好焊前准备，对焊丝和焊件进行表面清理，开 60°～90°的 V 形坡口。施焊时要注意预热，一般温度为 300～700℃，注意焊补速度，遵守焊补规范、锤击焊缝；气焊时选择合适的火焰，一般为中性焰；电弧焊则要考虑焊法。焊后要进行热处理。

(二) 铝及铝合金

铝的氧化比铜容易，它生成致密难熔的氧化铝薄膜，熔点很高，焊补时很难熔化，阻碍基体金属的熔合，易造成焊缝金属夹渣，降低力学性能及耐蚀性；铝的吸气性大，液态铝能溶解大量氢气，快速冷却及凝固时，氢气来不及析出，易产生气孔；铝的导热性好，需要高而集中的热源；热胀冷缩严重，易产生变形；由于铝在固液态转变时，无明显的颜色变化，焊补时不易根据颜色变化来判断熔池的温度；铝合金在高温下强度很低，焊补时易引起塌落和焊穿现象。以上是铝与铝合金焊补的特点，它是由其本身的一些特性决定的。

目前，铝及铝合金的补焊多采用手工钨极氩弧焊和气焊。

为保证补焊质量，焊接时应采取下列措施：

(1) 焊前准备。焊前彻底清除工件和焊丝的油污和氧化膜。清理后就尽快开始补焊，否则在工件和焊丝表面又会出现新的氧化膜。

(2) 焊前预热。预热可减少熔化金属与母材的温度差别，减少应力，可除去金属表面水分，降低焊接的冷却速度，减少气孔。预热温度一般取 200～300℃。

(3) 在气焊时必须用焊剂。它能有效地破坏氧化铝薄膜,还能改善熔化金属的流动性。常用的焊剂牌号为"气剂401"。

(4) 气焊时应采用中性焰或弱碳化焰施焊,以防铝氧化。

(5) 手工钨极氩弧焊时,由于氩气的保护和氩离子撞击并破碎熔池表面形成的氧化膜,因此氩弧焊时可以不用焊剂。

(6) 为防止补焊处塌陷甚至烧穿,需借助夹具或垫板施焊,一般不能悬空焊接。

(7) 焊后采取去应力退火,消除应力,退火温度一般为300~350℃。

三、堆焊修复

堆焊是焊接工艺方法的一种特殊应用。它的目的不是形成接头焊缝,而是在零件表面上堆敷一层金属,得到一定尺寸,弥补基体上的损失,或赋予零件表面一定的特殊性能,比新件更耐磨、耐蚀,从而节约材料和资金,延长使用寿命。堆焊在机械装备维修中得到了广泛应用。

由于堆焊与焊接的任务不同,因此,在焊接材料的应用以及生产工艺上,均有它本身的特点。但是,作为焊接工艺方法的一种特殊应用,堆焊的物理实质、工艺原理、热过程以及冶金过程的基本规律和焊接并没有什么不同,绝大多数的熔焊方法均可用于堆焊。

常用的堆焊方法的有手工堆焊和自动堆焊两类。

(一) 手工堆焊

手工堆焊是利用电弧或氧—乙炔火焰产生的热量熔化基体金属和焊条,采用手工操作进行堆焊的方法。它适用于工件数量少,没有其他堆焊设备的条件下,或工件外形不规则、不利于机械化自动化堆焊的场合。这种方法不需要特殊设备,工艺简单,应用普遍;但合金元素烧损严重,劳动强度大,生产率低。

手工堆焊的操作技术与普通焊接基本相同。但需注意:要针对零件和堆焊材料的具体情况采用不同的工艺,才能获得满意的结果。

手工堆焊在工艺措施中要采取:

(1) 正确选用合适的焊条。根据需要选用合适的焊条,应避免成本过高或工艺复杂化。

(2) 焊前应进行除污和清洗。有的零件表面焊前还需要退火以减小内应力,焊后还需要进行热处理以增加硬度和强度。

(3) 防止堆焊层硬度不符合要求。焊缝被基体金属稀释是堆焊层硬度不够的主要原因,可采用适当减小堆焊电流或采取多层焊的方法来提高硬度。此外,还应注意控制好堆焊后的冷却速度。

(4) 提高堆焊效率。应保证质量的前提下,提高熔敷率,如适当加大焊条直径和堆焊电流、采用填丝焊法以及多条焊等。

(5) 防止开裂。可采用改善热循环和堆焊过渡层的方法来防止产生裂纹。

(二) 自动堆焊

自动堆焊与手工堆焊的主要区别是引燃电弧、焊丝送进、焊炬和工件的相对移动等全部由机械自动进行,克服了手工堆焊生产率低、劳动强度大等主要缺点,但需专用的焊接设备。

1. 埋弧自动焊

埋弧自动焊又称焊剂层下自动堆焊,其特点是生产效率高、劳动条件好等。堆焊时所用的焊接材料包括焊丝和焊剂,两者必须配合使用以调节焊缝成分。埋弧自动堆焊工艺与一般埋弧焊工艺基本相同,堆焊时要注意控制稀释率和熔敷率,埋弧自动焊适用于修复磨损量大、外形比较简单的零件,如各种轴类、轧辊、车轮轮缘和履带车辆上的支重轮等。

2. 振动电弧堆焊

振动电弧堆焊是金属焊丝以一定频率和振幅振动的脉冲电弧焊,是特殊形式的自动堆焊。主要特点是堆焊层薄而均匀、耐磨性好、工件变形小、熔深浅、热影响区窄、生产效率高、劳动条件好、成本低等。

振动电弧堆焊的工作原理如图3-11所示。工件夹持在专用机床上,并以一定的速度旋转,堆焊机头沿工件轴向移动,焊丝以一定的频率和振幅振动而产生电脉冲。焊嘴2受交流电磁铁4和调节弹簧9的作用而产生振动,堆焊时需不断向焊嘴供给冷却液(一般为4%~6%碳酸钠水溶液),以防止焊丝和焊嘴熔化黏结或在焊嘴上结渣。

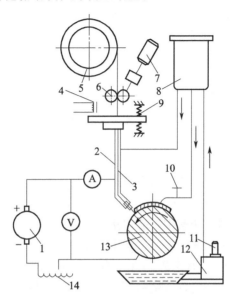

图3-11 振动电弧堆焊工作原理

1—电源;2—焊嘴;3—焊丝;4—交流电磁铁;5—送丝轮;6—焊丝盘;7—小电动机;
8—上水箱;9—弹簧;10—喷液嘴;11—水泵;12—冷却液水箱;13—工件;14—电感线圈。

3. 堆焊工艺

一般堆焊工艺过程为工件的准备→工件预热→堆焊→冷却与消除内应力→表面加工。

焊接材料主要指焊丝和焊剂。焊丝是直接影响堆焊层金属质量的一个最主要因素,一般应选择优于母材的焊丝。焊剂在堆焊过程中不仅使熔池与空气隔绝,而且可以调节堆焊层的化学成分,因此也是影响堆焊层金属质量的关键因素。为了获得符合要求的焊缝,可以采用以下两种搭配方式:高硅高锰焊剂配合低碳钢焊丝H08A,重要零件可用中锰焊丝H08MnA;高硅低锰或无锰焊剂与高锰焊剂配合用中锰焊丝H08MnA。

影响埋弧堆焊焊缝质量的参数主要有电流、电压、堆焊速度、送丝速度和堆焊螺距。

四、钎焊修复

钎焊是将熔点比基体金属低的材料作钎料,把它放在焊件连接处一同加热到高于钎料熔点而低于基体金属的熔点温度,利用熔化后的液态钎料润湿基体金属,填充接头间隙,并与基体金属产生扩散作用,从而把分离的两个焊件连接起来的一种焊接方法。

钎焊具有温度低,对焊接件组织和力学性能影响小,接头光滑平整,工艺简单,操作方便等优点。但是又有接头强度低,熔剂有腐蚀作用等缺点。

钎焊适用于焊接薄板、薄管、硬质合金刀头及焊修铸铁件、电器设备等。

(1) 钎焊的种类。钎焊分为硬钎焊和软钎焊两种。用熔点高于450℃的钎料进行钎焊称为硬钎焊,如铜焊、银焊等,硬钎料还有铝、锰、镍、钛等及其合金。用熔点低于450℃的钎料进行钎焊称为软钎焊,也称为低温钎焊,如锡焊等,软钎料常用的钎料是锡铅焊料。

(2) 特点及应用。钎焊较少受基体金属可焊性的限制,加热温度低,热源较容易解决而不需要特殊焊接设备,容易操作。但钎焊较其他焊接方法焊缝强度低,适用于强度要求不高的零件的裂纹和断裂的修复,尤其适用于低速运动零件的研伤、划伤等局部缺陷的修复。

为焊接牢固,钎焊时必须要用熔剂(又称焊剂)。它的作用是熔解和清除零件钎焊部分表面的氧化物,保护钎焊表面不受氧化,改善液态钎料对焊件的润湿性。熔剂的选择应依基体金属的种类而定,选择不当会影响焊接质量。常用的熔剂有铝钎焊熔剂和银钎焊熔剂两类。软钎焊还可用松香或氯化锌等作熔剂;当用铜锌钎料时,也可用100%硼砂或50%硼砂加50%硼酸等作为熔剂。

五、塑料零件的焊接修复

塑料具有良好的化学稳定性,且密度小、易加工,使塑料得到了日益广泛的应用,特别是机械强度较高的工程塑料的出现,使塑料能够代替金属作为结构材料,在机械装备和工程结构中使用。

根据塑料的特性可将塑料分为两类:一类是热塑性塑料,这类塑料在冷却硬化后,经加热到一定温度能够熔化(软化),并且经过多次加热冷却,其性能基本不变,也能保持其溶于溶剂的能力;另一类是热固性塑料,这类塑料在加热时不能变为熔化状态,也不能溶于有机溶剂。所以热塑性塑料是可以焊接的,而热固性塑料则不能焊接。

在各种热塑性塑料中,聚氯乙烯塑料是大量生产的一个品种。在许多场合可以代替不锈钢和有色金属制造各种容器、塔器、通风装置和管道等,它还可以作为一些设备的衬里,在化学工业和有关行业得到广泛的应用。此外,日常生活用品中也有大量的聚氯乙烯塑料制品。因此,将以硬聚氯乙烯的补焊为例介绍塑料的补焊。

(一) 硬聚氯乙烯的特点

硬聚氯乙烯是不含或含增塑剂极少(100份聚氯乙稀树脂只含5份以下增塑剂)的聚氯乙烯树脂制成的塑料,它具有一定的机械强度和较高的冲击韧性,具有优良的耐腐蚀性能,能耐大部分酸、碱、盐、碳氢化合物、有机溶剂的腐蚀,但不耐浓硝酸、发烟硫酸、芳香族碳氢化合物、含氯的碳氢化合物和环己酮的侵蚀。

当硬聚氯乙烯加热到130~140℃即成柔软状态,这时只要用简单的模型加以不大的压力,即可制成各种零件。当它被加热到180℃以上就处于黏滞流动状态,这时就可以进行焊接。

(二) 硬聚氯乙烯件的补焊

塑料焊接方法很多,常用的有热空气焊接、热压焊接、热对挤焊接、摩擦焊和超声波焊接等,其中目前用得最普遍的是热空气焊接,硬聚氯乙烯制件通常采用热空气焊接进行补焊。

1. 热空气焊接的基本原理

热空气焊接塑料时,把压缩空气通过空气过滤器净化后,再经过电热焊枪,被加热到焊接塑料所需要的温度。当这股热空气从焊枪喷嘴喷出后,可加热塑料焊件和焊条,使焊条软化发黏,但不形成熔滴,同时焊件被焊处也被加热发黏,当它们都处于黏稠状态后,通过手工或机械方式施加焊接压力,使焊条和焊件连接在一起,冷却后形成焊缝。如果采用惰性气体来代替压缩空气,则焊接效果会更好。

2. 热空气焊接的设备

热空气焊接设备一般由气路系统、电路系统和焊枪三部分组成,设备示意图如图3-12所示。气路系统包括空气压缩机、空气过滤器、压缩空气流量控制阀及管道。利用气路系统可提供无油、无水、无污,并有一定流量的压缩空气。电路系统主要是供应电源,包括调压变压器、漏电保护器等,调压变压器可用来改变焊枪内电热丝的供电电压,从而调节焊枪喷嘴喷出压缩空气的温度。

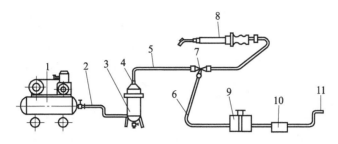

图 3-12　热空气焊接设备示意图
1—空气压缩机；2—压缩空气管道；3—空气过滤器；4—控制阀；5—压缩空气管道；
6—调压器输出电线；7—三通；8—焊枪；9—调压变压器；10—漏电保护器；11—接单相电源。

焊枪是焊接设备的重要组成,焊枪中的电热装置由电路系统供电,压缩空气通过焊枪中的电热装置成为热空气流,借助热空气流来完成塑料焊接工件。焊枪所采用的电源有 36V 和 220V 两种,常用的是后一种。焊接塑料的焊枪分直柄式和手枪式两种,它们均由喷嘴、外壳、电热丝、瓷圈、手柄等构成。直柄式焊枪的结构如图 3-13 所示。

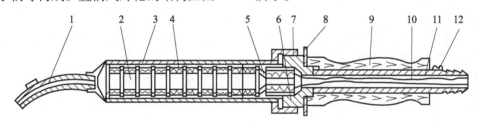

图 3-13　直柄式焊枪结构图
1—喷嘴；2—磁圈；3—外壳；4—电热丝；5—双线磁接头；6—固定圈；
7—螺母；8—隔热垫圈；9—手柄；10—电源线；11—空气导管；12—螺钉。

3. 热空气补焊工艺

(1) 焊前准备。补焊前首先应对塑料的损坏部分仔细清理,切除塑料中的缺陷。其次,为了使塑料焊后具有较高的焊缝强度,焊前对厚度较大的焊件必须开坡口。

焊接坡口的制备可在金属或木材加工机械上进行,也可用手工刨、锉、刮,坡口要求平直,沿焊缝全长均匀一致,但不宜过于光滑,必要时对坡口可用砂布或粗锉刀打磨成粗糙的表面,以增加焊缝强度。另外,焊缝强度还与焊件、焊条的表面清洁程度有关。因此,在焊前应将焊条表面及坡口处清理干净,若有油污,可用二氯乙烷或丙酮擦洗。

选择的焊条成分应和母材相近,其直径应根据板厚来选择,焊条直径增大,虽然填满焊缝坡口所需的焊条根数减少,焊接效率提高,但直径过大时,由于焊枪喷出的热空气流在短时间内,不能使焊条里外均匀受热,引起焊后焊缝内产生应力,这种应力在母材继续受焊接加热时,就容易引起焊缝收缩并出现裂缝,影响焊接质量,所以在实际焊接工作中,选用的焊条直径一般不超过 4mm。

焊条分单焊条和双焊条两种,单焊条的规格及应用如表 3-5 所列,双焊条的规格及应用如表 3-6 所列。

表 3-5 单焊条规格

直径/mm	适用板材厚度/mm	允差/mm	最短长度/mm
2	2~3	±0.3	0.5
2.5	4~8	±0.3	0.5
3	7~9	±0.3	0.5
3.5	8~15	±0.3	0.5
4	15以上	±0.3	0.5

表 3-6 双焊条规格

焊条截面	d/mm	l/mm	h/mm	适用板材厚度/mm	允差/mm	最短长度/mm
	1.5	1.5	1.2	8以下	±0.3	0.5
	2.0	2.0	1.7	8左右	±0.3	0.5
	2.5	2.5	2.2	8以上	±0.3	0.5

双焊条是两根单焊条并联起来,它能提高焊接效率40%~60%。同时,由于双焊条受热面积大于单焊条,受热较均匀,因此焊缝强度较高,近年来双焊条的使用量已超过单焊条。

焊枪喷嘴的直径必须与焊条直径相适应。当喷嘴的直径过小,很难使焊条及母材充分地受热,焊接后焊条本身就会产生应力,这种应力在连续焊接时会使焊缝形成裂缝。如果喷嘴直径过大,焊条过分受热,则形成的焊缝不平整、影响外观。试验证明,焊枪喷嘴直径接近焊条直径时,焊缝强度最高。

(2)施焊。焊接时,焊条和焊件表面受热变软的程度,取决于加热温度和加热时间。加热时间的长短,由焊枪的移动速度来控制。

硬聚氯乙烯塑料在180℃以上就处于黏滞流动状态,但由于焊接时加热是局部和短暂的,因此加热温度要高一些。一般喷嘴前5mm处热空气湿度在230~270℃为最好,热空气温度可用水银温度计测量。

焊接速度的选择可根据焊条直径和喷嘴直径的大小,一般在150~250mm/min范围内选取。当焊接速度太快而焊接温度又过低时,焊条和焊件没有被充分软化,会使焊缝结合强度不够。当焊接速度太慢而焊接温度又过高时,就使聚氯乙烯分解产生氯化氢。长时间加热到270℃以上时,硬聚氯乙烯颜色会变黄甚至发黑,发生焦化,使接头性能降低。

硬聚氯乙烯受热后能分解出少量氯化氢气体,该气体对焊接操作人员健康不利,故工作地点的空气必须流通,必要时应设置通风装置,操作人员最好戴上口罩,于上风处操作。

在焊接过程中如出现烧焦或凹凸现象,应立即停止焊接,用切刀切去缺陷后,重新焊接。

第四节 电刷镀修复技术

电镀是在直流电场作用下,利用电解原理,使金属或合金沉积在零件表面上,形成均匀、致密、结合力强的金属镀层的过程。

电镀不仅可以恢复磨损零件的尺寸,而且还能改善零件的表面性质,提高耐磨性、防腐能力,形成装饰性镀层,以及特殊用途,如防止渗碳用的镀铜、防止氮化用的镀锡、提高表面导电性的镀银等。有些电镀还可改善润滑条件。因此,电镀是修复零件的最有效方法之一,应用十分广泛。

刷镀则是在电镀基础上发展起来的修复新技术,它比传统的电镀有其显著的特点。过去曾用涂镀、快速电镀、无槽电镀、擦镀等名称,按国家标准称为刷镀。随着刷镀技术的迅速发展,其应用范围逐渐扩大,成为机械装备维修领域的一项新的修复技术。

一、电镀

（一）概述

1. 基本原理

图 3-14 为电镀基本原理示意图。在装有电解液的镀槽中,悬挂着阴极和阳极,当电流通过电解液时,就发生电解过程。

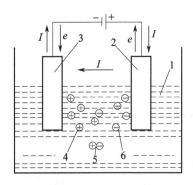

图 3-14 电镀基本原理示意图
1—电解液；2—阳极；3—阴极；4—正离子；5—未电解离子；6—负离子。

镀槽中的电解液,除镀铬采用铬酸溶液外,一般都用所要镀复金属的盐类水溶液。镀槽中的阴极为电镀的零件,接直流电源负极；阳极为与镀层材料相同的极板（镀铬除外）,接电源正极。将电源接通,在电场力的作用下,带正电荷的阳离子向阴极方向移动,带负电荷的阴离子向阳极方向移动。

电解液中的阳离子,主要是所需镀复的金属离子和氢离子,金属离子在阴极表面得到电子,生成金属原子,并覆盖在阴极表面上。同时氢离子也从阴极表面得到电子,生成氢原子,一部分进入零件镀层,另一部分逸出镀槽。这种反应称为阴极的电极反应。

2. 影响镀层质量的基本因素

镀层的质量由两方面评定:一是镀层与基体金属的结合牢固程度,无起皮、脱落现象；二是镀层表面不得有针孔、麻点、疏松、斑痕和毛刺等缺陷。影响质量的因素主要有以下几方面：

（1）电流密度。电流密度较小,形成粗结晶的镀层；反之,则形成细小晶粒的组织结构,使镀层中的氢含量增多,镀层发脆,硬度过高,甚至形成镀焦、脆性的疱瘤状镀层等缺陷。

（2）温度。提高电解液温度能获得粗晶粒结构,能降低氢的过电压,氢气易于析出,使镀层具有松软的组织结构。

（3）电解液浓度。用盐类水溶液常形成粗大晶粒的镀层。要获得细小晶粒的镀层,必须增加电解液的浓度。

（4）氢。它包含在金属晶格中,使晶格扭曲,产生内应力,镀层变硬发脆。当镀层夹氢太多,易使镀层从基体金属上脱落下来。

（5）其他。包括溶液搅拌、阴极材料、溶液的酸度 Ph 值以及杂质等。

3. 主要设备

电镀的主要设备包括:电源,有专供电镀用的低压直流发电机组、硅整流器、硒整流器、氧化铜整流器等;电镀槽,含外镀槽、衬槽、水套、电热器等;干燥处理设备;清洗抛光设备;挂具等。

4. 工艺过程

(1) 镀前准备。包括镀前磨削和抛光、除油、除锈、表面绝缘、安装挂具、清洗、表面活性处理等。

(2) 电镀过程。主要是选择合适的电镀规范;预热溶液;对零件进行刻蚀处理;采用高电流密度作短时间的冲击猛镀;按规范进行正常电镀。

(3) 镀后处理。包括清洗镀件、回收溶液、清水冲洗、拆下零件、除去绝缘、干燥处理、质量检查、磨削和抛光等。

(二) 镀铜

铜的镀层与基体金属的结合能力很强,不需要进行复杂的镀前准备,在室温和很小的电流密度下即可进行,操作很方便。

镀铜在维修中常用于以下方面:恢复过盈配合的表面,如滚动轴承、铜套、轴瓦、缸套外圈的加大;改善间隙配合件的摩擦表面,提高磨合质量,如缸套和齿轮镀钢;对紧固件起防松作用,如在螺母上镀铜可不用弹簧垫圈或开尾销;零件渗碳处理前,对不需渗碳部分镀铜作防护层;在钢铁零件镀铬、镀镍之前常用镀铜作底层;作防腐保护层等。

按镀液的成分不同,镀铜可分为酸性和碱性两种:酸性镀铜的镀液是硫酸铜和硫酸,其成分简单、价格便宜、电流效率高、镀得快。但铁的化学性质比铜活泼,铜容易在化学置换作用下沉积在零件上,疏松而结合强度差;碱性镀铜的镀液过去常用氰化物,因它价高且有剧毒,目前都用硫酸铜、焦磷酸盐和磷酸氢二钠。碱性镀铜与基体金属结合好,无置换现象,但生产率不如酸性镀铜,可用它作底层,酸性镀铜镀厚层。

(三) 镀铁

镀铁又称镀钢。按电解液的温度分为高温镀铁和低温镀铁。在 90~100℃ 温度下进行镀铁,使用直流电源的称高温镀铁。这种方法获得的镀层硬度不高,且与基体结合不可靠;在 40~50℃ 常温下进行镀铁,采用不对称交流电源的称为低温镀铁。它解决了常温下镀层与基体结合的强度问题,镀层的力学性能较好,工艺简单,操作方便,在修复和强化机械零件方面可取代高温镀铁,并已得到广泛应用。

(四) 镀铬

镀铬是用电解法修复零件的最有效方法之一。它不仅可修复磨损表面的尺寸,而且在相当大的程度上能改善零件的质量,特别是提高表面耐磨性。

1. 镀铬层特点

(1) 镀铬层的化学稳定性好,摩擦因数小,硬度高达 400~1200HV,比零件淬火层还硬,有较好的耐磨性。

(2) 通过调节控制电解规范可得到不同性质的镀铬层,镀层与基体金属结合强度高,甚至高于它自身晶间的结合强度。

(3) 镀铬层有较好的耐热性,在 480℃ 以下不变色,500℃ 以上开始氧化,700℃ 时硬度才显著下降,镀铬过程不会使零件产生内应力和变形,铬层能在较高温度下工作。

(4) 抗腐蚀能力强,铬层与有机酸、硫、硫化物、稀硫酸、硝酸、碳酸盐或碱等均不起作用,能长期保持其光泽,使外表美观。

(5) 镀铬层性脆,不宜承受分布不均匀的载荷,不能抗冲击。当镀层厚度超过 0.5mm 时,结合强度和疲劳强度降低,不宜修复磨损量较大的零件。

(6) 沉积效率低,润滑性能不好,工艺较复杂,成本高,一般不重要的零件不宜采用。

2. 镀铬层种类、特点和应用

镀铬层种类、特点及应用如表3-7所列。

表3-7 镀铬层的种类、特点及应用

种类		特点	应用
硬质镀铬	乳白色铬层	在高温和低电流密度时获得。镀层结晶细密、无裂纹,硬度较低,但韧性好,耐磨性好,颜色呈乳白色,耐蚀性好	适用于承受冲击载荷和大的单位面积压力的零件,防腐装饰性镀铬
	无光泽铬层	在较低温度和较高电流密度下获得。具有网状裂纹,结晶粗大,硬而脆,耐磨性差、表面粗糙、颜色灰暗	由于脆性太大,很少使用,只用于某些工具、刀具的镀铬
	光泽铬层	在中等温度和电流密度下获得。具有网状裂纹,硬度较高,韧性较好光亮结晶细致,耐磨性好	作为修复过盈配合件表面,往复运动的零件和承受较大载荷的零件,或作一般装饰性镀铬
多孔镀铬	点状铬层	在阳极腐蚀无光泽铬或无光泽铬和光泽铬的过渡铬层时获得。腐蚀表面呈凹坑状剥落(点状),硬度较低,储油性能好,易磨合	用于承受交变载荷、重载荷,高温,需要好的润滑,易于磨合,气密性要求较高的场合,如活塞环、压缩环
	沟状铬层	在阳极腐蚀光泽铬或光泽铬和乳白色铬的过渡铬层时获得。腐蚀裂纹呈沟状,硬度高,储油能力强	用于润滑条件较差,较重载荷下工作,需抗磨损的零件,如发动机缸套

(五) 其他电镀方法

1. 复合电镀

将均匀悬浮在镀液中的纤维或粒状非金属、金属材料,在制件表面共沉积而得到的复合材料的电镀称复合电镀,其镀层为复合镀层。复合镀层具有优良的耐磨性;加有减磨性微粒(尼龙)的复合镀层有良好的减磨性;与聚四氟乙烯等颗粒共沉积的复合镀层具有良好的润滑性。它们已在修复和强化零件上得到了广泛应用。复合电镀的技术关键是选择材料、颗粒物的添加方式和搅拌。

2. 化学镀镍

化学镀镍是一种不需通电,利用强还原剂次亚磷酸钠,在镍盐溶液中将镍离子还原成金属镍,在钢、铜、镍和铝制零件上形成厚度均匀,由镍和磷组成的镀层。化学镀镍的镀层厚度均匀、与基体结合力强、覆盖性能好、耐磨性和耐蚀性好,具有较高的硬度,比电镀镍层有较高的化学稳定性,孔隙率较电镀镍少,有光亮的外观。化学镀镍层虽有较优越的物理力学性能,可在许多非金属材料上沉积镀层,但因成本较高、沉积速度低、镀液维护较困难,所以在一般机械装备上只用作一些精密零件的防腐、抗磨的覆盖层。

3. 脉冲电镀

脉冲电镀是利用脉冲整流器作为电源转换为镀槽电流,按规定的时间间隔接通和切断电源。如此反复循环,使电流用于金属离子的还原,得到一个致密的细晶粒的沉积层。脉冲电镀孔隙率较低,结合强度较高,分散能力较好,沉积速度快,韧性和耐磨性好,主要用于镀金、银、镍、铜。

4. 周期转向镀

周期转向镀是电流方向周期性变化的电镀。电镀过程中采用换向,让零件进行阳极处理的时间小于在阴极沉积的时间,周期性地反复进行,使金属阴极沉积与溶解交替。

5. 摩擦电喷镀

摩擦电喷镀是金属电沉积与机械摩擦同时进行的一种新技术。它使用体积小、功率大、能满足大电流密度要求的专门的脉冲电源和独特的阳极。电镀时,特殊的离浓度溶液以一定流量、压力连续地被喷射到阴阳极之间。同时,固定在阳极上的摩擦器以一定的压力在阴极上做相对运动,对镀层进行摩擦,使之既具有机械活化作用,又限制了部分晶粒在垂直方向上的过快增长。这样便于去除被层表面的浮层和粗晶粒层,改善了电沉积过程,使镀层组织更加致密,晶粒更加细化,性能得以提高。摩擦电喷镀具有优质、高效、低耗和易于实现工艺过程自动化等优点,摩擦器与阳极做成一体,灵巧方便。

二、刷镀

(一) 概述

1. 工作原理

刷镀和电镀的金属沉积原理基本相同,只不过所用的阳极和电解液输送形式不同。

刷镀是使用不同形式的镀笔和阳极、专门研制的刷镀液,以及专用的直流电源进行,如图 3-15 所示。

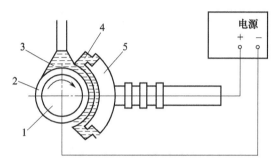

图 3-15 刷镀工作原理图
1—工件;2—刷镀层;3—刷镀液;4—阳极包套;5—刷镀笔。

工作时,电源的负极与被镀工件 1 相连,刷镀笔 5 接正极,刷镀笔上的阳极(石墨材料)包裹着有机吸水材料(如用脱脂棉或涤纶、棉套或人造毛套等),称阳极包套 4,浸蘸或浇注专用刷镀液 3,与待镀工件表面接触,并擦拭或涂抹做相对运动。刷镀笔和工件接上电源正负极后,镀液中的金属离子在电场力的作用下向工件表面迁移,不断还原并以原子状态沉积在工件表面上,从而形成镀层。随着时间的延长和通过电量的增加,镀层逐渐增厚,直至达到需要的厚度。镀层厚度由专用的刷镀电源控制,镀层种类由刷镀液品种决定。

2. 特点

刷镀区别于电镀的最大工艺特点是镀笔与工件必须保持一定的相对运动速度。

(1) 刷镀在低温下进行,基体金属性质几乎不受影响,热处理效果不会改变;镀层具有良好的力学和化学性能,它与基体金属结合强度高于常规的电镀和热喷涂;对于铝、铜、铸铁和高合金钢等难以焊接的金属,以及淬硬、渗碳、渗氮等热处理层也可刷镀,不需附加随后的热处理。

(2) 工艺适用范围大,同一套设备可以镀不同的金属镀层,也可以由同一种金属获得不同性能的镀层,达到沉积速度快、致密性好、电导率高、内应力小、耐磨性好、镀层光亮或吸水性好等目的。

(3) 设备轻便简单,工艺灵活,不需镀槽,工件尺寸不受限制,不拆卸解体就可在现场刷镀修复,操作简便,一般技工经短期培训即可掌握,镀液不需经常或定期化验及调整成分。

(4) 经济效益好,镀层厚度可控制在 ±0.01mm,适于修复精密零件。对大型工件和贵重金属零件以及加工工艺复杂的工件尤有价值。刷镀后一般不需要再进行机械加工,修复时间短,维修成本低。

(5) 操作安全,对环境污染少。刷镀液一般都不含氰化物和其他剧毒化学药剂,性能稳定,对人体无毒害,排除废液少,储运时不需防火。

3. 应用

刷镀的应用范围大致归纳为以下几个方面:

(1) 修复零部件中由于磨损或加工后尺寸超差的那部分,特别是精密零件和量具。如滚动轴承内外座圈的孔和外圆、花键轴的键齿宽度、变速箱体轴承座孔、曲轴轴颈等。

(2) 修复大型、贵重零件,如曲轴、机体等局部磨损、擦伤、凹坑、腐蚀、空洞和槽镀产品的缺陷或电镀难以完成的工作。

(3) 机床导轨划伤或研伤的修补,它比选用机械加工、锡铋合金钎焊、热喷涂、粘接等修复技术效果更佳。

(4) 零件表面的性能改善,提高耐磨性和耐腐蚀性。可选择合适的金属镀层作为防腐层;作为适合其他加工要求的过渡层,如铝、钛和高合金钢电镀前的过渡层;作为零件局部防渗碳、渗氮等保护层。

(5) 在工艺美术、建筑装潢等领域应用。

(6) 使用反向电流用于动平衡去重、去毛刺和刻模具等。

但是,刷镀工艺不适宜用在大面积、大厚度、大批量修复,其技术经济指标不如电镀;它不能修复零件上的断裂缺陷;不适宜修复承受高接触应力的滚动或滑动摩擦表面,如齿轮表面、滚动轴承滚道等。虽然在各个部门应用十分广泛,也取得了明显的经济效果,但仍有一定的局限性。

(二) 工艺

1. 镀前准备

备好电源、镀液和镀笔,对工件表面进行预加工,去除毛刺和疲劳层,并获得正确的几何形状和较小的表面粗糙度值(Ra3.2μm 以下)。当修补划伤和凹坑等缺陷时,还需进行修整和扩宽。对油污严重的工件,应预先进行全面除油。对锈蚀严重的工件还应进行除锈。

2. 电净处理

电净处理是对工件欲镀表面及其邻近部位用电净液进行精除油。电净时,工作电压为 4~20V,阴阳极相对运动速度为 8~18r/min,时间为 30~60s。电净后,用清水将工件冲洗干净。电净的标准是水膜均摊。

3. 活化处理

活化处理是用活化液对工件表面进行处理,以去除氧化膜和其他污物,使金属表面活化,提高镀层与基体的结合强度。活化时间为 60s 左右,活化后用清水将工件冲洗干净。不同的金属材料需选用不同的活化液及其工艺参数。活化的标准是达到指定的颜色。

4. 镀底层

在刷镀工作层前,首先刷镀很薄一层(1~5μm)特殊镍、碱铜或低氢脆锡作底层,提高镀层与基体的结合强度,避免某些酸性镀液对基体金属的腐蚀。

5. 刷镀工作层

刷镀工作层是最终镀层,应满足工件表面的力学、物理和化学性能要求。为保证镀层质量,需合理地进行镀层设计,正确选定镀层的结构和每种镀层的厚度。当镀层厚度较大时,通常选用两种或两种以上镀液,分层交替刷镀,得到复合镀层,这样既可迅速增补尺寸,又可减少镀层内应力,保证镀层质量。若有不合格镀层部分可用退镀液去除,重新操作,冲洗、打磨,再电净和活化。

6. 镀后处理

刷镀后工件用温水彻底清洗、擦干、检查质量和尺寸,需要时进行机械加工。剩余镀液过滤后分别存放,阳极、包套拆下清洗、晾干,并分别存放,下次对号使用。

影响刷镀质量的主要因素有工作电压、电流、阴阳极相对运动速度、镀液和工件温度、被镀表面的润湿状况,以及镀液的清洁等。

(三) 新刷镀技术

1. 复合刷镀

复合刷镀是采用复合刷镀工艺而获得复合镀层,简称为复合刷镀。复合刷镀是复合电镀的一种,其本质都是通过电化学沉积在工件基体表面,获得复合材料(复合镀层)。如果说复合电镀是电镀历史发展的里程碑,那么复合刷镀则是复合电镀的新进展。

复合镀层按其结构分:一类是由两种或几种金属元素依次沉积而形成的多层状镀层;另一类为在金属镀液中加入不溶性固体微粒,使其与镀液中的金属离子共沉积,并均匀地弥散在金属镀层中的组合镀层。

复合刷镀的主要目的是获得复合镀层,其基本原理同普通刷镀。但复合刷镀与普通刷镀的主要区别是在镀液中加入一定量的不溶性固体微粒,并使其均匀地悬浮在镀液中,能够有选择地吸附镀液中的某些正离子参与阴极反应,与镀层金属一起沉积在工件上而获得复合镀层。不参与阴极反应的也能像杂质一样被嵌镶在镀层中,获得同样的弥散强化效果。

复合刷镀的工艺特点是搅拌与悬浮。采用的搅拌方法主要有机械搅拌法、超声波分散法和流镀法等。

2. 刷镀与其他修复技术的复合

(1) 刷镀与热喷涂复合。用热喷涂迅速恢复尺寸,然后在涂层上刷镀,从而减小表面粗糙度值和获得需要的涂层性能。

(2) 刷镀与钎焊复合。在一些难钎焊的材料上镀铜、锡、银、金等镀层,然后再进行钎焊,解决了难钎焊金属或两种性能差异很大的金属表面钎焊问题。修复机床铸铁导轨划伤是最典型的应用。

(3) 刷镀与激光重熔复合。先刷镀金属镀层或合金镀层,再进行激光重熔,从而提高刷镀的结合强度或提高工件材料的表面性能。

(4) 刷镀与激光微精处理复合。在一些重要摩擦副表面上刷镀工作层,然后再用激光器在镀层表面打出有规则的微凸体和微凹体。它们不仅自身得到强化,而且还有良好的储油能力,从而提高耐磨性。

(5) 刷镀与离子注入复合。为进一步提高刷镀层的耐磨性,可在镍镀层、镍钨镀层、铜镀层上注入氮离子。由于氮与铜或镍不易形成稳定的化合物,而主要以间隙原子滞留在铜或镍晶格原子的间隙处,打破了平衡相图对元素的比例,有利于阻止位错移动,因此使镀层得到强化。

(6) 刷镀与减磨技术复合。在刷镀耐磨镀层后,再添加减磨添加剂可获得十分明显的减磨效果。

此外,还有刷镀与焊补复合、刷镀与修光复合等。

刷镀与其他修复技术的复合绝不是两种技术的简单叠加,而应是以最佳协同效应为目标进行合理的镀层设计。

第五节 粘接与粘涂

粘接是一项古老而又实用的技术。它是利用胶黏剂把两个分离、断裂或磨损的零件进行连接、密封、堵漏、修复或补偿尺寸的一种工艺方法。而粘涂是利用高分子聚合物与特殊填料(如石墨、二硫化钼、金属粉末、陶瓷粉末和纤维等)组成的复合材料胶黏剂,涂敷在零件表面上,实现耐磨、抗蚀、耐压、绝缘、导电、保温、防辐射、密封、连接、锁固等特定用途的一种表面强化、维修与防护技术。

一、原理

(一) 机械连接理论

从微观上看,任何物体表面都是粗糙的、多孔的。粘接时,各种胶黏剂渗入到物体的孔隙中,固化后形成无数微小的"销钉",将两个物体镶嵌在一块,起到机械固定作用。

(二) 物理吸附理论

任何物质分子之间都存在着物理吸附作用,这种力虽然弱,但由于分子数目多,总的吸附力还是很强的。当物质分子接触得越紧密、越充分时,物理吸附力就越大。但这种理论无法解释某些非极性高分子聚合物,如聚异丁烯和天然橡胶等之间具有很强的粘附现象。

(三) 扩散理论

胶黏剂的分子成链状结构且在不停地运动。在粘接过程中,胶黏剂的分子通过运动进入到被粘物体的表层。同时,被粘物体的分子也会进入到胶黏剂中。这样相互渗透、扩散,使胶黏剂和被粘物体之间牢固地结合。

(四) 化学键理论

胶黏剂与被粘物体表面之间通过化学作用,形成化学键,从而产生紧密的化学结合,它如同铁链一样。当环氧、酚醛等树脂与金属铝表面粘接时,就有化学键形成。

实际上,胶黏剂与被粘物体之间的粘合是由机械连接、物理吸附、分子间互相扩散与化学键等多种形式综合作用的结果。粘涂层的形成过程是粘料与固化剂固化反应的过程。粘涂层与基体的结合机理和一般粘接机理相同。

二、特点

(一) 粘接的特点

(1) 粘接时温度低,不产生热应力和变形,不改变基体金相组织,密封性好,接头的应力分布均匀,不会产生应力集中现象,疲劳强度比焊、铆、螺纹连接高 3~10 倍,接头重量轻,有较好的加工性能,表面光滑美观。

(2) 粘接工艺简便易行,一般不需复杂的设备,胶黏剂可随机携带,使用方便,成本低、周期短,便于推广应用,适用范围广,几乎能连接任何金属和非金属、相同的和不同的材料,尤其适用于产品试制、设备维修、零部件的结构改进。对某些极硬、极薄的金属材料、形状复杂、不同材料、不同结构、微小的零件采用粘接最为方便。

(3) 胶黏剂具有耐腐蚀、耐酸、耐碱、耐油、耐水等特点,接头不需进行防腐、防锈处理,连接不同金属材料时,可避免电位差的腐蚀。胶黏剂还可作为填充物填补砂眼和气孔等铸造缺陷,进行密封补漏,紧固防松,修复已松动的过盈配合表面。还可赋予接头绝缘、隔热、防振,以及导电、导磁等性能,防止电化学腐蚀。

(4) 粘接有难以克服的许多不足之处,如不耐高温,一般只能在 300℃ 以下工作,粘接强度比基体强度低得多。胶黏剂性质较脆,耐冲击力较差,易老化变质,且有毒、易燃。某些胶黏剂需配制和调解,工艺要求严格,粘接工艺过程复杂,质量难以控制,受环境影响较大。分散性较大,目前还缺乏有效的非破坏性质量检验方法。

（二）粘涂的特点

（1）粘涂材料品种多、原料丰富、价格低廉、密度小、绝缘性好、导热低，有优异的耐磨性、耐蚀性、较高的抗拉、抗剪强度，有独特的多功能性。

（2）粘涂工艺简单，零件不会产生热影响区和变形，尤其适用于维修特殊用途（如井下机械装备、储油和储气管道等）、特殊结构（薄壁等）、特殊要求的失效零部件。

（3）安全可靠，不需专门设备，可现场作业，缩短维修时间，甚至不用停产，提高了生产效率，是一种快速廉价的维修技术。

（4）由于胶黏剂性能的局限，因而使粘涂在应用上受到一些限制，如在湿热、冷热交变、冲击条件下以及其他复杂环境下的工作寿命有限。另外，还存在耐温性不好、抗剥离强度较低、易燃和有毒等问题。

三、工艺

（一）粘接工艺

粘接的工艺过程大致如下：根据被粘物的结构、性能要求及客观条件，确定粘接方案，选用胶黏剂；按尽可能增大粘接面积，提高粘接力的原则设计粘接接头；对被粘表面进行处理，包括清洗、除油、除锈、增加微观表面粗糙度的机械处理和化学处理；调制胶黏剂；涂胶黏剂，厚度一般为0.05～0.2mm，要均匀薄施；固化，要掌握固化温度、压力和保持时间等工艺参数；检验抗拉、抗剪、冲击和扯离等强度，并修整加工。

工艺要点：

（1）胶黏剂的选用。目前市场上供应的胶黏剂没有一种是"万能胶"。选用时必须根据被粘物的材质、结构、形状、承受载荷的大小、方向和使用条件，以及粘接工艺条件的可能性等，选择适用的胶黏剂。被粘物的表面致密、强度高，可选用改性酚醛胶、改性环氧胶、聚氨酯胶或丙烯酸酯胶等结构胶；橡胶材料粘接或与其他材料粘接时，应选用橡胶型胶黏剂或橡胶改性的韧性胶黏剂；热塑性的塑料粘接可用溶剂或热熔性胶黏剂；热固性的塑料粘接，必须选用与粘接材料相同的胶黏剂；膨胀系数小的材料，如玻璃、陶瓷材料自身粘接，或与膨胀系数相差较大的材料，如铝等粘接时，应选用弹性好，又能在室温固化的胶黏剂；当被粘物表面接触不紧密、间隙较大时，应选用剥离强度较大而有填料作用的胶黏剂。

粘接各种材料时可选用的胶黏剂如表3-8所列，供参考。

表3-8 胶粘各种材料时可选用的胶黏剂

	软质材料	木材	热固性塑料	热塑性塑料	橡胶制品	玻璃、陶瓷	金属
金属	3、6、8、10	1、2、5	2、4、5、7	5、6、7、8	3、6、8、10	2、3、6、7	2、4、6、7
玻璃、陶瓷	2、3、6、8	1、2、5	2、4、5、7	2、5、7、8	3、6、8	2、4、5、7	
橡胶制品	3、8、10	2、5、8	2、4、6、8	5、7、8	3、6、8		
热塑性塑料	3、8、9	1、5	5、7	5、7、9			
热固性塑料	2、3、6、8	1、2、5	2、4、5、7				
木材	1、2、5	1、2、5					
软质材料	3、8、9、10						

注：表中数字为胶黏剂种类代号。其中：1—酚醛树脂胶；2—酚醛—缩醛胶；3—酚醛—氯丁胶；4—酚醛—丁腈胶；5—环氧树脂胶；6—环氧—丁腈胶；7—聚丙烯酸酯胶；8—聚氨酯胶；9—热塑性树脂溶液胶；10—橡皮胶浆。

（2）接头设计。接头的受力方向应在粘接强度的最大方向上，尽量使其承受剪切力。接头的结构尽量采用套接、嵌接或扣合连接的形式。接头采用斜接或台阶式搭接时，应增大搭接的宽度,尽量减少搭接的长度。接头设计尽量避免对接形式,如条件允许时,可采用粘—铆、粘—焊、粘—螺纹连接等复合形式的接头。接头结构设计,目前尚没有准确的计算方法与标准模式,在实践中对重要的零件粘接应进行模拟试验。

(3) 表面处理。它是保证粘接强度的重要环节。一般结构粘接,被粘物表面应进行预加工,例如:用机械法处理,表面粗糙度 $Ra12.5 \sim 25\mu m$;用化学法处理,表面粗糙度 $Ra3.2 \sim 6.3\mu m$。表面处理后,表面清洗与粘合的时间间隔不宜太长,以避免沾污粘接的表面。

表面处理与清洗效果,决定于被粘物的材质和选用的清洗剂,要正确选用。

(4) 粘合。按胶黏剂的形态(液体、糊状、薄膜、胶粉)不同,可用刷涂、刮涂、喷涂、浸渍、粘贴或滚筒布胶等方法。胶层厚度一般控制在 $0.05 \sim 0.35$ nm 为最佳,要完满、均匀。

(5) 固化。加压是为了挤出胶层与被粘物之间的气泡和加速气体挥发,从而保证胶层均匀。加温要根据胶黏剂的特性或规定的选定温度,并逐渐升温使其达到胶黏剂的流动温度。同时,还需保持一定的时间,才能完成固化反应。所以,温度是固化过程的必要条件,时间是充分条件。固化后要缓慢冷却,以免产生内应力。

(6) 质量检验。检查粘接层表面有无翘起和剥离现象,有无气孔和夹空,是否固化。一般不允许做破坏性试验。

(7) 安全防护。大多数胶黏剂固化后是无毒的,但固化前有一定的毒性和易燃性、因此在操作时应注意通风、防止中毒、发生火灾。

粘接中常见的几种主要缺陷、产生原因及排除方法如表 3-9 所列。

表 3-9 粘接工艺常见的缺陷、产生原因及排除方法

缺陷形式	产生的主要原因	排除方法
胶层脱皮	①粘接表面不清洁,表面处理不好; ②胶层太厚,胶层与基体金属膨胀系数相差过大,产生过大应力; ③胶黏剂失效或过期; ④固化温度、压力或时间控制不当; ⑤胶黏剂选用不当	①重新进行清洁处理,处理后保持干净; ②控制胶层厚度,不超过 0.05~0.15mm; ③不得使用超过有效期或失效的胶黏剂; ④按工艺要求固化; ⑤根据被粘材料选用良好性能的胶黏剂
胶层夹有气孔	①胶层厚度不均匀,粘合时夹入空气; ②含溶剂的胶层一次涂胶过厚,或晾置时间不够,或固化压力不足,或固化温度过低; ③粘合孔未排出空气; ④涂胶时带入空气	①提高胶层温度,待胶层均匀后再粘合; ②严格按工艺要求进行涂胶,固化操作; ③钻排气孔或用导杆引入胶液; ④及时排出空气
接头缺胶	①固化压力过大,胶被挤出; ②对流动性好的常温固化胶,缺乏阻挡胶液措施,加温固化加热时,胶液黏度降低而流失	①按规定的固化压力加压; ②固化时涂胶面水平放置,加用快速固化胶堵塞流胶口或在边缘棱角处用玻璃纤维布作挡体,阻止胶液漫流
接头错位	①固化时定位不当或缺乏定位措施; ②固化时加压偏斜	①采用夹具定位; ②采用双脂粘接,除用本胶外,加用快速固化胶 502 定位
胶层固化过慢	①固化剂不纯或加入量过少,未考虑活性稀释剂对固化剂的消耗量; ②调胶搅拌不均匀; ③固化温度过低	①使用纯的固化剂,增加加入量; ②均匀调胶; ③提高固化温度

（二）粘涂工艺

（1）初清洗。用汽油、煤油或柴油粗洗，最后用丙酮精洗，除掉待涂表面的油污、锈迹。

（2）预加工。为保证待修表面有一定厚度的涂层，在涂粘料前必须进行机械加工，厚度一般为 0.5~3mm。为增加粘涂面积，提高粘涂强度，被粘涂表面应加工成"锯齿形"。

（3）清洗及活化处理。清洗用丙酮或专用清洗剂。有条件时可对待修表面喷砂，进行粗化活化处理，彻底清除表面氧化层。也可进行火焰处理、化学处理等，提高涂层的表面活性。

（4）配制粘涂层材料。它通常由 A、B 两组分组成。为获得最优效果，必须按规定比例配制。粘涂层材料经完全搅拌均匀后，应立即使用。

（5）涂敷。涂层的涂敷方法主要有：

① 涂刮法。先把涂层材料涂在处理好的零件表面上，然后用专用的工具模板把多余的涂料刮掉，达到一定尺寸要求。此法操作工艺简单，适用于轴颈的修复，但刮后表面涂层难以获得要求的精度和表面粗糙度，需用机械加工保证。

② 喷涂法。利用喷枪将涂层材料涂在处理好的零件表面上，形成具有特殊功能的涂层。

③ 涂压法。先把涂层材料涂在处理好的零件表面上，再用制好的与之相配的零件压制成形，不用后加工，适用于面积较大的平面与一定形状的表面，如大中型机床导轨面的修复。

④ 模具成形法。利用类同被粘涂件相配的零件作为模具进行成形，它不需进行机械加工，适用于孔颈及批量修复的零件。

（6）固化。涂层的固化反应速度与环境温度有关，温度高固化快，最适宜的温度为 20~30℃。一般室温固化需 24h，达到最高性能需 7 天。若加温 80℃ 固化，则只需 2~3h。

（7）修整、清理或后加工。对不需后续加工的涂层，可用锯片、锉刀等修整。涂层表面若有直径大于 1mm 的气孔先用丙酮洗净，再用胶修补，固化后研平。对需后续加工的涂层，可用车削或磨削加工达到尺寸和精度要求。

四、应用

（一）粘接应用

由于粘接有许多优点，随着高分子材料的发展，新型胶黏剂的出现，因此粘接在维修中的应用日益广泛。尤其在应急维修中，更显示其固有的特点。

（1）用于零件的结构连接。如轴的断裂、壳体的裂纹、平面零件的碎裂、环形零件的裂纹与破碎、输送带运输机的输送带的粘接等。

（2）用于补偿零件的尺寸磨损。例如，机械装备的导轨研伤黏补以及尺寸磨损的恢复，可采用粘贴聚四氟乙烯软带、涂抹高分子耐磨胶黏剂、101 聚氨醋胶黏接氟塑料等。

（3）用于零件的防松紧固。用胶粘替代防松零件，如开口销、止动垫圈、锁紧螺母等。

（4）用于零件的密封堵漏。铸件、有色金属压铸件、焊缝等微气孔的渗漏，可用胶黏剂浸渗密封，现已广泛应用在发动机的缸体、缸盖、变速箱壳体、泵、阀、液压元件、水暖零件以及管道类零件螺纹连接处的渗漏等。

（5）用粘接替代过盈配合。如轴承座孔磨损或变形，可将座孔锉大后粘接一个适当厚度的套圈，经固化后锁孔至尺寸要求；轴承座孔与轴承外圈的装配，可用粘接取代过盈配合，这样避免了因过盈配合造成的变形。

（6）用粘接替代焊接时的初定位，可获得较准确的焊接尺寸。

（二）沾涂应用

粘涂在维修领域的应用十分广泛。

(1) 铸造缺陷的修补。粘涂可修补铸造缺陷,如气孔、缩孔等,简便易行,省时省工,效果良好。

(2) 零件磨损及尺寸超差的修复。用耐磨修补胶直接涂敷于磨损表面,然后进行机械加工或打磨,使其尺寸恢复到设计要求,且具有很好的耐磨性。它与传统的修复技术相比,简单易行,既无热影响,涂层厚度又不受限制。

(3) 零件划伤的修复。液压缸体、机床导轨的划伤采用粘涂是一种最有效的方法。

(4) 零件的防腐。涂敷于零件表面上的涂层不仅能保护其不受环境的侵蚀,而且施工相当方便,不需要专门设备。化工管道、储液池、船舶壳体、螺旋桨等均可采用粘涂防腐。

(5) 零件的减磨润滑。粘涂获得的涂层应用于零件的减磨润滑称粘结固体润滑膜。它特别适用于解决特殊工况条件下、高新技术中的润滑难题,如人造卫星、火箭、飞机、原子核反应堆、汽车发动机等。它既是新材料,又是高新技术。

(6) 零件密封堵漏。应用粘涂堵漏十分安全、方便、省时、可靠,不仅可停机堵漏、密封,而且可带压、带温、不停机堵漏,特别适合石油、化工、制药、橡胶等行业易燃易爆场合的机械装备维修。

第六节 治 漏

机械装备、液压系统、润滑系统、管道、阀门及容器等的泄漏治理是维修工作中的主要任务之一。泄漏不仅浪费大量的能源材料,而且污染环境。若泄漏物是腐蚀性的、有毒的、易燃易爆的、高温的流体,还将引起火灾或爆炸,严重时危及人身和机械装备的安全,甚至造成事故而停产。国内外资料表明,因泄漏而酿成的事故约占35%~40%。泄漏的防治是一项涉及面广、技术性强的工作。在这里主要介绍漏油问题。

一、漏油及其分级

机械装备漏油一般分为:①渗油(轻微漏油),固定连接部位每0.5h滴一滴油;活动连接部位每5min滴一滴油。②滴油(漏油),每2~3min滴一滴油。③流油(严重漏油),1min滴5滴油以上。

二、治漏方法

造成漏油的原因是多方面的,既有先天性的,如设计不当、加工和装配工艺不好、密封件质量有问题等;也有后天性的,如使用中介质的腐蚀、冲刷、温度、压力、振动、焊接缺陷、密封件失效、运行人员误操作等。由于零部件结构形式多种多样,密封结构、部位、元件和材料又千差万别,因此治漏的方法也各不相同。主要有:

(1) 封堵。封堵是应用密封技术堵住界面泄漏的通道,是最常见的治漏方法。静结合面的密封主要用各种性能好的液态密封胶、垫片和填料,减小表面粗糙度、改进密封结构等。动结合面可采用合适的密封装置或软填料,如O形密封圈、油封、唇形密封圈等。

(2) 疏导。若封堵不行,则用回油槽、回油孔、挡板等进行疏导防漏,使结合面处不积存油而顺利流回油池。

(3) 均压。由于机械装备存在压力差是造成泄漏的重要原因之一,因此需设置大小适当的通气帽、通气孔,并保持畅通,使箱体内外压力接近,减少泄漏。

(4) 阻尼。将流体的泄漏通道做成犬牙交错的各式沟槽,人为地加长泄漏路程,加大阻力。

或在动结合面处控制间隙,形成一层极薄的临界液膜来阻止或减少泄漏。

(5) 抛甩。通过装甩油环,利用离心力的作用阻止泄漏。

(6) 接漏。在漏油难以避免的部位增设接油盘、接油杯,或流回油池。

(7) 管理。制订治漏计划,配备技术力量,落实岗位责任,加强质量管理,普及治漏知识。

三、带压治漏

泄漏是不可避免的,用传统的方法治漏又有很大的局限性,它只适用于温度不高,压力又低、泄漏孔眼很小、非易燃易爆的场合,不仅安全可靠性差,而且破坏了可拆连接结构。

在现代化工业的连续生产中,由于进行非计划停机检修治漏,又会严重影响生产,因此必须寻求一种新的技术。随着密封技术的发展,带压治漏技术应运而生。它是指在不影响生产正常进行的前提下,带温、带压修复泄漏部位,达到重新密封的一种特殊手段。简单、迅速、可靠的带压治漏技术,特别在石油化工、制药、橡胶等行业易燃易爆场合下的维修显示其独有的优越性,得到了广泛应用。

(一) 原理

带压治漏是在液体介质动态下建立密封结构,利用泄漏部分的外表面与专用夹具构成新的密封空间,采用大于介质内压力的外部推力,将具有热固性的密封胶黏剂灌注或涂敷于泄漏部位,并充满密封空间,使其迅速固化,从而建立一个新的密封结构,堵塞正在泄漏的孔隙或通道。在这里密封胶黏剂是带压治漏技术的关键部分、核心内容。

(二) 密封胶黏剂

密封胶黏剂主要有环氧树脂类、酚醛树脂类、橡胶类、酚醛丁腈类等。对温度高于400℃的介质应选用无机胶黏剂。使用时除按说明配制外,还应加入一定量的填充剂,如石墨粉、滑石粉、二氧化硅粉等,使之形成膏糊状,便于装胶和注射,并根据介质温度控制固化剂用量,调整固化时间。

国内常用的密封胶黏剂有北京天工表面材料技术有限公司生产的金属填补胶(如TG101通用修补胶,TG518快速修补胶等),还有兰州化工公司化工研究院和沈阳橡胶工业研究所生产的多种牌号的密封胶黏剂。

(三) 方法

带压治漏的方法主要根据泄漏部位、泄漏性质和泄漏量来决定。常见的方法有:

(1) 单纯粘接法。选择粘接强度大于泄漏点压力的胶黏剂或自制胶泥,对泄漏点直接堵塞。这种方法不需要其他设备和工具,操作简单,节省时间,适用于低压泄漏部位。

(2) 粘贴板材法。先将泄漏点周围涂以胶黏剂,再将涂上胶黏剂的板材(如石墨板)粘贴到泄漏点上。它适用于负压或低压表面泄漏点。

(3) 先堵后粘法。先选择充塞物堵截,使其不漏,然后用选好的胶黏剂或自制胶泥粘接加强,再以浸渍或涂刷胶黏剂的玻璃布缠绕铺贴泄漏点,固化后即成。温度较高时,施工操作要迅速。它适用于低、中压的砂眼、裂纹、法兰接头等泄漏点。

(4) 夹具堵漏法。中高压泄漏、创伤性裂口、法兰接头等,可根据泄漏点的实际情况,设计制作金属夹具,选择填料如橡胶板料、四氟带料、柔性石墨料等堵在涌点上。然后组装夹具,用螺栓紧固,或在夹具上留注入螺栓孔,用注射器注入密封胶,使其泄漏部位与夹具所构成的密封空腔,经迅速固化,形成坚硬的新的密封结构。这种方法适用于中、高压的管道或容器的堵漏,应急效果好,操作简单方便,但需制作专门的夹具。

(5) 压力辅助法。在高温高压情况下,胶黏剂和充塞物往往不能很好地附着于泄漏处,可采用专门工具将需堵塞处先压住,待胶黏剂固化后再撤去压力。根据产生压力的方式,分为磁铁压固和机械压固两种。

（6）引流法。当泄漏发生在凸凹不平的部位时，根据泄漏部位设计制作引流板，在其上部开出引流通道和引流螺纹孔。将泄漏部位四周及引流板涂上快速固化胶黏剂，把引流板迅速粘于泄漏处，使引流孔正好对准泄漏点，泄漏介质通过引流通道和引流螺纹孔排出。待胶黏剂固化后，拧上螺钉，泄漏立即停止。引流板可用金属和塑料、橡胶、木材等非金属材料制作。

第七节 其他修复技术

一、真空熔结

真空熔结是一种现代表面冶金新技术。它可以制备各种玻璃陶瓷或合金涂层，获得耐磨、耐蚀等各种使用要求的物理、化学性能，广泛应用在航空、冶金、机械、石油化工、汽车、模具等工业中。真空熔结涂层工艺既可以单独使用，也能与热喷涂、电镀等其他工艺配合使用。

（一）原理

真空熔结是在一定真空度条件下，通过足够而集中的热能作用，在短时间内使预先涂敷在基体表面上的涂层熔融并浸润基体表面，使它们之间产生扩散互溶或界面反应，形成一条狭窄的互溶区，冷凝时又重结晶，将涂层与基体牢固结合在一起。熔融、浸润、扩散、互溶，以及重结晶是真空熔结的全部过程。

（二）材料

真空熔结涂层所用的材料非常广泛，主要有：

1. 合金粉

（1）常用的有 Ni 基、Co 基和 Fe 基三种硬度较高的自熔合金粉。它们都有较高的硬度、红硬性，较好的耐磨性和耐蚀性。

（2）常用的有 Cu 基、Sn 基和 Ag 基三种硬度较低的有色金属及贵金属合金粉。它们适用于在一些机油润滑的摩擦副或需要抗撞击抗氧化的特定场合下作真空熔结涂层。

2. 金属元素粉

主要有 Si－Cr－Ti 系、Mo－Cr－Si 系、Si－Cr－Fe 系和 Mo－Si－B 系。

3. 混合物

为得到更好的耐磨、耐蚀或抗氧化效果，常以金属间化合物加入元素金属粉或合金粉，形成一种混合物。例如，为提高抗氧化寿命，可加入 Si 化合物，即 $MoSi_2$、$CrSi_2$ 和 VSi_2 等；为提高耐磨性，常加入 WC 和 CrB 等硬质化合物。

（三）方法

根据热源与装置的不同，熔结方法有：

1. 炉中熔结

炉中熔结是在真空或氢气中以电阻元件为辐射加热源的炉中熔结方法。真空环境对涂层合金与金属基体有防氧化保护作用，能得到较致密的涂层。这种方法简便易行，适用于对各种形状的金属部件，在任意部位的局部或全部进行高质量的涂层，应用较多。但是它对基体有中等程度的热影响。

2. 感应熔结

感应熔结是将顶部涂满合金粉并用硼砂覆盖的工件置于感应圈中进行感应加热。硼砂首先熔融起到了焊剂的保护作用。当温度继续升高后，合金粉熔融，数秒后即对工件淬冷。冷凝后的涂层其硬度可达 60～62HRC。感应熔结法一般只适用于对较小圆形零件的表面进行熔结,对基体的热影响较少,但涂层难免含有少量气孔夹杂。

3. 激光束或电子束熔结

激光束或电子束熔结是用激光束或电子束作为高密度能源进行熔结。激光束熔结速率极高,涂层中的夹杂物很少,有效地克服了对基体的热影响,涂层的厚度与密度均匀性很好。电子束是一种比激光束效率更高的聚焦能源,但是电子束能量的稳定性较差,不可能产生均匀的熔融带,熔结不如激光束均匀。

(四) 工艺

1. 前准备

对零件待修表面进行预加工、清洗、除油、去污等,改善表面与涂层的润湿性。

2. 调制料浆

用不含灰分的有机物,如汽油橡胶溶液、树脂、糊精或松香等作为胶黏剂与一定的涂层材料按规定比例混合,调制成料浆。

3. 涂敷

将调制好的料浆涂敷到零件表面,在80℃的烘箱中烘干,出炉后整修外形。

4. 熔结

在非氧化气氛中或 10^{-6}～10^{-5}MPa 的低真空钼丝炉中熔结,获得致密的合金涂层。

5. 熔结后加工

(五) 特性

合金涂层的特性主要由涂层合金的化学成分和组织结构决定。此外,涂层与基体间在熔结过程或在高温使用过程中的互扩散对涂层的性能也有十分重要的影响。

合金涂层具有良好的耐磨性,可与渗碳层相媲美;具有极好的耐腐蚀性,包括抗氧化、抗热腐蚀和耐酸、耐碱等。一般合金涂层的厚度可达到 0.02～7mm,孔隙率为零,粗糙度可达到 $Ra2.5\mu m$ 左右,平整度较好,涂层均匀。

(六) 应用

真空熔结具有涂层、成形、钎接、封孔和修复五大功能。

1. 涂层

真空熔结除制备一般的耐磨耐蚀合金涂层外,还可制备多孔润滑涂层、增加比表面积的表面粗糙度涂层和新型的非晶态涂层。

2. 成形

真空熔结可将自熔合金粉直接熔结成各种形状的耐磨镶块,然后在较低温度下把镶块熔结焊接在工件的特定部位上,成为一种耐磨复合金属件。

3. 钎接

用真空炉中熔结法,以自熔合金粉为钎接合金,把两个或两个以上的金属条或镶块钎接成一个冶金结合的整体,成为一种复合金属耐磨件。

4. 封孔

在石油化工设备中,高压下使用的不锈钢铸件或焊件,由于本身有许多毛细孔或微观隙缝,因此造成漏气渗液而无法使用。将工件表面清洗干净,放在真空熔结炉中,熔结一层 Ni 基或 Co 基自熔性合金涂层,可实现完全密封。

5. 修复

涂层、钎接与封孔诸功能不仅能制造新件,也可以修复已磨损或断裂的旧件。许多机械装备的零部件若工作部位磨损后,都能用真空熔结涂层使其再生,整旧如新。例如,当55Cr钢压辊的辊齿被磨损后,用硬度更高的 NiCrBSi 涂层使辊齿再生,使用寿命比新件提高 12 倍之多;又如,再生的聚丙烯造粒机模板的使用寿命与新件相当,但造价仅为新件的 1/10。

二、感应熔涂

（一）原理

感应熔涂是通过专门的设备,利用感应快速趋肤致热原理,使感应线圈中的交变电磁场在工件中形成涡流,通过涡流产生的热量将各种自熔性合金粉末及金属陶瓷原料熔涂在零件表面上,形成优质涂层。

（二）设备

感应熔涂的专门设备是高频感应加热设备。它主要由三相可控整流器、电子管振荡器和控制电路三大部分组成。其中,三相可控整流器是将线电压为 380V 的工频交流电,先经过阳极变压器升压,然后整流成连续可变的高压直流电供给振荡器。振荡器则是将高压直流电转换为高频高压交流电,并经淬火变压器降低电压,通过内置工件的感应器产生强大的高频磁场,感应涡流而发热。控制电路的作用是保证感应加热设备安全运行。此外还有熔涂机床,以及包括配电柜、冷却水循环系统、碱液清洗池、喷砂设备、预涂机床、烘干箱、预加工和后加工机床等附属设备。

（三）材料

感应熔涂的涂层材料是在 Ni、Co、Fe、Cu 基合金中加入能形成低熔点共晶体的合金元素,形成一系列的自熔性合金粉末。它们具有低熔点、自脱氧造渣和多种强化相组织结构三个基本特性,有很好的耐磨、耐蚀和抗氧化能力。

（四）工艺

1. 预处理

对熔涂表面预处理,包括用溶剂法或碱液法进行清洗处理、表面预加工和表面喷砂,达到粗化、净化和活化表面的目的。这是保证熔涂质量非常重要的一步。

2. 涂层预制备

用氧—乙炔焰将涂层预喷在基体上或用胶黏剂将粉末黏结在基体上,经烘干后可直接熔涂。

3. 感应熔涂

关键是加热。要合理选择熔涂工艺参数,特别是频率和加热速度,做好工艺控制,保证涂层能同时熔化而不流出,熔渣也能浮出,减小热传导和对基体的影响。

4. 熔涂后的机械加工

注意合理选用硬质合金刀具及几何参数,合理选用砂轮,合理选择切削用量。

（五）特点

（1）涂层与基体是熔融态化学结合,结合力强,不脱落。

（2）预涂层经过充分熔化后再结晶,能形成优质的抗蚀耐磨显微组织。

（3）利用感应快速趋肤加热,工件热影响深度极浅,制作效率高,可进行批量化生产,工艺自动控制,适于规则零件的熔涂。

（4）可根据不同的环境工况变换涂层材料,得到不同的防腐耐磨涂层,而且可设计涂层寿命。

（5）涂层厚度均匀,能根据需要进行调整。熔涂后的加工余量小,材料浪费少。

（6）成本低,是同等厚度电镀硬铬成本的 1/2～2/3,是激光熔涂成本的 1/5。

（六）应用

广泛地用于机械、石油、冶金、矿山、化工、电力、航空、军工、工业锅炉,制药等领域,为机械装备中的关键零部件制备耐磨耐蚀涂层,或进行磨损、腐蚀后的维修。

三、表面强化

(一)喷丸强化

喷丸强化是将大量高速运动的弹丸(钢丸、铸铁丸、硬质合金丸、玻璃丸等),喷射到零件表面上,犹如无数的小锤反复锤击表面,使其产生极为强烈的塑性变形和一定深度的冷作硬化层,并形成一层残余压应力来抑制表面疲劳裂纹的形成和扩展,能显著提高被修复零件在室温和高温时的疲劳强度及寿命。喷丸强化已成为近年来迅速发展并应用于零件维修的一项新技术,显示出设备简单、成本低、易操作及效率高的突出特点。

(二)电火花强化

电火花强化是指在空气中火花放电,用阳极材料使阴极工件表面合金化。合金元素同空气中离解的原子氮和碳,以及基体材料起化学反应,在表面层形成焠火组织和复杂的化合物(高弥散氮化物、氰化物和碳化物),扩散后形成耐磨强化层,改变了表面的物理和化学性能。它是电火花加工技术的分支之一,目前已在生产中得到应用,并逐步推广。

此外,表面强化还有激光强化、滚压强化、挤光强化、冲击强化、超声波强化、金刚石碾平强化、振动滚压强化、离心钢珠强化、爆炸波强化等。

四、离子注入

离子注入是将氮、碳、硼、钴、钼等一种或多种元素,在高真空中先电离成为离子,再用高压电场加速和会聚,注入零件的表层,使它发生合金化,从而改变零件表面的成分和结构,能显著改善材料的抗疲劳和抗高温氧化性能。近年来,离子注入在零件修复中得到了广泛应用。它的优点是在真空和室温下进行,既无污染,又无加热的影响;注入元素的种类和剂量不受热力学的相变平衡图中固溶度的影响和限制。缺点是设备的投资费用较高。

五、摩擦修复添加剂

在摩擦过程中,由于加入摩擦修复添加剂后,使其产生摩擦物理和化学作用,对磨损的表面具有一定的补偿的"修复"功能。摩擦修复添加剂的作用机理与常见的活性添加剂不同,它不是以牺牲添加剂和表面物质为条件,而是在摩擦条件下,在摩擦表面上沉积、结晶、铺展成膜,使磨损得到一定补偿,并具有一定抗磨减磨作用。常用的摩擦修复添加剂有含金刚石纳米微粒和含硼等。

思 考 题

3-1 为了保证焊修质量,碳钢零件补焊时应采取哪些技术措施?

3-2 铸铁零件补焊的特点是什么?

3-3 用堆焊修复的目的是什么?

3-4 简述电刷镀和槽镀的基本原理,两者有何不同?

3-5 如何合理选择胶黏剂?

3-6 什么是表面粘涂技术?它有什么特点?

3-7 比较粘接技术和表面粘涂技术的不同?

第四章 机械设备状态监测与故障诊断技术

第一节 概　　述

机械设备状态监测与故障诊断技术是在20世纪60年代开始应用并发展起来的设备管理新理念。随着现代大生产的发展和科学技术的进步,生产实践中的机械设备的结构越来越复杂,功能越来越完善,自动化程度也越来越高。由于受许许多多无法避免的因素影响,有时机械设备会出现各种故障,以致降低或失去其预定功能,甚至会造成灾难性的事故,如各种空难、海难、矿难、断裂、坍塌、泄漏等,都因机械设备在生产过程中不能正常运行或机械设备损坏而造成巨大的损失。

因此,机械设备状态监测与故障诊断技术在国外得到了迅猛的发展和广泛的使用,成为当今现代化设备管理与维修的新技术。近20年来,我国开始涉足这个技术领域内的研究,并取得了一定的成效。作为一种科学的设备管理思想,它比传统的设备管理与维修更有效、更科学,大大提高了设备运行的可靠性、利用率及寿命,同时又大大降低了机械设备的维护费用,是一种更加积极、主动的设备管理新理念。

机械设备的状态监测与故障诊断技术是指利用现代科学技术和仪器,根据机械设备外部信息参数的变化来判断机械设备内部的工作状态或机械设备结构的损伤状态,确定故障的性质、程度、类别和位置,预报其发展趋势,并研究故障产生的机理。

现代机械设备运行的安全性与可靠性取决于两个方面:一是机械设备设计与制造的各项技术指标的实现,为此在设计中要充分考虑到各种可能的失效形式,采用可靠性设计方法,要有提高安全性的措施;二是机械设备安装、运行、管理、维修和诊断措施的实施。当今,机械设备故障诊断技术、修复技术、润滑技术已成为推进机械设备管理现代化,保证机械设备安全可靠运行的重要手段。

一、机械故障诊断的基本方法及分类

机械故障诊断就是对机械系统所处的状态进行监测,判断其是否正常,当异常时分析其产生的原因和部位,预报其发展趋势并提出相应措施。机械故障诊断有如下分类方法。

（一）按诊断参数分类

（1）振动诊断。适用于旋转机械、往复机械、轴承及齿轮等。

（2）温度诊断。适用于工业炉窑、热力机械、电机及电器等,如红外测温监控技术。

（3）声学诊断。适用于压力容器、往复机械、轴承及齿轮等,如管壁测厚、声发射诊断技术。

（4）光学诊断。适用于探测腔室和管道内部的缺陷,如光学探伤法。

（5）油液分析、污染诊断。适用于齿轮箱、设备润滑系统及电力变压器等,如铁谱分析技术。

（6）压力诊断。适用于液压系统、流体机械、内燃机和液力耦合器等。

（7）强度诊断。适用于工程结构、起重机械及锻压机械等。

（8）电参数诊断。适用于电机、电器、输变电设备及电工仪表等。

振动诊断是目前所有故障诊断技术中应用最广泛也是最成功的诊断方法,这是因为振动引

起的机械损坏比重高,据资料统计,由振动产生的机械故障率高达60%。但在进行机械设备故障诊断时,仅仅进行振动诊断是不够的,有时还需要几种方法同时应用才能更加科学地、准确地、全方位地获得机械设备状态信息,以降低误诊率。

(二)按目的分类

(1)功能诊断。检查新安装的机械设备或刚维修的机械设备的功能是否正常,并根据检查结果对机组进行调整,使设备处于最佳状态。

(2)运行诊断。对正在运行的设备进行状态诊断,了解其故障的情况。

(三)按周期分类

(1)定期诊断。每隔一定时间对监测的机械设备进行测试和分析。

(2)连续诊断。利用现代测试手段对机械设备连续进行监测和诊断。

(四)按提取信息的方式分类

(1)直接诊断。直接根据主要零件的信息确定机械设备的状态,如主轴的裂纹、管道的壁厚等。

(2)间接诊断。利用二次诊断信息来判断主要零部件的故障,多数二次诊断信息属于综合信息,如利用轴承的支承油压来判断两根转子对中状况等。

(五)按诊断时所要求的机械运行工况条件分类

(1)常规工况诊断。在机械设备常规运行工况下进行监测和诊断。

(2)特殊工况诊断。有时为了分析机组故障,需要收集机组在启停时的信号,这时就需要在启动或停机的特殊工况下进行监测和诊断。

二、机械故障诊断技术的工作内容

对设备的诊断有不同的技术手段,较为常用的有振动监测与诊断、噪声监测、温度监测与诊断、油液诊断、无损检测技术等。设备诊断技术尽管很多,但基本上离不开信息的采集、分析和处理,状况的识别、诊断,预测和决策三个环节。

机械设备状态监测及诊断技术的主要工作内容如下:

(1)保证机器的运行状态在设计的范围内。例如:监测机器振动位移可以对旋转零件和静止零件之间的临近接触状态发出报警;监测振动速度和加速度可以了解受力是否超过了极限;监测温度可以知晓强度是否降低和有无过热损伤等。

(2)随时报告运行状态的变化情况和恶化趋势。例如:虽然振动监测系统不能制止故障发生,但能在故障还处于初期和局部范围时就发现并报告它的存在,以防止恶性事故的发生和继发性损伤。

(3)提供机器状态的准确描述。机器的实际运行状态是决定机器小修、项修、大修的周期和内容的依据,从而避免对机器不必要的拆卸。

(4)故障报警。警告某种故障的临近,特别是报警危及人身和设备安全的恶性事故。实施故障诊断技术可以保证设备安全、可靠、长周期、满负荷地运行。

第二节 振动监测与诊断技术

在机械设备的状态监测与故障诊断技术中,振动监测与诊断技术(振动诊断)是普遍采用的一种基本技术,是设备故障诊断方法中最有效、最常用的方法。机械设备和结构系统在运行过程中的振动及其特征信息是反映系统状态及其变化规律的主要信号。通过各种动态测试仪器拾取、记录和分析动态信号是进行系统状态监测与故障诊断的主要途径。

在机械设备、零部件及基础等表面能感觉到或能测量到的振动,往往是某一振动源在固体中的传播。而振动源的存在,又是由设备的设计、材料本身或使用方法存在缺陷而引起的。随着零部件的磨损,零部件表面将发生剥落、裂纹等现象,振动将相应产生。同时,机械设备还可能因为某个微小的振动,引起其结构或部件的共振响应,从而导致机械设备状态的迅速恶化。研究机械振动的目的就是为了了解各种机械振动现象的机理,破译机械振动所包含的大量信息,进而对机械设备的状态进行监测,分析机械设备的潜在故障。因此,根据对机械振动信号的测量和分析,就可在不停机和不解体的情况下对其劣化程度和故障性质有所了解。

一、机械振动的基础知识

机械振动是指物体在平衡位置附近往复运动,它表示机械系统运动的位移、速度、加速度量值的大小随时间在其平均值上下交替重复变化的过程。机械振动可分为确定性振动和随机振动两大类。确定性振动的振动位移是时间的函数,可用简单的数学解析式表示为 $x = x(t)$。而随机振动则因其振动波形呈不规则变化,只能用概率统计的方法来描述。机械设备状态监测中常遇到的振动有周期振动、近似周期振动、窄带随机振动和宽带随机振动,以及其中几种振动的组合。周期振动和近似周期振动属于确定性振动范围,由简谐振动及简谐振动的叠加构成。

(一)简谐振动

简谐振动是机械振动中最基本、最简单的振动形式。其振动位移与时间的关系可用正弦曲线表示,表达式为

$$x(t) = D\sin(2\pi t/T + \varphi) \tag{4-1}$$

式中:D 为振幅(mm 或 μm),又称峰值;T 为振动的周期(s),即再现相同振动状态的最小时间间隔;φ 为振动的初相位(rad)。

每秒振动的次数称为振动频率,振动周期的倒数即为振动频率,即

$$f = 1/T \tag{4-2}$$

式中:f 为振动频率(Hz)。

频率 f 又可用角频率来表示,即

$$f = \omega/(2\pi) \tag{4-3}$$

因此,式(4-1)还可以表示为

$$x(t) = D\sin(\omega t + \varphi) \tag{4-4}$$

此处令 $\phi = \omega t + \varphi$,$\phi$ 称为简谐振动的相位(rad),是时间 t 的函数。

(二)实测的机械振动

机械设备的振动通过传感器转换成电信号,在测试仪器的显示屏上显示的是一条时间轴上的波形曲线。实际的振动信号是随机信号,无法用确定的时间函数来表达,只能用概率统计的方法来描述。一般在时域振动波形上提取和考察以下几个特征值来对被测机械设备的状态作初步评价。

(1)振幅。振幅表征机械振动的强度和能量,通常以峰值、平均值和有效值表征。

① 峰值。X_P 表示振幅的单峰值,在实际振动波形中,单峰值表示振动瞬时冲击的最大幅值。X_{P-P} 表示振幅的双峰值,又称峰-峰值,它反映了振动波形的最大偏移量。

② 平均值。$\bar{X}$ 表示振幅的平均值,是在时间 T 范围内机械设备振动的平均水平,其表达式为

$$\bar{X} = \frac{I}{T}\int_0^T x(t)\,\mathrm{d}t \tag{4-5}$$

③有效值。X_{max}表示振幅的有效值，它表示了振动的破坏能力，是衡量振动能量大小的量。振动速度的均方根值即有效值，称为"振动烈度"，作为衡量振动强度的一个标准。其数学表达式为

$$X_{max} = \sqrt{\frac{1}{T}\int_0^T x(t)^2 \mathrm{d}t} \tag{4-6}$$

（2）频率。频率是振动的重要特征之一。不同的结构、不同的零部件、不同的故障源产生不同频率的机械振动。

（3）相位。不同振动源产生的振动信号都有各自的相位。对于两个振动源，相位相同可使振幅叠加，产生严重后果；反之，相位相反可能引起振动抵消，起到减振的作用。由几个谐波分量叠加而成的复杂波形，即使各谐波分量的振幅不变，仅改变相位角，也会使波形发生很大的变化。初相位 φ 描述振动在起始瞬间的状态，单位为 rad。

对相位的测量分析在故障诊断中也有相当重要的地位，一般用于谐波分析、动平衡测量、振动类型和共振点识别等方面。

二、机械振动的信号分析

机械设备故障诊断的内容包括状态监测、分析诊断和故障预测三个方面。其具体实施过程可以归纳为以下四个方面：

（1）信号采集。机械设备在运行过程中必然会有力、热、振动及能量等各种量的变化，由此会产生各种不同的信号。根据不同的诊断需要，选择能表征机械设备工作状态的不同信号（如振动、压力、温度等）是十分必要的。这些信号一般是用不同的传感器来拾取的。

（2）信号处理。信号处理是将采集到的信号进行分类处理、加工，获得能表征机械设备特征的信号的过程，也称特征提取过程，如对振动信号从时域变换到频谱分析即是这个过程。

（3）状态识别。将经过信号处理后获得的机械设备特征参数与规定的允许参数或判别参数进行比较、对比以确定机械设备所处的状态，即是否存在潜在故障及故障的类型和性质等。为此应正确制定相应的判别准则和诊断策略。

（4）诊断决策。根据对机械设备状态的判断，决定应采取的对策和措施，同时应根据当前信号预测机械设备状态可能发展的趋势，进行趋势分析。

机械设备诊断过程如图4-1所示。

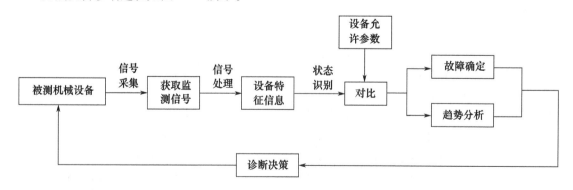

图4-1 机械设备诊断过程

为了从信号中提取对诊断有用的信息，必须对信号进行分析处理，提取与状态有关的特征参数。如果没有信号的分析处理，就不可能得到正确的诊断结果。因此，信号分析处理是设备诊断中不可缺少的步骤，下面来具体介绍。

(一) 数字信号采集

机械设备故障诊断与监测所需的各种机械状态量(振动、转速、温度、压力等)一般用相应的传感器将其转换为电信号再进行深处理。通常传感器获得的电信号为模拟信号,它是随着时间连续变化的。随着计算机技术的飞速发展和普及,信号分析中一般都将模拟信号转换为数字信息进行各种计算和处理。

(1) 采样。采样是指将所得到的连续信号离散为数字信号,其过程包括取样和量化两个步骤。

将一连续信号 $x(t)$ 按一定的时间间隔 Δt 逐点取得其瞬时值,称为取样值。量化是将取样值表示为数字编码。量化有若干等级,其中最小的单位称为量化单位。由于量化将取样值表示为量化单位的整数倍,因此必然引入误差。连续信号 $x(t)$ 通过取样和量化后变为在时间和大小上离散的数字信号。采样过程现在都是通过专门的模/数(A/D)转换芯片来实现的。

(2) 采样间隔及采样定理。采样的基本问题是如何确定合理的采样间隔 Δt 和采样长度 T,以保证采样所得到的数字信号能真实反映原信号 $x(t)$。显然,采样频率 f_s($f_s = 1/\Delta t$)越高,则采样越细密,所得的数字信号越逼近原信号。但当采样长度一定时,f_s 越高,数据量 $N = T/\Delta t$ 越大,所需内部存储量和计算量就越大。根据香农采样定理,带限信号(信号中的频率成分 $f < f_{max}$)不丢失信息的最低采样频率为

$$f_s \geq 2f_{max} \tag{4-7}$$

式中:f_{max} 为原信号中最高频率成分的频率。

(二) 振动信号的幅值域分析

描述振动信号的一些简单的幅值参数,如峰-峰值、峰值、平均值和均方根值等,它们的测量和计算简单,是振动监测的基本参数。通常振动位移、速度或加速度等特征量的有效值、峰值或平均值均可作为描述振动信号的一些简单的幅值参数。具体选用什么参数则要考虑机械设备振动的特点,还要看哪些参数最能反映状态和故障特征。

(三) 振动信号的时域分析

直接对振动信号的时间历程进行分析和评估是状态监测和故障诊断最简单和最直接的方法,特别是当信号中含有简谐信号、周期信号或短脉冲信号时更为有效。直接观察时域波形可以看出周期、谐波和脉冲,利用波形分析可以直接识别共振现象。当然这种分析方法对比较典型的信号或特别明显的信号以及有经验的人员才比较适用。

(四) 振动信号的频域分析

对于机械故障的诊断而言,时域分析所能提供的信息量是非常有限的。时域分析往往只能粗略地回答机械设备是否有故障,有时也能得到故障严重程度的信息,但不能提供故障的发生部位等信息。频域分析是机械故障诊断中信号处理所用到的最重要、最常用的分析方法,它能通过分析振动信号的频率成分来了解测试对象的动态特性。对设备的状态做出评价并准确而有效地诊断设备故障和对故障进行定位,进而为防止故障的发生提供分析依据。

频谱分析常用到幅值谱和功率谱,幅值谱表示了振动参数(位移、速度、加速度)的幅值随频率分布的情况;功率谱表示了振动参数量的能量随频率的分布情况。实际设备振动情况相当复杂,不仅有简谐振动、周期振动,而且还伴有冲击振动、瞬态振动和随机振动,必须用傅里叶变换对这类振动信号进行分析。

大多数情况下工程上所测得的信号为时域信号,为了通过所测得的振动信号观测了解诊断对象的动态特性,往往需要频域信息,故而引入了傅里叶变换这一数学理论。傅里叶变换在故障诊断的信号处理中占有核心地位,下面将对此进行扼要的介绍。

(1) 傅里叶变换(FT)。用数学算法把一个复杂的函数分解成一系列(有限或无限个)简单

的正弦和余弦波,将时域变换成频域,也就是将一个组合振动分解为它的各个频率分量,再把各次谐波按其频率大小从低到高排列起来就成了频谱,这就是傅里叶变换。这一理论在18世纪晚期至19世纪早期由法国数学家傅里叶研究出来。

按照傅里叶变换的原理,任何一个平稳信号(不管如何复杂)都可以分解成若干个谐波分量之和,即

$$x(t) = A_0 + \sum_{k=1}^{\infty} A_k \cos(2\pi k f_0 t + \varphi_k) \tag{4-8}$$

式中:A_0 为直流分量(mm);$A_k\cos(2\pi k f_0 t + \varphi_k)$ 为谐波分量(mm);$k=1,2,\cdots$,每个谐波称为 k 次谐波;A_k 为谐波分量振幅(mm);f_0 为基波频率,即一次谐波频率(Hz);t 为时间(s);φ_k 为谐波分量初相角(rad)。

时域函数 $x(t)$ 的傅里叶变换为

$$X(f) = \int_{-\infty}^{\infty} x(t) e^{-i2\pi f t} dt \tag{4-9}$$

相应的时域函数 $x(t)$ 也可用 $X(f)$ 的傅里叶逆变换表示

$$x(t) = \int_{-\infty}^{\infty} X(f) e^{i2\pi f t} df \tag{4-10}$$

式(4-9)和式(4-10)被称为傅里叶变换对。$|X(f)|$ 为幅值谱密度,一般称为幅值谱。

功率谱可由自相关函数的傅里叶变换求得,也可由幅值计算得到

$$S_x(f) = \int_{-\infty}^{\infty} R_x(\tau) e^{-i2\pi f \tau} d\tau \tag{4-11}$$

$$S_x(f) = \lim_{T \to \infty} \frac{1}{2T} |X(f)|^2 \tag{4-12}$$

工程中的复杂振动,正是通过傅里叶变换得到其频谱,再以频谱图为依据来判断故障的部位以及故障的严重程度。

(2)有限傅里叶变换。在工程中只能研究某一有限时间间隔($-T,T$)内的平均能量(功率),也就是仅在($-T,T$)内进行傅里叶变换,称为有限傅里叶变换。

(3)离散傅里叶变换(DFT)。设有一单位脉冲采样函数 $\Delta_0(t)$,采样间隔为 Δt,则对 $x(t)$ 的离散采样就意味着用 $x(t)$ 乘以 $\Delta_0(t)$,然后再对两者的积函数 $x(n\Delta t)$ 进行傅里叶变换,即为离散傅里叶变换。

可以证明,若一个函数在一个域(时域或频域)内是周期性的,则在另一个域(频域或时域)内必为离散变量的函数;反之,若一个函数在一个域内是离散的,则在另一个域中必定是周期性的。因此,时域信号的离散采样必然造成频域信号延拓成周期函数,使频谱图形发生混叠效应。为此,取采样间隔 $\Delta t \leq 1/2f_c$(f_c 为截断频率)时进行采样就没有混叠,这就是采样定理。

(4)快速傅里叶变换(FFT)。在进行离散傅里叶变换计算时,常省略 Δt 和 Δf,进而得到快速傅里叶变换的计算公式。在工程实践中,正是运用FFT把信号中所包含的各种频率成分分别分解出来,结果得到各种频谱图,这是故障诊断的有力工具。

三、简易振动监测参数及其选择

(一)测定参数的选定

通常用于描述机械振动响应的三个参数是位移、速度、加速度。从测量的灵敏度和动态范围考虑,高频时的振动强度由加速度值度量,中频时的振动强度由速度值度量,低频时的振动强度

由位移值度量。但要注意,当冲击是主要问题时应测量加速度;振动能量和疲劳是主要问题时应测量速度;振动的幅度和位移是主要问题时应测量位移。

(二) 测量位置的选定

首先应确定是测量轴振动还是轴承振动。一般来说,测量轴比测量轴承座或机壳的振动信息更为直接和有效。在出现故障时,转子上振动的变化比轴承座或机壳要敏感得多。不过,测量轴的振动常常要比测量轴承座或外壳的振动需要更高的测试条件和技术,其中最基本的条件是能够合理地安装传感器,因为测量转子振动的非接触式涡流传感器安装前一般需要加工设备外壳,保证传感器与轴颈之间没有其他物体。在高速大型的旋转设备上,传感器的安装位置常常是在制造时就留下的,目的是对设备实行连续在线监测。而对低速中、小型设备来说,常常不具备这种条件,在此情况下,可以选择在轴承座或机壳上放置传感器的方法进行测试。通过测量轴承振动可以检测机械的各种振动,这种测量方法因受环境影响较小而易于进行,而且所用仪器价格低,装卸方便,但测量的灵敏度和精度较低。

其次应确定测点位置。一般情况下,测点位置选择的总原则是:能对设备振动状态做出全面的描述;应是设备振动的敏感点;应是离机械设备核心部位最近的关键点;应是容易产生劣化现象的易损点。因此,测点应选在接触良好、表面光滑、局部刚度较大的部位。值得注意的是,测点一经确定之后,就要经常在同一点进行测量。特别是高频振动,测点对测定值的影响更大。为此,确定测点后必须做出记号,并且每次都要在固定位置测量。如机座、轴承座,一般都选为典型测点。对于大型设备,通常必须在机器的前中后、上下、左右等多个部位上设测点进行测量。在监测中还可根据实际需要和经验增加特定测点。

不论是测轴承振动还是测轴振动,都需要从轴向、水平和垂直三个方向测量。考虑到测量效率及经济性,一般应根据机械容易产生的异常情况来确定重点测量方向。

(三) 振动监测的周期

振动监测周期的确定应以能及时反映设备状态变化为前提,根据设备的不同种类及其所处的工况确定振动监测周期。通常有以下几类:

(1) 定期监测。即每隔一定的时间间隔对设备监测一次,间隔的长短与设备类型及状态有关。高速、大型的关键设备,振动状态变化明显的设备,新安装及维修后的设备都应较频繁地检测,直至运转正常。

(2) 随机检查。对不重要的设备,一般不定期地进行检测。发现设备有异常现象时,可临时对其进行测试和诊断。

(3) 长期连续监测。对部分大型关键设备应进行在线监测,一旦测定值超过设定的阈值即进行报警,进而对机器采取相应的保护措施。

对于定期监测,为了早期发现故障,以免故障迅速发展到严重的程度,监测的周期应尽可能短一些;但如果监测周期定得过短,则在经济上是不合理的。因此,应综合考虑技术上的需要和经济上的合理性来确定合理的监测周期。连续在线监测主要适用于重要场合或由于工况恶劣不易靠近的场合,相应的监测仪器较定期监测的仪器要复杂,成本也要高些。

四、振动检测标准

机械设备的振动标准,一般可分为相对判断标准、类比判断标准和绝对判断标准三大类。

(一) 相对判断标准

对于有些设备,由于规格、产量、重要性等因素难以确定绝对判断标准,因此将设备正常运转时所测得的值定为初始值,然后对同一部位进行测定并相互比较,实测值与初始值相比的倍数称为相对标准。振动相对判断标准如表4-1所列。

表4-1 振动相对判断标准

区域类别	低频振动	高频振动
注意区域	1.5~2倍	约3倍
异常区域	约4倍	约6倍

相对标准是应用较为广泛的一类标准,其不足之处在于标准的建立周期长,且阈值的设定可能随时间和环境条件(包括载荷情况)而变化。因此,在实际工作中,应通过反复实验才能最终确定。

（二）类比判断标准

数台同样规格的设备在相同条件下运行时,通过对各台设备相同部件的测试结果进行比较,可以确定设备的运行状态。类比时所确定的机器正常运行时振动的允许值即为类比判断标准。

（三）绝对判断标准

绝对判断标准是将被测量值与事先设定的"标准状态阈值"相比较以判定设备运行状态的一类标准。常用的振动判断绝对标准有 ISO2372、ISO3495、VDI2056、BS4675、GB/T 6075.1—2012、ISO10816 等。常用的机械设备振动速度分级标准如表4-2所列,其中:A 表示设备状态良好;B 表示允许;C 表示较差;D 表示不允许状态。需要注意的是,绝对判断标准是在规定的检测方法的基础上制定的标准,因此必须注意其适用的频率范围,并且必须按规定的方法进行振动检测。适用所有设备的绝对判断标准是不存在的,一般都是兼用绝对判断标准、相对判断标准和类比判断标准,这样才能获得准确、可靠的诊断结果。

表4-2 机械设备振动速度分级标准

振动烈度		ISO2372（适用于转速为 10~200r/s,信号频率在 10~1000Hz 范围内的旋转机械）				ISO3495（适用于转速为 10~200r/s 的大型机器）	
		小型机器 (≤15kW)	中型机器 (15~75kW)	大型机器	汽轮机	支承分类	
范围 v_{max}/(mm·s^{-1})						刚性支承	柔性支承
0.18	0.28	A	A	A	A	好	好
0.28	0.45						
0.45	0.71						
0.71	1.12	B	B				
1.12	1.8						
1.8	2.8	C		B	B	满意	
2.8	4.5		C				满意
4.5	7.1			C		不满意	
7.1	11.2	D			C		不满意
11.2	18		D	D			
18	28				D	不能接受	
28	45						不能接受
45	71						

五、振动监测及故障诊断的常用仪器设备

振动监测及故障诊断所用的典型仪器设备包括测振传感器、信号调理器、信号记录仪、信号分析与处理设备等。测振传感器将机械振动量转换为适于测量的电量,经信号调理器进行放大、滤波、阻抗变换后,可用信号记录仪将所测振动信号记录、存储下来,也可直接输入到信号分析与处理设备,对振动信号进行各种分析、处理,取得所要的数据。随着计算机技术的发展,信号分析与处理已逐渐由以计算机为核心的监视、分析系统来完成。

(一)涡流式位移传感器

涡流式位移传感器是利用转轴表面与传感器探头端部的间隙变化来测量振动,最大特点是采用非接触测量,适合于测量转子相对于轴承的相对位移,包括轴的平均位置及振动位移。它的另一个特点是具有零频率响应,且有频率范围宽(0~10kHz)、线性度好以及在线性范围内灵敏度不随初始间隙的大小改变等优点,不仅可以用来测量转轴轴心的振动位移,而且还可测量出转轴轴心的静态位置的偏离。目前,涡流式位移传感器广泛应用于各类转子的振动监测。

涡流式位移传感器的工作原理如图4-2所示。在传感器的端部有一线圈,线圈中有频率较高(1~2MHz)的交变电流通过。当线圈平面靠近某一导体面时,由于线圈磁通链穿过导体,使导体的表面层感应出涡流i_2,而i_2形成的磁通又穿过原线圈。这样,原线圈与涡流"线圈"形成了有一定耦合的互感。耦合系数的大小与二者之间的距离及导体的材料有关。可以证明,在传感器的线圈结构与被测导体材料确定后,传感器的等效阻抗以及谐振频率都与间隙的大小有关,即非接触式涡流传感器测量位移的依据。它将位移的变化线性地转换成相应的电压信号以便进行测量。

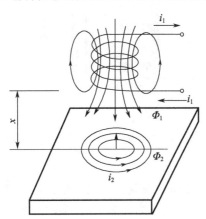

图4-2 涡流式位移传感器的工作原理

涡流式位移传感器结构比较简单,主要是安置在框架上的一个线圈,线圈多是绕成扁平圆形。线圈导线一般采用高强度漆包线,如果要求在高温下工作,应采用高温漆包线。CZF3型传感器的结构如图4-3所示。

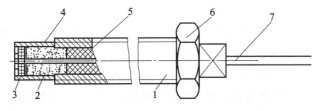

图4-3 CZF3型传感器的结构图

1—壳体;2—框架;3—线圈;4—保护套;5—填料;6—螺母;7—电缆。

为了实现位移测量,必须配备一个专用的前置放大器,一方面为涡流式位移传感器提供输入信号,另一方面提取电压信号。

涡流式位移传感器一般直接利用其外壳上的螺纹安装在轴承座或机械设备壳体上。安装时,首先应注意的是平均间隙的选取。为了保证测量的准确性,要求平均间隙加上振动间隙(即总间隙)应在传感器线性段以内。一般将平均间隙选在线性段的中点,这样在平均间隙两端容许有较大的动态振幅。

安装传感器时另一个要注意的问题是,在传感器端部附近除了被测物体表面外,不应有其他导体与之靠近。另外,还应考虑到被测转子的材料特性以及温度等参数在工作过程中对测量的影响。

(二)磁电式速度传感器

磁电式速度传感器是测量振动速度的典型传感器,具有较高的速度灵敏度和较低的输出阻抗,能输出功率较强的信号。它无须设置专门的前置放大器,测量电路简单,安装、使用简单,故常用于旋转机械的轴承、机壳、基础等非转动部件的稳态振动测量。

磁电式速度传感器的工作原理如图 4-4 所示,其主要组成部分包括线圈、磁铁和磁路。磁路里留有圆环形空气间隙(气隙),而线圈处于气隙内,并在振动时相对于气隙运动。磁电式速度传感器基于电磁感应原理,即当运动的导体在固定的磁场里面切割磁力线时,导体两端就感应出电动势。其感应电动势(传感器的输出电压)与线圈相对于磁力线的运动速度成正比。

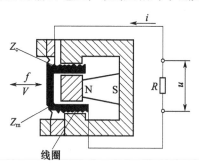

图 4-4 磁电式速度传感器的工作原理

(三)压电式加速度传感器

压电式加速度传感器是利用压电效应制成的机电换能器。某些晶体材料,如天然石英晶体和人工极化陶瓷等,在承受一定方向的外力而变形时,会因内部极化现象而在其表面产生电荷,当外力去掉后,材料又恢复不带电状态。这些材料能将机械能转换成电能的现象称为压电效应,利用材料压电效应制成的传感器称为压电式传感器。目前,用于制造压电式加速度传感器的材料主要分为压电晶体和压电陶瓷两大类。当压电式加速度传感器承受机械振动时,在它的输出端能产生与所承受的加速度成正比例的电荷或电压量。与其他种类传感器相比,压电式传感器具有灵敏度高、频率范围宽、线性动态范围大、体积小等优点,因此成为振动测量的主要传感器形式。

压电式加速度传感器的典型结构如图 4-5 所示。压电元件在正应力及切应力作用之下都能在极化面上产生电荷,因此在结构上有压缩式和剪切式两种类型。

压电式加速度传感器的灵敏度有两种表示方法:电荷灵敏度和电压灵敏度。当传感器的前置放大器为电荷放大器时,用电荷灵敏度;当前置放大器为电压放大器时,用电压灵敏度。目前,在压电式加速度传感器系统中较常用的是电荷灵敏度。

压电式加速度传感器的安装特别重要,如安装刚度不足(用顶杆接触或厚度胶粘等)将导致

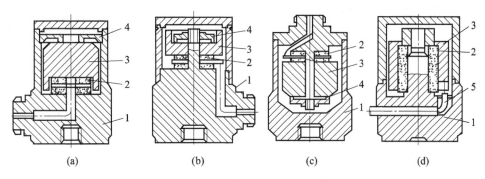

图 4-5 压电式加速度传感器的典型结构
(a)周边压缩式;(b)中心压缩式;(c)倒置中心压缩式;(d)剪切式。
1—机座;2—压电元件;3—质量块;4—预紧弹簧;5—输出引线。

安装谐振频率大幅度下降,这样,在测量高频振动时,将产生严重的失真。压电式加速度传感器的安装方法及特性如表4-3所列。

表4-3 压电式加速度传感器的安装方法及特性

安装方式	钢制螺栓安装	绝缘螺栓加云母垫片	用黏结剂固定	刚性高的蜡	永久磁铁安装	手持
安装示意图		云母垫片	刚性高的黏结剂	刚性高的蜡	永久磁铁	
特点	频响特性最好,基本不降低传感器的频响性能。负荷加速度最大,是最好的安装方法,适合于冲击测量	频响特性近似于没加云母片的螺栓安装,负荷加速度大,适合于需要电气绝缘的场合	用黏结剂固定频响特性良好,可达10kHz	频响特性好,但不耐温	只适用于低频的测量,负荷加速度中等,使用温度一般小于150℃	用手按住,频响特性最差,负荷加速度小,只适用于小于1kHz的测量,其最大优点是使用方便

(四)信号记录仪

信号记录仪用来记录和显示被测振动随时间的变化曲线(时域波形)或频谱图,如电子示波器、光电示波器、磁带记录仪、X-Y记录仪、电平记录仪等。对于测量冲击和瞬态过程,可采用记忆式示波器和瞬态记录仪。

磁带记录仪是较常用的记录仪,它利用铁磁性材料的磁化来进行记录,其工作频带宽,能储存大量的数据,并能以电信号的形式把数据复制重放出来。磁带记录仪分为两类,即模拟磁带记录仪和数字磁带记录仪。

(五)振动监测及分析仪器

(1)简易诊断仪器。简易诊断仪器通过测量振动幅值的部分参数,对设备的状态做出初步判断。这种仪器体积小、价格便宜、易于掌握,适合由工段、班组一级来组织实施进行日常测试和巡检。按其功能可分为振动计、振动测量仪和冲击振动测量仪等。

① 振动计一般只测振动加速度一个物理量,读取一个有效值或峰值,读数由指针显示或液

晶数值显示。振动计有表式和笔式两种,小巧便携。

② 振动测量仪可测量振动位移、速度和加速度3个物理量,频率范围较大,其测量值可直接由表头指针显示或液晶数字显示。通常备有输出插座,可外接示波器、记录仪和信号分析仪,可进行现场测试、记录、分析。

③ 冲击振动测量仪测量振动高频成分的大小,常用于检测滚动轴承等的状态。

(2) 振动信号分析仪。振动信号分析仪种类很多,一般由信号放大、滤波、A/D 转换、显示、存储、分析等部分组成,有的还配有软盘驱动器,可以与计算机进行通信。能够完成振动信号的幅值域、时域、频域等多种分析和处理,功能很强,分析速度快、精度高,操作方便。这种仪器的体积偏大,对工作环境要求较高,价格也比较昂贵,适合于工矿企业的设备诊断中心以及大专院校、研究院所。

(3) 离线监测与巡检系统。离线监测与巡检系统一般由传感器、采集器、监测诊断软件和微机组成,有时也称为设备预测维修系统。操作步骤包括利用监测诊断软件建立测试数据库、将测试信息传输给数据采集器、用数据采集器完成现场巡回测试、将数据回放到计算机软件(数据库)中、分析诊断等。

离线监测与巡检系统的数据采集、测量、记录、存储和分析为一体,并且可以在非常恶劣的环境下工作,使得它在现场测量中显示出极大的优越性。采集器一次可以检测和存储几百个甚至上千个测点的数据,同时在现场还可以进行必要的分析和显示,返回后将数据传给计算机,由软件完成数据的分析、管理、诊断与预报等任务。功能较强的采集器除了能够完成现场数据采集之外,还能进行现场单双面动平衡、开停车、细化谱、频率响应函数、相关函数、轴芯轨迹等的测试与分析,功能相当完善。

这种巡检系统近年来在电力、石化、冶金、造纸、机械等行业中得到了广泛的应用,并取得了比较好的效果。

(4) 在线监测与保护系统。在石化、冶金、电力等行业对大型机组和关键设备多采用在线监测与保护系统,进行连续监测。常用的在线监测与保护系统包括在主要测点上固定安装的振动传感器、前置放大器、振动监测与显示仪表、继电器保护等。

这类系统连续、并行地监测各个通道的振动幅值,并与阈值进行比较。振动值超过报警值时自动报警;超过危险值时实施继电保护,关停机组。这类系统主要对机组起保护作用,一般没有分析功能。

(5) 网络化在线巡检系统。网络化在线巡检系统由固定安装的振动传感器、现场数据采集模块、监测诊断软件和计算机网络等组成,也可直接连接在在线监测与保护系统之后。其功能与离线监测与巡检系统很相似,只不过数据采集由现场安装的传感器和采集模块自动完成,无须人工干预。数据的采集和分析采用巡回扫描的方式,其成本低于并行方式。这类系统具有较强的分析和诊断功能,适合于大型机组和关键设备的在线监测和诊断。

(6) 高速在线监测与诊断系统。对于石化、冶金、电力等行业的关键设备的重要部件可采用高速在线监测与诊断系统,对各个通道的振动信号连续、并行地进行监测、分析和诊断。这样对设备状态的了解和掌握是连续的、可靠的,当然规模和投资都比较大。

(7) 故障诊断专家系统。故障诊断专家系统是一种基于人工智能的计算机诊断系统,能够模拟故障诊断专家的思维方式,运用已有的诊断理论和专家经验,对现场采集到的数据进行处理、分析和推断,并能在实践中不断修改、补充和完善系统的知识库,提高诊断专家系统的性能和水平。

六、实施现场振动诊断的步骤

现场诊断实践表明,对机械设备实施振动诊断,必须遵循正确的诊断程序,以使诊断工作有条不紊地进行,并取得良好的效果。反之,如果方法、步骤不合理,或因考虑步骤而造成某些环节上的缺漏,则将影响诊断工作的顺利进行,甚至中途遇挫,无果而终。

在日常工作中,诊断工程师主要采用人、机械设备、计算机、测振仪四位一体的方式,沿着"确定诊断范围→了解诊断对象→确定诊断方案(包括选择测点、频程、测量参数、仪器、传感器等)→建立监测数据库(包括测点数据库、频率项数据库、报警数据库)→设置巡检路线→采集数据→回放数据→分析数据→判断故障→做出诊断决断→择时检修→检查验证"这条科学有效的途径开展工作。

通观振动诊断的全过程,诊断步骤可概括为以下6个步骤。

(一) 确定、了解诊断对象

诊断的对象就是机械设备。在一个大型工矿企业中,往往有成千上万台机械设备,不可能将全部设备都作为诊断的对象,因为这样会大大增加诊断工作量,降低诊断效率,并且诊断效果也不会理想。因此,必须经过充分的调查研究,根据企业自身的生产特点以及各类设备的实际特点和组成情况,有重点地选定作为诊断对象的设备。一般来说,这些设备应该处于如下几种情况:

(1) 稀有、昂贵、大型、精密、无备台的关键设备。
(2) 连续化、快速化、自动化、流程化程度高的设备。
(3) 一旦发生故障可能造成很大经济损失,或是环境污染,或是人身伤亡事故等影响的设备。
(4) 故障率高的设备。

此外,在确定诊断对象时,应尽可能多地覆盖各类设备,在每类设备中选定1~2台进行重点监测,以便取得关于该类设备的全部运行历程记录,并在生产实践中不断积累诊断经验,完善诊断策略,这样在遇到各类故障甚至是疑难杂症时才可能做到有的放矢。当然,对于机械设备的异常状态,应当适当增加监测内容(包括设备、测点、参数和频次)。

在确定了诊断对象的范围后,在实施设备诊断之前,必须对每台诊断对象的各个方面有充分的认识了解,就像医生治病必须熟悉人体的构造一样,有很多企业的故障诊断从业人员在对本企业设备进行诊断时往往比信号分析专家更准确,就是因为他们做到了对现场设备了如指掌。所以了解诊断对象是开展现场诊断的第一步。了解设备的主要手段是开展设备调查,表4-4所列内容可供调查时参考。

对一台被列为诊断对象的机械设备,要着重掌握以下5个方面的内容:

(1) 机械设备的结构组成。对机械设备的结构主要应掌握两点:

① 搞清楚设备的基本组成部分及其连接关系。一台完整的设备一般由3大部分组成,即原动机(大多数采用电动机,也有用内燃机、汽轮机、水轮机的,一般称辅机)、工作机(也称主机)和传动系统。要分别查明它们的型号、规格、性能参数及连接的形式,画出结构简图。

② 必须查明各主要零件(特别是运动零件)的型号、规格、结构参数及数量等,并在结构图上标明,或另予说明。

具体地说,必需的数据如下:

a. 功率。
b. 转速。
c. 轴承制造厂及型号,轴承的安装位置(尤其是滚动轴承)。
d. 风机或泵等流体机械的转子叶片数目及导流叶片数目(或称静止叶片)。如果是多级流

表4-4 监测与诊断设备调查表

设备编号JZ_____	设备名称_____	资产原值/净值(万元)_____		
所属厂矿_____	安装地点_____	所占地位_____		
设备结构简图	维修及故障情况			
	安装日期		故障部位	
	投产日期		故障特征	
	大修日期	年	故障频率	
	上次大修日期		易损零件	
	大修费用	元/次	修复工期	天
	年维修费用	元	修复费用	元
	维修单位		停机损失	元
	项目	单位	参数值	部件名称	型号及主要参数
设备铭牌 型号名称 项目	正常运行参数			传动工作部件	
填表单位：	填表日期： 年 月 日		填表人：	

体机械转子,应该尽可能收集每级的数据。

e. 齿轮箱数据,包括每级齿轮的齿数、多级传动的传动关系数据及它们的支承轴承数据、输入或输出转速。

f. 带传动,应该包括带轮直径及转速。

g. 交流感应电动机,应该包括电动机的极对数、转子条数目、转速。

h. 同步电动机,应该包括定子线圈数目(定子线圈数目=极数目×线圈数目/每极)。

i. 直流电动机,应该包括全波整流还是半波整流(晶闸管整流)。

图4-6所示为某造纸厂制浆车间直流电动机及其齿轮箱和螺杆机的总体布置及测点位置示意图。

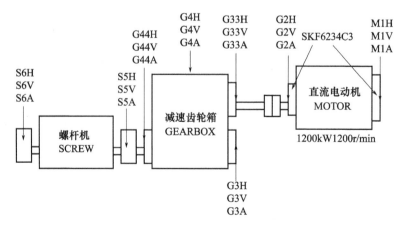

图4-6 某造纸厂制浆车间直流电动机及其齿轮箱和螺杆机的总体布置及测点位置示意图

(2) 机械设备的工作原理和运行特性。主要了解以下内容：

① 各主要零部件的运动方式：旋转运动还是往复运动。

② 机械设备的运动特性：平稳运动还是冲击性运动。

③ 转子运动速度：低速(小于 600r/min)、中速(600~6000r/min)还是高速(大于 6000r/min)；匀速还是变速。

(3) 机械设备正常运行时及振动测量时的工况参数值，如排出压力、流量、转速、温度、电流及电压等。

(4) 机械设备的工作条件。主要了解以下几项。

① 载荷性质：均载、变速还是冲击负载。

② 工作介质：有无尘埃、颗粒性杂质或腐蚀性气体。

③ 周围环境：有无严重的干扰(或污染)源存在，如振源、热源及粉尘等。

机械设备基础形式及状况，搞清楚是刚性基础还是弹性基础。

(5) 主要技术档案资料。其主要包括机械设备的主要设计参数、质量检验标准和性能指标、出厂检验记录、厂家提供的机械设备常见故障分析处理的资料(一般以表格形式列出)以及投产日期，运行记录、事故分析记录及大修记录等。

(二) 确定诊断方案

在对诊断对象全面了解之后，就可以确定具体的诊断方案。诊断方案正确与否，关系到能否获得必要充分的诊断信息，必须慎重对待。一个比较完整的现场振动诊断方案应包括下列内容：

(1) 选择测点。测点就是机械设备上被测量的部位，它是获取诊断信息的窗口。测点选择的正确与否，关系到能否获得人们所需要的真实完整的状态信息。只有在对诊断对象充分了解的基础上，才能根据诊断目的恰当地选择测点，测点应满足下列要求：

① 对振动反应敏感。所选测点要尽可能地靠近振源，尽量避开信号在传递通道上的界面、空腔或隔离物(如密封填料等)，最好让信号呈直线传播，这样可以减少信号在传递途中的能量损失。

② 信息丰富。通常选择振动信号比较集中地部位，以便获得更多的状态信息。

③ 适应诊断目的。所选测点要服从于诊断目的，诊断目的不同，测点也应随之改换位置。在图 4-6 中，若要诊断螺杆机是否工作正常，应选择测点 S5、S6；若要诊断直流电动机转子是否存在故障，则应选择测点 M1。

④ 适于安置传感器。测点必须有足够的空间用来安置传感器，并要保证有良好的接触。测点部位还应有足够的刚度。

⑤ 符合安全操作要求。由于现场振动测量是在机械设备运转的情况下进行的，因此在安置传感器时必须确保人身和机械设备安全。对不便操作，或操作起来存在安全隐患的部位，一定要有可靠的保护措施；否则，最好暂时放弃。

在通常情况下，轴承是监测振动最理想的部位，由于转子上的振动载荷直接作用在轴承上，并通过轴承把机械设备与基础连接成一个整体，因此轴承部位的振动信号还反映了基础的状况。所以，在无特殊要求的情况下，轴承是首选测点。如果条件不允许，也应使测点选在缸体、进出口管道、阀门等部位，这些也是测振的常设测点，应根据诊断目的和监测内容进行取舍。

在现场诊断时常常碰到这样的情况，有些机械设备在选择测点时会有很大的困难。例如，卷烟厂的卷烟机、包装机，其传动机构大都包封在机壳内部，不便对轴承部位进行监测。这种情况在其他机械设备上也存在，比如在诊断一台立式钻床时，共选了 13 个测点，只有其中 4 个测点靠近轴承，其他都相距甚远。凡碰到这种情况，只有另选测量部位。若要彻底解决问题，则必须根据适检性要求对机械设备的某些结构做一些必要的改造。

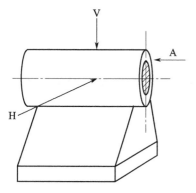

图 4-7 测点的 3 个测量方位

有些机械设备的振动特性有明显的方向性,不同方向的振动信号也往往包含着不同的故障信息。因此,每一个测点一般都应测量 3 个方位,即水平方向、垂直方向和轴向,如图 4-7 所示。测点一经确定后,就要经常在同一点进行测定。这要求必须在每个测点的 3 个测量方位处做出永久性标记,如涂上油漆或打上样冲眼,或加工出固定传感器的螺孔。尤其对于环境条件差的场合,这一点更加重要,在测高频振动时,曾经出现过测定点偏移几毫米后,测定值相差 6 倍的情况。

(2) 预估频率和振幅。振动测量前,对所测振动信号的频率范围和幅值大小要作一个基本的估计,为选择传感器、测量仪和测量参数及分析频带提供依据,同时防止漏检某些可能存在的故障信号而造成误判或漏诊。

(3) 选择与安装传感器。用于测量振动的传感器有 3 种,一般都是根据所测量的参数类别选用:测量位移采用涡流式位移传感器;测量速度采用电动式速度传感器;测量加速度采用压电式加速度传感器。由于压电式加速度传感器的频率响应范围比较宽,因此现场测量时在没有特殊要求的情况下,常用它同时测量位移、速度、加速度 3 个参数。振动测量不但对传感器的性能质量有严格要求,对其安装形式也很讲究,不同的安装形式适用于不同的场合。表 4-5 是压电式加速度传感器几种常用安装形式及特点,其中采用螺纹连接测试结构最为理想。但在现场实际测量时,尤其是对于大范围的普查测试,由于采用永久磁座安装最简便且性能适中,因此是最常用的方法。

表 4-5 压电式加速度传感器几种常用安装形式及特点

安装形式及频率响应范围(+3dB)	优点	缺点
手持钢探杆:1~1000Hz 手持铝探杆:1~700Hz	安装快速;适用各种表面	频率范围有限;注意手持方法
永久磁座:1~2000Hz	安装快速	频率范围有限;机械设备上须有铁磁性表面,该表面必须干净
螺纹连接:1~10000Hz	可用频率范围宽;测量重现性最佳	需有螺孔接头,费时间

(三) 进行振动测量与信号分析

在确定了诊断方案(目前用频谱分析仪分析振动频率时还包括建立监测数据库、设置巡检路线等步骤)之后,根据诊断目的对机械设备进行各项参数测量。在所测量参数中必须包括国家标准中所采用的参数,以便在状态识别时使用。如果没有特殊情况,每个测点必须测量水平、垂直和轴向 3 个方向的振动值。

如果所使用的测量仪器具有信号分析功能,那么,在测量参数之后,即可对该点进一步作波形观察、频率分析等,特别对那些振动超常的测点作这种分析很有必要。测量后要把信号存储起来。

(四) 实施状态判别

根据测量数据和信号分析所得到的信息,对设备状态做出判断。首先判断它是否正常,然后对存在异常的设备作进一步分析,指出故障的原因、部位和程度。对那些不能用简易诊断解决的疑难故障,需动用精密手段加以确诊。

(五) 做出诊断决策

通过测量分析、状态识别等几个步骤,弄清了机械设备的实际状态,为处理决策提供了依据。

这时应当提出处理意见,或是继续运行,或是停机修理。对需要修理的机械设备,应当指出修理的具体内容,如待处理的故障部位、所需要更换的零部件等。

（六）检查验证

机械设备诊断的全过程并不是到做出诊断决策就算结束了,最后还有重要一步,必须检查验证诊断结论及处理决策的结果。诊断人员应当向用户了解机械设备拆机检修的详细情况及处理后的效果,如果有条件的话,最好亲临现场以检查诊断结论与实际情况是否符合,这是对整个诊断过程最权威的总结。

七、滚动轴承故障的振动诊断

滚动轴承是旋转机械中应用最为广泛的机械零件,它的工作好坏对机械设备的工作状态有很大影响,其缺陷会导致机械设备产生异常振动和噪声,甚至造成机械设备损坏。

（一）滚动轴承的常见故障

（1）磨损。由于滚道和滚动体的相对运动以及尘埃异物的侵入引起表面磨损。磨损的结果是配合间隙变大、表面出现刮痕或凹坑,使振动及噪声加大。

（2）疲劳。由于载荷和相对滚动作用产生疲劳剥落,在表面上出现不规则的凹坑,造成运转时的冲击载荷,振动和噪声随之加剧。

（3）压痕。受到过大的冲击载荷或静电荷,或因热变形增加载荷,或有硬度很高的异物侵入,以致产生凹陷或划痕。

（4）腐蚀。有水分或腐蚀性化学物质侵入,以致在轴承表面上产生斑痕或点蚀。

（5）电蚀。由于轴电流的连续或间断通过,以致由电火花形成圆形的凹坑。

（6）破裂。残余应力及过大的载荷都会引起轴承零件的破裂。

（7）胶合（黏着）。由于润滑不良,高速重载,造成高温使表面烧伤及胶合。

（8）保持架损坏。保持架与滚动体或与内、外圈发生摩擦等,使振动、噪声与发热增加,造成保持架的损坏。

（二）滚动轴承振动信号的频率特征

滚动轴承由内圈、外圈、滚动体和保持架 4 部分组成。假设滚道面与滚动体之间无相对滑动,承受径向、轴向载荷时各部分无变形,外圈固定,则滚动轴承工作时的特征频率如下:

（1）转动频率。滚动轴承工作时多数是内圈转动,也可能是外圈转动,但外圈转动时由于带动滚珠的线速度大,故轴承的寿命约减少 1/3。转动频率,可由它们的转速 n(r/min)求得,即

$$f_r = n/60 \tag{4-13}$$

（2）滚动体自转频率为

$$f_b = \frac{D}{2d}\left[1 - \left(\frac{d}{D}\cos\alpha\right)^2\right]f_r \tag{4-14}$$

（3）滚动体公转频率(保持架的转动频率)为

$$f_c = \frac{1}{2}\left(1 - \frac{d}{D}\cos\alpha\right)f_r \tag{4-15}$$

（4）滚动体通过内圈的一个缺陷时的冲击振动频率为

$$f_i = \frac{z}{2}\left(1 + \frac{d}{D}\cos\alpha\right)f_r \tag{4-16}$$

(5) 滚动体通过外圈的一个缺陷时的冲击振动频率为

$$f_o = \frac{z}{2}\left(1 - \frac{d}{D}\cos\alpha\right)f_r \qquad (4-17)$$

式中：D 为滚动体节径（即滚动体中心所在圆的直径）(mm)；d 为滚动体直径(mm)；z 为滚动体数目；α 为接触角。

（三）滚动轴承的振动测量

测量轴承的振动信号时，选择测量部位的基本思路是选择在离轴承最近、最能反映轴承振动的位置上。一般地，若轴承是外露的，测点位置可直接选择在轴承座上；若轴承座是非外露的，测点应选择在轴承座刚性较好的部分或基础上。同时，应在测点处做好标记，以保证不会由于测点部位的不同而导致测量值的差异。

根据滚动轴承的固有特性、制造条件、使用情况的不同，它所引起的振动可能是频率为 1kHz 以下的低频脉动，也可能是频率为 1kHz 以上，数千赫乃至数十千赫的高频振动，更多的情况是同时包含了上述两种振动成分。因此，通常检测的振动速度和加速度应分别覆盖上述的两个频带，必要时可用滤波器取出需要的频率成分。如果是在较宽的频带上监测振动级，则对于要求低频小的轴承检测其振动速度，而对于要求高频振动小的轴承检测其振动加速度。

（四）振动信号分析诊断方法

滚动轴承的振动信号分析诊断方法分为简易诊断法和精密诊断法两种。

(1) 滚动轴承故障的简易诊断法。在利用振动对滚动轴承进行简易诊断的过程中，通常是将测得的振幅值（峰值、有效值等）与预先给定的某种判定标准进行比较，根据实测的振幅值是否超出了标准给出的界限来判断轴承是否出现了故障，以决定是否需要进一步进行精密诊断。

① 振幅值监测。振幅值指峰值、绝对均值以及均方根值（有效值）。它是通过将实测的振幅值与判定标准中给定的值进行比较来诊断的。

峰值反映的是某时刻振幅的最大值，因而它适应于表面点蚀损伤之类的具有瞬时冲击的故障诊断；均方根值是对时间平均的，因而它适应于磨损之类的振幅值随时间缓慢变化的故障诊断。

② 峰值系数监测。峰值系数定义为峰值与均方根值之比（X_p/X_{max}）。该值用于滚动轴承简易诊断的优点在于它不受轴承尺寸、转速及载荷的影响，也不受传感器、放大器等一两次仪表灵敏度变化的影响。通过对 X_p/X_{max} 值随时间变化趋势的监测，可以有效地对滚动轴承故障进行早期预报，并能反映故障的发展变化趋势。

③ 峭度系数监测。随着故障的出现和发展，峭度系数具有与峰值系数类似的变化趋势。此方法的优点在于轴承的转速、尺寸和载荷无关。

④ 冲击脉冲法（SPM 法）。冲击脉冲法的原理是，滚动轴承运行中有缺陷（如疲劳剥落、裂纹、磨损和混入杂物）时，就会发生冲击，引起脉冲性振动，冲击脉冲的强弱反映了故障的程度。

当滚动轴承无损伤或有极微小损伤时，脉冲值（用 dB 值表示）很小；随着故障的发展，脉冲值逐渐增大。当冲击能量达到初始值的 1000 倍（即 60dB 值）时，就认为该轴承的寿命已经结束。当轴承工作表面出现损伤时，所产生的实际脉冲值用 dB_{sv} 表示，它与初始脉冲值 dB_i 之差称为标准冲击能量 dB_N，即

$$dB_N = dB_{sv} - dB_i \qquad (4-18)$$

根据 dB_N 值可以将轴承的工作状态分为 3 个区域进行诊断：当 $0 \leq dB_N < 20dB$ 时，标记为绿区，轴承工作状态良好，为正常状态；当 $20dB \leq dB_N < 35dB$ 时，标记为黄区，轴承有轻微损伤，为警告状态；当 $35dB \leq dB_N < 60dB$ 时，标记为红区，轴承有严重损伤，为危险状态。

⑤ 共振解调法（IFD法）。共振解调法也称为早期故障探测法，它是利用传感器及电路的谐振，将轴承故障冲击引起的衰减振动信号放大，从而提高了故障探测的灵敏度；同时，还利用解调技术将轴承故障信息提取出来，通过对解调后的信号作频谱分析，用以诊断轴承故障。

（2）滚动轴承故障的精密诊断法。滚动轴承的振动频率成分十分丰富，既含有低频成分，又含有高频成分，而且每一种特定的故障都对应有特定的频率成分。精密诊断法按频率可分为以下两种方法：

① 低频信号分析法。低频信号是指频率低于1kHz的振动信号。一般测量滚动轴承振动时都采用加速度传感器，但对于低频信号都分析其振动速度。因此，加速度信号要经过电荷放大器后由积分器转换成速度信号，然后再经过上限截止频率为1kHz的低通滤波器去除高频信号，最后对其进行频率分析，以找出信号的特征频率，进行诊断。在这个频率范围内易受机械振动干扰及电源干扰，并且在故障初期反映的故障频率能量很小，信噪比低，故障检测灵敏度较差。

② 中、高频信号绝对值分析法。中频信号的频率范围为1～20kHz；高频信号的频率范围为20～80kHz。由于对高频信号可直接分析加速度，因而由加速度传感器获得的加速度信号经过电荷放大器后，可直接通过下限截止频率为1kHz的高通滤波器去除低频信号，然后对其进行绝对值处理，最后进行频率分析，以找出信号的特征频率。

滚动轴承各种常见故障的特征频率及故障原因如表4-6所列，可参考此表诊断故障原因及故障部位。

表4-6　滚动轴承各种常见故障的特征频率及其故障原因

	异常原因	振动特征频率
轴承构造	轴弯曲、倾斜	$zf_c \pm f_r$
	轴承元件的受力变形	zf_c
轴承不同轴	两个轴承不对中	$0.5f_r$
	轴承架内表面划伤或进入异物	
	轴承架装配松动	
	轴承本身安装不良	
	内滚道的圆度误差	$2f_r$
	轴颈的圆度误差	
	轴颈面划伤或进入异物	
精加工波纹	内圈的波纹	$nf_i \pm f_r$
	外圈的波纹	nf_c
	滚动体的波纹	$2nf_b \pm f_c$
轴承元件损伤	由磨损产生偏心	nf_r
	内圈有缺陷	nf_i、$nf_i \pm f_r$、$nf_i \pm f_c$
	外圈有缺陷	nf_o
	滚动体有缺陷	$nf_o \pm f_c$

注：z为滚动体数，f_r为轴转动频率，f_i为内圈特征频率，f_o为外圈特征频率，f_b为滚动体自转频率，f_c为滚动体公转频率，n为正整数。

（五）基于CX10轴承测振仪的轴承故障诊断案例

（1）故障描述。某机床在使用过程中，机床伴有异常振动，导致加工过程精度降低，影响产品质量。

（2）故障分析。经过排查各部分，推测为轴承存在故障，具体故障类型不明，需要进一步进行检测。

（3）设备选择。拟采用轴承测振仪，对轴承振动情况进行检测分析。本案例选用CX10轴承测振仪，如图4-8所示。

CX10是小型手握式振动计，可用于转动设备之预防及预知保养工作中。CX10包含液晶显示主机、导线、振动传感器（探棒和磁性座），其中探棒和磁性座可进行更换适用不同轴承测量情况。其所量测的结果为一总振动值（RMS值），量测频率范围为10～3200Hz（以g表示），频率范围可包含主要机械问题。

（4）具体操作。包括设备连接与调试、测量点选取、振动传感器调整、数据分析4步：

① 设备连接与调试。将液晶显示主机、导线和磁性座安装到位，根据实际所需测量轴承的位置，适时选择将磁性座更换为探棒进行检测。

图4-8 CX10轴承测振仪

② 测量点选取。设备的任何一个原件或者部位发生问题时几乎都会发生振动，其振动会经由转轴、基座或结构传送至轴承位置，因此在做定期振动量测时，最好都能在轴承部位进行量测，而且最好能够量测到每个轴承。

由于设备异常振动问题的研判必须比较各方向的振动值，才能做较准确的判断，因此除量测水平及垂直向之外，每根轴至少需要测一个轴向测点。

③ 振动传感器调整。首先将振动传感器置放在测量点上，再按主机的开启键即可进行测量，为使量测值在较短时间内达到稳定状态，增加量测效率，使用磁性座量测时，应该避免吸附点时使感测器发生摩擦。使用探针测量时，所施加的应力应该尽量保持一致。

振动传感器的灵敏度具有方向性，其中最灵敏的位置在感测器的中心线上，使用磁性座或探棒均必须固定锁紧，不管是否使用磁性座、探棒或直接量测，均必须将感测器垂直紧紧依附于被测面上进行量测。

④ 数据分析。常见的设备振动问题可归纳为对心不良、平衡不良、轴承损坏、基础松动4种。

a. 水平、垂直及轴向振动大（但是水平垂直方向的振动大约为轴向的2～3倍），可判断为对心不良。

b. 水平及垂直振动大、轴向振动相对很小（水平垂直方向的振动大约为轴向的4倍以上），可判断为平衡不良。

c. 总振动值在标准内，轴承状况值大，可判断为轴承损坏或者是轴承润滑不良。

d. 水泥基座和基础螺丝的振动值如果不同，可判断为基础松动。

（5）故障结论。通过比对振动具体情况，可得出轴承具体故障类型，并进行维护保养。

八、齿轮故障的振动诊断

齿轮传动在机械设备中使用得非常广泛，其运行状况直接影响整个机械设备或机组的工作，因此开展齿轮故障诊断对降低维修费用和防止突发性事故具有实际意义。诊断方法分为两大类：一类是检测齿轮运行时的振动和噪声，运用频谱分析、倒频谱分析和时域平均法来进行诊断；另一类是根据摩擦学理论，通过润滑油液分析来实现。

齿轮故障诊断的困难在于信号在传递中所经的环节较多（齿轮→轴→轴承→轴承座→测

点),高频信号在传递中基本丧失,故需借助于较为细致的信号分析技术达到提高信噪比和有效地提取故障特征的目的。

(一) 齿轮的异常及常见失效形式

齿轮的异常通常包括以下3个方面:

(1) 制造误差。齿轮制造时造成的主要异常有偏心、齿轮偏差和齿形误差等。所谓偏心,是指齿轮(一般为旋转体)的几何中心和旋转中心不重合;齿轮偏差是指齿轮的实际齿轮与理论齿轮之差;而齿形误差是指渐开线齿轮有误差。

(2) 装配误差。在装配工作中,由于箱体、轴等零件的加工误差、装配不当等因素,会使齿轮传动精度严重下降。

(3) 齿轮的损伤。齿轮由于设计不当、制造有误差、装配不良或在不适当的条件下运行时,会产生各种损伤。其形式很多,而且又往往是互相交错在一起,使齿轮的损伤形式显得更为复杂。齿轮的损伤形式随齿轮材料、热处理、运行状态等因素的不同而不同,常见的有:

① 齿面磨损失效。

② 表面接触疲劳失效。

③ 齿面塑性变形。

④ 齿轮弯曲断裂。有疲劳断齿(断口呈疲劳特征)和过载断齿(断口粗糙)。

(二) 齿轮振动信号的频率特征

振动和噪声信号是齿轮故障特征信息的载体,目前通过各种振动信号传感器、放大器及其他测量仪器能够测量出齿轮箱的振动和噪声信号,通过对振动和噪声信号的各种分析与识别仍然是查找故障最为有效的方法。但也应看到,在许多情况下,从齿轮的啮合波形也可以直接观察出故障。

(1) 啮合频率。在齿轮传动过程中,每个齿轮周期地进入和退出啮合。以直齿圆柱齿轮为例,其啮合区可分为单齿啮合区和双齿啮合区。在单齿啮合区内,全部载荷由一对齿轮副承担;一旦进入双齿啮合区,则载荷分别由两对齿轮副按其啮合刚度的大小分别承担(啮合刚度是指啮合齿轮副在其啮合点处抵抗挠曲变形和接触变形的能力)。很显然,在单、双齿啮合区的交变位置,每对齿轮副所承受的载荷将发生突变,这必将激发齿轮的振动。同时,在传动过程中,每个齿轮的啮合点均从齿根向齿顶(主动齿轮)或齿顶向齿根(从动齿轮)逐渐移动,由于啮合点沿齿高方向不断变化,各啮合点处齿轮副的啮合刚度也随之变化,相当于变刚度弹簧,这也是齿轮产生振动的一个原因。

齿轮啮合产生的振动是以每齿啮合为基本频率进行的,该频率称为啮合频率f_g。其计算公式为

$$f_g = \frac{z_1 n_1}{60} = \frac{z_2 n_2}{60} \tag{4-19}$$

式中:z_1、z_2 为主、从动齿轮的齿数;n_1、n_2 为主、从动齿轮的转速。

当齿轮的运行状态劣化之后,对应于啮合频率及其谐波的振动幅值会明显增加,这为齿轮故障诊断提供了有力的依据。

(2) 齿轮振动信号的调制。由于齿轮的故障、加工误差(如齿距不均)和安装误差(如偏心)等,使齿面载荷波动,影响振幅而造成幅值调制。由于齿轮载荷不均、齿距不等及故障造成载荷波动,除了影响振幅之外,同时也必然产生转矩波动,使齿轮转速波动。这些波动就是振动上的频率调制(也称相位调制)。所以,任何导致幅值调制的因素也同时会导致频率调制。频率调制现象对小齿轮副尤为突出。

齿轮振动信号的调制中包含了许多故障信息。从频域上看,调制的结果是在齿轮啮合频率及其谐波周围产生以故障齿轮的旋转频率为间隔的边频带,且其振幅随故障的恶化而加大。

(3)齿轮振动信号中的其他成分。齿轮平衡不善、对中不良和机械松动等,均会在振动频谱图中产生旋转频率及其低次谐波。

(三)齿轮的振动测量

齿轮所发生的低频和高频振动中,包含了对诊断各种异常振动非常有用的信息。

测量齿轮振动的测点通常也选在轴承座上,所测得的信号中当然也包含了轴承振动的成分。轴承常规振动的水平明显低于齿轮振动,一般要小一个数量级。

齿轮发生的振动中,有固有频率、齿轮轴的旋转频率及齿轮啮合频率等成分,其频带较宽。利用包含这种宽带频率成分的振动信号进行诊断时,要把所测的振动信号按频带分类,然后根据各类振动信号进行诊断。

(四)齿轮的简易诊断方法

齿轮的简易诊断主要是通过振动与噪声分析法进行的,包括声音振动法、振动诊断法以及冲击脉冲法等。

简易诊断通常借助一些简易的振动检测仪器,对振动信号的幅域参数进行测量,通过监测这些幅域参数的大小或变化趋势,判断齿轮的运行状态。

(1)齿轮的振幅监测。监测齿轮的振幅强度,如峰值、有效值等,可以判别齿轮的工作状态。判别标准可以用绝对标准或相对标准,也可以用类比的方法。

(2)齿轮无量纲诊断参数的监测。为了便于诊断,常用无量纲幅域参数指标作为诊断指标。它们的特点是对故障信息敏感,而对信号的绝对大小和频率变化不敏感。这些无量纲诊断参数有波形指标、峰值指标、脉冲指标、裕度指标及峭度指标。这些指标适应于不同的情况,没有绝对优劣之分。

九、旋转机械常见故障的振动诊断

旋转机械是指那些主要功能是由旋转动作来完成的机械设备,如离心式压力机、汽轮机、鼓风机、离心机、发电机、离心泵等。由于转子、轴承、壳体、联轴器、密封和基础等部分的结构、加工及安装方面的缺陷,使机械在运行中会产生振动;在机械运行过程中,由于运行、操作、环境等方面的原因所造成的机械状态的劣化,也会表现为振动的异常。同时,过大的振动又往往是机械设备破坏的主要原因。因此,对旋转机械的振动测量、监视和分析是非常重要的。另外,振动这个参数比起其他的状态参数更能直接、快速、准确地反映机组的运行状态。

旋转机械的常见故障有转子不平衡、转子不对中、转轴弯曲及裂纹、油膜涡动及油膜振荡、机组共振、机械松动、碰磨、流体的涡流激振等。

在描述旋转机械的常见故障前,先介绍一下转子的临界转速。旋转机械在升、降速过程中,当转速达到某一值时,振幅会突然增大很多,使机组无法正常工作;而错开这一转速后,振动又恢复正常,这个使转子产生剧烈振动的特定转速就称为临界转速。转子的临界转速是转子轴系的一种固有特性。理论和实践证明每种转子因其结构和状态不同而具有不同的临界转速,而且往往具有多个(即 n 阶)临界转速。当多个转子(如电动机驱动泵或压缩机等)串联时,转子的临界转速将有变化。在一阶临界转速以下工作的转轴称为刚性轴,在一阶临界转速以上工作的转轴称为柔性轴。

下面具体介绍一些旋转机械的常见故障。

（一）转子不平衡

在旋转机械的各种异常现象中，由于不平衡造成的振动的情形占有很高的比例。造成不平衡的原因主要有材质不匀、制造安装误差、孔位置有缺陷、孔的内径偏心、偏磨损、杂质沉积、转子零部件脱落、腐蚀等。这些原因往往会引起转子中心惯性主轴偏离其旋转轴线，造成转子不平衡。当转子每转动一圈，就会受到一次不平衡质量所产生的离心惯性力的冲击。这种离心惯性力周期作用，便引起转子产生异常的强迫振动，振动的频率与转子的旋转频率相同。

由转子质量中心和旋转中心之间的物理差异所引起的不平衡一般可分以下 3 种形式：

（1）静不平衡。转子质量偏心引起的不平衡力作用于一个平面内，如图 4-9（a）所示。

（2）偶不平衡。不平衡力作用在转子相对的两侧面，其重心仍然保持在旋转中心上，如图 4-9（b）所示。当转子转动时，由每一侧的不平衡重量产生方向相反的离心力，形成离心力矩，使转子产生振动。

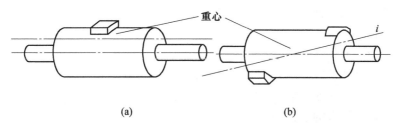

图 4-9 转子不平衡现象

（3）动不平衡。转子既有静不平衡又有动不平衡，是属于多个平面内有不平衡的情况，也是最常见的不平衡形式。

转子不平衡所产生的振动主要以转轴的旋转频率（轴频）$f_r = n/60$ 为主；在临界转速以下，振幅随着转速的升高而增大。

对转子进行现场动平衡或在动平衡机上实施平衡可消除不平衡的影响。

（二）转子轴线不对中

旋转机械在安装时应保证良好的对中，即连接的转子中心线为一条连续的直线，并且轴承标高应能适应转子轴心曲线运转的要求，否则转子轴线会产生不对中。旋转机械因对中不良可引起多种故障：

（1）导致动、静部件磨损，引起转轴热弯曲。

（2）改变轴系临界转速，使轴系振型变化或引起共振。

（3）使轴承载荷分配不均，恶化轴承工作状态，引起半速涡动或油膜振荡，甚至引起轴瓦升温，烧毁轴瓦。

转子轴系不对中有两种类型：一是转子轴系间连接不对中，如图 4-10 所示；二是转子轴颈与轴承间的安装不对中。

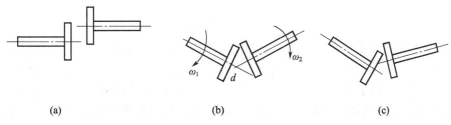

图 4-10 转子轴系不对中的类型

转子不对中所产生的振动的主要特征:紧靠联轴器两端的轴承往往振动最大;平行不对中主要引起径向振动,角度不对中主要引起轴向振动;联轴器两端转子振动存在相位差;振动频率以转轴的旋转频率(轴频)f_r、二倍频$2f_r$、三倍频$3f_r$等为主;振幅随着负荷的加大而增大。

有关研究指出,如果在二倍频上的振幅是轴频振幅的30%~75%时,此不对中可被联轴器承受相当长的时间;当二倍频振幅是轴频振幅的75%~150%时,则某一联轴器可能会发生故障,应加强其状态监测;当二倍频振幅超过轴频振幅150%时,不对中会对联轴器产生严重影响,联轴器可能已产生加速磨损和极限故障。

(三)机械松动

机械松动是因紧固不牢、轴承配合间隙过大等原因引发的,可以使已经存在的不平衡、不对中等所引起的振动问题更加严重。

其振动特征表现:在松动方向的振动较大,振动不稳定,工作转速达到某阀值时,振幅会突然增大或减小;振动频率除转轴的旋转频率(轴频)f_r外,还可发现高次谐波(二倍频$2f_r$、三倍频$3f_r$等)及分数谐波($1/2f_r$、$1/3f_r$等)。

(四)油膜涡动和油膜振荡

旋转机械常常采用滑动轴承作支承,滑动轴承的油膜振荡是旋转机械较为常见的故障之一,轴颈因振荡而冲击轴瓦,加速轴承的损坏,以致影响整个机组的运行。对于大质量转子的高速机械,油膜振荡更易造成极大的危害。

(五)采煤机摇臂齿轮箱故障诊断案例分析

(1)故障描述。SL1000 6659型采煤机进行例行检查时,发现该采煤机的行星头铁谱分析存在异常。

(2)故障分析。铁谱分析中发现摇臂行星头内存在粒径为25~110μm的黑色金属氧化物,表明该行星头磨损严重,出现故障。但是铁谱分析无法具体确定故障位置,为了杜绝摇臂故障影响工作面的正常回采,避免故障加速恶化,需要通过故障诊断仪器做最终判断。

(3)设备选择。采用便携式振动检测仪进行振动检测确定故障具体位置。本案例选用便捷式振动检测仪(M01LEONOVA设备状态综合分析系统),如图4-11所示。

图4-11 M01LEONOVA设备状态综合分析系统

M01LEONOVA设备状态综合分析系统是集信息数据采集、振动分析、趋势分析等于一身的多功能分析仪器。采用专用的冲击脉冲传感器,通过硬件和软件的共同作用,采用机械滤波(32kHz)对不平衡、不对中、松动等低频信号检测。采用冲击脉冲频谱方法分析减速箱问题,很容易分清是齿轮问题还是轴承问题。简单来说,就是通过振动检测方法即根据振动速度来判断设备的状态。

（4）具体排故过程

① 振动测点布置。根据采煤机摇臂齿轮箱常见故障分析可知，齿轮箱的故障诊断测试重点应放到高速区轴承及齿轮、低速区的行星头系统这两个位置。根据振动路径最短原则及考虑到现场便于操作决定在齿轮箱的高低速区各布置一个振动测点，检测振动频率。振动测点布置如图4-12所示。

② 检测仪检测。采用现场测试方式，用Leonova设备综合分析系统及其专用冲击脉冲传感器，将传感器与该仪器主机底部对应接口连接，将传感器置于振动测点，通过传感器将信号放大5~7倍后进行冲击脉冲信号采集，测量结果会在Leonova设备综合分析系统主机上显示。之后利用冲击脉冲频谱分析技术，对信号的各频率成分进行分析，对照设备运行的特征频率，查找故障源。传感器检测示意图如图4-13所示。

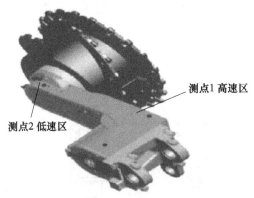
图4-12 振动测点布置示意图

图4-13 传感器检测示意图

通过检测仪对该设备的高速区轴承及齿轮、低速区的行星头系统振动测点进行观测。发现高速区共振解频谱数据未有异常点，在低速区共振解调频谱图上有频率异常带，出现明显的故障频率195Hz及其谐波频率，符合故障频率的特征。

③ 故障诊断分析。由测得的195Hz低频率可知低速区的行星系统有严重故障，通过对齿轮行星头故障频率的计算查找，发现一级行星头的故障频率（192Hz）与采用便携式振动检测仪测得的频率接近，根据振动测量结果，测量一级行星头的温度，发现其表面最高温度达到了102℃，所以采煤机摇臂故障基本可以断定是一级行星头故障。

（5）故障结果分析。采煤工作面回采完毕，将故障设备提升至地表拆解后发现采煤机摇臂一级行星头损失明显，更换后故障排除。

第三节 噪声监测与诊断技术

机器运行过程中所产生的振动和噪声是反映机器工作状态的诊断信息的重要来源。只要抓住所研究的机器零部件振动发声的机理和特征，就可以对机器的状态进行诊断。

在机械设备状态监测与故障诊断技术中，噪声监测也是较常用的方法之一。本节将简单介绍噪声测量中的基本概念及方法。

一、噪声测量

声音的主要特征量为声压、声强、频率、质点振速和声功率等，其中声压和声强是两个主要参数，也是测量的主要对象。

噪声测量系统有传声器、放大器、记录器以及分析装置等。传声器的作用是将声压信号转换为电压信号。由于传声器的输出阻抗很高,因此需加前置放大器进行阻抗变换。在两个放大器之间通常还插入带通滤波器和计权网络,前者能够截取某频带的信号,对噪声进行频谱分析;后者则可以获得不同的计权声级。输出放大器的输出信号必须经检波电路和显示装置,以读出总声级,A、B、C、D计权声级或各频带声级。

随着计算机技术的迅速发展,在机器噪声监测技术中,现已广泛采用FFT分析仪进行实时的声源频谱分析。另外,还采用了双话筒互谱技术进行声强测量,利用声强的方向性进行故障定位和现场条件下的声功率级的确定。

(一)噪声测量用的传声器

传声器包括两部分:一部分是将声能转换成机械能的声接收器,它具有力学振动系统,如振膜,传声器置于声场中,声膜在声的作用下产生受迫振动;另一部分是将机械能转换成电能的机电转换器。传声器依靠这两部分,可以把声压的输入信号转换成电能输出。

传声器的主要技术指标包括灵敏度(灵敏度级)、频率特性、噪声级及其指向特性等。

传声器按机械能转换成电能的方式不同,分为电容式传声器(其结构如图4-14所示)、压电式传声器(其结构如图4-15所示)和驻极体式传声器。测量中常用前两种。

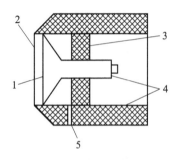 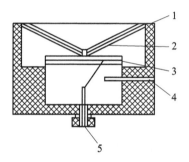

图4-14 电容式传声器结构简图　　　　图4-15 压电式传声器结构简图
1—后极板;2—膜片;3—绝缘体;　　　　1—金属薄膜;2—后极板;3—压电晶体;
4—壳体;5—静压力平衡孔。　　　　　　4—平压毛细管;5—输出端。

(二)声级计

声级计是现场噪声测量中最基本的噪声测量仪器,可直接测量出声压级。一般由传声器、输入放大器、计权网络、带通滤波器、输出放大器、检波器和显示装置组成,如图4-16所示。

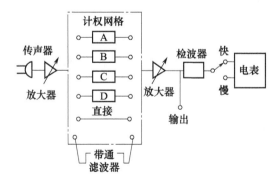

图4-16 声级计组成框图

声级计的频响范围为20~20000Hz。传声器将声音信号转换成电压信号,经放大后进行分析、处理和显示,从表头或数显装置上可直接读出声压级的分贝(dB)数。

一般声级计都按国际统一标准设计有 A、B 和 C 计权网络,有些声级计还设有 D 计权网络。A、B、C、D 计权频率特性如图 4-17 所示。由图可见,C 计权在绝大部分常用频率下是较平直的;B 计权较少用;A 计权用得最广泛,因为它较接近人耳对不同频率声音的响应,如人耳对低频不敏感,A 计权在低频处的衰减就很大。因此,工业产品的噪声标准及环境和劳动保护条例的标准都是用 A 计权声级表征的,记作 dB(A)。D 计权是专为飞机飞过时的噪声烦恼程度而设计的计权网络。

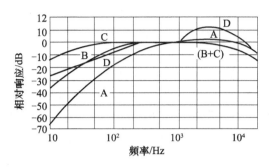

图 4-17 A、B、C、D 计权频率特性

按国际电工委员会公布的 IEC651 规定,声级计的精度分为四个等级,即 0、1、2、3 级。0 级精度最高,1 级为精密级。机器设备噪声监测常用精密型,如我国的 ND1 型精密声级计、丹麦 B&K 公司的 2203 型精密声级计和 2209 型脉冲精密声级计,以及美国的 1933 型声级计都符合 IEC 标准 1 级的规定。

声级计的传声器在使用过程中要经常校准。

(三) 声强测量

声强测量具有许多优点,用它可判断噪声源的位置,求出噪声发射的功率。

声强测量仪由声强探头、分析处理仪器及显示仪器等部分组成。声强探头由两个传声器组成,具有明显的指向特性。

声强测量仪可以在现场条件下进行声学测量和寻找声源,具有较高的使用价值。

(四) 声功率的测量

由声功率的定义可知,当声源被测量表面包围时,声源的声功率等于包围声源的面积乘以通过此表面的声强通量。因此,可以用测量声强的方法来计算声源的声功率。

当声源放在某封闭测量表面以外时,通过此封闭表面的净声强通量等于零。所以,凡是在封闭测量表面以外的声源,对封闭表面内声源的声功率没有影响。

用声强测声源、声功率的精度是能满足要求的,但声源频率要在探头所推荐的使用范围内。

二、噪声源与故障源的识别方法

噪声监测的一项重要内容就是通过噪声测量和分析来确定机器设备故障的部位和程度。首先必须寻找和估计噪声源,进而研究其频率组成和各分量的变化情况,从中提取机器运行状况的信息。

识别噪声源的方法很多,从复杂程度、精度高低以及费用大小等方面均有很大差别,这里介绍几种实用的识别方法。

(一) 主观评价和估计法

主观评价和估计法可以借助于听声器,对于那些人耳达不到的部位,还可以借助于传声器—放大器—耳机系统。

它的不足之处在于鉴别能力因人而异,需要有较丰富的经验,也无法对噪声源做定量的量度。

(二)近场测量法

这种方法通常用来寻找机器的主要噪声源,较简便易行。具体的做法是用声级计在紧靠机器的表面扫描,并根据声级计的指示值大小来确定噪声源的部位。

由于现场测量总会受到附近其他噪声源的影响,一台大机器上的被测点又处于机器上其他噪声源的混响场内,因此近场测量法不能提供精确的测量值。这种方法通常用于机器噪声源和主要发声部位的一般识别或用作精确测定前的粗定位。

(三)表面振速测量法

对于无衰减平面余弦行波来说,从表面质点的振动速度可以得到一定面积的振动表面辐射的声功率。为了对辐射表面采取有效的降噪措施,需要知道辐射表面上各点辐射声能的情况,以便确定主要辐射点,采取针对性的措施。这时可以将振动表面分割成许多小块,测出表面各点的振动速度,然后画出等振速线图,从而可形象地表达出声辐射表面各点辐射声能的情况以及最强的辐射点。

(四)频谱分析法

噪声的频谱分析与振动信号的分析方法类似,是一种识别噪声源的重要方法。对于做往复运动或旋转运动的机械,一般都可以在它们的噪声频谱信号中找到与转速和系统结构特性有关的纯音峰值。因此,通过测量得到的噪声频谱做纯音峰值的分析,可用来识别主要噪声源。但是纯音峰值的频率为好几个零部件所共有,或者不为任何一个零部件所独有,这时就要配合其他方法,才能最终判定究竟哪些零部件是主要噪声源。

(五)声强法

市面上有多种用于声强测量的双通道快速傅里叶变换分析仪,其声强探头具有明显的指向特性,因而在识别噪声源中更有其特色。声强测量法可在现场做近场测量,既方便又迅速,故受到多方面的重视和青睐。

第四节 温度监测技术

温度是工业生产中的重要工艺参数,也是表征设备运行状态的一个重要指标。设备出现故障的一个明显特征就是温度的升高,同时温度的异常变化又是引发设备故障的一个重要因素。因此,温度与设备的运行状态密切相关,温度监测在设备故障诊断技术体系中占有重要的地位。

一、温度测量基础

(一)温度与温标

(1)温度。温度是表示物体冷热程度的物理量,也是物体分子运动平均动能大小的标志。

(2)温标。用来度量物体温度高低的标准尺度称为温度标尺,简称温标,有华氏、摄氏、列氏、理想气体、热力学和国际实用温标等。其中摄氏温标和热力学温标最常用,二者的关系为

$$t = T - 273.15 \tag{4-20}$$

摄氏温度的数值以 273.15K 为起点(0℃),而热力学温度以 0K 为起点。这两种温标仅是起点不同,无本质差别。表示温度差时,1℃与1K相等。

$T=0K$ 称为热力学零度,在该温度下分子运动停止(即没有热存在)。一般 0℃以上用摄氏度℃表示,0℃以下用开尔文 K 表示,这样可以避免使用负值,又与一般习惯相一致。

（二）温度测量方式

温度的测量方式有接触式与非接触式两类。

当把温度计和被测物体的表面很好地接触后，经过足够长的时间达到热平衡，则二者的温度必然相等，温度计显示的温度即为被测物体表面的温度，这种方式称为接触式测温。

非接触式测温是利用物体的热辐射能随温度变化的原理来测定物体温度的。由于感温元件不与被测物体接触，因而不会改变被测物体的温度分布，且辐射热与光速一样快，故热惯性很小。

接触式与非接触式测温的比较如表4-7所列。

表4-7 接触式与非接触式测温的比较

	接触式测温	非接触式测温
必要条件	检测元件与测量对象有良好的热接触；测量对象与检测元件接触时，要使前者的温度保持不变	检测元件应能正确接收到测量对象发出的辐射；应明确知道测量对象的有效发射率或重现性
特点	测量热容量小的物体、运动的物体等的温度有困难；受环境的限制；可测量物体任何部位的温度；便于多点、集中测量和自动控制	不会改变被测物体的温度分布；可测量热容量小的物体、运动的物体等的温度；一般用来测量表面温度
温度范围	容易测量1000℃以下的温度	适合于高温测量
响应速度	较慢	快

（三）常用测温仪器

常用测温仪器的分类如表4-8所列。

表4-8 测温仪器的分类

测温方式	分类名称	作用原理
接触式测温	膨胀式温度计	液体或固体受热膨胀
	压力表式温度计	封闭在固体容积中的液体、气体或某种液体的饱和蒸汽受热体积膨胀或压力变化
	电阻温度计	导体或半导体受热电阻值变化
	热电偶温度计	物体的热电性质
非接触式测温	光电高温计	物体的热辐射
	光学高温计	
	红外测温仪	
	红外热像仪	
	红外热电视	

二、接触式温度测量

常用于设备诊断的接触式温度监测仪器有下列几种。

（一）热膨胀式温度计

这种温度计是利用液体或固体热胀冷缩的性质制成的，如水银温度计、双金属温度计、压力表式温度计等。

双金属温度计是一种固体热膨胀式温度计，它用两种热膨胀系数不同的金属材料制成感温元件，一端固定，另一端自由。由于受热后，两者伸长不一致而发生弯曲，使自由端产生位移，将温度变化直接转换为机械量的变化，如图4-18所示。利用这一特性，可以制成各种形式的温度计。双金属温度计结构紧凑、抗振、价廉、能报警和自控，可用于现场测量气体、液体及蒸气的温度。

压力表式温度计利用被封闭在感温筒中的液体、气体等受热后体积膨胀或压力变化的原理，通过毛细管使波登管端部产生角位移，带动指针在刻度盘上显示出温度值，如图 4-19 所示。测量时感温筒需放在被测介质内，因此适用于测量对感温筒无腐蚀作用的液体、蒸气和气体的温度。

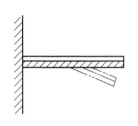

图 4-18 双金属温度计

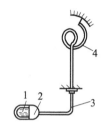

图 4-19 压力表式温度计

1—酒精灯；2—感温筒；3—毛细管；4—波登管。

（二）电阻式温度计

电阻式温度计的感温元件是用电阻值随温度的变化而变化的金属导体或半导体材料制成的。当温度变化时，感温元件的电阻值随温度而变化，通过测量回路的转换，在显示器上显示出温度值。电阻式温度计广泛应用于各工业领域及科学研究部门。

用于电阻式温度计的感温元件有金属丝电阻及热敏电阻。

（1）金属丝电阻温度计。常用的测温电阻丝材料有铂、铜、镍等。铂电阻温度计的结构如图 4-20 所示。铂丝绕在玻璃棒上，置于陶瓷或金属制成的保护管内，引出的导线有二线式、三线式。工业热电阻的结构如图 4-21 所示。

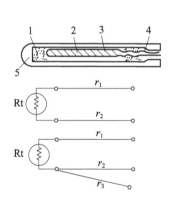

图 4-20 铂电阻温度计的结构

1—氧化铅粉；2—玻璃棒；3—铂丝；
4—引出导线；5—保护。

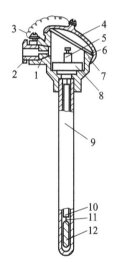

图 4-21 工业热电阻的结构

1—出线密封圈；2—出线螺母；3—小管链；4—盖；
5—接线柱；6—密封圈；7—接线盒；8—接线座；
9—保护管；10—绝缘管；11—引出线；12—感温元件。

为了测出金属丝的电阻变化，一般将其接入平衡电桥中。电桥输出的电压正比于金属丝的电阻值变化。该电压的变化由动图式仪表直接测量或经放大器放大后输出，从而实现自动测量或记录。

（2）半导体热敏电阻温度计。半导体热敏电阻通常用铁、锰、镍、铝、钛、镁、铜等一些金属的氧化物作为原料制成，也常用它们的碳酸盐、硝酸盐和氯化物等作为原料制成。它的电阻值随温度的升高而降低,具有负的温度系数。

与金属丝电阻相比,半导体热敏电阻具有电阻温度系数大、灵敏度高、电阻率大、结构简单、体积小、热惯性小、响应速度快等优点。它的主要缺点是电阻温度特性分散性很大、互换性差、非线性严重,且电阻温度关系不稳定,故测温误差较大。

(三)热电偶温度计

热电偶温度计由热电偶、电测仪表和连接导线组成,广泛地用于300~1300℃温度范围内的测温。

热电偶可把温度直接转换成电量,因此对于温度的测量、调节、控制,以及对温度信号的放大、变换都很方便。它结构简单、便于安装、测量范围广、准确度高、热惯性小、性能稳定,便于远距离传送信号。因此,它是目前使用最普遍的接触式温度测量仪表。

(1)热电偶测温的基本原理。由两种不同的导体(或半导体)A、B组成的闭合回路中,如果使两个接点处于不同的温度,回路就会出现电动势,称为热电势,这一现象即是热电效应,组成回路的导体称为热电偶。若使热电偶的一个接点温度保持不变,即产生的热电势只和另一个接点的温度有关,因此,测量热电势的大小,就可知道该接点的温度值了。

组成热电偶的两种导体称为热电极。通常把其中一端称为自由端、参考点或冷端,而另一端称为工作端、测量端或热端。如果在自由端电流从导体A端流向导体B,则A称为正热电极,而B称为负热电极,如图4-22所示。

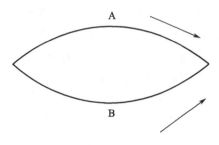

图4-22 热电极

(2)标准化热电偶。所谓标准化热电偶是指制造工艺比较成熟、应用广泛、能成批生产、性能优良而稳定并已列入工业标准化文件中的热电偶。这类热电偶性能稳定、互换性好,并有与其配套的显示仪表可供使用,十分方便。

(3)非标准化热电偶。非标准化热电偶没有被列入工业标准,一般用在某些特殊场合,如监测高温、低温、超低温、高真空和有核辐射时等。常用的非标准化热电偶主要有钨铼热电偶、铱铑系热电偶、镍铬-金铁热电偶、镍钴-镍铝热电偶、铂铑$_5$-铂铑$_{0.1}$热电偶、非金属热电偶等。

(4)使用热电偶的常见问题。

① 补偿导线及热电偶冷端补偿。在测温时,为了使热电偶的冷端温度保持恒定,且节省热电极材料,一般用一种补偿导线和热电极的冷端相连接。这种导线是两根不同的金属丝,它们在一定的温度范围内(0~100℃)和所连接的热电偶具有相同的热电性质,材料却为廉价金属,因此可用它们来做热电偶的延伸线。一般补偿导线的电阻率较小,线径较粗,这有利于减小热电偶回路中的电阻。

热电偶的分度是以冷端温度为0℃制成的,如冷端不为0℃,则将引起测量误差,可采用下述几种方法进行补偿:a. 冰点槽法。将冷端置于0℃的冰点槽中即可,但现场测量时较麻烦。b. 仪表机械零点调整法。把用于热电势测量的毫伏计机械零点调整到预先测知的冷端温度处即可。c. 补偿电桥法(冷端补偿器)。利用不平衡电桥产生的电压来补偿热电偶冷端温度变化引起的热电势变化,该电桥称为冷端补偿器。d. 多点冷端温度补偿。

② 热电偶的校验。为了保证测量精度,热电偶必须定期进行校验。超差时要更换热电偶或把原来的热电偶的热端剪去一段,重新焊接并经校验后使用。

③ 热电势的测量。热电势的测量有以下两种方法:a. 毫伏计法。此法准确度不高,但价廉,简易测温时广泛采用。b. 电位差计法。此法精度较高,故在实验室和工业生产中广泛采用。

三、非接触式温度测量

随着生产和科学技术的发展,对温度监测提出了越来越高的要求,接触式的测温方法已远不能满足许多场合下的测温要求。近年来非接触式测温获得了迅速发展,除了因敏感元件技术的发展外,还由于它不会破坏被测物体的温度场,适用范围大大拓宽。许多接触式测温无法测量的场合和物体,采用非接触式测温,便可得到很好的解决。

(一) 非接触式测温的基本原理

在太阳光谱中,位于红光光谱之外的区域里存在着一种看不见的、具有强烈热效应的辐射波,称为红外线。红外线的波长范围相当宽,为 $0.75 \sim 1000 \mu m$。通常它又分为四类:近红外线,波长 $0.75 \sim 3\mu m$;中红外线,波长 $3 \sim 6\mu m$;远红外线,波长 $6 \sim 15\mu m$;超远红外线,波长 $15 \sim 1000\mu m$。

红外线和所有电磁波一样,具有反射、折射、散射、干涉和吸收等性质。红外辐射在介质中传播时,会产生衰减,这主要是由于介质的吸收和散射作用造成的。

自然界中的任何物体,只要它本身的温度高于热力学零度,就会产生热辐射。物体温度不同,辐射的波长组成成分不同,辐射能的大小也不同,该能量中包含可见光与不可见的红外线两部分。物体在1000℃以下时,其热辐射中最强的波均为红外线;只有在3000℃,近于白炽灯灯丝的温度时,它的辐射能中才包含了足够多的可见光。

斯蒂芬 - 玻耳兹曼定律指出:绝对黑体的全部波长范围内的全辐射能与热力学温度的四次方成正比。其数学表达式为

$$E_0(T) = \sigma T^4 \tag{4-21}$$

对于非黑体,可表示为

$$E(T) = \varepsilon \sigma T^4 \tag{4-22}$$

式中:E 为单位面积辐射的能量,单位为W/m^2;σ 为斯蒂芬 - 玻耳兹曼常数,$\sigma = 5.67 \times 10^{-8} W/(m^2 \cdot K^4)$;$T$ 为热力学温度,单位为 K;ε 为比辐射率(非黑体辐射度/黑体辐射度)。

$\varepsilon = 1$ 的物体称为黑体。黑体能够在任何温度下全部吸收任何波长的辐射,热辐射能力比其他物体都强。一般物体不能把投射到它表面的辐射功率全部吸收,发射热辐射的能力也小于黑体,即 $\varepsilon < 1$。但一般物体的辐射强度与热力学温度的四次方成正比,所以物体的辐射强度随温度升高而显著地增加。

斯蒂芬 - 玻耳兹曼定律告诉我们,物体的温度越高,辐射强度就越大。只要知道了物体的温度及其比辐射率,就可以算出它所发射的辐射功率;反之,如果测出了物体所发射的辐射强度,就可以算出它的温度,这就是红外测温技术的依据。由于物体表面温度变化时红外辐射将大大变化(例如,物体温度在300K时,温度升高1K,辐射功率将增加1.34%),因此,被测物体表层若有缺陷,其表面温度场将有变化,便可以用灵敏的红外探测器加以鉴别。

(二) 非接触式测温仪器

由于物体在2000K以下的辐射大部分能量不是可见光而是红外线,因此,红外测温得到了

迅猛的发展和应用。红外测温的手段不仅有红外点温仪、红外线温仪,还有红外电视和红外成像系统等设备,除可以显示物体某点的温度外,还可实时显示出物体的二维温度场,温度测量的空间分辨率和温度分辨率都达到了相当高的水平。

1. 红外点温仪

红外点温仪是以黑体辐射定律为理论依据,通过对被测目标红外辐射能量的测量,经黑体标定,从而确定被测目标的温度。红外点温仪按其所选使用的接收波长不同可分为三类:

(1)全辐射测温仪。将波长从零到无穷的目标之全部辐射能量进行接收测量,由黑体校定出目标温度。其特点是结构简单、使用方便,但灵敏度较低、误差也较大。

(2)单色测温仪。选择单一辐射光谱波段接收能量进行测量,靠单色滤光片选择接收特定波长下的目标辐射,以此来确定目标温度。其特点是结构简单、使用方便、灵敏度高,并能抑制某些干扰。

以上两类测温仪在测量的过程中会由于各种目标的比辐射率不同而带来误差。

(3)比色测温仪。靠两组(或更多)不同的单色滤光片收集两相近辐射波段下的辐射能量,在电路上进行比较,由此比值确定目标温度。它基本上可消除比辐射率带来的误差。其特点是结构较为复杂,但灵敏度较高,在中、高温测温范围内使用较好。它受测试距离和其间吸收物的影响较小。

红外点温仪通常由光学系统、红外探测器、电信号处理器、温度指示器及附属的瞄准器、电源和机械结构等组成。

光学系统的主要作用是收集被测目标的辐射能量,使之汇聚在红外探测器的接收光敏面上。其工作方式分为"调焦式"和"固定焦点式"。光学系统的场镜有"反射式""折射式"和"干涉式"三种。

红外探测器的作用是把接收到的红外辐射能量转换成电信号输出。测温仪中使用的红外探测器有两大类:光探测器和热探测器。

典型的光探测器具有灵敏度高、响应速度快等特点,适于制作扫描、高速、高温度分辨率的测温仪。但它对红外光谱有选择吸收的特性,只能在特定的红外光谱波段使用。

典型的热探测器有热敏电阻、热电堆、热释电探测器等。它们对红外光谱无选择性,使用方便、价格便宜,但响应慢、灵敏度低。其中热释电探测器对变化的辐射才有响应,因此为了实现对固定目标的测量,还需对入射的辐射进行调制,其灵敏度较其他热探测器高,适于中、低温测量。

电信号处理器的功能有:探测器产生的微弱信号放大,线性化输出处理,辐射率调整的处理,环境温度的补偿,抑制非目标辐射产生的干扰,抑制系统噪声,供温度指示的信号或输出,供计算机处理的模拟信息,电源及其他特殊要求的部分。

温度指示器一般有两种:普通表头指示器和数字指示器。其中,数字指示器显示读数直观、精度高。

红外点温仪的原理框图如图4-23所示。

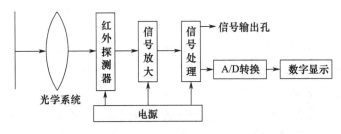

图4-23 红外点温仪原理框图

2. 红外热成像仪

红外热成像系统是利用红外探测器系统,在不接触的情况下接收物体表面的红外辐射信号,将该信号转变为电信号后,再经电子系统处理传至显示屏上,得到与物体表面热分布相应的"实时热图像"。它可绘出空间分辨率和温度分辨率都较好的设备温度场的二维图形,从而就把物体的不可见热图像转换为可见图像,使人类的视觉范围扩展到了红外谱段。

(1) 红外热成像系统的基本构成。红外热成像系统(见图4-24)是一个利用红外传感器接收被测目标的红外线信号,经放大和处理后送至显示器上,形成该目标温度分布呈二维可视图像的装置。

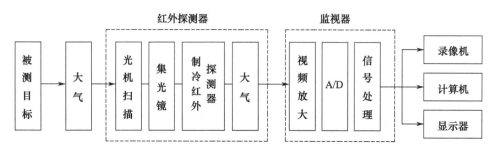

图4-24 红外热成像系统

热成像系统的主要部分是红外探测器和监视器,性能较好的应有图像处理器。为了对图像实时显示、实时记录和进行复杂图像的分析处理,先进的热成像仪都要求达到电视兼容图像显示。红外探测器又称"扫描器"或"红外摄像机",其基本组成有成像物镜、光机扫描机构、制冷红外探测器、前置放大器及控制电路。

① 成像物镜。根据视物大小和像质要求,可由不同透镜组成。

② 光机扫描机构。扫描系统可分为两种:一种由垂直、水平两个扫描棱镜及同步系统组成;另一种只采用一个旋转扫描棱镜。

③ 制冷红外探测器。红外元件是一小片半导体材料,或是在薄弱的基片上的化学沉淀膜。不少红外敏感元件需要制冷到很低的温度才能有较大的信噪比、较高的探测率、较长的响应波长和较短的响应时间。因此,要想得到高性能的探测器就必须把探测器的敏感元件放在低温下。

现代的制冷方式有多种,有利用相变原理制冷、利用高压气体的节流效应制冷、利用辐射热交换制冷、温差电制冷等。

④ 前置放大器。由探测器接收并转换成的电信号是比较微弱的,为便于后面进行的电子学处理,必须在扫描前进行前置放大。

⑤ 控制电路。该控制电路有两个作用:一方面是为了消除由制造和环境条件变化产生的非均匀性;另一方面是使目标能量的动态大范围变化能够适应电路处理中的有限动态范围。

目前,最先进的热成像系统为焦平面式的红外热像仪,其探测器无需制冷、无须光机扫描机构,体积小、智能化程度高,在现场使用起来非常方便。

(2) 红外热成像系统探测波段的选择。热成像红外探测器工作时要受到空气中的二氧化碳及水分子的吸收。为使水蒸气和二氧化碳分子的影响减至最小,可根据红外波长与大气传导率的关系来选择探测波长,有四个波段可供探测:$1\mu m$左右的近红外段,$2 \sim 2.5\mu m$段,$3.5 \sim 4.2\mu m$段,$8 \sim 14\mu m$段。

对红外探测器的主要求是快速响应及高灵敏度,3.5~4.2μm 及 8~14μm 两个波段可适用。这两个波段称为"短波"和"长波"窗口。短波段能在较宽范围内提供最佳功能,达到良好的测温效果;而长波段则更多用于低温(-10~20℃)及远距离探测,多用于军事方面及气体的检查。

(3) 红外热成像仪的测温精度。测温精度与很多因素有关,如测试背景状况、目标特性(温度、光谱辐射率及尺寸)、热成像仪特性(瞬时视场角、波长范围、总光谱响应)、测量距离(影响大气透过率)等。

3. 红外热电视

红外热电视虽然只具有中等水平的分辨率,可是它能在常温下工作,省去制冷系统,设备结构更简单,操作更方便,价格也比较低廉,因而在测温精度要求不太高的工程应用领域,使用红外热电视是适宜的。

红外热电视采用热释电靶面探测器和标准电视扫描方式。被测目标的红外辐射通过红外热电视光学系统聚焦到热释电靶面探测器上,用电子束扫描的方式得到电信号,经放大处理,将可见光图像显示在荧光屏上。

近年来,由于器件性能的改善,特别是采用先进的数字图像处理和微机数据处理技术,红外热电视整机的性能显著提高,已能满足多数工业部门的实用要求。近年来已研制出具有温度测量功能的便携式红外热电视,该仪器把红外辐射温度计和红外热电视巧妙地结合在一起,因此在显示目标热像的同时,还可读出位于监视器屏幕中心位置的温度。

(三) 红外监测与诊断技术的应用

红外测温具有非接触、便携、快速、直观、可记录存储等优点,故其使用范围很广。它的响应速度快,可动态监测各种起动、过渡过程中的温度;它的灵敏度高,可分辨被测物体的微小温差;它的测温范围宽广,从-10℃到2000℃,适于多种目标的测量。当被测物件细小、脆弱且不断移动时,或是在真空与其他控制环境下时,使用红外测温是可行的方法。对于有一定距离的温度、移动物体的温度、低密度材料的温度、需快速测量的温度、粗糙表面的温度、过热不能接近场所的温度以及高电压元件的温度等的测量,红外测温都具有突出的优势。

例如:电力生产中应用红外测温仪可对大型发电厂和变电站、输电线路等设备、接头以及热力管道隔热材料等进行红外温度监测。

冶金工业生产中应用红外热像仪可对炼钢、轧钢、浇注时的温度进行测量,对高炉、转炉、回转窑等大型炉窑进行检验,以及对热风炉、浇包、钢锭模、烟筒等进行温度测试。

铁路运输中,红外测温仪应用于轴、挂瓦、套轴等零部件的温度监测。

在化工生产中,红外测温仪可用于监测设备的热分布状况,检查热管道接口损耗、热泄漏故障,检查换热器的泄漏和堵塞情况;还可用于检测密封漏油故障,测量转化炉炉墙温度以及了解保温状况和热损失部位等。

在电子工业中,热像仪用于大规模集成电子仪器和控制系统的故障检查。

总之,红外测温技术和仪器已广泛应用于各行各业设备的故障诊断中。

第五节 油液监测与诊断技术

在机械设备状态监测与故障诊断中,油液监测与诊断技术是常用的和重要的技术,尤其在监测与诊断发动机、齿轮传动、轴承系统、液压系统等方面,该技术都取得了显著的成果,得到了广泛的应用。

油液监测与诊断技术通常包括理化性能分析技术、铁谱分析技术、光谱分析技术、颗粒计数技术等,它们通过对油样中所含磨粒的数量、大小、形态、成分以及油品的劣化变质程度等的分析,实现对设备故障的诊断。

一、油液性能分析技术

对机械设备的润滑油进行定期的油样理化性能测试分析,可以动态监测设备在使用过程中润滑油质量的变化情况,从而确定最合理和最经济有效的换油周期,确保机械设备处于良好的润滑状态。

润滑油在使用过程中质量的劣化主要包括两个方面:一是由于氧化、凝聚、水解、分解等作用使润滑油变质。可以采用检测润滑油油样黏度、水分、机械杂质、酸值及闪点等理化指标来分析判断。如果润滑油劣化程度超过一定限度(按照换油标准),则要及时换油。表4-9、表4-10给出了部分润滑油的质量界限值。二是润滑油中添加剂的消耗和变质。润滑油在使用过程中,添加剂及其反应物也会发生变化。

市场上有对油液的综合质量现场做出快速鉴定的技术及相应仪器的出售,例如,润滑油质量分析仪,它是通过测定油液的透明度、介电常数及污染度等参数来评定油液质量的。

表4-9 液压油质量界限

项目	理化性能极限指标			
	高黏度指数液压油	低温液压油	抗磨液压油	普通液压油
运动黏度(40℃)/(mm^2/s)	±10%	±10%	±(10%~15%)	±(10%~15%)
酸值增加/(mgKOH/g)	0.3	0.3	0.3	0.3
水分/(%)	0.1	0.1	0.1	0.1
固体颗粒污染等级	20/16	20/16	20/16	20/16

表4-10 汽轮机油换油界限

指标	界限
酸值	>0.2mgKOH/g 或 >0.3mgKOH/g
黏度	±20%
破乳化度	超过60min
颗粒度	含有磨损杂质
水分	0.2%

二、各类油液监测与诊断技术性能比较和实施步骤

(一)各类技术性能比较

运用油液监测与诊断技术,在设备不停机、不解体的情况下监测工况,诊断设备的异常现象、异常部位、异常程度及产生原因,从而预报设备可能发生的故障,这是提高设备管理水平、改善维护保养的一个重要手段,也是保证设备正常运转、创造经济效益的有效途径。在对机械设备进行状态监测和故障诊断时,特别是在利用振动和噪声监测、诊断低速回转机械及往复机械的故障较为困难时,运用油液监测与诊断技术则较为有效。

油液监测与诊断技术包括光谱技术、铁谱技术、颗粒计数技术、磁塞技术等。它们在技术原理、仪器工作原理及结构、检测油样的制备、数据处理、结果分析和应用范围等方面各具特点,选用时应予以注意。表4-11为常用油液监测与诊断技术的性能比较。

表4-11 常用油液监测与诊断技术的性能比较

项目	铁谱分析	光谱分析	颗粒计数	磁塞
磨粒浓度	好(铁磨粒)	很好	好	好(铁磨粒)
磨粒形状	很好			好
尺寸分布	好		很好	
元素成分	好	很好		好
磨粒尺寸范围/μm	>1	0.1~10	1~80	25~400
局限性	局限于铁磨粒及顺磁性磨粒,元素成分的识别有局限性	不能识别磨粒的形貌、尺寸等	不能识别磨粒的元素成分和形貌等	局限于铁粒,不能做磨粒识别
检测用时间	长	极短	短	长
评价	磨损机理分析及早期失效的预报效果很好	磨损趋势监测效果好	用作辅助分析,污染度分析	可用于检测不正常磨损
分析方式	实验室分析、现场及在线分析	实验室分析、现场分析	实验室分析、现场分析	在线分析

(二)油液监测与诊断技术的实施

(1)选择对生产、产品质量、经济效益影响较大的设备为监测对象,在深入了解该设备有关情况(如功能、结构、运转现状、润滑材料及润滑系统现状等)的基础上,选择并制订合理的油液监测方案及技术。

(2)选取油样。这是实施技术的重要环节,应严格按规定的技术规范选取原始油样。原始油样是测定磨损微粒,进行数据处理和分析以及判断故障的基础。所取的油样中必须含有能够表征设备主要磨损部位信息的有代表性的磨粒,能正确反映磨损的真实情况,要合理地确定取样间隔时间。

(3)制备检测油样。按照所选用的油液监测技术及仪器所规定的制备方法和步骤,认真制备。

(4)将检测油样送入监测仪器,定性、定量测定有关参数。

(5)进行数据处理与分析。视所选用的监测技术的不同,可以采用趋势法、类比法等处理数据和分析结果,可进一步应用数理统计、模糊数学等知识建立相应的计算机数据处理系统。

(6)根据数据处理与分析的结果,诊断设备的异常现象、异常部位、异常程度及产生原因,预报可能出现的问题以及发生异常的时间、范围和后果。

(7)提出改进设备异常状况的措施(包括处理异常的时间、内容、费用,具体的修理和实施方案)。

三、铁谱技术及仪器

油品铁谱分析技术利用高梯度的强磁场的作用,将润滑油样中所含的机械磨损微粒(磨屑)有序地分离出来,并借助不同的仪器对磨屑进行有关形状、大小、成分、数量及粒度分布等方面的定性和定量观测,从而判断机械设备的磨损状况,预报零部件的失效。

(一)铁谱技术的特点

铁谱技术与其他技术相比,具有独特的优势,主要特点如下。

(1)应用铁谱技术能分离出润滑油中所含较宽尺寸范围的磨屑,它对于0.1μm以上的颗粒都比较敏感,故应用范围广。

(2)铁谱技术利用铁谱仪将磨屑沉积在基片或沉淀管中,进而对磨屑进行定性观察分析和定量测量,综合判断机械的磨损程度。同时还可对磨屑的组成元素进行分析,以判断磨屑的产生地,即磨损发生的部位。

铁谱技术的缺点在于:对润滑油中非铁系颗粒的检测能力较低;分析结果较多依赖操作人员的经验;不能理想地适应大规模设备群的故障诊断。

(二)铁谱仪的分类

铁谱仪主要分为分析式铁谱仪、直读式铁谱仪、旋转式铁谱仪等。

1. 分析式铁谱仪

分析式铁谱仪主要由铁谱制谱仪、铁谱显微镜和铁谱读数器组成。铁谱制谱仪的主要用途是分离油样中磨损微粒并制成铁谱谱片,它由微量泵、磁铁装置、玻璃基片、特种胶管及支架等部件组成。

分析式铁谱仪的工作原理如图 4-25 所示。从设备润滑系统或液压系统取出的原始油样经制备后,由微量泵输送到与磁场装置呈一定倾斜角度的玻璃基片上(也称铁谱基片)。油样由上端以约 15m/h 的流速流过高梯度强磁场区,从基片下端流入回油管,然后排入储油杯中。在随油样流下的过程中,可磁化的磨屑在高梯度强磁场作用下,由大到小依序沉积在玻璃基片的不同位置上,并沿磁力线方向(与油流方向垂直)排列成链状(有色金属磨损微粒及污染杂质颗粒主要靠重力作用,随机沉积在铁谱基片上),经清洗残油和固定颗粒的处理之后,制成铁谱片。在铁谱显微镜下,对铁谱基片上沉积的磨粒进行有关大小、形态、成分、数量方面的定性和定量分析后,就可以对被监测设备的摩擦、磨损状态做出判断。

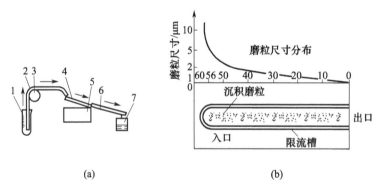

图 4-25 分析式铁谱仪的工作原理
(a)制谱仪的工作原理;(b)铁谱片。
1—油样;2—导油管;3—微量泵;4—玻璃基片;5—磁场装置;6—回油管;7—储油杯。

铁谱显微镜通过对磨粒色泽和化学辨色,可以识别出铁磁材料、有色金属和一些非金属物质;通过铁谱读数器可直接得到被测部位的磨粒覆盖面积百分数,这样分析式铁谱仪就具有定性和定量分析两种功能。

2. 直读式铁谱仪

直读式铁谱仪主要用来直接测定油样中磨粒的浓度和尺寸分布(只能做定量分析),能够方便、迅速且较准确地测定油样内大小磨粒的相对数量。如果不仅要了解磨损微粒的数量及分布情况,而且还要观察分析磨粒的形态、表面形貌和成分等因素,做出较准确的诊断,就需使用分析式铁谱仪。

直读式铁谱仪的工作原理如图 4-26(a)所示。取自机器的油样,经浓度及黏度稀释后,在虹吸作用下流经位于磁铁上方的玻璃沉淀管,油样中可磁化的微粒在高梯度磁场作用下,依其粒度顺序排列在沉积管内壁不同位置上。在沉积管入口处，即在 1~2mm 位置上沉积着尺寸大于 5μm 的大磨粒，而在大于 5mm 的位置上沉积着尺寸只有 1~2μm 的小磨粒，如图 4-26(b) 所示。

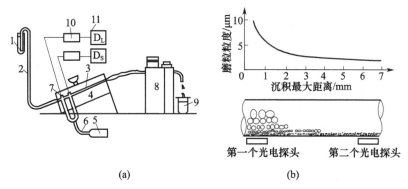

图 4-26　直读式铁谱仪的工作原理
(a) 直读式铁谱仪的原理；(b) 沉积管内的磨粒排序。
1—油样；2—毛细管；3—沉淀管；4—磁铁；5—灯；6—光导纤维；
7—光敏探头；8—虹吸管；9—废油；10—电子线路；11—数显屏。

光导纤维将光线引至与上述两个位置相对应的固定测点上，并由两只光敏探头接收穿过磨粒层的光信号，经电子线路放大，A/D 转换处理最终在 D_L 和 D_S 两个数显屏上直接显示出的光密度读数与该位置上沉积的磨损微粒的数量相对应。

3. 旋转式铁谱仪

以上铁谱仪对污染严重的油样（如煤矿机械或工程机械内的润滑油等）的定量和定性分析效果不好，主要原因是制谱过程中，润滑油中的污染物会滞留在铁谱片上。如果滞留数量较多，将影响对磨粒的观测。

旋转式铁谱仪克服了上述缺点，同时又保留了分析式铁谱仪可以分析观察磨粒形貌、尺寸大小、材质成分等的优点。为避免由于磁力线垂直于基片而造成铁磁性磨屑堆积重叠的缺点，旋转式铁谱仪重新设计了磁场，它是利用永久磁铁、极靴和磁轭共同构成闭合磁路，以极靴上的 3 个环形气隙(0.5mm 的窄缝)作为工作磁场。工作位置的磁力线平行于玻璃基片，当含有铁磁磨屑的润滑油流过玻璃基片时，铁磁磨屑在磁场力的作用下，滞留于基片上，而且沿磁力线方向（径向方向）排列。

旋转式铁谱仪的工作原理如图 4-27 所示。制谱时，油样 2 由定量移液管 1 在定位漏斗的限位帮助下，被滴注到固定于磁头 4 上端面的玻璃基片 3 上。磁头、基片在电动机 5 的带动下旋转，由于离心作用，油样沿基片四周流动。油样中铁磁性及顺磁性磨屑在磁场力、离心力、液体的黏滞阻力和重力作用下，按磁力线方向（径向）沉积在基片上，残油从基片边缘甩出，经收集由导油管排入储残油杯。基片经清洗、固定和甩干处理后，便制成了谱片。

旋转式铁谱仪制出的铁谱片，磨屑排列为 3 个同心圆环。内环为大颗粒，大多数尺寸为 1~50μm，最大可达几百微米；中环的颗粒尺寸为 1~20μm；外环的颗粒尺寸不大于 10μm。对于工业上磨损严重并有大量大颗粒及污染物的油样，采用旋转式铁谱仪可以不稀释油样一次制出；而对于磨屑比较少

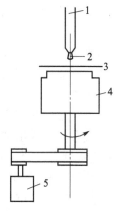

图 4-27　旋转式铁谱仪的工作原理
1—移液管；2—油样；3—玻璃基片；
4—磁头；5—电动机。

的油样则可以增加制谱油样量。制出的谱片还可以在图像分析仪上进行尺寸分布的分析。

(三) 磨粒分析

运转中的设备的液压系统、润滑系统的油液经常受到污染,其污染物主要来源于三个方面:机械零部件在磨损过程中生成的磨损微粒;外界灰尘或水等物质侵入油液中;油液中添加剂反应后的余物。这些磨损微粒大多由各种金属、非金属材料组成,对油液起氧化、催化作用,能够加速油液劣化;另外,这些磨粒材质较硬,又随油液流入各摩擦表面,易划伤、研伤零件表面,造成间隙增大、精度下降,产生振动和噪声。在液压系统中,甚至会堵塞油路、研伤高精度阀芯的配合面,造成更大事故。这些磨损颗粒的数量、尺寸大小、尺寸分布、成分和形貌特征都直接与机械零件的磨损状态密切相关,它们是机械设备状态监测、故障诊断以及初期预报的重要依据。

铁谱技术的特点在于它不但能定量测量润滑油系统内大、小磨粒的相对浓度,而且能直接考察磨粒的形态、大小和成分。因此,在铁谱片上准确地识别各类磨粒,便是每个从事设备故障诊断工作的人员所必须掌握的一门独特技术。国外相关资料上曾发表了几百张典型磨粒图谱。我国也在一些专业领域中陆续编辑了有关轴承、齿轮、柴油机、液压系统等特定零件、系统和设备的磨粒图谱,这些都为运用铁谱技术定性分析提供了宝贵的参考资料。

1. 钢铁磨损微粒的识别

实验研究表明,由于磨损机理不同,其摩擦副表面会产生出不同形态及尺寸特征的磨屑。钢或合金钢材质组成的摩擦副,在运转时磨损产生的微粒可分为以下几类。

(1) 正常磨损微粒。正常磨损微粒是指设备在正常运行状态下,由于滑动磨损所产生的磨损微粒。

当摩擦副磨合时,磨损表面上会形成一层厚度大约为 $1\mu m$ 的光滑表层——剪切混合层,形成稳定的剪切混合层后机器就处于正常磨损状态。在运行时,由于摩擦力的周期性作用,磨损表面因疲劳而产生小片剥落,这一层不断剥落下一层又不断产生,从而形成一个稳定的磨损状态。这时的磨屑是一些具有光滑表面的"鳞片"状颗粒,其尺寸范围是长轴尺寸 $0.5\sim15\mu m$,甚至更小,厚度在 $0.15\sim1\mu m$ 之间。较大的磨屑,其长轴尺寸与厚度的比例约为 10:1;长轴仅为 $0.5\mu m$ 的小磨屑,长轴尺寸与厚度的比约为 3:1。

(2) 严重滑动磨损微粒。当滑动表面由于载荷或速度过大时,造成磨损表面接触应力迅速增大,这时开始发生严重滑动磨损。此时剪切混合层变得很不稳定,出现大颗粒脱落。如果表面应力继续增加,就会造成整个表面发生剥落,出现破坏性磨屑,磨损速度将迅速加快。大磨屑与小磨屑间的数量比,取决于表面应力超过极限值的程度。表面应力值越大,大磨屑物的比例就越高。

严重滑动磨损的磨屑尺寸在 $20\mu m$ 以上,长轴尺寸与厚度的比约为 10:1,微粒表面有划痕,有直的棱边。随着磨损程度的加重,表面的划痕和直边也更显著。

(3) 切削磨损微粒。切削磨损微粒类似于车床切削加工产生的切屑,这种磨粒的形态一般有环状、螺旋状、曲线状等。产生切削磨损微粒的原因大约有两种:一是摩擦副中表面材料较硬的一方由于安装不良或出现裂纹,造成硬的刃边穿入较软的一方产生磨屑。这种磨屑通常都比较粗大,平均宽度为 $2\sim5\mu m$,长度为 $25\sim100\mu m$。另一种是润滑系统中的外来污染颗粒或是系统内的零件磨损微粒,均可嵌入摩擦副中较软的摩擦表面,在摩擦过程中产生切削磨损微粒。这种情况下产生的磨屑粒度与污染颗粒的粒度成正比,磨屑厚度可小到 $0.25\mu m$,长度可达 $5\mu m$。

切削磨损微粒是非正常磨损微粒,它们的存在和数量的多少都要仔细监测。如果系统中大多数切削磨损微粒的长度为几个微米,厚度小于 $1\mu m$,则可以判断润滑系统中有粒状污染物存在;如果系统中长度大于 $50\mu m$ 的大切削微粒快速增加,则零件即将可能发生失效。

（4）滚动疲劳磨损微粒。这种微粒通常产生于滚动轴承的疲劳运转过程中，它包括三种不同的形态：疲劳剥离磨屑、球状磨屑和层状磨屑。

疲劳剥离磨屑是在点蚀时从摩擦副表面以鳞片形式分离出来的扁平形微粒，其表面光滑，有不规则的周边。磨屑的最大粒度可达 $100\mu m$，其长轴尺寸与厚度之比约为 $10:1$。如果系统中大于 $10\mu m$ 的疲劳剥离微粒有明显的增加，这就是轴承失效的预兆，可对轴承的疲劳磨损进行初期预报。

球状磨屑是在轴承疲劳裂纹中产生的。它的出现表示轴承已经出现了故障，所以球状微粒是滚动轴承疲劳磨损的重要标志。一般说来，球状磨屑都比较小，大多数磨屑直径小于 $3\mu m$，而其他原因例如液压系统中的气穴腐蚀、焊接和磨削加工过程中产生的球形金属微粒的直径往往大于 $10\mu m$，两者粒度大小的差别可作为区分磨屑产生原因的依据。

层状磨屑是第三种滚动疲劳磨屑。其粒度在 $20\sim50\mu m$ 范围内，长轴尺寸与厚度之比为 $30:1$。这种层状磨屑被认为是因磨损微粒黏附于滚动元件的表面之后，又通过滚动接触碾压而成的。它的特征是呈片状，四周不规则，表面上有空洞。

层状磨屑在轴承的整个使用期内都会产生，特别是当疲劳剥落发生时，这种层状磨屑会大大增加，同时伴有大量球状磨屑产生。因此，如果系统中发现有大量层状磨屑和球状磨屑存在，而且数量还在增加，就表示滚动轴承已存在导致疲劳剥离的显微疲劳裂纹了。

（5）滚动-滑动复合磨损微粒。滚动-滑动复合磨损也属于疲劳磨损，它是齿轮副、凸轮副等摩擦副的主要损坏原因。齿轮的齿面在啮合过程中，相对滚动和滑动同时并存，所以齿轮的磨损形式包括滚动疲劳磨损和黏着磨损两种。在节线处的磨损类型主要是疲劳、胶合和擦伤。疲劳磨屑与滚动轴承所产生的磨屑有许多共同之处，它们通常均具有光滑的表面和不规则的外形，磨屑的长轴尺寸与厚度之比为 $4:1$ 到 $10:1$（由齿轮设计决定）。滚动-滑动复合磨损微粒的特点是磨屑较厚（几个微米），长轴尺寸与厚度比值较大。

齿轮胶合时，因载荷和速度过高，摩擦过热使油膜破坏，致使处于啮合状态的齿轮发生黏着。摩擦表面被拉毛，这就更进一步导致了磨损的加剧。胶合区域一般发生在节线与齿顶或节线与齿根之间，这一现象一旦发生就会很快影响到每一个轮齿，产生大量的磨屑。这种磨屑都具有被拉毛的表面和不规则的轮廓，在一些大磨屑上还有明显的表面划痕。由于胶合的热效应，通常有大量氧化物存在，表面出现局部氧化的迹象，在白光照射下呈棕色或蓝色的回火色，其氧化程度取决于润滑剂的组成和胶合的程度。胶合产生的大磨损微粒比例并不十分高。

以上介绍的 5 种主要磨屑，是钢铁磨损微粒的主要形式，其中后 4 种都与钢铁部件的失效相联系。通过对谱片上磨屑形状、大小的识别就可以了解到机械的磨损原因和所处状态。不同的机械设备对部件精度要求不同，判别失效的磨屑粒度也不相同。通常，一般机械出现小于 $5\mu m$ 的小片形磨屑时，表明机器处于正常磨损状态；当尺寸大于 $5\mu m$ 的切削形、螺旋形、圈形和弯曲形微粒大量出现时，则是严重磨损的征兆。

2. 有色金属磨粒的识别

除钢铁磨屑外，一些系统内还含有有色金属的部件，因此必须对有色金属磨屑进行识别。在铁谱片上有色金属微粒不按磁场方向排列，而以不规则方式沉淀，大多数偏离铁磁性微粒链或处在相邻两链之间，它们的尺寸沿铁谱片的分布与铁磁性微粒有根本的区别。

（1）白色有色金属。使用 X 射线能谱法可以准确无误地确定磨屑成分。在铁谱显微镜下不易简单地辨识白色的有色金属微粒，但用湿化学分析和铁谱片加热处理的方法还是能区分例如铝、银、铬、镉、镁、钼、钛和锌等金属微粒的。

（2）铜合金。铜合金有特殊的红黄色，因而易于识别。但注意不要与其他金属微粒的回火色相混淆,例如,钢铁微粒在磁力线上可与铜合金区分。其他金属如钛、巴氏合金等呈棕色,颜色不如铜合金均匀。

(3)铝、锡合金。由于铝、锡合金有良好的塑性,在摩擦过程中擦伤后辗成片而不是大片剥落,同时磨屑往往是已经氧化了的,因此在铁谱片上经常可以看到许多游离的铝、锡合金磨屑。例如,如果轴承润滑不良,或者在设备起动和停车时,轴承的油膜被破坏产生氧化磨损,这时就会产生被氧化了的铝、锡合金磨屑。

铝、锡合金的另一种磨损是腐蚀磨损,如柴油机燃料中的硫形成的硫酸,汽油发动机中油氧化形成的有机酸等都会腐蚀铝、锡轴承合金,造成极细的腐蚀磨损微粒,往往在铁谱片的出口端大量沉积。

3. 铁的氧化物的辨别

铁谱片上出现铁的红色氧化物,表明润滑系统中有水分存在;如果铁谱片上出现黑色氧化物,说明系统润滑不良,在磨屑生成过程中曾经有过高热阶段。

(1)铁的红色氧化物。铁的红色氧化物磨屑有两类:一类是多晶体,在白色反射光下呈橘黄色,在反射偏振光下呈饱和的橘红色,如果铁谱片上有大量的此类磨屑存在(特别是大磨屑存在),说明油样中必定有水。另一类是扁平的滑动磨损微粒,在白色反射光下呈灰色,在白色透射光下呈无光的红棕色,因其反光程度高,容易与金属磨屑相混淆。如果仔细观察则会发现,这种磨屑在双色照明下不如金属颗粒明亮,在断面薄处有透射光。若铁谱片中有此类磨屑出现,说明系统润滑不良,应采取相应的对策。

(2)铁的黑色氧化物。铁的黑色氧化物微粒外缘为表面粗糙不平的堆积物,因其含有 Fe_3O_4、$\alpha-Fe_2O_3$、FeO 等混合物质,具有铁磁性,在铁谱片上以铁磁性微粒的方式沉积。当铁谱显微镜的分辨率接近极限时,有蓝色和橘黄色小斑点。铁谱片上存在大量黑色的铁的氧化物微粒时,说明系统润滑严重不良。

(3)深色金属氧化物。局部氧化了的铁性磨屑属于这类深色金属氧化物,这些微粒是润滑不良的反映,说明在其生成过程中被过热氧化。大块的深色金属氧化物的出现,是部件毁灭性失效的征兆;而少量的较小的深色金属氧化物与正常摩擦磨损微粒一起沉积时,还不是发生毁灭性失效的表征。

4. 润滑剂的变质产物的识别

润滑剂在使用过程中会发生变质,下面介绍几种变质产物的识别方法。

(1)摩擦聚合物。润滑剂在临界接触区受到超高的压力作用时,其分子发生聚合反应而生成大块凝聚物。油样中存在摩擦聚合物的特征是细碎的金属磨损颗粒嵌在无定形的透明或半透明的基体中,这种基体就是由上述凝聚物构成的。

油样中存在摩擦聚合物不一定就表示系统出现了问题,这要取决于润滑油使用的环境。若油的使用合适,油中适当有一些摩擦聚合物可以防止胶合磨损。但摩擦聚合物过量就会对机器产生危害,它会使润滑油黏度增加,堵塞油过滤器,使大的污染颗粒和磨屑进入机器的摩擦表面,造成更大的磨损。在一种通常不产生摩擦聚合物的油样中见到摩擦聚合物,则意味着已出现过载现象。

(2)润滑剂变质产生的腐蚀磨屑是非常细小的微粒,其尺寸在亚微米级,腐蚀磨屑沉积的部位是在铁谱片的出口处。

(3)二硫化钼。二硫化钼是一种有效的固体润滑剂,铁谱上的二硫化钼往往表现为多层剪切面,而且带有直角的直线棱边,具有灰紫色的金属光泽。二硫化钼具有反磁性,往往被磁场排斥。

（4）污染颗粒。污染颗粒包括新油中的污染、道路尘埃、煤尘、石棉屑、过滤器材料等，必要时可参考标准图谱识别。

（四）铁谱技术在煤矿机械监测与诊断中的应用

机械设备监测与诊断可采用的技术方法很多，如振动监测、油液监测、温度监测、无损检测等。但用于煤矿采煤工作的采煤机械，其工作条件极为恶劣，潮湿、煤尘、粉尘极大，加之采煤机械多为低速、重载设备，工作空间狭小，工作时由于介质原因，常有冲击和振动，所以很多技术（监测仪器）无法适应这种井下工况，而铁谱技术是以油液为载体进行监测诊断的，可在工作现场提取油样，在实验室完成磨粒分析和诊断。因此，铁谱技术应用于煤矿机械的监测与诊断较为普遍。

（1）铁谱监测的工作程序。图4-28所示为铁谱分析的工作程序。

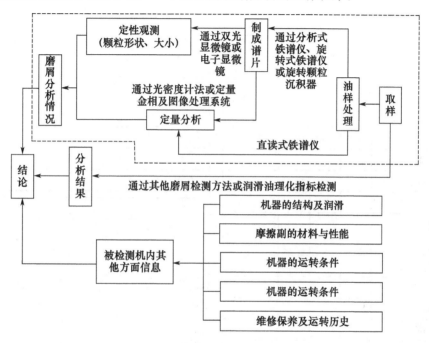

图4-28 铁谱分析工作程序图

（2）取样间隔时间。取样间隔时间参考值如表4-12所列。

表4-12 取样间隔时间参考值　　　　　　　　　　（单位：h）

监测机械类型	整合阶段	正常阶段磨损	失效前夕阶段
地面液压系统	80	200	80
煤矿井下液压系统	20	50	20
地面传动装置	100	300	100
煤矿井下传动装置	30	100	30
重型燃气轮机		250~500	
煤油机		200	
蒸汽轮机		250~500	
飞机燃气轮机		50	

（3）铁谱分析报告单。铁谱分析报告单如表4-13所列。

（4）煤矿常用机械的铁谱监测判据。AM-500型采煤机的液压系统磨损的监测判据，如表4-14所列。

表4-13 铁谱分析报告单

委托单位			
取样日期		设备型号	
设备名称			
润滑油型号		取样部位	
运转时间			
油使用时间		编号	

普片制备条件			
油样取量	mL	成谱转速	r/min
浓度稀释		清洗转速	r/min
黏度稀释		清洗液量	mL
其他处理		制谱者	

	$A_内$	$A_中$	$A_外$
1			
2			
3			
4			
平均			

$D = A_内 - (A_中 + A_外) =$

颗粒类型	没有	少量	中量	浓度	主要尺寸
正常磨损颗粒					
严重滑动磨损颗粒					
切削磨损颗粒					
疲劳剥块					
层状颗粒					
深色金属氧化物					
红色氧化物					
腐蚀磨损颗粒					
非铁金属颗粒					
摩擦聚合物					
非金属颗粒					
球状颗粒					

颗粒定量仪测试结果			
油样用量		读数	
方法	盒		
	纸		
	谱		
	其他		

常规分析结果		
黏度	mm²/s	
水分	%	
酸值	KOH/g	
闪点	℃	

结论
分析者_____ 审核者_____

回执

编号： 日期： 填表人：

监测结论与实际吻合度

吻合	基本吻合	错报

表4-14 AM-500型采煤机液压系统的磨损状态判据

设备状态 磨屑情况	正常	需要注意并采取的措施	严重警告
块状片屑	一般小于10μm； 大于10μm者小于1/24	1~10μm者达1/12~1/6(偏少)； 大于15μm者达1/12	10~15μm者达1/6~1/3(偏多)； 大于15μm者达1/12~1/6(偏少)
切削磨损颗粒	无	达到1/24~1/12	达到1/12~1/6
球状颗粒	无	达到1/24~1/12	达到1/12~1/6

续表

设备状态 磨屑情况	正常	需要注意并采取的措施	严重警告
岩尘、沙粒	数个	达到 1/24~1/12	达到 1/12~1/6
煤尘	1/24~1/12	1/12~1/6	1/6~1/3
I_A 磨损度烈度	小于100	100~150	大于150

四、光谱技术及仪器

油液光谱技术可以有效地监测机械设备润滑系统、液压系统中油液所含磨损颗粒的成分及其含量的变化,同时也可以准确地检测油液中添加剂的状况及油液污染变质的程度。而润滑油液中各磨损元素的浓度与零部件的磨损状态有关,故可根据光谱监测结果来判断零部件磨损状态及发展趋势,从而达到诊断机器故障的目的。

光谱技术的局限性在于不能识别磨粒的形貌、尺寸,不能判断磨损类型。

用于油液监测与诊断的光谱技术主要有原子发射光谱技术、原子吸收光谱技术、X射线荧光光谱法和红外光谱分析法。

(一) 原子发射光谱技术和仪器

气体的原子或离子受激发后辐射的光谱,是一些单一波长的光,即线光谱。利用物质受电能或热能激发后辐射出的特征线光谱来判断物质组成的技术,就是原子发射光谱技术。它根据特征谱线是否出现来判断某物质是否存在,根据特征谱线的强弱来判断该物质含量的多少。

采用光电直读光谱仪测定润滑油中各种金属元素的浓度,其工作原理是:用电极产生的电火花做光源,激发油中金属元素辐射发光,将辐射出的线光谱由出射狭缝引出,由光电倍增管将光能变成电能,再向积分电容器充电,通过测量积分电容器上的电压达到测量油内金属含量浓度的目的。如果测量和数据处理由微机控制,则速度更快。

图4-29所示是美国Baird公司生产的MOA型直读式发射光谱仪的原理图。它是较为先进的润滑油分析发射光谱仪。仪器工作原理是:激发光源采用电弧,一极是石墨棒,另一极是缓慢旋转的石墨圆盘,石墨圆盘的下半部浸入盛在油样盘的被分析油样中。当它旋转时,便把油样带到两极之间。电弧穿透油膜使油样中微量的金属元素受激发发出特征辐射线,经光栅分光,各元素的特征辐射照到相应的位置上,由光电倍增管接受辐射信号,再经电子线路的信号处理,便可直接检出和测定油样中各元素的含量。

该仪器具有分析容量大、精度高、分析可靠、分析速度快,且操作简单,原始油样不需处理即可直接送检,环境条件要求低的优点。特别适合大规模含有多种材质摩擦副(如内燃机发动机、飞机发动机等)的设备群体监测。

(二) 原子吸收光谱技术和仪器

原子吸收光谱技术是将待测元素的化合物(或溶液)在高温下进行试样原子化,使其变为原子蒸气。当锐线光源(单色光或称特征辐射线)发射出的一束光,穿出一定厚度的原子蒸气时,光的一部分被原子蒸气中待测元素的基态原子吸收。透过光经单色器将其他发射线分离掉,检测系统测量特征辐射线减弱后的光强度。根据光吸收定律就能求得待测元素的含量。

图4-30所示是原子吸收光谱仪的工作原理图。润滑油试样经过预处理后送入仪器,由雾化器将试液喷成雾状,与燃料气及助燃气一起进入燃烧器的光焰中。在高温下,试样经去溶剂化作用、挥发及离解,润滑油中的待测物质(如铁元素)便转变为原子蒸气。由与待测含量的物质(如铁)相同元素做成的空心阴极灯辐射出一定波长(如铁元素为372nm)的特征辐射光,当它通

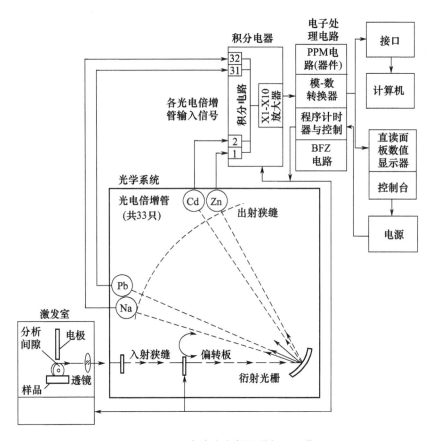

图 4-29 MOA 型直读式发射光谱仪的工作原理

过火焰后,一部分光被待测物质(如铁)的基态原子吸收。测量吸光度后,利用标准系列试样作出的吸光度-浓度工作曲线图,即可查出未知油样中待测物质(如铁元素)的含量。

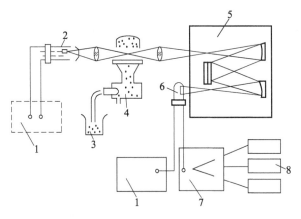

图 4-30 原子吸收光谱仪的工作原理

1—电源;2—光源;3—试样;4—火焰原子化器;5—光学系统;6—光电元件;7—放大器;8—读数系统。

原子吸收光谱技术的优点在于分析灵敏度高,适用范围广,取样量少,多采用计算机进行数据处理,分析精度高,分析功能强,且价格适中。但测一种元素需要更换一种元素灯光源,油样预处理较发射光谱仪烦琐,用燃料气加热试样不方便也不安全(先进的仪器采用石墨加热炉加热)。美国生产的 PE 型系列原子吸收光谱仪,可同时测几种元素,油样预处理较为简便,计算机处理数据,有石墨炉电源与自动取样器等。

(三) X 射线荧光光谱法

X 射线荧光光谱法即 X 射线发射光谱法。它是利用 X 射线管(激发源)发射的初级(一次) X 射线照射分析油样,激发油中所含的化学元素,使它们各自辐射出二次 X 射线(特征 X 射线)。这种二次 X 射线又称为荧光 X 射线。这些射线经准直器准直后,到达分光晶体的表面,当特征谱线的波长与分光晶体的入射角满足布拉格定律时发生衍射,使二次谱线色散成按波长顺序排列的光谱。不同波长的谱线由探测器在不同的衍射角度(2θ)上接收,并由计数器和记录仪等部件读出和记录。这样,根据各待测元素的特征 X 射线波长(或 2θ 角度),通过 X 射线光谱表即可查出油样中所含的元素;根据谱线的强度即可进行半定量和定量分析,进而得到被测元素的含量。

X 射线荧光光谱仪的结构框图如图 4-31 所示。

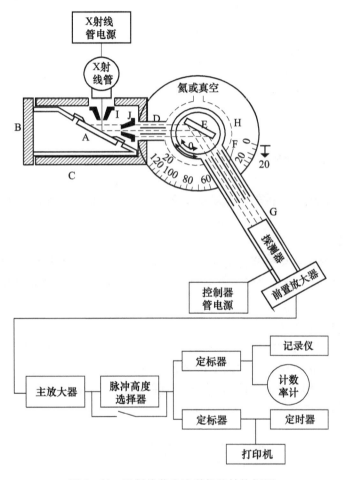

图 4-31　X 射线荧光光谱仪的结构框图

(四) 红外光谱分析法

润滑油内的添加剂在设备使用过程中会逐渐降解,为监测其变化趋势,可选用傅里叶变换红外光谱技术(FTIR)。

红外光谱主要是研究分子中以化学键连接的原子之间的振动光谱和分子的转动光谱,它是确定分子组成和结构的有力工具。根据待测油样的红外光谱中吸收峰的强度、位置和形状,可以测定它所包含的基因的构成和含量。所以,它主要用于新油成分的检查、在用油的衰变劣化及污染的检查等。

傅里叶变换红外光谱仪的核心部分是红外光学台(光学系统)。红外光学台由红外光源、光阐、干涉仪、样品室、检验器及光路所需的各种红外反射镜组成。

由于红外吸收光谱只反映分子结构的信息,因此红外分析技术对原子质点、溶解态离子和金属颗粒都不敏感。换言之,在通过油液分析技术对设备状态进行监测时,红外光谱仪不能代替原子发射光谱仪、原子吸收光谱仪和铁谱仪。由于原子发射光谱仪、原子吸收光谱仪和铁谱仪也不能互相代替,因此在以设备状态监测为目的的现代油液分析技术中,此四种技术——红外分析技术、原子发射光谱技术、原子吸收光谱技术和铁谱技术独立存在并相互补充。

五、其他油液监测技术

(一) 显微镜颗粒计数技术

显微镜颗粒计数技术的基本原理是将油样经滤膜过滤,然后将带污染颗粒的滤膜烘干,放在普通显微镜下统计不同尺寸范围的污染颗粒的数目。

该技术的优点是能直接观察和拍摄磨损微粒的形状、尺寸和分布情况,从而定性了解磨损类型和磨损微粒的来源,而且装备简单、费用低廉、应用广泛。世界各国都制定有显微计数法油液颗粒污染物的分析标准。但该技术操作较费时,人工计数误差较大,再现性差,对操作人员技术熟练程度要求苛刻。

(二) 自动颗粒计数技术

自动颗粒计数技术,不需从油样中将固体颗粒分离出来,而是自动地对油样中颗粒的尺寸测定和计数。

该技术可以预报机器中部件的早期磨损情况。可用于实验室内进行的污染分析以及在线污染监测。

(三) 磁塞技术

磁塞技术的基本原理是用带磁性的探头插入润滑系统或液压系统的管道内,收集油液中的铁磁性磨损微粒,再用放大镜或光学显微镜观察磨损颗粒的大小、数量和形状,从而判断机器零件的磨损状态。

(四) 重量分析技术

重量分析技术是将油样用滤膜过滤,前后油样的重量之差作为油样中污染微粒的重量。

该技术特别适用于油液中含磨损微粒浓度较大时的油液分析,所需装备简单。当外部环境、过滤方法、油样稀释液种类、冲洗条件、烘干条件稍有变化时,就会发生较大偏差,测试精度较低,只能用于润滑状态的粗略判断。

第六节 无损检测技术

一、无损检测技术概述

无损检测技术是指在不破坏或不改变被检物体的前提下,利用物质因存在缺陷而使其某一物理性能发生变化的特点,完成对该物体的检测与评价的技术手段的总称。它由无损检测和无损评价两个不可分割的部分组成。

一个设备在制造过程中,可能产生各种各样的缺陷,如裂纹、疏松、气泡、夹渣、未焊透和脱粘等;在运行过程中,由于应力、疲劳、腐蚀等因素的影响,各类缺陷又会不断产生和扩展。现代无损检测与评价技术,不但要检测出缺陷的存在,而且要对其做出定性、定量评定,其中包括对缺陷的定量测量(形状、大小、位置、取向、内含物等),进而对有缺陷的设备分析其缺陷的危害程度,以便在保障安全运行的条件下,做出带伤设备可否继续服役的选择,避免由于设备不必要的检修和更换所造成的浪费。

无损检测技术包括超声检测、射线检测、磁粉检测、渗透检测、涡流检测等常规技术以及声发射检测、激光全息检测、微波检测等新技术。常见的分类形式如表 4-15 所列。其中 X 射线、超声、涡流、磁粉、渗透等常规的几种测试方法较成熟,并得到了广泛应用。

表 4-15 无损检测的分类

类别	主要方法
射线检测	X 射线、射线、高能 X 射线、中子射线、质子和电子射线
声和超声检测	声振动、声撞击、超声脉冲反射、超声透射、超声共振、超声成像、超声频谱、声发射、电磁超声
电学和电磁检测	电阻法、电位法、涡流、录磁与漏磁、磁粉法、核磁共振、微波法、巴克豪森效应和外激电子发射
力学和光学检测	目视法和内窥法、荧光法、着色法、脆性图层、光弹性覆膜法、激光全息干涉法、泄漏鉴定、应力测试
热力学方法	热电动势、液晶法、红外线热图
化学分析方法	电解检测法、激光检测法、例子检测法、离子散射、俄歇电子分析和穆斯鲍尔谱

二、超声波检测

超声波检测就是利用电振荡在发射探头中激发高频超声波,入射到被检物体内部后,若遇到缺陷,超声波会被反射、散射或衰减的原理,再用接收探头接收从缺陷处反射回来(反射法)或穿过被检工件后(穿透法)的超声波,并将其在显示仪表上显示出来,通过观察与分析反射波或透射波的时延与衰减情况,即可获得物体内部有无缺陷以及缺陷的位置、大小和性质等方面的信息,并由相应的标准或规范判定缺陷的危害程度的方法。

(一)超声波基础

1. 超声波及其特性

超声波是一种质点振动频率高于 20kHz 的机械波。无损检测用的超声波频率范围为 0.5~25MHz,其中最常用的频段为 1~5MHz。

超声波有如下特性。

(1)指向性好。超声波是一种频率很高、波长很短的机械波,在无损检测中使用的超声波波长为毫米数量级。它像光波一样具有很好的指向性,可以定向发射。

(2)穿透能力强。超声波的能量较高,在大多数介质中传播时能量损失小、传播距离远、穿透能力强。

2. 超声波的分类

根据波动传播时介质质点的振动方向与波的传播方向间相互关系的不同,可将超声波分为纵波、横波、表面波和板波等。

(1)纵波。纵波是指介质中质点的振动方向与波的传播方向平行的波,用 L 表示。当弹性介质的质点受到交变的拉压应力作用时,质点之间产生相互的伸缩变形,从而形成纵波,又称压缩波或疏密波。纵波可在任何弹性介质(固体、液体和气体)中传播。由于纵波的产生和接收都比较容易,因而在工业无损检测中得到了广泛的应用。

(2)横波。介质中质点的振动方向与波的传播方向互相垂直的波称为横波,常用 S 或 T 表示。当介质质点受到交变的切应力作用时产生切变变形,从而形成横波,故横波又称剪切波。横波只能在固体介质中传播。

(3)表面波。当介质表面受到交变应力作用时。产生沿介质表面传播的波称为表面波,常用R表示。

表面波同横波一样也只能在固体介质中传播,而且只能在固体表面传播。表面波的能量随距表面深度的增加而迅速减弱。当传播深度超过2倍波长时,其振幅降至最大振幅的37%。因此,通常认为,表面波检测只能发现距工件表面2倍波长深度内的缺陷。

(4)板波。在厚度与波长相当的弹性薄板中传播的超声波称为板波。其特点是整个板都参与传声,适用于对薄的金属板进行无损检测。

(二)超声波检测设备

1. 超声波探头

超声波探头的功能就是将电能转换为超声能(发射探头)和将超声能转换为电能(接收探头),其性能的好坏对超声波检测的成功与否起关键性作用。超声波检测用的探头多为压电型,其作用原理为压电晶体在高频电振荡的激励下产生高频机械振动,并发射超声波(发射探头);或在超声波的作用下产生机械变形,并因此产生电荷(接收探头)。

超声波检测中常用的探头主要有直探头、斜探头、表面波探头、双晶片探头、水浸探头和聚焦探头等。

(1)直探头又称平探头,应用最普遍,可以同时发射和接收纵波,多用于手工操作接触法检测。它主要由压电晶片、阻尼块、壳体、接头和保护膜等基本元件组成。其典型结构如图4-32(a)所示。

(2)斜探头利用透声楔块使声束倾斜于工件表面射入工件。压电晶片产生的纵波,在斜楔和工作界面发生波型转换。根据入射角的不同,斜探头可在工件中产生纵波、横波和表面波,也可在薄板中产生板波。斜探头主要由压电晶片、透声楔块、吸声材料、阻尼块、外壳和电气接插件等几部分组成,其典型结构如图4-32(b)所示。

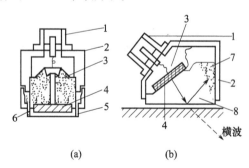

图4-32 常见超声波探头的典型结构
(a)纵波直探头;(b)横波斜探头。
1—接头;2—壳体;3—阻尼块;4—压电晶体;5—保护膜;6—接地环;7—吸声材料;8—透声楔块。

2. 超声波检测仪

超声波检测仪的作用是产生电振荡并加于探头,使之发射超声波,同时,还将探头接收的电信号进行滤波、检波和放大等,并以一定的方式将检测结果显示出来。人们可据此获得被检工件内部有无缺陷以及缺陷的位置、大小和性质等方面的信息。

(1)超声波检测仪的类型。超声波检测仪有以下几种分类方式。

① 按超声波的连续性,可将超声波检测仪分为脉冲波检测仪、连续波检测仪、调频波检测仪等。脉冲波检测仪通过向工件周期性地发射不连续且频率固定的超声波,根据超声波的传播时间及幅度来判断工件中缺陷的有无、位置、大小及性质等信息,这是目前使用最为广泛的一类超声波检测仪。

② 按超声波检测仪显示缺陷的方式不同,可将其分为 A 型、B 型和 C 型三种。

A 型显示是一种波形显示。检测仪示波屏的横坐标代表声波的传播时间或距离,纵坐标代表反射波的幅度。由反射波的位置可以确定缺陷的位置,而由反射波的波高则可估计缺陷的性质和大小。

B 型显示是一种图像显示。检测仪示波屏的横坐标是靠机械扫描来代表探头的扫查轨迹,纵坐标是靠电子扫描来代表声波的传播时间(或距离),因而可直观地显示出被探工件任一纵截面上缺陷的分布及深度。

C 型显示也是一种图像显示。检测仪示波屏的横坐标和纵坐标都是靠机械扫描来代表探头在工件表面的位置。探头接收信号的幅度以光点辉度表示,因而当探头在工件表面移动时,示波屏上便显示出工件内部缺陷的平面图像(俯视图),但不能显示缺陷的深度。

三种显示方式的图解说明如图 4-33 所示。

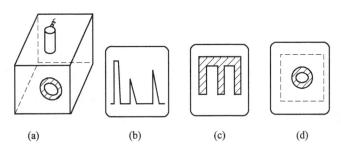

图 4-33 A 型、B 型和 C 型显示
(a)缺陷;(b)A 型显示;(c)B 型显示;(d)C 型显示。

③ 根据通道数多少的不同,可将超声波检测仪分为单通道型和多通道型两大类,其中前者应用最为广泛,而后者则主要应用于自动化检测。

目前广泛使用的是 A 型显示脉冲反射式超声波检测仪。

(2) A 型显示脉冲反射式超声波检测仪。A 型显示脉冲反射式检测仪主要由同步电路、时基电路(扫描电路)、发射电路、接收电路、显示电路和电源电路等几部分组成。此外,实用中的超声波检测仪还有延迟、标距、闸门和深度补偿等辅助电路。

其主要性能指标包括以下内容。

① 水平线性。它是表征检测仪水平扫描线扫描速度的均匀程度,水平线性的好坏会影响对缺陷的定位。

② 垂直线性。它是描述检测仪示波屏上反射波高度与接收信号电压成正比关系的程度。垂直线性的好坏将影响对缺陷的定量分析。

③ 动态范围。动态范围是检测仪示波屏上反射波高度从满幅降至消失时仪器衰减器的变化范围。动态范围大,对小缺陷的检出能力就强。

④ 灵敏度,即在规定深度内能检出的最小缺陷。灵敏度,即在规定深度内能检出的最小缺陷。

⑤ 盲区,即由探头到能够检测出缺陷位置的最小距离。

⑥ 探测深度,即在示波屏上能获得一次底面反射时的超声波的最大距离。

⑦ 分辨力,指能够区分两个缺陷的最小距离。

与其他超声波检测仪相比,脉冲反射式超声波检测仪具有如下的突出特点。

① 在被检工件的一个面上,用单探头脉冲反射法即可检测,这对于诸如容器、管道等一些很难在双面放置探头进行检测的场合,更显示出明显的优越性。

② 可以准确地确定缺陷的深度。
③ 灵敏度远高于其他方法。
④ 可以同时探测到不同深度的多个缺陷,并分别对它们进行定位、定量和定性。
⑤ 适用范围广,用一台检测仪不仅可进行纵波、横波、表面波和板波检测,而且适用于探测很多种工件;不仅可以检测,而且还可用于测厚、测声速和测量衰减等。

3. 耦合剂

在超声波检测中,耦合剂的作用主要是排除探头与工件表面之间的空气,使超声波能有效地传入工件。当然,耦合剂也有利于减小探头与工件表面间的摩擦,延长探头的使用寿命。

一般要求耦合剂:能润湿工件和探头表面,流动性、黏度和附着力适当,易于清洗;声阻抗高,透声性能好;对工件无腐蚀,对人体无伤害;性能稳定,价格便宜等。

(三)超声波检测方法

1. 脉冲反射法

脉冲反射法是目前应用最为广泛的一种超声波检测法。它将持续时间极短的超声波脉冲发射到被检试件内,根据反射波来检测试件内的缺陷,检测结果一般用 A 型显示。其基本原理为:当试件完好时,超声波可顺利传播到达底面,在底面光滑且与探测面平行的条件下,检测图形中只有表示发射脉冲及底面回波的两个信号,如图 4-34(a)所示;若试件内存在缺陷,则在检测图形中的底面回波前有表示缺陷的回波,如图 4-34(b)所示。脉冲反射法可分为垂直检测与斜角检测两种。

垂直检测时,探头垂直地或以小于第一临界角的入射角耦合到工件上,在工件内部只产生纵波。这种方法常用于板材、锻件、铸件、复合材料等的检测。

斜角检测时,用不同角度的斜探头在工件中分别产生横波、表面波或板波。它的主要优点是:可对直探头探测不到的缺陷进行检测;可改变入射角来发现不同方位的缺陷;用表面波可探测复杂形状的表面缺陷;用板波可对薄板进行检测。

2. 穿透法

穿透法是依据超声波(连续波或脉冲波)穿透试件之后的能量变化来判断缺陷情况的一种方法。将两个探头分别置于被检测工件的两个相对表面,一个探头发射超声波,透过工件被另一面的探头所接收。当工件内有缺陷时,由于缺陷对超声波的遮挡作用,减少了穿透的超声波的能量。根据能量减少的程度即可判断缺陷的大小。这种方法的优点是不存在盲区,适于检测较薄的工件;缺点是不能确定缺陷的深度位置,且需要在工件的两个相对表面进行操作。

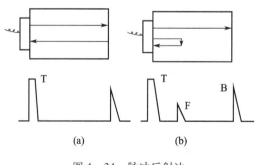

图 4-34 脉冲反射法
(a)无缺陷;(b)有缺陷。

3. 共振法

一定波长的超声波,在物体的相对表面上反射,所发生的同相位叠加的物理现象称为共振。

根据共振特性来检测试件的方法称为共振法。共振法常用于单面测试壁厚,其基本原理为:将频率可调(扫频)的连续超声波施加在被检试件上,当试件的厚度为超声波的半波长的整数倍时,由于入射波和反射波的相位相同而引起共振,转换器上能量增加,仪器可显示出共振频率点,并计算出试件的厚度。

(四)超声波检测的应用

超声波检测既可用于锻件、棒材、板材、管材以及焊缝等的检测,又可用于厚度、硬度以及材料的弹性模量和晶粒度等的检测。

(五)基于超声波检测的 10kV 开关柜电缆局放故障案例分析

1. 故障描述

10kV 金属封闭式开关柜在使用的过程中,其电缆仓中电缆分支套管表面存在明显的放电痕迹,如图 4-35 所示。

2. 故障分析

使用超声检测技术对开关柜进行局放带电检测时,发现超声波信号检测到异常,经过对该开关柜停电消缺,电缆仓中电缆分支套管表面存在明显的放电痕迹。通过对上述信号进行综合分析,幅值图谱中周期最大值 15dB,100Hz 相位相关性较强,工频周期内信号呈现两簇脉冲;结合停电消缺时观测到的实际情况,判断该开关柜下电缆室存在沿面放电。经统计发现,上述局部放电信号源均集中在开关柜电缆仓电缆分支位置,主要有四个区域:区域一:电缆导体与线鼻子连接部位及外部热缩管交界区域;区域二:为剥离铜屏蔽与外半导电层后,仅剩主绝缘,外部套热塑管这段区域;区域三:为应力锥所在区域;区域四:铜屏蔽及外半导电层所在区域,如图 4-36 所示。

图 4-35 电缆仓分支套管放电痕迹

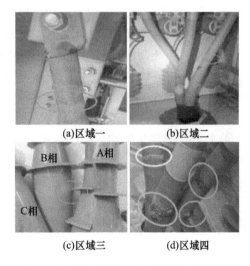

图 4-36 单芯电缆四个区域放电点实物图

3. 设备选择

拟采用非接触式超声波传感器校验系统对开关柜柜内部电缆仓的局放进行测量。非接触式超声波传感器校验系统包括声发射换能器、标准传感器和综合测试单元,如图 4-37 所示。

针对开关柜内的局部放电超声信号可以利用非接触式超声传感器校验系统沿柜体缝隙处进行检测,通过检测到的信号周期最大值、有效值、频率成分、信号波形等特征,同时结合聆听耳机中超声信号的声音特征对放电信号进行综合检测判断。

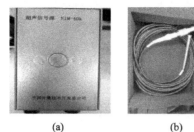 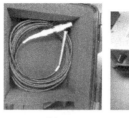 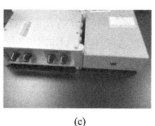

(a) (b) (c)

图 4-37 非接触式超声波传感器校验系统
(a)声发射换能器;(b)标准传感器;(c)综合测试单元。

4. 具体操作

(1)非接触式局部放电超声传感器校验系统连接。

① 信号发生器的信号输出端与声源的信号输入端相连接;声源和激光水平校准器通过磁力盘吸固定设置在第一双轴位移平台上。

② 待测传感器和参考传感器的信号输出端分别与数据采集单元的信号输入端相连接,待测传感器通过磁力盘吸固定设置在第二双轴位移平台上,参考传感器通过磁力盘固定设置在第三双轴位移平台上,根据卡尺标记,待测传感器和参考传感器的接收面与声源的出声口之间的距离均大于 20cm。

③ 信号发生器的信号输出端通过同轴电缆与声源的信号输入端相连接;待测传感器和参考传感器的信号输出端各通过 1 根同轴电缆与数据非接触式超声波局放检测仪校验平台研究采集单元的信号输入端相连接。

(2)非接触式局部放电超声传感器校验系统的测试方法。

① 打开激光水平校准器,调节第一双轴位移平台的高度至其适当位置。

② 观测激光水平校准器与待测传感器和参考传感器的接收端的相对位置,调节第一双轴位移平台的水平位置至待测传感器和参考传感器之间。

③ 调节待测传感器和参考传感器中心对称,待测传感器和参考传感器位于十字靶中心的两侧。

④ 打开信号发生器和数据采集单元,调节信号发生器的输出电压和频率,观测待测传感器和参考传感器在数据采集单元上显示的信号幅值,计算获得待测传感器的响应度。信号发生器的频率调节范围为 20~80kHz(一般为 40kHz);待测传感器所测到的信号幅值与参考传感器所测到的信号幅值的比值等于待测传感器的响应度与参考传感器的响应度的比值,要测算获得待测传感器的灵敏度、检测频带、线性度误差及稳定性分析。

5. 结果分析

对电缆分支表面不同位置出现不同形态的放电进行分析,以期减少同类缺陷的数量,更好地指导现场状态检修。

(1)区域一放电位置。根据电缆头制作工艺,终端接头为电缆剥离主绝缘后经过系列工艺,将导体插入线鼻子,两部分共同构成电缆终端接头。结合现场解体数据,该区域出现放电多由于受到过往施工过程中不规范的工艺处理、设备产品质量不过关以及潮湿的环境等因素影响。

铜接管表面存在尖端毛刺。该原因主要由工艺制作不当引起。压接线鼻子过程中,圆柱形铜接管经线钳压结形成具有间隔错位、局部带有棱角的铜接管,压结完毕需挫平线鼻子上的压痕和毛刺。未经打磨情况下,其表面的尖端突起未作打磨处理将在不均匀电场下会导致尖端放电,致使外部热缩管发热甚至灼烧出现豁口。同时,由于部分地区较为潮湿,电缆仓潮气严重,进而促进放电的发生。

主绝缘端口与线鼻子入口之间距离过大而未作绝缘填充。通过解体发现,现场电缆终端接头处端口间距离过大的案例比较多发。端口之间距离太大未作填充,无可避免将引入潮气,当电缆承受过电压时将极易引起空气击穿,形成端口处的环形放电。

潮气、水分入侵:当电缆仓空气湿度较大,且大气压力偏高时,极易在电缆、电缆连接导体、仓壁形成凝露。对于制作工艺较差的电缆,潮气将无可避免地渗入热缩管、冷缩管;对于电缆表面,外加由于空气中的灰尘微粒的附着,无疑将降低电缆表面绝缘强度,极易形成具备放电的有利条件,一旦出现过电压、过电流,局部放电便会产生。

(2) 区域二放电位置。结合现场解体情况,该区域电缆仅有外部主绝缘,该区域出现的放电多由绝缘受损引起,施工过程中的意外损伤遗留的划痕或豁口均会在一定程度上改变区域表面场强,降低绝缘水平,容易导致局部放电的发生;一旦发生局部放电,将会形成恶性循环进一步破坏表面绝缘,加深该区域的劣化。

结合现场解体情况,该区域电缆仅有外部主绝缘,引起放电的因素主要有以下三个:

① 部分区域绝缘薄弱。由于制作工艺的缘故,电缆本体中芯线外表面不可能是标准圆,主绝缘层也不可能是标准的圆环,这将使得芯线对主绝缘表面的距离不会绝对相等,根据电场原理,主绝缘表面所处电场强度将不会处处均匀,最终导致电缆各部分的绝缘性能存在微小偏差,对于绝缘薄弱的地方在高压情况下便容易发生放电。

② 热缩不均匀。制作过程中套管收缩不均匀,遗留部分空气在内部,或者未能较好地调整火焰强度、保持距离、控制热缩温度,造成局部热缩温度太高烤焦热缩管或者过分收缩,使其产生裂纹。

③ 潮气、水分入侵。其对电缆中间区域的影响与电缆终端接头的影响相同,潮气处于热缩管内部将有可能导致空气击穿;处于热缩管表面的凝露则会同表面污垢一起,降低表面绝缘,引起轴向爬电。

现场解体时中间区域多处出现环形放电,放电是沿着绝缘薄弱的地方发生,同时由于内部空气的存在,在内部形成带状或者其他不规则环形气隙,电压一旦过高将引起空气击穿。随着放电次数的增加最终形成环形放电通道,甚至最终灼烧热缩管形成豁口。潮气的进一步侵入会加剧放电的发生,将会形成恶性循环进一步破坏表面绝缘,加深该区域的劣化。

(3) 区域三放电位置。在制作电缆头时,剥离屏蔽层后,电缆原有的电场分布发生改变,将产生对绝缘极为不利的切向电场,该电场方向沿导线轴向延伸,此时电力线在屏蔽层端口处集中,该位置成为电缆最容易击穿的部位。

(4) 区域四放电位置。铜屏蔽层在正常运行时通过电容电流,当系统发生短路时,作为短路电流的通道,同时起到屏蔽电场的作用。外半导电层处在绝缘层与铜屏蔽层之间,与周围两层良好接触,起到均匀电位的作用。

剥去了铜屏蔽层的电缆,在相应位置的电场分布将会发生改变,电场线将在此端口沿轴向集中向外散发,从而对主绝缘产生不利影响,造成断口处主绝缘能力的薄弱。电缆中如果没有铜屏蔽层与外半导电层,三芯电缆极有可能发生相间绝缘击穿。安装工艺上要求铜屏蔽与外半导电层端口之间距离达到 20mm,铜屏蔽端口距离分支手套端口 70mm。

通过现场解体发现,8 处解体 4 处开关柜在该区域共发生 7 次放电,引起放电的主要原因如下:

① 安装工艺不规范。现场部分开关柜未使用应力管进行均匀场强,仅仅进行热缩处理,或

者安装应力管却不能保证与铜屏蔽、外半导电层的有效接触面积致使应力管作用失效。

② 检修处理工艺不规范。铜屏蔽层端口处理不平整,存在突起,从而加剧电场的不均匀。同时在历史问题处理中剥离更换热缩管的过程中,主绝缘受到严重划伤,表面遗留多处划痕,且有一定深度。

上述安装工艺以及检修处理工艺不当都可能导致绝缘受损、电场不均匀,从而引起此区域的局部放电。

三、射线检测

(一) 射线检测的基本原理

射线检测是以 X 射线、γ 射线和中子射线等易于穿透物质的特性为基础的。其基本工作原理为:射线在穿过物质的过程中,由于受到物质的散射和吸收作用而使其强度衰减,强度衰减的程度取决于物体材质、射线种类及其穿透距离。当把强度均匀的射线照射到物体上的一个侧面,在物体的另一侧使透过的射线在照相底片上感光、显影后,就可得到与材料内部结构或缺陷相对应的黑度不同的图像,即射线底片。通过观察射线底片,就可检测出物体表面或内部的缺陷,包括缺陷的种类、大小和分布情况并可对其做出评价。

射线检测缺陷的形状非常直观,对缺陷的尺寸、性质等情况判断比较容易。采用计算机辅助断层扫描法还可以了解断面的情况,进行自动化分析。射线检测对所测试检查的物体既不破坏也不污染,但射线检测成本较高,且对人体有害,在检测过程中必须注意做好保护措施。

(二) X 射线、γ 射线及其检测装置

X 射线与 γ 射线都是电磁波。它们具有波动性、粒子性,都可产生反射、折射、干涉、光电效应、康普顿效应和电子效应等。它们又是不可见光,既不带电荷,又不受电场和磁场的影响;既能透过可见光不能透过的物质,使物质起光化学反应,又能使照相胶片感光,使荧光物质产生荧光。

在工业上使用的 X 射线是由一种特制的 X 射线管产生的。如图 4-38 所示,它的基本构造是一个保持一定真空度的二极管。通常是热阳极式,阴极由钨丝绕成。当通电加热时,钨丝在白炽状态下放出电子,这些高速运动的电子因受到阳极(靶)阻止,就与靶碰撞而发生能量转换,其中大部分转换成热能,剩余小部分转换成光子能量,即 X 射线。电子的速度越高,转换成 X 射线的能量就越大。X 射线的强度,即单位时间内发射 X 射线的能量,随着电流的增加而增加。

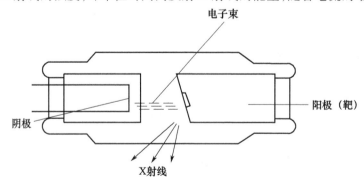

图 4-38 X 射线的产生

γ 射线是由放射性同位素的原子核在衰变过程中产生的。它是一种波长很短的电磁波,其辐射是从原子核里释放出来的。γ 射线是由原子核从激发能级跃迁到较低能级的产物,因此它的发生不同于原子核外电壳层放出的 X 射线。

γ 射线与 X 射线虽然产生的机理不同,但同属电磁波,性质很相似,只不过 γ 射线的波长比一般 X 射线的更短。

X 射线检测装置通常分为两大类：一类为移动式 X 射线机；另一类为携带式 X 射线机。移动式 X 射线机通常体积和重量都较大，适合于实验室或车间使用，它们采用的电压、电流也较大，可以透过较厚的物体和工件。便携式 X 射线机体积小、重量轻，适用于流动性检验或大型设备的现场无损检测。

（三）射线检测的操作过程

射线检测包括 X 射线、γ 射线和中子射线三种。对射线穿过物质后的强度检测方法有直接照相法、间接照相法和透视法等多种。其中，对微小缺陷的检测以 X 射线和 γ 射线的直接照相法最为理想。其典型操作的简单过程如下。

一般把被检物安放在离 X 射线装置或 γ 射线装置 0.5~1m 处，将被检物按射线穿透厚度为最小的方向放置，把胶片盒紧贴在被检物的背后，让 X 射线或 γ 射线照射一定时间（几分钟至几十分钟不等）进行充分曝光。把曝光后的胶片在暗室中进行显影、定影、水洗和干燥。再将干燥的底片放在显示屏的观察灯上观察，根据底片的黑度和图像来判断缺陷的种类、大小和数量，随后按通行的要求和标准对缺陷进行等级分类。

（四）射线检测的特点和适用范围

射线检测是一种常用于检测物体内部缺陷的无损检测方法。它几乎适用于所有的材料，检测结果（照相底片）可永久保存。但从检测结果很难辨别缺陷的深度，要求在被检试件的两面都能操作，对厚的试件曝光时间需要很长。

对厚的被检测物体来说，可使用硬 X 射线或 γ 射线；对薄的被检物体则使用软 X 射线。射线穿透物质的最大厚度为钢铁约 450mm、铜约 350mm、铝约 1200mm。

对于气孔、夹渣和铸造孔洞等缺陷，在 X 射线透射方向有较明显的厚度差别，即使很小的缺陷也较容易检查出来。而对于如裂纹等虽有一定的投影面积但厚度很薄的一类缺陷，只有用与裂纹方向平行的 X 射线照射时才能够检查出来，而用与裂纹面几乎垂直的射线照射时就很难查出。因此，有时要改变照射方向来进行照相。

观察一张透射底片能够直观地知道缺陷的二维形状大小及分布，并能估计缺陷的种类，但无法知道缺陷厚度以及距表面的位置等信息。要了解这些信息，就必须用不同照射方向的两张或更多张底片。

在进行检测时，应注意到射线辐射对人体健康（包括遗传因素）的损害作用。X 射线在切断电源后就不再发生，而同位素射线（如 γ 射线）是源源不断地发生的。此外，还应特别注意，射线不只是笔直地向前辐射，它还可通过被检物、周围的墙壁、地板以及天花板等障碍物进行反射与透射传播。其次还应注意，X 射线装置是在几万乃至几十万伏高电压下工作的，通常虽有充分的绝缘，但也必须注意防止意外的高压触电危险。

四、涡流检测

（一）涡流检测的基本原理

涡流检测以电磁感应为基础，其基本原理是：通以交变电流的检测线圈靠近导电试件时，由于线圈交变磁场的作用，试件中会感生出涡流。涡流又产生使检测线圈阻抗发生变化的反作用磁场；由于试件表面或近表面缺陷的存在，会使涡流的大小、分布和流动形式等发生畸变，相应的涡流产生的反作用磁场也发生变化；通过检出由于反作用磁场的变化而引起的检测线圈阻抗的变化，便可检测出试件中的缺陷。

（二）涡流检测仪的组成

涡流检测仪按检测目的的不同可分为导电仪、测厚仪和探伤仪，它们的基本组成大致相同。电子电路主要有两大部分：一部分是基本电路，包括振荡器、信号检出电路、放大器、显示器和电源；另一部分是信号处理电路，即鉴别影响因素和抑制干扰的电路，完成产生激励信号、检测涡流信息、鉴别影响因素、指示检测结果等任务。

（三）涡流检测的适用范围

涡流检测适用于由钢铁、有色金属以及石墨等导电材料所制成的试件，而不适用于玻璃、石头和合成树脂等非导电材料的检测。

从检测对象来说，涡流方法适用于如下项目的检测。

(1) 缺陷检测。检测试件表面或近表面的内部缺陷。

(2) 材质检测。检测金属的种类、成分、热处理状态等变化。

(3) 尺寸检测。检测试件的尺寸、涂膜厚度、腐蚀状况和变形等。

(4) 形状检测。检测试件形状的变化情况。

五、磁粉检测

（一）磁粉检测的基本原理

把一根中间有横向裂纹的强磁性材料（钢铁等）试件进行磁化处理，在没有缺陷的连续部分，由于小磁铁的N、S磁极互相抵消，而不呈现出磁极，而在裂纹等缺陷处，由于磁性的不连续而呈现磁极。在缺陷附近的磁力线绕过空间出现在外面，此即缺陷漏磁，如图4-39所示。缺陷附近所产生的称为缺陷漏磁的磁场，其强度取决于缺陷的尺寸、位置及试件的磁化强度等。这样，当把磁粉散落在试件上时，裂纹处就会吸附磁粉。磁粉检测就是利用磁化后的试件材料在缺陷处会吸附磁粉，以此来显示缺陷存在的一种检测方法。

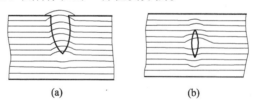

图4-39 缺陷漏磁
(a)表面缺陷；(b)表层缺陷。

磁粉检测方法可以用于探测铁磁性材料及构件的表面和近表面缺陷。对存在于浅表面的裂纹、折叠、夹层、夹渣等缺陷极为敏感。一般情况下，采用交流电磁化适用于检查2mm以内的浅表面缺陷，采用直流电磁化适用于检查6mm以内的表面缺陷。随着深度的变化，探测缺陷的能力迅速下降。

（二）磁粉检测的基本步骤

(1) 预处理。用有机溶剂清洗试件表面的油脂、涂料以及铁锈等。用干磁粉时还要使试件的表面干燥。

(2) 磁化。磁化是磁粉检测的关键步骤。首先应根据缺陷特性与试件形状选定磁化方法，其次还应根据磁化方法、磁粉、试件的材质、形状、尺寸等确定磁化电流值，使得试件的表面有效磁场的磁通密度达到试件材料饱和磁通密度的80%~90%。

(3) 施加磁粉。干磁粉是在空气中分散地撒上，湿磁粉是把磁粉调匀在水或无色透明的煤油中作为磁悬液来使用的。把干磁粉或磁悬液撒在磁化的试件上称为施加磁粉。它分连续法和剩磁法两种。连续法是在试件加有磁场的状态下施加磁粉的,且磁场一直持续到施加完成为止。而剩磁法则是在磁化过后施加磁粉的。

(4)观察与记录。磁粉痕迹的观察是在施加磁粉后进行的。用非荧光磁粉时,需在光线明亮的地方进行观察;而用荧光磁粉时,则在暗室用紫外线灯进行观察。

应该注意,在材质改变的界面处和截面大小突然变化的部位,即使没有缺陷,有时也会出现磁粉痕迹,此即假痕迹。要确认磁粉痕迹是不是缺陷,还需用其他检测方法重新进行检测才能确定。

(5)后处理。检测完成后,按需要进行退磁、除去磁粉和防锈处理。退磁时,一边使磁场反向,一边降低磁场强度。退磁有直流法和交流法两种。

(三)磁粉检测的适用范围

磁粉检测适用于检测钢铁材料的裂纹等表面缺陷,但要说明的是:①特别适用于钢铁等强磁性材料的表面缺陷检测;②表面没有开口但深度很浅的裂纹也可以检测;③对于奥氏体不锈钢类的非磁性材料是不适用的;④能检测出缺陷的位置和表面的长度,但不能检测出缺陷的深度。此外,对内部缺陷的检测还是有困难的。

六、渗透检测

(一)渗透检测的基本原理

渗透检测是一种简单的无损检测方法,用于检测表面开口缺陷,几乎适用于所有材质的试件和各种形状的表面。它所依据的基本原理是应用液体的表面张力对固体产生的浸润作用,以及液体的相互乳化作用等特性来实现检测的。检测时将渗透剂涂于被检试件的表面,当表面有开口缺陷时,渗透剂将渗透到缺陷中。去除表面多余的部分,再涂以显像剂,在适当的光线下即可显示放大了的缺陷图像的痕迹,从而能够用肉眼检查出试件表面的开口缺陷。渗透检测的原理如图4-40所示。

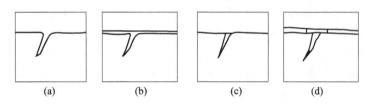

图4-40 渗透检测的原理
(a)预清洗;(b)渗透;(c)后清洗;(d)显像和观察。

(二)渗透检测的操作步骤

(1)预处理。清除试件表面的油脂、涂料、铁锈及污物等。

(2)渗透。将试件浸渍于渗透液中或者用喷雾器或刷子等工具把渗透液涂在试件表面,让渗透剂有足够的时间充分地渗入到缺陷中。渗透时间取决于渗透剂、试件材质、缺陷种类及大小等。

(3)乳化处理。为了使渗透液容易被水清洗,对某些渗透液有时还要进行乳化处理,喷上乳化剂。

(4)清洗。用水或清洗剂去除附着在试件表面的残余渗透剂。

(5)显像。将显像剂涂敷在试件表面上,残留在缺陷中的渗透剂就会被显像剂吸出,到表面上形成放大的带色显示痕迹。此过程中,显像剂吸出全部渗透剂并使其充分扩散的时间称为显像时间。

(6)观察。荧光渗透检测的观察必须在暗室内用紫外线灯照射。而着色渗透检测法在一定亮度的可见光下即可以观察出红色的缺陷痕迹。

(7)后处理。检测结束后,清除表面残留的显像剂,以防腐蚀被检测物体的表面。

（三）渗透检测方法

根据不同的渗透液和不同的清洗方式,渗透检测法可以分为以下几种类型。

（1）根据渗透液的不同色调,渗透检测法可分为荧光法和着色法。其中,荧光渗透检测法是采用含荧光材料的渗透液进行检测,它用波长为(360±30)nm的紫外线进行照射,使缺陷显示痕迹发出黄绿色的光线。荧光渗透检测法的观察必须在暗室里采用紫外线灯进行。而着色渗透检测法是采用含红色染料的渗透液进行检测的,它在自然光或在白光下均可以观察出红色的缺陷痕迹。与荧光渗透法相比,着色渗透检测法受场所、电镀和检测装置等条件的限制较小。

（2）根据清洗渗透液形式的不同,可以分为水洗型渗透检测法、后乳化型渗透检测法和溶剂去除型渗透检测法。水洗型渗透液可以直接用水清洗干净;而后乳化型渗透液要把乳化剂加到试件表面的渗透液上以后,再用水洗净;溶剂去除型渗透检测法所用的渗透液要用有机溶剂进行清洗去除。

（四）渗透检测法的显像法

渗透检测法的显像法有湿式显像、快干式显像、干式显像和无显像剂式显像等。

（1）湿式显像法是把白色微细粉末状的显像材料调匀在水中作为湿式显像剂的一种方法。把试件浸渍在显像剂中或者用喷雾器把显像剂喷在试件上,当显像剂干燥时,在试件表面就形成白色显像薄膜,由白色显像薄膜吸出缺陷中的渗透液而形成显示痕迹。这种方法适用于大批量试件的检测,其中水洗型荧光渗透检测法用得较多。

（2）快干式显像法是把白色微细粉末状的显像材料调匀在高挥发性的有机溶剂中。该方法的操作极为简单,在溶剂去除型荧光或着色渗透检测法中用得较多。

（3）干式显像法是直接使用干燥的白色微细粉末状显像材料作为显像剂的一种方法。把试件放在显像剂中或者把试件放在显像装置中,再用喷粉的办法来涂敷显像剂,使显像剂附着在试件表面,从缺陷中吸出渗透液而在表面形成固定的显示痕迹。用这种方法,缺陷部位所附着的显像剂粒子全都附在渗透剂上,而没有渗透剂的部分就不附着显像剂。因此,痕迹不会随着时间的推移而发生扩散,从而能显示出鲜明的图像,因此可用于要求获得与缺陷大小相接近的痕迹的检测。

（4）无显像剂式显像法是在清洗处理之后,不使用显像剂来形成缺陷显示痕迹的一种方法。它在荧光辉度高的水洗型荧光渗透检测法中,或者在把试件加交变应力的同时检测缺陷显示痕迹等方法中使用。这种方法与干式显像法相同,其缺陷显示痕迹也不会扩散。该方法不能用于着色渗透检测法。

（五）渗透检测的特点和适用范围

（1）渗透法的最小检出尺寸即灵敏度取决于检测剂的性能、检测方法、检测操作和试件表面粗糙度等因素,一般约为深20μm、宽1μm。此外,在荧光渗透检测时,若使用荧光辉度高的渗透液,在检测的同时在试件上加交变应力,可进一步提高检测的灵敏度。

（2）检测效率高,对于形状复杂的试件或在试件上同时存在有多个缺陷时,只需一次检测操作即可完成。

（3）适用范围广,检测一般不受试件材料的种类及其外形轮廓的限制。

（4）设备简单,便于携带,操作简便。但是检测结果受试件表面粗糙度的影响,同时还受检测操作人员技术水平的影响;只能检测表面开口缺陷,对多孔性材料的检测仍很困难,无缺陷深度显示;不易实现自动化检测。

七、声发射检测技术

（一）声发射检测的基本原理

当材料受力作用发生变形或断裂时,或者构件在受力状态下使用时,以弹性波形式释放出应变能的现象称为声发射。声发射波的频率范围从次声频、声频到超声频,幅度从微观位错运动到宏观断裂。声发射源发出的弹性波,经介质传播到达检测体表面,引起表面产生机械振动。声发射传感器将表面的瞬态位移转换成电信号,再经放大、处理,其波形或特性参数被记录与显示,经数据分析与解释,评定出声发射源的特性。其基本原理如图4-41所示。

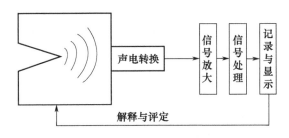

图4-41 声发射检测的基本原理

声发射检测的目的是确定声发射源的部位,鉴别声发射源的类型,确定声发射发生的时间或载荷,评定声发射源的状态。

声发射检测与多数无损检测的区别表现在两个方面:其一,多数无损检测方法是射线穿透检测,被检测零件处于静止、被动状态;而声发射检测是动态无损检测,只有被检测零件受到一定载荷,有开放性裂纹发生和发展的前提下才会有声发射可以接收,因而声发射检测可以实时地反映缺陷的动态信息,实现状态检测和险情报警。其二,多数无损检测方法是射线按一定途径穿透试件,而声发射是试件本身发射的弹性波,由传感器加以接收。因此接收到的信号,其幅度、相位、频率不能直接表征声发射源发出的信号。

(二)声发射检测设备与信号处理

1. 声发射检测设备

声发射检测设备有声发射检测仪、声发射传感器和前置放大器。

(1)声发射检测仪。按接收声发射信号的通道数目,声发射仪器分为三类:单通道声发射仪、双通道声发射仪和多通道声发射仪。

① 单通道声发射仪。单通道声发射仪只有一个信号测量通道,图4-42所示是它的工作原理图。来自检测试样的声波被传感器接收,转变为电信号,经前置放大器放大,滤波器进一步提高信噪比,再由主放大器将信号进一步放大。

② 双声道声发射仪。双声道声发射仪包括两个声发射的信号通道,它的功能和单通道声发射仪基本相同,主要特点是可以进行声发射源的线定位,并具有较强的剔噪功能。它的两个传感器从试样接收声波后,分别经装有滤波器的前置放大器放大,并送入信号处理器。

③ 多通道声发射仪。多通道声发射仪除具有单通道和双通道的功能以外,还能进行声发射源的平面定位,并配有小型计算机实时处理数据。多通道发射仪的通道数为个,目前最高已达128个通道。

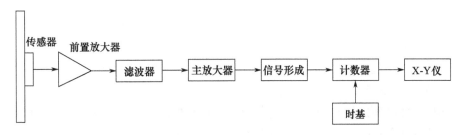

图4-42 声发射仪的工作原理

(2) 声发射传感器。常用声发射传感器为压电、谐振型传感器,它的作用是将声发射波所引起的被检物体表面的振动转换成电压信号,供给信号处理器。锆钛酸铅(PZT-5)接收灵敏度高,是声发射传感器常用的压电晶片材料。

压电晶片两表面镀有 5~19μm 厚的银膜,起着电极作用。陶瓷保护膜起着保护晶片及传感器与被检物体之间的电绝缘作用。金属外壳对电磁干扰起着屏蔽作用。导电胶起着固定晶片与导电的作用。在差动式传感器中,正负极差连接而成的两个晶片可输出差动信号,起着抑制共模噪声的作用。

(3) 前置放大器。前置放大器置于传感器附近,放大传感器的输出信号,并通过长电缆供给主机处理。其主要作用为:

① 高阻抗传感器与低阻抗传输电缆之间提供阻抗匹配,以防信号衰减。
② 通过放大微弱的输入信号,改善与电缆噪声有关的信噪比。
③ 通过差动放大,降低由传感器及电缆引起的共模噪声。
④ 提供频率滤波器。

2. 声发射信号探测与处理

(1) 信号类型。在示波器上观察到的传感器输出信号有突发型和连续型两种基本类型。突发型信号,指在时域上可分离的波形。实际上,所有声发射过程均为突发过程,如断续的裂纹扩展等。当声发射频率高达时域上不可分离的程度时,就以连续型信号形式显示出来,如塑性变形和泄漏信号等。

(2) 门槛比较器。为排除低幅度背景噪声及确定系统灵敏度,对前置放大器的输出,设置高于背景噪声水平的阈值电压,称为门槛值。门槛比较器仅将幅度高于门槛值的信号鉴别为声发射信号,其原理如图 4-43 所示。

(3) 信号特征参数。特征提取电路将高于门槛值的信号测量为几个信号特征参数。连续信号参数包括振铃计数、平均信号电平和有效值电压,而突发信号参数包括波击(事件)件数、振铃计数、幅度、能量计数、上升时间、持续时间和时差等,如图 4-44 所示。

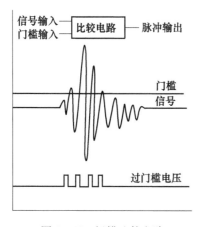

图 4-43 门槛比较电路

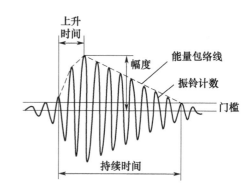

图 4-44 突发信号特征参数

3. 声发射源定位

(1) 一维源定位(线定位)。使用两个通道的声发射仪,便可在两个传感器的连接直线或弧线上定出声发射源的位置,如图 4-45 所示。常用于焊缝缺陷的定位。

(2) 二维源定位(面定位)。在声发射检测中,通常要求确定声发射源的平面位置,即二维源定位,此时可将三个或四个传感器排列成阵列,如三角形、方形、菱形等,再用阵列法进行源定位。由四个传感器构成的方形阵列平面定位原理如图 4-46 所示。

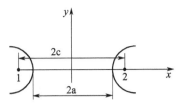 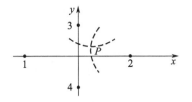

图 4-45　一维源定位(线定位)　　　　图 4-46　二维源定位(面定位)

(三) 声发射检测技术应用

声发射检测技术主要应用在金属塑性变形的声发射分析、表面渗层脆性的评价、断裂韧性的声发射分析、疲劳裂纹扩张的检测,还有控制焊接质量、评价压力容器安全性、泄漏监测以及内部放电监测等。尤其是化学、石油和核工业在生产中使用的金属压力容器,由于其数量多、安全性强,因此在检测方面,声发射检测是必不可少的重要技术方法。

(四) 滚动轴承声发射故障诊断案例

1. 故障描述

滚动轴承是应用最为广泛,也是最易损坏的机械设备关键零部件之一,轴承的缺陷和损伤(如裂纹、磨损等)将直接影响设备的稳定运行甚至造成整个设备的损坏,因此,滚动轴承的状态监测和故障诊断一直为大家所重视。在本案例中的被测对象是 6220 深沟球轴承,目的是测量轴承是否有磨损。

2. 故障分析

滚动轴承在运行过程中,由于装配不当、润滑不良、水分和异物侵入、腐蚀和过载等都可能使轴承过早损坏;即使不出现上述情况,经过一段时间运转,轴承也会出现疲劳剥落和磨损而不能正常工作。其主要损伤形式有疲劳、胶合、磨损、烧伤、腐蚀、破损、压痕等。基于声发射的检测方法则可以较好地完成裂纹的检测。并且声发射信号频率高,不易受周围环境噪声干扰,因此选用声发射方法进行滚动轴承的故障诊断。

3. 设备选择

案例选取的是图 4-47 所示的滚动轴承试验台。

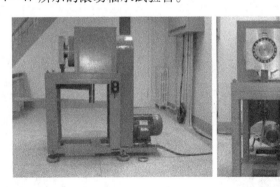

图 4-47　滚动轴承试验台

声发射信号的采集系统包括传感器、前置放大器、采集卡及计算机四大部分,如图 4-48 所示。

声发射信号首先被压电传感器转换成微弱的电信号,然后经前置放大器滤波、放大后,输出 ±5V 的模拟信号,再通过采集卡进行 A/D 转换,输入到计算机的内存中,进而处理或保存。PAII 前置放大器的频率带宽为 20~200kHz。

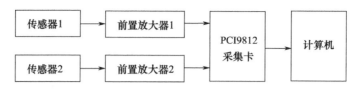

图4-48 声发射信号采集系统示意图

4. 具体操作

(1) 检测仪器校准。

① 仪器硬件灵敏度和一致性的校准。直接采用专门的电子信号发生器来产生各种标准函数的电子信号,直接输入前置放大器或仪器的主放大器,来直接测量仪器采集这些信号的输出。

GB/T18182—2000标准规定:仪器的阈值精度应控制在±2dB范围内;处理器内的幅度测量电路测量峰值幅度值的精度为±2dB;处理器内的能量测量电路测量信号能量值的精度为±5%,同时要满足信号能量的动态范围不低于±40dB;系统测量外接参数电压值的精度为满量程的±2%。经过测试,选择的设备符合要求。

② 现场声发射检测系统灵敏度的校准。在被检的轴承上发射模拟源信号,距离传感器一定的距离,连续发射三次发射模拟源信号,分别测量其响应幅度,三个信号幅度的平均值。三个信号幅度的平均值即为该通道的灵敏度,所得灵敏度与标准通道的灵敏度偏差±3dB或±4dB内,符合标准要求。

③ 现场声发射检测系统源定位的校准。在安装轴承的试验台上发射声射模拟源信号,确定定位源的唯一性和与实际模拟声发射源发射部位的对应性,一般通过实测时差和声速以及设置仪器内的定位闭锁时间来进行仪器定位精度的校准。经过测试之后,模拟信号应被一个定位阵列所接收,并提供了唯一的定位显示,符合要求。

④ 传感器的选择和安装。在该案例中的被测对象是6220深沟球轴承,目的是测量轴承是否有磨损,选取传感器的采样频率为500kHz,采样时间为0.5s,双通道传感器,第一通道接轴承外圈处传感器,第二通道接轴承座处传感器。在进行传感器的安装时,将表面处清洁干净,如果表面粗糙打磨光滑,有油污或多余物要清洗。软件系统的设置界面如图4-49所示,传感器安放位置如图4-50所示。

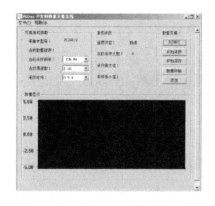

图4-49 软件系统设置界面

图4-50 传感器安放位置

(2) 仪器调试和参数设置。因为是用于对轴承的无损检测,所以将检测阈值设置为35~55dB的中灵敏度即可。轴承是一种高衰减金属构件,因此可以将系统的定时参数设置如下,峰值定义时间(PDT)设置为300s、撞击定义时间(HDT)设置为600s,撞击闭锁时间(HLT)设置为1000s。

(3) 加载程序。轴承的加载方式为内压和外压,载荷工况为:空载、3kN、7kN,转速工况为222r/min、444r/min。所以载荷控制方面选择较低的加载速率,避免产生较大的机械噪声和高频度声发射活动。为便于表达,下面对载荷、转速、故障尺寸的表示做如下约定:L0、L1、L2 分别表示空载、3kN、7kN 的载荷,S1、S2 分别代表转速为222r/min、444r/min 的转速,D0、D1、D2 分别代表无故障、小故障、大故障工况。

(4) 数据采集。通过运行软件,测得轴承圈信号如图 4-51 所示。

以 L1、S1、D1 工况为例,对其进行频谱分析如图 4-52 所示。

(5) 数据分析。6220 深沟球轴承的尺寸参数为:滚珠直径 $d = 22.8\text{mm}$,节径 $D = 141\text{mm}$,滚球数 $Z = 11$。其外圈故障特征频率为

$$f_0 = \frac{Z}{2}\left[1 - \frac{d}{D}\cos\alpha\right]f \tag{4-23}$$

内圈故障特征频率为

$$f_i = \frac{Z}{2}\left[1 + \frac{d}{D}\cos\alpha\right]f \tag{4-24}$$

式中:f 为轴承转速,经计算在 222r/min 和 444r/min 两种工况下,其内外圈故障特征频率分别为 23.6Hz,17.0Hz;47.7Hz,34.4Hz。因此,根据案例测得信号的故障特征频率,可以判断故障发生的不同部位。

可以看出,声发射信号富含丰富的高频成分,直接对原始信号进行频谱分析,很难获得冲击信号出现的特征频率。可以采用一种短时均方根(RMS)值对信号进行分析。一个信号 $V(t)$ 的均方电压和均方根电压定义如下:

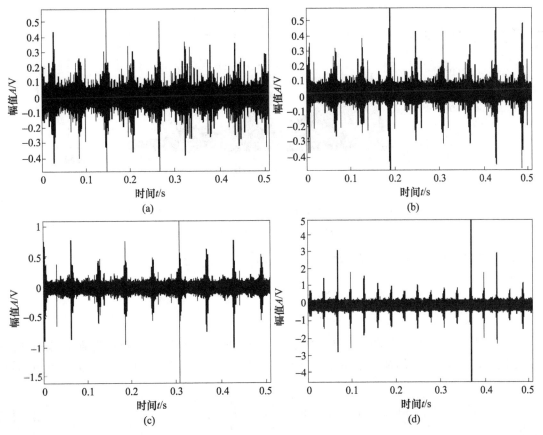

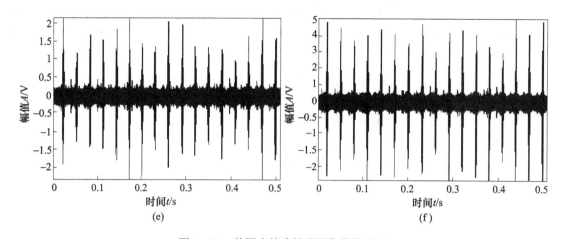

图4-51 外圈小故障轴承圈信号波形图

(a) L0 S1 D1 信号波形图;(b) L1 S1 D1 信号波形图;(c) L2 S1 D1 信号波形图;
(d) L0 S2 D1 信号波形图;(e) L1 S2 D1 信号波形图;(f) L2 S2 D1 信号波形图。

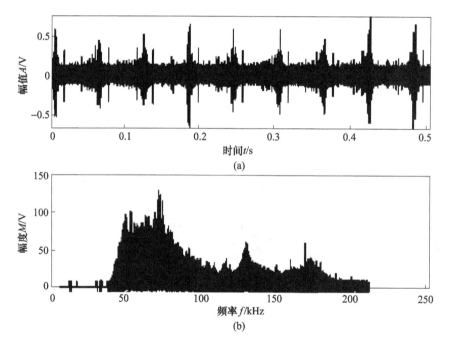

图4-52 外圈小故障轴承圈 L1 S1 D1 信号时域及频谱分析

(a) 短时 RMS;(b) 自相关函数。

一个信号 $V(t)$ 的均方根电压和均方根电压定义如下:

$$V_{MS} = \frac{1}{\Delta T}\int_0^{\Delta T} V^2(t)\,dt \qquad (4-25)$$

$$V_{RMS} = \sqrt{V_{MS}} \qquad (4-26)$$

式中:ΔT 为平均时间;$V(t)$ 为随时间变化的信号电压。根据电子学理论,可以得到 V_{MS} 随时间的变化正比于声发射信号的能量变化率,声发射信号在 $[t_1, t_2]$ 时间内的总能量 E 可由下式表示:

$$E \propto \int_{t_1}^{t_2} (V_{RMS})^2 dt = \int_{t_1}^{t_2} V_{MS}\,dt \qquad (4-27)$$

将一个声发射信号分为若干段，设每段含有 N 个点，相当于用宽度为 N 的窗口对信号进行截取，然后计算每段的 RMS 值，将所有 RMS 作为一个新的信号序列进行自相关分析，因为周期信号的自相关也为同周期的序列，根据自相关函数的周期可以明确得出原声发射信号中故障冲击特征出现的频率。

对图 4-52 中的信号进行如上所述分析，如图 4-53 所示。图 4-53(a) 为信号的短时 RMS 图，图中 RMS 的每个冲击对应于原声发射信号的故障冲击成分，与图 4-52(b) 相比，该图冲击明显，且数据量小易于分析。求该 RMS 序列的自相关函数如图 4-53(b) 所示，该曲线也包含了故障特征频率成分，容易得到其周期为 0.06s，从而其对应频率为 1/0.06 = 16.7Hz，则原始声发射信号的故障特征频率也为 16.7Hz，与轴承外圈故障频率 17.0Hz 得到了很好的吻合，即轴承外圈发生故障。

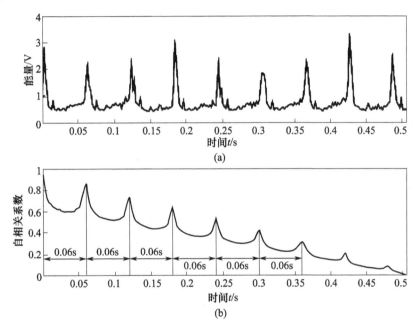

图 4-53　外圈小故障轴承圈 L1 S1 D1 工况 RMS 及其自相关分析
(a)时域信号；(b)频谱分析。

思 考 题

4-1　何谓故障？如按故障机理来分，常见的故障有哪些？

4-2　什么是机械故障诊断？

4-3　振动监测及故障诊断的常用仪器设备有哪些？简述其作用。

4-4　设备振动状态的判别常用哪几类标准？各种判别标准如何配合使用？

4-5　简述实施现场振动诊断的步骤。

4-6　机械故障诊断根据所采用的诊断参数的不同分哪几种？

4-7　热电偶法测温有何特点？

4-8　简要说明热电偶测温的基本原理。

4-9　超声波探头的功能是什么，探头有哪些类型？

4-10　滚动轴承常见故障有哪些？

4-11 轴承和齿轮采用振动监测技术诊断其故障时,分别常用什么测量参数?其振动信号各有什么基本特征?

4-12 简述噪声源与故障源的识别方法。

4-13 温度检测技术测量方式有哪几类?简述其各自特点。

4-14 简要说明红外测温技术的基本原理。

4-15 试比较油液铁谱技术和光谱技术的特点。

4-16 常规的无损检测技术方法有哪几种?这些技术方法各采用什么原理?

第五章 电气设备的故障诊断与维修

地空导弹武器系统中技术高度集中,包含多种电气设备,一旦发生故障,将极大影响作战效能的发挥,威胁操作人员人身安全,故电气系统采取了相应的监测保护措施,以降低故障率。而故障发生之后,只有迅速而准确地判断和排除故障,才能将故障的影响降为最小。

第一节 电气设备的绝缘试验与温度监测

由于地空导弹兵部队在执行任务时,作战强度高,作战环境复杂,电气设备发生的故障通常由绝缘不良、温升和老化引起,因此,需对电气设备进行绝缘试验与温度监测。

一、电气设备绝缘劣化或损坏的原因

电气设备的绝缘在运行中会受到各种因素(如电场、热、机械应力、环境因素等)的作用,内部将发生复杂的化学、物理变化,会导致性能逐渐劣化,这种现象称为老化。在设备正常运行条件下,老化是渐进的、长期的过程。造成电气设备绝缘劣化或损坏的原因很多,归纳起来主要有电气、温度、化学和机械4个方面。

(一)电气原因

绝缘的作用是将电位不等的导体分隔开,绝缘的好坏也就是电气设备耐受电压的强弱。各种电压等级的电气设备都需要具有相应耐电压的能力,电气设备的绝缘强度应保证绝缘在最大工作电压持续作用下与超过最大工作电压一定值的短时过电压作用下,都能安全运行。

(二)温度原因

温度升高是造成绝缘老化的重要因素。电气设备的过负荷、短路或局部介质损耗过大引起的过热都会使绝缘材料温度大大升高,可能导致热稳定的破坏,严重时造成绝缘的热击穿。

电气设备在运行中,由于负荷的变化和冷却介质温度的脉动,使绝缘的温度产生非常有害的频繁变化。电气设备中广泛应用的有机绝缘材料,在长期温度脉动作用下会引起绝缘介质弹性疲劳和纤维折断,而使绝缘材料老化。

电气设备的绝缘是各种不同的材料做成的,它们各自的膨胀系数不同。当温度发生剧烈变化时,会使绝缘龟裂、折断或密封不良。绝缘材料常与金属材料紧密结合在一起,由于两者的热膨胀系数相差甚大,当温度发生变化时,在绝缘材料的内部或两者的结合面处将产生很大应力,引起绝缘的损坏。

(三)化学原因

电气设备的绝缘均为有机绝缘材料(如橡胶、塑料、纤维、沥青、油、漆、蜡)和无机绝缘材料(如云母、石棉、石英、陶瓷、玻璃)组成。这些在户外工作的绝缘材料长期耐受着日照、风沙、雨雾、冰雪等自然因素的侵蚀,在高原工作的电气设备经常受温度、气压的变化对绝缘产生的影响。在这些因素作用下,绝缘材料将引起一系列的化学反应,使绝缘材料的性能与结构发生变化,降低了绝缘的电气与力学性能。

（四）机械原因

电气设备的绝缘除了承受电场作用外，还要承受外界机械负荷、电动力和机械振动等作用。输电线的绝缘子起绝缘作用，还长期承受导线拉力的作用。隔离开关支柱绝缘子在分合闸操作时需承受扭曲力矩的作用。断路器的绝缘拉杆在分合闸操作时，承受很大的冲击力的作用，在外界机械力与电动力作用下，会造成绝缘材料裂纹，使绝缘的电气性能大大降低，甚至造成事故。

二、电气设备的绝缘预防性试验

绝缘材料在电场作用下会漏电，在强电场作用下还会被击穿，丧失绝缘性能。电气设备的事故大多是因绝缘损坏造成的，所以绝缘可靠非常重要。为了提高电气设备运行的可靠性，需要定期对设备的绝缘性进行预防性试验，检测其电气性能、物理性能和化学性能，并对其绝缘状况做出评价。电气设备的绝缘预防性试验是指按规定的试验条件、试验项目和试验周期进行试验，其目的是通过试验手段，掌握设备的绝缘强度情况，及早发现电气设备内部隐蔽的缺陷，以便采取措施加以处理，从而保证设备的正常运行，避免造成停电或设备损坏等事故。

电气设备的绝缘预防性试验包括以下内容：

（一）绝缘电阻和吸收比测量

电气设备的绝缘电阻反映了设备的绝缘情况，当绝缘受潮、表面脏污或有局部缺陷时，绝缘电阻 R 会显著降低。通常用兆欧表进行测量，对试品施加一定数值的直流电压，读取试品在 1min 时的绝缘电阻值。

由于电气设备的绝缘电阻常常由多种材料组成，即使是同一介质制成的绝缘电阻，也会在制造和运行中发生电气性能的变化，因此，介质均是不均匀的。不均匀介质在直流电压的作用下，其中流过的电流会逐渐下降，经过 1min 后趋于稳定，而电流的这种变化带来绝缘电阻值的变化。通常测量第 15s 和第 60s 的绝缘电阻值 $R_{15''}$ 和 $R_{60''}$，求出比值 $R_{60''}/R_{15''}$（即吸收比），它可以反映绝缘是否受潮或是否有绝缘缺陷，一般绝缘干燥时，吸收比大于或等于 1.3。

试验步骤如下：

（1）放电。试验前先断开试品的电源，拆除一切对外连线，将试品短接后接地放电 1min。对于电容量较大的试品（如变压器、电容器、电缆等）应至少放电 2min，以免触电。

放电工作应使用绝缘工具（如绝缘手套、棒、钳等），先将接地线的接地端接地，然后再将另一端挂到试品上，不得用手直接触及放电的导体。

（2）清洁试品表面。用干燥清洁的柔软布或棉纱擦净试品的表面，以消除表面对试验结果的影响。

（3）校验兆欧表。将兆欧表水平放置，摇动手柄子额定转速（120r/min），指针应指"∞"；然后再用导线短接兆欧表"线路"（L）端和"接地"（E）端，并轻轻摇动手柄，指针应指"0"。这样才认为兆欧表正常。

（4）正确接线。兆欧表 E 端接试品的接地端、外壳或法兰处，L 端接试品的被测部分（如绕组、铁芯柱等），注意 E 与 L 的两引线不得缠绕在一起。如果试品表面潮湿或脏污，应装上屏蔽环，即用软裸线在试品表面缠绕几圈，再用绝缘导线引接于兆欧表的"屏蔽"（G）端。

（5）测量。以恒定转速转动手柄，兆欧表指针逐渐上升，待 1min 后读取其绝缘电阻值。如需测量吸收比，则在兆欧表达到额定转速（即在试品上加上全部试验电压）时，分别读取 15s 和 60s 的读数。

试验完毕或重复进行试验时，必须将试品对地充分放电。

记录试品名称、规范、装设地点及气象条件等。

试验完毕后,所测得的绝缘电阻值应大于各种电气设备的绝缘电阻允许值。也可将测得的结果与有关数据进行比较,如同一设备的各相间数据、同类设备间的数据、出厂试验数据、耐压前后数据等。如发现异常,应立即查明原因或辅以其他测试结果进行综合分析判断。

(二) 介质损耗的测量

电介质就是绝缘材料。在电场作用下,电介质中有一部分电能将会转化为热能。如果介质损耗过大,绝缘材料的温度会升高,促使材料发生老化、变脆和分解;如果介质温度不断升,甚至会使绝缘材料熔化、烧焦、丧失绝缘能力,导致热击穿的后果。因此,电介质损耗的大小是衡量绝缘电性能的一项重要指标。

电场中电介质内单位时间消耗的电能称为介质损耗。可以用功率因数角 φ 反映这一损失,但由于介质损耗数量值不大,φ 接近 90°,使用上很不方便。因此,工程上常用 φ 的余角 δ($\delta = 90° - \varphi$)的正切 $\tan\delta$ 来反映电介质的品质。

$$\tan\delta = \frac{1}{\omega CR} = \frac{1}{2\pi fCR} \tag{5-1}$$

同时

$$P = \omega C U^2 \tan\delta = 2\pi fC U^2 \tan\delta \tag{5-2}$$

由此可见,当电介质一定,外加电压及频率一定时,介质损耗 P 与介质损耗因数 $\tan\delta$ 成正比。通过测量 $\tan\delta$ 的大小,就可以判断绝缘的优劣情况。对于绝缘良好的电气设备,$\tan\delta$ 值一般都很小;当绝缘受潮、劣化或含有杂质时,$\tan\delta$ 值将显著增大。

$\tan\delta$ 值的测试可用高压西林电桥和 2500V 介质损耗角试验器等设备,测量的方法一般采用平衡电桥法、不平衡电桥法、伏安法。下面介绍平衡电桥法。

平衡电桥法又称西林电桥法,所用设备为高压西林电桥,它是一种平衡交流电桥,具有灵敏、准确等优点,应用较为普遍。其接线原理如图 5-1 所示。图中 C_x、R_x 是试品并联等值电容及电阻,C_N 是标准空气电容器,R_3 是可调无感电阻箱,C_4 是可调电容箱,R_4 是无感电阻,G 是检流计。

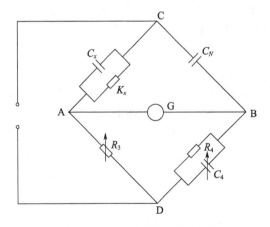

图 5-1 西林电桥接线原理图

根据交流电桥平衡原理,当检流计 G 的指示数为零时,电桥平衡,各桥臂阻抗值应满足如下关系:

$$Z_4 Z_x = Z_N Z_3 \tag{5-3}$$

其中

$$Z_4 = \frac{1}{\frac{1}{R_4} + j\omega C_4}; Z_x = \frac{1}{\frac{1}{R_x} + j\omega C_x}; Z_3 = R_3$$

代入式(5-1),得

$$\tan\delta = \omega R_x C_x = \omega R_4 C_4 \tag{5-4}$$

对于50Hz的电源,$\omega = 100\pi$,在仪表制造时,取$R_4 = 10^4 \pi \Omega$,则有

$$\tan\delta = 10^6 C_4 \tag{5-5}$$

式中C_4的单位为F。

当C_4的单位为μF时,则$\tan\delta = C_4$。C_4是可调电容箱,在电桥面板上直接以$\tan\delta(\%)$来表示,以便读数。

同时,可以求得

$$C_x = C_N \frac{R_4}{R_3} \tag{5-6}$$

测量C_x也可帮助判断绝缘状况。如电容式套管,当其内部电容层发生短路,或有水分浸入时,C_x值会显著增大。

为了保证tanδ测量结果的准确性,应尽量远离干扰源(如电场及磁场),或者加电场屏蔽。

测量结果可与被试设备的历次测量结果相比较,也应与同类型设备的测试结果相比较。若悬殊很大,tanδ值明显地升高,则说明绝缘可能有缺陷。

判断设备的绝缘情况,必须将各项试验结果结合起来,进行系统、全面地分析、比较,并结合设备的历史情况,对被试设备的绝缘状态和缺陷性质做出科学的结论。例如,当用兆欧表和西林电桥分别对变压器绝缘进行测量时,若绝缘电阻和吸收比较低,tanδ值也不高,则往往表示绝缘中有局部缺陷;如果tanδ值很高,则往往说明绝缘整体受潮。

(三) 直流耐压试验和泄漏电流的测量

进行直流耐压试验时,试验电压往往高于设备正常工作电压的几倍,所以直流耐压试验既能考验绝缘的耐压能力,又往往能揭露危险性较大的集中性缺陷。

进行直流耐压试验时,试验电压值通常应参考该绝缘的交流耐压试验电压值,它往往根据运行经验确定。例如,对电动机通常取$(2 \sim 2.5)U_e$;对电力电缆,额定电压在10kV及以下时常取为$(5 \sim 6)U_e$,额定电压升高时,倍数降低。

直流耐压试验的时间一般超过1min。

直流耐压试验和泄漏电流试验的原理、接线及方法完全相同,差别在于直流耐压试验电压较高。在进行直流耐压试验时,一般都兼做泄漏电流测量。

泄漏电流试验同绝缘电阻试验的原理是相同的。当直流电压加于被试设备时,即在不均匀介质中出现可变电流,此电流随时间增长而逐渐减小,在加压一定时间后(1min)趋于稳定,这个电流即为泄漏电流,其大小与绝缘电阻成反比,而兆欧表就是根据这个原理将泄漏电流换算为绝缘电阻画在刻度盘上的。

泄漏电流试验同绝缘电阻测量相比具有以下特点:①试验电压比兆欧表的额定电压高得多,容易使绝缘本身的弱点暴露出来;②用微安表监视泄漏电流的大小,方法灵活、灵敏,测量重复性也较好。

测量泄漏电流的接线多采用半波整流电路,即其接线方法如图5-2所示。

图中微安表有两个不同的位置,即微安表Ⅰ处于高电位,微安表Ⅱ处于低电位。微安表处于高电位的接法适用于试品接地端不能对地隔离的情况,将微安表放在屏蔽架上,并通过屏蔽线与试品的屏蔽环相连,故测出的泄漏电流值准确,不受杂散电流的影响。但在试验中改变微安表的量程时,应用绝缘棒,操作不便;且微安表距人较远,读数时不易看清,有时需要望远镜,也不太方

便。微安表处于低电位的接线,可以克服处于高电位时的缺点,在现场试验时较多采用,但此接线方法无法消除试品绝缘表面的泄漏电流和高压导线对地的电晕电流对测量结果的影响。

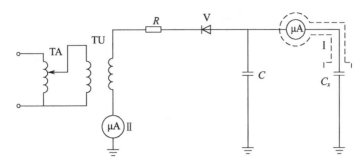

图 5-2 泄露电流试验接线图

TA—自耦变压器;TU—升压变压器;V—高压硅堆;R—保护电阻;C—稳压电容器;C_x—被试品。

此试验所必需的直流电压是由自耦变压器及升压变压器产生的交流高压经整流装置整流而获得的。整流装置包括高压整流硅堆和稳压电容器,高压硅堆具有良好的单向导电性,可交流变为直流,稳压电容器的作用是使整流电压波形平滑,减小电压脉动,其电容值越大,加在试品上的直流电压就越平稳,因此稳压电容应有足够大的数值。一般在现场常取的电容最小值为:当试验电压为(3~10)kV 时,取 0.06μF;当试验电压为(15~20)kV 时,取 0.015μF;当试验电压为 30kV 时,取 0.01μF。

对于像大型发电机、变压器及电力电缆等大容量试品,因其本身电容较大,可省去稳压电容。在试验过程中要注意以下几点:

(1) 按接线图接好线后,应由专人认真检查,当确认无误时,方可通电及升压。在升压过程中,应密切监视试品、试验回路及有关表计,分阶段读取泄漏电流值。

(2) 在试验过程中,若出现闪络、击穿等异常现象,应马上降压,断开电源后,查明原因。

(3) 试验完毕、降压、断开电源后,均应将试品对地充分放电。

对某一设备进行泄漏电流试验后,对测量结果要进行认真、全面地分析,可以换算到同一温度下与历次试验结果相比较,与规定值相比较,也可以同一设备各相之间相互比较,以判断设备的绝缘情况。

(四) 交流工频耐压试验

交流工频耐压试验与直流耐压试验一样,均是在设备上施加比正常工作电压高得多的电压,它是考验设备绝缘水平,确定设备能否继续参加运行的可靠手段,也是避免发生绝缘事故的有效措施。

常见的试验接线方法如图 5-3 所示。

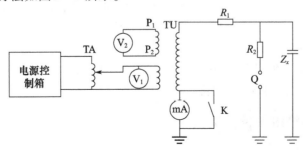

图 5-3 交流工频耐压试验接线图

交流高压电源是由交流电源调压器及高压试验变压器组成的。试验时应根据被试设备的电容量和试验时的最高电压来选择试验变压器。具体步骤如下：

(1) 电压。试验变压器的高压侧额定电压 U_e 应大于试品的试验电压 U_s，即 $U_e > U_s$；而低压侧额定电压应能与现场的电源电压及调压器相匹配。

(2) 电流。试验变压器的额定输出电流 I_e 应大于试品所需的电流 I_s，即 $I_e > I_s$；且 I_s 可按试品电容估算，$I_s = U_s \omega C_x$。

(3) 容量。根据试验变压器输出的试验电流及额定电压，即可确定变压器的容量。

对于大电容量的电气设备，如发电机、电容器、电力电缆等，当试验电压很高时，所需高压试验变压器的容量很大，给试验造成困难。故一般不进行交流工频耐压试验，而进行直流耐压试验，试验设备较为轻便。

常用的调压器有自耦变压器和移相变压器。调压器的作用是将电压从零到最大值进行平滑地调节，保证电压波形不发生畸变，以满足试验所需的任意电压。

变压器高压侧出线端串联的限流电阻试验用于限制过电流和过电压。在试验过程中，若试品突然发生击穿或沿面击穿，回路中的电流瞬时剧增，产生的过电压会威胁变压器的绝缘，回路中串接限流电阻实际上起到一个保护作用。一般限流电阻选择在 $0.1\Omega/V$。试验中常用玻璃管装水做成水电阻，因为其热容量较大。水电阻最好采用碳酸钠加入水中配成。

在试验过程中要注意以下几点：

(1) 试验前应将试品的绝缘表面擦拭干净。

(2) 要合理布置试验器具。接线高压部分对地应有足够的安全距离，非被试部分一律可靠接地。

(3) 试验时，调压器应置零位，然后迅速平稳地升高电压至额定试验电压，时间为 10~15s。当耐压时间一到，应速将电压降至输出电压的 1/4 以下，再切断电源，不准在试验电压下切断电源，否则可能产生使试品放电或击穿的操作过电压。

(4) 试验过程中，若发现电压表摆动、毫安表示值急剧增加、绝缘烧焦或有冒烟等异常现象，应立即降低电压、断开电源、挂接地线、查明原因。

(5) 试验前后，应用兆欧表测量试品的绝缘电阻和吸收比，检查试品的绝缘情况。前后两次测量结果不应有明显的差别。

试验过程中，若由于空气的湿度、设备表面脏污等原因，引起试品表面滑闪放电或空气击穿，不应认为不合格，应经处理后再试验。

交流耐压试验结果的判断方法如下：

一般在交流耐压持续时间内，试品不发生击穿为合格，反之为不合格。试品是否击穿，可按下述情况分析：①根据仪表的指示分析。一般情况下，若电流表指示突然上升，则表明试品已击穿。或采用高压侧直接测量时，若电压表指示突然下降，也说明试品已击穿。②根据试品状况进行分析。在试验过程中，试品出现冒烟、闪络、燃烧等不正常现象，或发出断续的放电声，可认为试品绝缘有问题或已击穿。

交流耐压试验结果必须汇同其他试验项目所得的结果进行综合分析判断。除上述试验方法外，还可以进行色谱分析、微水分析、局部放电测量等。

三、电气设备的绝缘和特性试验

(一) 交流电动机试验

交流电动机分为同步及异步电动机两类。由于异步电动机在工农业生产中应用广泛，故在这里主要介绍异步电动机在安装前和经过修理之后所要进行的有关试验项目。

(1) 测量绝缘电阻和吸收比。测量电动机绝缘电阻时,应先拆开接线盒内连接片,使三相绕组 6 个端头分开,分别测量各相绕组对机壳和各相绕组之间的绝缘电阻。测量时,应选择适当的兆欧表。对于 500V 以下的电动机,可采用 500V 兆欧表;500~3000V 电动机采用 1000V 的兆欧表;3000V 以上电动机采用 2500V 的兆欧表。测试时,应按兆欧表的操作规定进行,否则会危及设备及人身安全。

电动机的冷、热状态不同,其绝缘电阻值随温度升高而降低。冷态(常温)下,额定电压 1000V 以下的电动机,测得的绝缘电阻值一般应大于 1MΩ,下限值不能低于 0.5MΩ。电动机热态(接近工作温度)下,对于额定电压 380V 的低压电动机,其热态绝缘电阻不应低于 0.4MΩ。而对额定电压更高的电动机,容量不太大时,额定电压每增加 1kV,则绝缘电阻下限值增加 1MΩ。

对容量为 500kW 以上的电动机应测量吸收比,一般吸收比大于 1.3 时,可以不经干燥便投入运行。

(2) 泄漏电流及直流耐压试验。对于额定电压为 1000V 以上,容量为 500kW 以上的电动机,对定子绕组应进行直流耐压试验并测量泄漏电流。试验电压的标准为:大修或局部更换绕组时,3 倍额定电压;全部更换绕组时,2.5 倍额定电压。泄漏电流无统一标准,但各相间差别一般不大于 10%;20μA 以下者,各相间应无显著差别。

(3) 工频交流耐压试验。工频交流耐压试验的内容主要是定子绕组——相对地和绕组相的耐压试验,其目的在于检查这些部位间的绝缘强度。该试验应在绕组绝缘电阻达到规定数值后进行。

试验电压值是耐压试验的关键参数。试验电压的标准为:大修或局部更换绕组时,1.5 倍额定电压,且不低于 1000V;全部更换绕组时,2 倍额定电压再加上 1000V,且不低于 1500V。

试验应在电动机静止状态下进行,接好线后将电压加在被试绕组与机壳之间,其余不参与试验的绕组与机壳连在一起,然后接地。

若试验中发现电压表指针大幅度摆动,电动机绝缘冒烟或有异响,则应立即降压,断开电源,接地放电后进行检查。

(4) 测量绕组直流电阻。直流电阻测量工具为精密的双臂电桥。测量绕组各相直流电阻时,应把各相绕组间连接线拆开,以得到实际阻值。若不便于拆开,则 "Y" 连接时从两出线间测得的是 2 倍相电阻;"△" 连接时测得的是 2/3 倍相电阻。

运行中或刚停行的电动机,测量直流电阻前应静置一段时间,在绕组温度与环境温度大致相等时再测。一般 10kW 以下的电动机,静置时间不应少于 5h;10~100kW 的电动机不少于 8h。

测量结果应满足:电动机三相的相电阻与其三相平均值之比相差不超过 5%。

(5) 电动机空转检查和空载电流的测定。以上试验合乎要求后,起动电动机空转,其空转检查时间随电动机容量增加而增加,但最长不超过 2h。

在电动机空转期间,应注意:定、转子是否相互摩擦;电动机是否有过大噪声;铁芯是否过热;轴承温度是否稳定,检查结束时,滚动轴承温度不应超过 70℃。

在检查电动机空载状态的同时,应用电流表或钳形电流表测量电动机的三相空载电流。不同的电动机,空载电流的大小也不同,空载电流占额定电流的百分比随电动机极数及容量变化而变化,其测得的值应接近表 5-1 所列数值。

若测得的空载电流过大,说明电动机定子匝数偏少,功率因数偏低;若空载电流过小,说明定子匝数偏多,这将使定子电抗过大,电动机力矩特性变差。

表 5-1　异步电动机空载电流占额定电流的百分比(%)

级数＼功率/kW	0.125	0.5 以下	2 以下	10 以下	50 以下	100 以下
2	70~95	45~70	40~55	30~45	23~35	18~30
4	80~96	65~85	45~60	35~55	25~40	20~30
6	85~98	70~90	50~60	35~65	60~45	22~33
8	90~98	75~90	50~70	37~70	35~50	25~35

(二) 开关电器试验

1. 高压开关试验

由于油断路器在电力系统中被广泛采用,故在这里主要介绍油断路器的常见试验项目。

(1) 测量绝缘电阻。测量绝缘电阻是油断路器试验中的一项基本试验,用 2500V 兆欧表进行测量。应分别测量合闸状态下绝缘拉杆对地和分闸状态下断口之间的绝缘电阻,以发现拉杆是否受潮,有无沿面贯穿性缺陷,检查内部灭弧室是否受潮或烧伤。

(2) 测量泄漏电流。测量泄漏电流是 35kV 及以上少油断路器的重要试验项目,它能比较灵敏地发现油断路器外表面带有的危及绝缘强度的严重污秽,拉杆、绝缘油及灭弧室受潮劣化等缺陷。

测量时试验电压标准为:对 35kV 及以下油断路器应施加 20kV 直流电压;对 35kV 以上的油断路器施加 40kV 直流电压。

测量的泄漏电流值一般不应大于 $10\mu A$,各相数值应相互比较。

(3) 测量 $\tan\delta$ 值。$\tan\delta$ 的测量一般只对 35kV 及以上的多油断路器进行,主要是检查非瓷套管的绝缘状况,同时也可检查灭弧室、提升杆、绝缘油等部分的绝缘缺陷。某一部分绝缘劣化将使 $\tan\delta$ 值明显增大。

$\tan\delta$ 的测量应在多油断路器分闸和合闸两种状态下三相分别进行。先在分闸状态下测量 $\tan\delta$,若测量结果与以前比较有显著增大时,必须落下油箱,进行分解试验,逐次缩小可疑范围,以确定究竟是套管还是油箱绝缘或灭弧室性能不良。根据《电气设备预防性试验规程》的规定,对 35kV 及使用非纯瓷套管的多油断路器,20℃ 时 $\tan\delta$ 的允许值比所用套管的 $\tan\delta$ 值可高 2%~3%。

在合闸状态下测量 $\tan\delta$ 值,其目的是检查多油断路器拉杆的绝缘状况,并可初步判断灭弧室是否受潮和有无脏污等缺陷。

(4) 工频交流耐压试验。工频交流耐压试验是鉴定油断路器绝缘强度最有效的试验项目,应在上述绝缘试验项目合格之后进行。对于经过滤油或新加油的断路器,应在油充分静止的状态下再进行试验,一般需静止 3h 左右,以免油中气泡引起放电。

该试验应在合闸状态下导电部分对地之间和分闸状态的断口间进行。试验电压标准如表 5-2 所列。

表 5-2　油断路器交流耐压试验电压标准　　　　　　　　　　(单位:kV)

额定电压	3	6	10	35	60	110	220
试验电压	22	28	38	85	140	225	425

油断路器耐压试验前后绝缘电阻下降不超过 30% 为合格。试验中若有异常情况出现,如油箱内部发出轻微放电声、有冒烟现象等,都应查明原因,检修后再试。

(5) 测量导电回路的直流电阻。导电回路接触好坏是保证断路器安全运行的一个重要条件。导电回路电阻是指在合闸状态下从油断路器同一相的两个引线端头测得的直流电阻。动、静触点严重发热时,会直接影响油断路器的分闸时间和开断能力,甚至发生拒动情况,故在油断路器的安装及大、小修后,均应测量导电回路的电阻。

试验时多采用电压降法进行测量,即在被测回路中通以直流电流时,分别用电流表及电压表测出通过回路的电流及电压降,然后根据欧姆定律计算出直流电阻值。直流电阻值应该符合厂家的规定。

(6) 动作特性试验。油断路器的动作特性试验是油断路器性能的重要指标,它对断电保护、自动装置以及电力系统的稳定性等都有较大的影响,故在交接和大修时都必须进行这些试验。

试验内容包括油断路器分合闸和三相同期性、分合闸速度测定及分合闸时间测定。

2. 低压开关试验

1kV 以下的低压开关在交接及大修时均要进行绝缘电阻测量,使用 1000V 兆欧表进行。

接触器和磁力起动器还要进行交流耐压试验,测试的部位是:主回路对地;主回路极与极之间;主回路进线与出线之间;控制与辅助回路对地之间。此外,还要检查触点接触的三相同期性,各相触点应同时接触,三相的不同期误差应小于 0.5mm,否则需要调整。

低压断路器在交接和大修时,必须进行以下试验内容:①检查操作机构的最低动作电压,应满足合闸接触器不小于 30% 的额定电压,不大于 80% 额定电压;分闸电磁铁不小于 30% 额定电压,不大于 65% 额定电压。②测量合闸接触器和分、合闸电磁线圈的绝缘电阻和直流电阻,绝缘电阻值不小于 1MΩ,直流电阻值应符合制造厂家规定。

四、电气设备的温度监测和老化试验

(一) 温度监测

温度是电气设备参数中一个很重要的物理参量,由于在电气故障中有很多同时伴随温度的变化,因此可以通过监测温度来发现问题,以便及时处理。

下面主要介绍变压器及电动机的温度监测。

1. 变压器的温度监测

为了保证变压器的安全运行,要求各部件的温度与温升均不超过允许值。

变压器发热主要是由绕组损耗和铁芯损耗引起的。变压器中温度最高的是绕组,其次是铁芯,油温最低。而油温是由油箱下部至箱盖逐渐升高的,即下层和中层的油温要比上层的油温低。为了监视变压器运行时各部分的温度,规定以变压器的上层油温来确定变压器的允许温度,即上层油温最高不超过 95℃。为防止变压器油质劣化过快,上层油温不宜经常超过 85℃。

允许温升是允许温度与周围空气最高温度之差,如周围空气最高温度规定为 40℃,则上层油温的允许温升为 55℃。只有当变压器的上层油温及温升均不超过允许值时,变压器才能安全运行。

(1) 测量变压器周围的气温。测量变压器周围气温的方法是:用不少于三支的温度计,将测量端浸于容积不小于 1L 的盛油狭口瓶内,放置在距变压器 2~3m 处的四周,并应置于被试变压器高度的中部,与周围的墙壁、设备门窗间应留有合适的距离,使测量结果不受到日光、气流以及表面热辐射的影响。周围气温的数值应以这些温度计读数的算术平均值为准。

注意:当强风冷却时,温度计应放置在冷空气进口处,此时可不浸在油杯内。

(2) 测量上层油温。在测量变压器的上层油温时,温度计的测量端应浸于油面之下 50~100mm 处进行测量。如设有温度计管座时、管中应充以变压器油,再插入温度计进行测量。

(3) 测量铁芯的温度。测量铁芯的温度时,应将温度计的测量端和铁芯表面紧密接触,并使

测量端和空气绝热,以免因气流散热给测量造成误差。

当用热电偶测温元件测量时,可将热电偶的测温头插到铁芯片间,其深度均为10~20mm,并至少应有三个测量点。

2. 电动机的温度监测

测量电动机的温度,可以根据温升情况发现下列故障,如轴承过热、负荷不平衡、线圈断路或短路、过负荷、绝缘状态劣化、接头焊接不牢、冷却管堵塞或不畅等。

测量时,电动机应在额定运行条件下,直接拖动规定的负载,取电动机各部分温升达到实际稳定时的值,即1h内定子铁芯(或机壳)温升变化不超过1℃。

测量周围环境温度时,可将温度计放置在距电动机1~2m,高度为电动机高度一半的位置,并应不受外来电辐射热及气流的影响。采用强迫通风或闭路循环冷却系统的电动机时,可在进风口处测量冷却介质的温度。

(二) 老化试验

所谓老化是指电气设备在运行过程中,其绝缘材料或绝缘结构因承受热、电和机械应力等因子的作用使性能逐渐变化,最后导致损坏的过程。因此,可通过热老化、电老化及机械老化试验等,考核绝缘材料及绝缘结构的耐老化性能,保证电气设备长期安全、可靠地运行。

由于各种电气设备运行的条件不同,它们所承受的主要老化因子也不相同。例如,低压电动机,它承受的场强不高,它的损坏主要由电动机中产生的热造成,因此应该对用于这种电动机中的绝缘材料进行热老化试验。又如高压电力电缆,其绝缘材料承受较高的电场强度,对这种材料必须进行电老化试验。此外,各种老化因子往往相互作用,为了使试验能反映设备的实际运行情况,应把各种老化因子组合起来,进行多因子老化试验。

1. 热老化试验

热老化是指以热为主要老化因子使绝缘材料或绝缘结构的性能发生不可逆变化的过程。通过热老化试验,可以用来研究、比较和确定绝缘材料或绝缘结构的长期工作温度或在一定工作温度下的寿命。

规定用耐热等级来表征电气设备绝缘材料、绝缘结构和产品的长期耐热性。属于某一耐热等级的电气产品,不仅在该等级的温度下短时间内不会有明显的性能改变,而且在该温度下长期运行时绝缘也不会发生不该有的性能变化,并能承受正常运行时的温度变化。

表5-3中列出了国际标准下绝缘的耐热等级和极限温度。

表5-3 绝缘的耐热等级和极限温度

耐热等级	Y	A	E	B	F	H	200	220	250
极限温度/℃	90	105	120	130	155	180	200	220	250

(1) 热老化试验原理及试验设备。有机绝缘材料在热的作用下发生着各种化学变化,包括氧化、热裂解、热氧化裂解以及缩聚等,这些化学反应的速率决定了材料的热老化寿命。因此,可应用化学反应动力学导出的材料寿命与温度的关系作为加速热老化的理论依据。绝缘材料寿命与温度的关系为

$$\log_2 \tau = a + b/T \tag{5-7}$$

式中:τ为绝缘材料的寿命;a、b为常数;T为热力学温度。

式(5-7)表明,寿命τ的对数与热力学温度T的倒数呈线性关系。老化试验是根据上述寿命与温度的关系进行的。显然,提高试验温度可以加速材料的老化,因此,老化试验就是在比使用温度高的情况下求取寿命与温度的关系曲线,然后求取工作温度下的寿命,或在规定寿命指标

下求取其耐热指标,即温度指数的过程。

老化试验用的主要设备是老化恒温箱。经验证明,绝缘材料的暴露温度升高10℃,热寿命则降低一半。因此,要求老化恒温箱温度上下波动小,温度分布均匀。箱内应备有鼓风装置,以防材料在空气中氧化,同时为了减少材料承受温度的分散性,箱内装有转盘,材料放在转盘上。为使温度上下波动在 $\pm(2\sim3)$℃范围内,恒温箱的温度控制器应该灵敏可靠,一般装有防止温度超过允许范围的自动保护装置。

(2) 热老化试验方法。热老化试验常把温度作为变量,用提高温度来缩短试验时间达到加速老化的目的。而其他因子(如机械应力、潮湿、电场以及周围媒质的作用)则维持在工作条件下的最高水平,在热暴露温度改变时也应维持不变。

热曝露温度的选择很重要,选择不当将导致错误的结论。如上所述,为了验证寿命的对数与热力学温度的倒数存在线性关系,至少选取三个热曝露温度。为了避免因试验温度过高导致老化机理的改变以及温度过低而导致时间过长,必须限制最高与最低试验温度。一般规定最高试验温度下的热老化寿命不小于100h,最低试验温度下的寿命不小于5000h,或最低试验温度不能超过工作温度20~40℃,两试验温度的间隔在20℃左右为宜。不同耐热等级或温度指数的绝缘材料的热曝露温度,可以参考国际电工委员会提供的参考温度选择。

在热老化过程中,经过一定时间间隔把绝缘材料或绝缘结构从恒温箱中取出,进行性能变化的测定,所以把整个老化过程分为若干周期,周期的组成视所选取的老化因子的不同而不同。例如,进行电动机模型线圈的热老化试验时,老化周期为升温→热暴露→降温→机械振→受潮→试验。又如,进行绝缘材料的热老化试验时老化周期很简单,即为升温→热暴露→降温→试验。为了使不同试验温度下热以外的其他因子的作用保持不变,其老化周期数应相等或接近相等。国际电工委员会建议老化周期数为10,但对于不同耐热等级,推荐了不同热暴露温度下的周期长度供参考。

2. 电老化试验

电老化是以电应力为主要老化因子而使绝缘材料或绝缘结构的性能发生不可逆的变化。这些老化效应的形式有局部放电效应、电痕效应、树枝效应和电解效应等,它们有时单独作用,有时联合作用。

下面以局部放电效应为例介绍由局部放电所产生的电老化及其试验方法。

(1) 电老化机理与影响电老化寿命的因素。局部放电对绝缘材料有很大危害,它引起绝缘材料性能下降,直至绝缘完全损坏。绝缘材料在放电下的损坏机理很复杂,局部放电对绝缘材料的破坏过程中,常常留下不可逆的破坏痕迹,因而在材料的电气性能和力学性能方面也会有明显的变化。例如:放电产生的低分子极性物质或酸类渗透到材料内部,使其单位体积电阻率下降,损耗因数上升;材料失去弹性而发脆或开裂等;放电起始电压、放电强度逐渐下降。

不同绝缘材料的电老化寿命也不同,其在放电作用下的老化速率除材料本身的结构外,还受到频率、电场强度、温度、相对湿度和机械应力等因素的影响。

(2) 电老化试验方法。由于各种绝缘材料的电老化机理不同,各种材料的结构也不同,所以目前电老化试验只能作为一定条件下绝缘材料耐放电性的比较,或求取材料的相对寿命。

绝缘材料耐局部放电性试验是电老化试验中的一种。其主要方法是击穿法,即在材料上加一定电压,直到材料击穿,记下所经历的时间,即为失效时间;然后根据不同电压(或场强)下获得的材料失效时间绘制寿命曲线,即场强—寿命关系线。

恒定场强下寿命与场强的关系,即电老化寿命定律,如下式:

$$t_E = K/E^n \tag{5-8}$$

式中:t_E 为场强 E 下的寿命;E 为场强;K、n 为常数。

电老化寿命定律表明电老化寿命与场强不是线性关系,而是反幂关系。电老化试验就是以该寿命定律为基础,在强化电场作用下,测出寿命与场强的关系曲线,从而求出寿命系数。

第二节 常用电气设备故障处理与维修技术

一、电气设备故障诊断概述

(一)电气设备故障诊断的内容和过程

电气设备故障诊断的内容包括状态监测、分析诊断和故障预测三个方面。其具体实施过程可以归纳为以下四个步骤。

(1)信号采集。开关设备在运行过程中必然会有力、热、振动及能量等各种量的变化,由此会产生各种不同信息。根据不同的诊断需要,选择能表征设备工作状态的不同信号,如振动、压力及稳度等是十分必要的。这些信号一般是用不同的传感器来拾取的。

(2)信号处理。这是将采集到的信号进行分类处理、加工,获得能表征机器特征的参数,也称特征提取过程,如对振动信号从时域变换到频域进行频谱分析。

(3)状态识别。将经过信号处理后获得的开关设备特征参数与规定的允许参数或判别参数进行比较,对比以确定设备所处的状态,是否存在故障及故障的类型和性质等。为此应正确制定相应的判别准则和诊断策略。

(4)诊断决策。根据对开关设备状态的判断决定应采取的对策和措施,同时根据当前信号状态预测可能发展的趋势,进行趋势分析。上述诊断过程如图5-4所示。

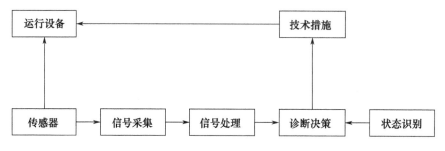

图5-4 电气设备诊断过程框图

(二)电气设备故障检测诊断的方法

电气设备故障检测诊断的方法如表5-4所列。

(三)用人体感官诊断电气设备的异常或故障

1. 利用手摸诊断电气设备的异常或故障

(1)用手测定温度。用手测定电气设备温度要注意不能用手去触摸高压设备绝缘,必须保持足够的安全距离。对于低压电器,一般也不要轻易用手去触摸,以防设备带电或漏电造成触电事故。用手触摸电气设备时要采取必要的安全措施:①切断电源,确保无电;②穿上绝缘良好的绝缘鞋或站在干燥的木板或木凳子上,用一只手的手背去触摸,身体其他部分不得接触墙、地或电气设备。对保护接地、接零良好的电动机、发电机和变压器等,可以直接用手触摸其外壳和散热器。电气设备温度手测经验如表5-5所列。

表 5-4　电气设备故障检测诊断的方法

技术方法		物理特征	检测目标	适用范围
振动诊断噪声		振动声学	稳态振动、瞬态振动模态参数等噪声	旋转机械、旋转电动机、断路器
温度及热像		温度	温度、温差、温度场热像图	热力设备、旋转电动机及电器、变压器、断路器、架空线路、电缆
无损检测及声发射		声学	设备（部件）的内部和表面缺陷	转机械、旋转电动机、热力设备、核电设备
			声阻、超声波、声发射	热力设备、压力容器、变压器、断路器、管道、阀门
化学诊断	油液	油液	绝缘油油气分析，润滑油光谱、铁谱	旋转电动机、变压器（电抗器）、互感器
	水汽	水汽	水汽品质	热力设备、化水设备
	烟雾	烟雾	烃类成分	旋转电动机
绝缘诊断		电气参数	电压、电流、电阻、功率、电磁特性、绝缘性能等	旋转电动机、变压器、断路器、避雷器、互感器、架空线路、电缆、控制设备
人工智能		专家系统神经网络模糊集		热力设备、旋转机械、旋转电动机、输变电设备

表 5-5　用手测定温度

温度/℃	感觉	手测经验
30	稍温	比体温低，感到稍温一些
40	稍有热感	用手摸稍有热感
45	微热	手摸有热感
50	较热	用手一接触，手接触面变红色
55	热	用手接触，热的感受不能超过 5~7s
60	很热	用手接触，热的感受不能超过 3~4s
65	略烫	用手可以接触 2~3s，手离开后热度仍留在手上
70	烫	一只手接触只能停留约 3s
75	很烫	一只手接触可以忍耐 1.5~3s，稍稍一接触就放开，手感到火辣辣烫得难受
80	热到已经烧坏	热的程度，手掌平放不能碰，一只手指可以忍耐 1~1.5s，乙烯酯布接触后立即溶化
85~90	热到已经烧坏	用手瞬间接触，手即反射回来

（2）用手测试振动。日常维护和运行中，常用手摸测试电气设备的振动，其经验如下：用食指、中指和无名指轻按轴瓦、机身振动部位。手摸振动经验标准如表 5-6 所列。

表 5-6　手摸振动经验标准

振动/mm	经验	标准
0.01~0.02	手摸基本没振动感觉	理想
0.02~0.04	手摸在手指尖有轻微麻感	合格
0.05~0.06	手摸在手指尖有跳动感	不合格
0.06~0.08	手摸在手指尖有较强跳动感，延伸至手掌	不合格
0.09~0.1	站在楼板上全身有振动感觉	不能运行

2. 利用嗅觉异味诊断电气设备异常或故障

在电气设备运行中，设备故障前经常要发生一种异常异味，如表 5-7 所列。

表 5-7 异味及其内容

气味	一般内容	气味	一般内容
臭氧	放电现象	化学气味	氨味,检查是否有漏氨处
焦味	电气绝缘过热或有被烧物质	化学气味	酸味,检查是否有漏酸处
挥发味	一些油质可能过热或油漆部件过热	化学气味	碱味,检查是否有漏碱处

3. 利用视觉异常诊断电气设备异常或故障

在巡视检查电气设备时,可通过观察监视仪表、检查外观及变色情况等发现故障。

二、电动机常见故障与维修技术

(一)电动机运行时的常见故障及处理方法

电动机通过长期的运行,会发生各种电气故障和机械故障。主要故障如下:

(1) 通电后电动机不能转动,但无异响,也无异味和冒烟。原因可能是:①有两相以上电源未通;②有两相以上熔丝熔断;③过电流继电器调得过小;④控制回路接线错误。

针对以上四点,可分别采取对应的处理方法:①仔细检查电源回路开关,接线盒是否有松脱、断点,若有,则予以修复;②检查熔丝情况,若熔断,则应更换新熔丝;③调整过电流继电器的整定值,使其与电动机配合;④仔细检查控制回路的接线情况,若错误,则依据原理接线图正确接线。

(2) 通电后电动机不转,然后熔丝熔断。原因可能是:①缺一相电源;②定子绕组发生相间短路或接地故障;③熔丝截面过小;④电源线发生短路或接地故障。

针对以上 4 个原因,可分别采取下列对策:①检查刀开关是否有一相未合好或电源回路有一相断线;②检查定子绕组电阻值及绝缘情况,查出短路点,予以修复;③更换截面较大的熔丝;④检查电源线,消除故障点。

(3) 通电后电动机不转,但发出低沉的"嗡嗡"声。原因如下:①电源电压过低;②电源一相失电或定子、转子绕组有断线故障;③绕组引出线始末端接错或绕组内部接反;④电动机负载过大或转子卡住。

针对上述 4 个原因,应首先切断电源,然后分别采取下列措施:①检查电源接线,是否将规定的"△"连接误接为"Y"连接并予以纠正;②检查电源和定子、转子绕组,查明断点,予以修复;③检查绕组极性,判断绕组首末端是否正确;④减少负载,消除机械故障。

(4) 电动机起动困难,带负载运行时转速低于额定值。原因可能是:①电源电压过低;②笼型转子断裂或开焊;③转子绕组发生一相断线;④电刷与集电环接触不良;⑤负载过大。

针对 4 个原因,可采取的措施分别是:①用万用表检查电动机输入端的电源电压,看是否将"△"连接误作为"Y"连接;②检查笼型转子断点,采用正确的方法进行修复或予以更换;③用万用表检查绕组断线处,查到断路点;④调整电刷压力及改善电刷与集电环接触面;⑤选择较大容量的电动机或减轻负载。

(5) 电动机空载或负载时,电流表指针来回摆动。原因可能是:①绕线式转子发生一相断路或电刷、集电环短路装置接触不良;②笼型转子断线或开焊。

针对上述第①点,可以检查转子绕组回路,查到断路点,调整电刷压力与改善电刷状况,修理或更换短路装置。

(6) 运行中电动机,回路电流正常,但温升超过规定值。可能原因是电动机的通风散热冷却系统发生故障,如通风道积垢堵塞、周围环境温度过高、空气流通不畅、散热不良等。可检查冷却系统情况,处理上述问题。

(7) 电动机运行时响声不正常,有异响。原因可能有:①定子与转子相互摩擦;②轴承磨损或油内有砂粒等异物;③转子轴承严重缺油;④风道堵塞或风扇碰壳;⑤定子绕组错接或发生短路。

针对以上原因,处理方法包括:①锉去定转子硅钢片突出部分,或更换轴承、端盖等;②清洗轴承或予以更换;③加新油;④清理风道,校正风扇,拧紧螺钉;⑤消除定子绕组故障。

(8) 运行中电动机振动较大。原因可能有:①磨损造成轴承间隙过大;②气隙不均匀;③铁芯变形或松动;④风扇不平衡;⑤机壳或基础强度不够,电动机地脚螺钉松动;⑥定子或转子绕组短路。

针对以上原因,处理方法包括:①检修轴承,必要时更换;②调整气隙,使之均匀;③校正重叠铁芯;④检修风扇,校正平衡,纠正其几何形状;⑤加固基础,紧固地脚螺钉;⑥检查绕组,寻找故障点,并予以修复。

(9) 运行中的电动机过热甚至冒烟,有焦臭味。原因可能有:①电源电压过高,使铁芯发热大大增加;②电源电压过低,电动机又带额定负载运行,电流过大使绕组发热;③电动机过载或频繁起动;④周围环境温度高,电动机表面污垢多,或通风道堵塞;⑤定子绕组发生相间、匝间短路或内部连接错误。

针对以上原因,处理方法包括:①调整供电变压器分接头,降低电源电压;②减少负载,按规定次数控制电动机起动;③清洗电动机,改善环境温度,采取降温措施;④检修定子绕组,消除故障。

(二) 电动机维修技术

1. 电动机的拆装

在检查、清洗、修理电动机内部,或换润滑油、轴承时,均需把电动机拆开。掌握正确的拆卸和装配技术,可以避免电动机各零部件遭受不应有的损坏,也可以避免将装配位置弄错,保证修理质量。下面介绍三相笼型转子异步电动机的拆卸工艺。

(1) 拆卸前的准备。拆卸前做好以下工作:

① 准备好各种拆卸工具,清洁现场。

② 在线头、轴承盖、螺钉、端盖等部件上做好记号。

③ 拆除电源线和保护接地线。

④ 拧下地脚螺母,将电动机搬离基础,移至解体现场。

(2) 拆卸。电动机的拆卸按以下步骤进行:

① 拆卸带轮。将带轮上的固定螺栓或销子松脱,用顶拔器将带轮慢慢拉出来。

② 拆下电动机尾部风罩和尾部扇叶。

③ 拆下前后轴承外盖,松开两侧端盖紧固螺栓,使端盖与机壳分离。

④ 抽出转子。在抽出转子前,应在转子下面气隙和绕组端部垫上厚纸板,以免碰伤铁芯和绕组。小型电动机的转子可以直接用手抽出,大型电动机需用起重设备吊出。

⑤ 拆下前后轴盖和轴承内盖。

(3) 装配。电动机的装配工序大体与拆卸顺序相反。装配时应注意下列事项:

① 装配电动机前应彻底清扫定子、转子内间表面的尘垢。

② 装配端盖时,先要查看轴承是否清洁,并加入适量的润滑脂。端盖的固定螺栓应均匀地交替拧紧。

装配过程中,应保持各零件的清洁,正确地将各处原先拆下的零件原封不动地装回。

2. 转轴的修理

转轴是电动机向工作机械输出动力的部件,同时它还要支持转子铁芯旋转,保持定子、转子之间有适当的、均匀的气隙,所以它除了必须具备足够的机械强度和刚度外,还要求它的几何中心线直,横截面保持正圆,表面平滑,无穴坑、波纹、刮痕。

转轴常见的故障有轴弯曲、轴颈磨损、轴裂纹或断裂等。轴的这些损坏,往往导致转子和定子相互摩擦,或轴与轴承内圈配合松动。若轴与轴承内圈配合不紧,它们会在转子转动时发生相对滑动,造成轴承过热。这些故障的修理可参见本书第三章相关章节。

3. 轴承的修理

中小型电动机的轴承大量使用的是滚动轴承。其装配方便,维护简单,不易造成定子和转子相互摩擦。

4. 定子绕组的局部修理工艺

绕组是三相异步电动机的"心脏",而定子三相绕组出现故障的概率最大,其局部故障表现为绕组绝缘电阻下降、绕组接地、绕组断路和绕组相间或绕组匝间短路等故障,只要故障不太严重,一般情况下,可通过局部修理将其修复。

(1) 绕组绝缘电阻下降的检修。绕组绝缘电阻下降的直接原因,除一部分是绝缘老化外,主要是受潮,通常采用干燥处理后即可修复。

干燥处理就是对绕组加热,使潮气随热气流移动和散发出去。常用的干燥方法有烘房干燥法、热风干燥法、灯泡干燥法等。

(2) 绕组接地故障的检修。所谓接地,是指绕组与机壳直接连通,俗称碰壳。造成绕组接地故障的原因很多,如电动机运行中因发热、振动、受潮使绝缘性能劣化,在绕组通电时被击穿;或因定子与转子相互摩擦,使铁芯过热,烧伤槽楔和槽绝缘;或因绕组端部过长,与端盖相碰等。

绕组接地时,电动机起动不正常,机壳带电,接地点产生电弧,局部过热,会很快发展成为短路,烧断熔断器甚至烧坏电动机绕组。

绕组接地故障的检查方法很多,下面介绍用兆欧表检测的方法。

对于500V以下的电动机,可采用500V的兆欧表;500~3000V的电动机采用1000V的兆欧表;3000V以上的采用2500V的兆欧表。测量方法如下:测量前,应先校验兆欧表,然后正确接线,将"L"接线柱接至主绕组的一端,"E"接线柱接至电动机外壳上无绝缘漆的部位;然后转动手柄至额定转速,指针稳定后所指的数值即为被测绕组的对地绝缘电阻。若指针指到零,则表示绕组接地。若指针摇摆不定,则说明绝缘已被击穿,只不过尚存着某个电阻值而已。

(3) 绕组短路故障的检修。定子绕组的短路分为相间短路和匝间短路两种。造成绕组短路故障的原因通常是由于电动机电流过大、电源电压偏高或波动太大、机械力损伤、绝缘老化等。绕组发生短路后,使各相绕组串联匝数不等、磁场分布不匀,造成电动机运行时振动加剧、噪声增大、温升偏高甚至烧毁。

常用的短路故障检查方法有下面几种:

① 外观检查法。短路较严重时,在故障点有明显的过热痕迹,绝缘漆焦脆变色,甚至能闻到焦煳味。如果故障点不明显,可使电动机通电,运行20min左右停车,迅速拆开电动机,用手摸绕组端部,凡是发生短路的部分,温度比其他地方都高。

② 电流平衡法。使电动机空载运转,用钳形电流表或其他交流电流表测三相绕组中的电流。若三相空载电流平衡,则绕组完好;若测得某相绕组电流较大,再改变相序重测,如该相绕组电流仍大,则证明该相有短路存在。

无论发生哪种短路故障,只要短路绕组的导线还未严重烧坏,就可以局部修补,方法如下:

① 绕组相间短路的修补。绕组相间短路多由于各相引出线套管处理不当或绕组两个端部相间绝缘纸破裂造成,此时只需处理好引线绝缘或相间绝缘,故障即可排除。

② 绕组匝间短路修补。匝间短路往往是由于导线绝缘破裂或在焊接断线时温度太高造成的。

若损坏不严重,可先对绕组加热,使绝缘物软化,用划线板撬开坏导线,垫入好的绝缘材料,并趁热浇上绝缘漆,烘干即可。若损坏严重,可将短路的几匝导线在端部剪开,将绕组烘干后,用钳子将已坏的导线抽出,换上同规格的新导线并处理好接头。

(4) 笼型转子断条的修理。笼型转子是由铜条或铸铝条构成的,断条是指笼条中一根或多根铜(铝)条断裂,使通路断开的故障。造成断条的原因往往是铜条或铝条质量不良,或浇注工艺不佳,或由于运行起动频繁、操作不当、急促的正/反转及超载造成强烈冲击。

发生断条故障后,电动机输出力会减小、转速下降、定子电流时大时小、电流表指针呈周期性摆动,有时还伴有异常的噪声。

常用的检验方法有:

① 外观检查法。抽出转子,仔细观察铁芯表面,若出现裂痕或烧焦变色的现象,则该处可能发生断条。

② 铁粉显示法。在转子绕组中通入低压交流电,电流为150~200A,这样每根笼条周围形成磁场,当将铁粉均匀地撒在转子表面时,利用磁场能吸引铁屑的原理,若笼条完好,铁粉就能整齐均匀地按铁芯槽排列;若某一条周围铁粉很少甚至没有铁粉,而其他笼条周围都有铁粉,则表明无铁粉的笼条已断路。

转子断条常用以下几种方法予以修复:

① 补焊法。若断裂发生在转子外表面,可用喷灯将转子加热到450℃左右,用 $\omega_{Sn}=63\%$、$\omega_{Zn}=33\%$、$\omega_{Al}=4\%$ 的焊料予以补焊,最后将修补处多余的焊料铲平或车平。

② 冷接法。在断裂处用与槽宽相近的钻头钻孔并攻螺纹,然后拧上一根与其相配的螺钉,再车掉或铲掉螺钉多余的部分,使转子表面的圆柱体保持平滑为止。

③ 换条法。若断裂严重,用前两种方法无法修复,可以用换条法换上新的笼条,即用长钻头将废笼条钻通,除去多余屑渣,打入直径与孔径相同的新笼条,然后将两端焊在端环上形成整体。

当铸铝转子断条较多,无法补焊或更换铝条进行修理时,可将铝条全部熔掉后改为铜条笼结构。

三、开关电器常见故障与维修技术

开关电器用于电路的接通和开断。当电路中通过电流,尤其通过很大的短路电流时,在开关触点之间会产生电弧。电弧的存在说明电路还没有真正断开,所有开关电器必须具备足够的灭弧能力,以免高温电弧烧坏触点,影响开断质量。

按作用及结构,开关电器分为以下两类:①高压开关,包括高压断路器、隔离开关、熔断器和负荷开关等;②低压开关,包括断路器、接触器、磁力起动器、熔断器、刀开关、组合开关和负荷开关等。

下面介绍其中几种开关电器的常见故障及维修技术。

(一) 高压断路器

高压断路器在电路中十分重要,它不仅要能接通和断开正常的负荷电流,而且当发生短路故障时,还可以和继电保护装置配合,迅速跳闸以切断电源,从而起到保护设备、减少停电范围、防止事故扩大的作用。高压断路器的类型很多,其中油断路器是我国目前应用最普遍的一类。

1. 油断路器的常见故障和处理方法

(1) 油断路器拒绝合闸。油断路器发生拒绝合闸故障时,应先检查操作电源的电压值,如与规定不符合,应先予以调整,然后再进行合闸。如果操作电源的电压值满足规定,则应尽可能根据其外部异常现象去发现故障的原因。

① 当把操作手柄置于合闸位置而信号灯却不发生变化时,则可能合闸回路中没有电压,应仔细检查回路是否断线或熔断器是否熔断。

② 指示"跳闸"位置的信号消失而"合闸"信号不亮,此时应检查"合闸"信号灯是否已损坏。

③ "跳闸"信号消失,然后又重新点亮,可能是由于直流回路中电压不够,导致操作机构未能将油断路器合闸铁芯正常吸起,或是操作机构机械部分有毛病(或调整不正确)。

④ "跳闸"信号消失,"合闸"信号点亮,但旋即熄灭,"跳闸"信号复亮,油断路器虽曾合上过,但因某种机械上的故障,挂钩未能合上。应仔细检查,予以排除。

(2) 油断路器拒绝跳闸。当电力系统或设备发生故障,油断路器应该自动跳闸而不跳闸时,可能会引起严重的事故,因为这种拒绝动作的结果是引起全部电源跳闸。

其机械方面的原因是:跳闸铁芯卡涩,或顶杆套上的上部螺纹松动,或由于联锁装置故障造成断路器的辅助触点接触不好,导致跳回路不通。

其电气方面的原因是:①操作回路断线(如熔断器熔断)或跳闸线圈两端电压过低造成断路器无法跳闸等,这种情况下,当断路器合闸时,指示灯不亮;②继电保护回路出现故障,如继电器线圈损坏或接点不通等。为了防止以上情况发生,应定期进行继电保护校验。

(3) 油断路器误跳闸。如果油断路器跳闸而其继电保护装置未动作,且在跳闸时未发现短路故障或接地故障,则为误跳闸,必须查明原因。

检查油断路器时,应将其两侧的隔离开关拉开以隔离电源。在排除人为误操作之后,应检查油断路器的操作机构及操作回路的绝缘状况,如果还查不出来,则应检查继电保护装置。

(4) 油断路器着火。油断路器着火的原因有:油断路器开断时动作缓慢或开断容量不足;油断路器油面上的缓冲空间不足,使电弧燃烧时压力过大;油不干净或受潮而引起油断路器内部的闪络;外部套管污秽或受潮而造成对地闪络或相间闪络。

油断路器着火时,如果油断路器未自动切断,应立即手动切断,并拉开两侧隔离开关,使其与电源完全脱离,不使火灾有蔓延的危险,然后用干粉灭火器灭火,如不能扑灭时再用泡沫灭火器。

2. 油断路器的维修

(1) 用合格的变压器油清洗灭弧片及绝缘筒,检查有无烧伤、断裂、受潮等情况。

(2) 检查动、静触点表面是否光滑,有无变形、烧伤等情况,轻者可用锉刀或砂纸打光,重者则予以更换。

(3) 检查支持绝缘子有无破损,如有轻微掉块可用环氧树脂修补,严重时应更换。

(二) 隔离开关

隔离开关主要用于设备或电路检修时隔离电源,形成一个明显可见的、具有足够间距的断口。隔离开关没有专门的灭弧装置,不能开断负荷电流,只可开断一些小电流回路(如电压互感器、避雷器回路等)。隔离开关一般与断路器配合使用,严禁带负荷进行分、合闸操作。

1. 隔离开关的常见故障和处理方法

(1) 触点过热。触点是电器的重要组成部分,一些严重的故障往往开始表现为触点过热,若未及时发现和处理,很容易发展成触点烧毁、拉出电弧和飞弧短路,使故障扩大。

引起触点发热的原因很多,如触点压紧弹簧松弛及接触部分表面氧化,使接触电阻增加,而触点在运行中的发热就是电流在接触电阻上的功率损耗,致使触点温度升高,氧化速度明显加快,形成恶性循环,最终导致触点的烧毁,并进而引发电弧和短路。另外,隔离开关在拉合过程中引起电弧而烧伤触点,或者用力不当使接触位置不正,引起触点压力降低,致使隔离开关接触不良而发热。

隔离开关发生触点过热时,应将其退出运行或减少负荷。停电检修时,应仔细检查压紧弹簧,必要时可更换新的。用0号砂纸打磨触点表面,并涂凡士林。

(2) 绝缘子表面闪络和松动。绝缘子是用来支持隔离开关并使带电部分与地绝缘的。发生表面闪络的原因往往是由于表面受潮或脏污,检修时可冲洗绝缘子使其干净,而平时应定期用干燥及干净的布将其擦拭。当由于胶黏剂发生膨胀或收缩引起绝缘子松动时,应更换新的绝缘子,将换下来的重新胶合处理。

(3) 隔离开关拉不开。隔离开关拉不开的原因可能是传动机构和开口处生锈等,此时不得用蛮力强行拉开,应该用手把慢慢摇晃,注意绝缘子及机构的每一部分,根据它们的变形和变位,找出故障点。

(4) 隔离开关合不上。隔离开关合不上的原因可能是轴销脱落、楔栓退出、铸铁断裂等造成刀杆与操动机构脱节,遇到这种情况时,应停电进行处理。若不能停电,应用绝缘棒进行合闸操作,或用扳手转动每相隔离开关的转轴。

(5) 隔离开关误动作。误合隔离开关后,不论发生任何情况,也不论合上了几相,都不许立即拉开,必须用断路器将这一回路断开或查明确无负荷后,方允许拉开。

误拉隔离开关引起电弧时,若刀片刚离开刀嘴,应立即合上,停止操作;若刀片离开刀嘴有一定距离时,应拉开到底,不许立即重合。

2. 隔离开关的维修

(1) 检查有无损坏的零件,用90°角尺检查刀闸的垂直度,检查有无缺块、烧伤、变形、弯曲等缺陷,若有,则应及时更换。

(2) 检查母线连接处或接地线有无松动、脱离现象,若有,则应立即拧紧螺母。

(3) 检查绝缘子有无裂纹、放电痕迹,软铜片是否破裂、折断,若有,则应进行更换。

(4) 用0.05mm的塞尺检查动、静触点之间的紧密程度,其塞入深度不应大于6mm。若接触不紧,对于户内型隔离开关可以调整刀片双侧弹簧的压力;对于户外型隔离开关则可将弹簧片与触点结合的铆钉钉死。

(5) 检查触点接触面是否聚积氧化物及斑点,若有,可用钢丝刷、砂布、浸油的抹布擦除。如发现难于消除或有凹陷及烧损痕迹,则应换新的。

(6) 检查触点弹簧及其压力,压力不够则应重新更换触点弹簧。

(7) 用凡士林油或其他润滑油润滑传动机械部分,若有失效、损坏的,应进行更换。

(三) 熔断器

熔断器是开关电器中的一种纯保护电器,当电路中发生短路或严重过载时,直接利用熔断器中的熔体产生的热量引起本身熔断,从而使故障电气设备免受损坏,以维持电力系统其余部分的正常工作。

熔断器的额定电流值应与线路相适应。可根据电路中电流的变化或熔断指示器的动作情况,判断熔断器是否熔断。当熔体熔断时,应先拉开开关,检查线路是否发生短路或严重过载,并排除故障。有些熔断器可只换上新的熔体,有的则必须整体更换。

更换熔体时,必须避免熔体受到机械损伤。安装前,应检查熔体外观有无损伤、变形、截面变小等缺陷,瓷绝缘部分有无破损或闪络放电痕迹。安装时,必须保证接触良好,如果接触不良会使接触部位过热,热量传至熔体,引起熔体熔断而误动作。

运行中,若发现熔体氧化或有闪络放电现象,应及时更换。如接触处有过热现象,应及时处理。

(四) 负荷开关

1. 高压负荷开关的维修

高压负荷开关与隔离开关很相似,所不同的是它多了一套简单的灭弧装置,故它可以开断负荷电流,但不能切断短路电流,不能用作过载短路保护元件。

高压负荷开关在投入运行前,应将绝缘子擦干净;给各转动部分涂上润滑油;接地处的接触表面要打光,保持接触良好;母线固定螺栓应拧紧,同时负荷开关的连线母线要配置合适,不应使负荷开关受到来自母线的机械应力。

高压负荷开关的操作比较频繁,其主闸刀和灭弧闸刀的动作顺序是:合闸时,灭弧闸刀先闭合,主闸刀后闭合;分闸时,主闸刀先断开,灭弧闸刀后断开。多次操作后,应检查紧固件是否松动,当操作次数达到规定值时,必须检修。

负荷开关分闸后,闸刀张开的距离应符合制造厂的规定要求。若达不到要求时,可改变操作拉杆到扇形板上的位置,或改变拉杆的长度。

合闸操作时,灭弧闸刀上的弧动触点不应剧烈碰撞喷口,以免将喷口碰坏。

当负荷开关与熔断器组合使用时,可进行短路保护。高压熔断器的选择应考虑在短路电流大于负荷开关的开断能力时,必须保证熔断器先熔断,然后负荷开关才能分闸。

负荷开关的触点受电弧的影响损坏时,必须进行检修,损坏严重的要予以更换。

2. 低压负荷开关的维修

低压负荷开关又称铁壳开关,它是由刀开关和低压熔断器结合的组合电器,常用于电动机、照明等配电电路中,可开断负荷电流及短路电流。

负荷开关安装时,电源进线应接静触点一方,用电设备接在动触点一方。合闸时,手柄应向上,不能倒装或平装。其铁外壳应可靠接地。

负荷开关的检修内容如下:

(1) 清除污垢,检查外部及其紧固情况,检查操作机构是否灵活,必要时加以调整。

(2) 清除触点烧损痕迹,检查与调整动、静触点的接触紧密程度,并检查三相是否同时接触。

(3) 更换有裂纹的、损坏的绝缘子。

(4) 检查接地是否良好。

(五) 低压断路器(自动空气开关)

低压断路器广泛应用于低压配电装置中,它是一种既能手动又能自动接通和分断电路,当电路有过载、短路及失压时能自动分断电路的电器。

低压断路器以空气作为灭弧介质,主要由灭弧装置、导电系统、操作机构和脱扣装置等组成。低压断路器在安装及运行前应做一般常规检查。内容包括:①检查外观有无损伤破。②检查触点系统和导线连接处有无过热现象。③检查灭弧栅片是否完好,灭弧罩是否完整,有无喷弧痕迹和受潮情况。如果灭弧罩受损,应停止使用,进行修配或更换,以免在开断电路时发生飞弧现象,造成相间短路。④检查传动机构有无变形、锈蚀、销钉松脱现象。⑤检查相间绝缘主轴有无裂痕、表层剥落和放电现象。⑥检查过流脱扣器、失压脱扣器、分励脱扣器的工作状态。如整定值指示位置是否与被保护负荷相符,电磁铁表面及间隙是否清洁、正常,弹簧的外观有无锈蚀,线圈有无过热及异常响声等。

低压断路器运行一段时间后,要定期维护检修,内容包括:

1. 触点的检修

首先应清除触点表面的氧化膜和杂质,可用小刀轻轻刮,也可用砂布擦拭。注意镀银的接触表面只能用干净的抹布擦拭,以免损坏银层。

若触点表面积聚了灰尘,可用吹风机吹掉或用刷子刷掉。触点表面若积聚了油垢,可用汽油清洗干净。

被电弧烧出毛刺的触点表面,可用细锉仔细锉平凸出麻点,并要注意保持接触表面的形状和原来一样。

然后检查触点的压力,若压力不符合制造厂的规定,可更换失效或损坏的弹簧。

调整三相触点的位置,保证三相同时闭合。

2. 操作机构的检修

低压断路器在操作过程中,经常会出现合不上或断不开的毛病,遇到这种情况时,可检查操作机构各部件有无卡涩、磨损,持勾和弹簧有无损坏,各部分间隙是否符合规定的数值。

注意,各机构的转动部分应定期涂上润滑油。

每次检修之后,应做几次传动试验,看机构运行是否正常。

(六)接触器

接触器是利用电磁吸力和弹簧反作用力配合动作而使触点闭合或分断的一种电器。根据触点通过的电流性质不同,分为交流接触器和直流接触器。

接触器动作频繁,特别要注意定期检查,看可动部分零件是否灵活、紧固件是否牢靠、触点表面是否清洁。

接触器在使用时不得去掉灭弧罩。灭弧罩易碎,装拆时必须十分小心。

接触器的常见故障及处理方法如下:

1. 触点过热甚至熔焊

当触点压力不够、触点表面接触不良或接触电阻增大、通过触点的电流过大时,会使触点严重发热,甚至发展到动、静触点焊在一起的熔焊现象。

处理方法有:调整触点压力,用小刀或细锉处理触点因电弧而形成的蚀坑或熔粒,调换开断容量更大的接触器。若触点不能修复,则予以更换。

2. 衔铁振动和吸合噪声大

其主要原因有:衔铁歪斜;铁芯与衔铁的接触面接触不良,表面有锈蚀、油污、尘垢;反作用弹簧力太小;衔铁受卡,不能完全吸合;短路环损坏或脱落。

处理方法有:调正衔铁位置;清洁衔铁表面,用汽油或四氯化碳清洗;更换反作用弹簧;消除衔铁受阻因素;更换短路环。

3. 线圈过热或烧毁

其主要原因有:流过线圈的电流过大;线圈技术参数不符合要求、衔铁运动受卡等。

处理方法有:寻找引起线圈电流过大的因素,更换符合要求的线圈,使衔铁运动顺畅。

4. 触点磨损

一种原因是电气磨损,触点电弧温度使触点材料气化或蒸发,三相接触不同步;另一种原因是机械磨损,由于触点闭合撞击,相对滑动摩擦造成的。

处理方法有:调换接触器,调整三相触点使其同步,排除短路故障等。

第三节 装备电气故障诊断与维修

电气设备在运行过程中会产生各种各样的故障,致使设备停止运行而影响生产,严重的还会造成人身或设备事故。引起电气设备故障的原因,除部分是由于电器元件的自然老化引起的外,还有相当部分的故障是因为忽视了对电气设备的日常维护和保养,以致小毛病发展成大事故,还有些故障则是由于电气维修人员在处理电气故障时的操作方法不当,或因缺少配件凑合行事,或因误判断、误测量而扩大了事故范围所造成的。所以为了保证电气设备正常运行,以减少因电气修理的停机时间,提高设备的利用率和劳动生产率,必须十分重视对电气设备的维护和保养。另外,根据各厂设备和生产的具体情况,储备部分必要的电器元件和易损配件等。

一、电气故障产生的原因

电气设备故障具有必然性,尽管对电气设备采取了日常维护保养及定期校验检修等有效措施,但仍不能保证电气设备长期正常运行而永远不出现电气故障。电气故障产生的原因主要有自然故障和人为故障。

(一) 自然故障

电气设备在运行过程中,其电器常常要承受许多不利因素的影响,诸如电器动作过程中的机械振动;过电流的热效应加速电器元件的绝缘老化变质;电弧的烧损;长期动作的自然磨损;周围环境温度、湿度的影响;有害介质的侵蚀;元件自身的质量问题;自然寿命等原因,以上种种原因都会使电器难免出现一些这样或那样的故障而影响设备的正常运行。因此加强日常维护保养和检修可使电气设备在较长时间内不出或少出故障,但切不可误认为,电气设备的故障是客观存在、在所难免的,就忽视日常维护保养和定期检修工作。

(二) 人为故障

电气设备在运行过程中,由于受到不应有的机械外力的破坏或因操作不当、安装不合理而造成的故障,也会造成设备事故,甚至危及人身安全。

二、电气设备的结构不同导致电气故障的因素

故障的类型由于电气设备的结构不同,电器元件的种类繁多,导致电气故障的因素又是多种多样,因此电气设备所出现的故障必然是各式各样的。然而这些故障大致可分为两大类:

(1) 有明显的外表特征并容易被发现的故障。例如,电机、电器的显著发热、冒烟、散发出焦臭味或火花等。这类故障是由于电机、电器的绕组过载、绝缘击穿、短路或接地所引起的。在排除这些故障时,除了更换或修复之外,还必须找出和排除造成上述故障的原因。

(2) 没有外表特征的故障。这一类故障是控制电路的主要故障。在电气线路中由于电气元件调整不当、机械动作失灵、触头及压接线头接触不良或脱落,以及某个小零件的损坏,导线断裂等原因所造成的故障。线路越复杂,出现这类故障的机会也越多。这类故障虽小但经常碰到,由于没有外表特征,要寻找故障发生点,常需要花费很多时间,有时还需借助各类测量仪表和工具才能找出故障点,而一旦找出故障点,往往只需简单地调整或修理就能立即恢复设备的正常运行,所以能否迅速地查出故障点是检修这类故障时能否缩短时间的关键。

三、现场维修的一般检查方法

(一) 常规检查

(1) 检查电源电压是否正常,断路器、热继电器、低压断路器是否有跳闸现象,各熔断器是否有熔断现象。

(2) 观察故障板,是否有元器件破损、断裂、过热及变色现象。

(3) 检查集成电路中电子元件是否有接点松动、焊接不良的现象。

(4) 检查电线、电缆是否断裂,连接线是否有断线,插接件是否有脱落。

(5) 注意观察机床在故障出现时,是否有噪声、振动、焦煳味、异常发热等现象。

(6) 检查冷却风扇是否旋转正常。

(二) 静态检查

所谓静态检查,即在没有加入信号之前进行检查,可以切断电源检查,也可以通电来检查。

1. 断电检查。

(1) 电阻。电阻的主要故障有过流烧毁、变值、断裂、脱焊等。用万用表的欧姆挡进行测量,最好焊下电阻的一端再进行测量。

(2) 电容。电容的主要故障有击穿短路、断线开路、漏电、变质失效等。检查电容可用万用表的欧姆挡,对 $0.1\mu F$ 以上的电容,可观察其充放电现象和充电后的绝缘电阻。每次检查时,应将电容器从电路中焊下,并放电。对容量较小的电容可测其绝缘电阻,一般表针不动,如阻值为零,表明电容器已被击穿。

(3) 晶体管。用万用表 $R\times 1k$ 挡测量基极和集电极、发射极之间的电阻值,其正向电阻应为 $20\sim 50\Omega$,反向电阻则越大越好。而集电极与发射极之前的正反向电阻值都应大于 $2k\Omega$,如果两次测量都很小就可能被击穿了。

(4) 集成电路。一些集成电路损坏后,输出引脚和输入引脚对地的电阻值会发生变化,用万用表尺 $R\times 1k$ 挡测量各点对地电阻,用比较的方法,找出类似的点进行测量,比较电阻不可相差过大。输出脚对地电阻不可过小,但各脚对地的正向阻值又不可过大。当经过多次测量,并仔细分析,认为确有问题时,才可焊下片子,予以更换,否则将使好片子受损报废。

2. 通电检查。

(1) 电容。用示波器观察其上的电压波形的变化,确定它的时间常数是否正确。

(2) 晶体管。可测量各个极的电压,判断它的静态工作点是否正确。如果是硅管,它的基极与发射极之间的电压为 $0.6V$ 左右,锗管则为 $0.2V$ 左右。还可以通过基极电位的变化观察集电极的电位变化,以确定是否正常工作。

(3) 逻辑电路。使用脉冲信号笔、逻辑测试笔和示波器观察其逻辑功能是否正确。

(三) 动态检查

在现场检查出损坏的器件后,可在小范围内用稳压电源和示波器模拟输入信号,检验替代的器件能否继续工作。寻找替代器件时应考虑以下几点:

(1) 电阻的替代。在数字电路中,除了振荡、定时、分压的电阻阻值要求较高外,其余电路只要满足功率即可,多采用金属膜电阻。在线性电路中,多采用精密电阻,替代时注意精度等级及电阻的阻值。

(2) 电容器的替代。电容主要是要满足容量与耐压这两个主要参数,但在振荡电路中要求电容的介质损耗要小,在定时电路中,要求电容的容量值要精确。

(3) 晶体管的替代。晶体管器件在拆卸前要记录下各极的位置,在取下器件后,再一次确认器件是否损坏,并记录型号、制造厂家,根据主要参数寻找替代品。

(4) 集成电路的替代。当确定原集成电路已损坏后,方可拆下集成电路片。不论是数字电路还是模拟电路的集成片子,均可根据型号类型查找手册予以替代。

四、故障的分析和检修

当设备发生电气故障后,为了尽快找出故障原因,需按正确步骤进行检查分析,排除故障。

电气设备的检测技术归纳为"六诊"要诀,另外引申出电气设备诊断特殊性的"九法""三先后"要诀。"六诊""九法""三先后"是行之有效的电气设备故障诊断方法。

（一）"六诊"检测法

"六诊"——口问、眼看、耳听、鼻闻、手摸、表测六种诊断方法，简单地讲就是通过"问、看、听、闻、摸、测"来发现电气设备的异常情况，从而找出故障原因和故障所在的部位。

1. 口问

当一台设备的电气系统发生故障后，检修人员首先要了解详细的"病情"。即向设备操作人员了解设备使用情况、设备的病历和故障发生的全过程。如果故障发生在有关操作期间或之后，还应询问当时的操作内容以及方法、步骤。总之，了解情况要尽可能详细和真实，这些往往是快速找出故障原因和部位的关键。

2. 眼看

（1）看现场。根据所问到的情况，仔细查看设备外部状况或运行工况。如设备的外形、颜色有无异常，熔丝有无熔断；电气回路有无烧伤、烧焦、开路、短路，机械部分有无损坏以及开关、刀闸、按钮插接线所处位置是否正确，改过的接线有无错误，更换的元件是否相符等；还要观察信号显示和仪表指示等。

（2）看图纸和资料。必须认真查阅与产生故障有关的电气原理图和安装接线图，应先看懂原理图，再看接线图，以"理论"指导"实践"。看懂熟悉有关故障设备的电气原理图后，分析一下已经出现的故障与控制线路中的哪一部分、哪些电气元件有关，产生了什么毛病才能有所述现象。接着，在分析决定检查那些地方，逐步查下去就能找出故障所在了。

3. 耳听

细听电气设备运行中的声响。电气设备在运行中会有一定噪声，但其噪声一般较均匀且有一定规律，噪声强度也较低。带病运行的电气设备其噪声通常也会发生变化，用耳细听往往可以区别它和正常设备运行是噪声之差异。利用听觉判断故障，虽说是一件比较复杂的工作。但只要本着"实事求是"的科学态度，从实际出发，善于摸索规律，予以科学的分析，就能诊断出电气设备故障的原因和部位。

4. 鼻闻

利用人的嗅觉，根据电气设备的气味判断故障。如过热、短路、击穿故障，则有可能闻到烧焦味，火烟味和塑料、橡胶、油漆、润滑油等受热挥发的气味。对于注油设备，内部短路、过热、进水受潮后器油样的气味也会发生变化，如出现酸味、臭味等。

5. 手摸

用手触摸设备的有关部位，根据温度和震动判断故障。如设备过载，则其整体温度会上升；如局部短路或机械摩擦，则可能出现局部过热，如机械卡阻或平衡性不好，其振幅就会加大。另外，实际操作中还应注意遵守有关安全规程和掌握设备特点，掌握摸（触）的方法和技巧，该摸的摸，不能摸的切不能乱摸。手摸用力要适当，以免危及人身安全和损坏设备。

6. 表测

用仪表仪器对电气设备进行检查。根据仪表测量某些电参数的大小，经与正常数据对比后，来确定故障原因和部位。通常采用的表测方法主要有测量电压法、测量电阻法、测量电流法、测量绝缘电阻法等。

（二）"九法"检测法

电气设备的故障可分为两类：一类是显性故障，即故障部位有明显的外表特征，容易发现；另一类是隐性故障，没有外表特征，不易发现。要解决问题，应在初步感官诊断的基础上，熟悉故障设备的电路原理，结合自身技术水平和经验，需要周密思考，确定科学的、行之有效的检验故障病因和部位的方法。常用的电气设备故障诊断方法有9个。

1. 分析法

根据电气设备的工作原理、控制原理和控制线路,结合初步感官诊断故障现象和特征。弄清故障所属系统,分析故障原因,确定故障范围。分析时,先从主电路入手,再依次分析各个控制回路,然后分析信号电路及其余辅助回路,分析时要善用逻辑推理法。

2. 短路法

把电气通道的某处短路或某一中间环节用导线跨接。采用短路法时需要注意不要影响电路的工况,如短路交流信号通常利用电容器,而不随便使用导线短接。另外,在电气及仪表等设备调试中,经常需要使用短路连接线。短路法是一种很简捷的检修方法。

3. 开路法

开路法,也称为断路法。即甩开与故障疑点连接的后级负载(机械或电气负载),是其空载或临时接上假负载。对于多级连接的电路,可逐级甩开或有选择地甩开后级。甩开负载后可先检查本级,如电路工作正常,则故障可能处在后级;如电路仍不正常,则故障在开路点之前。此法主要用于检查过载、低压故障,对于电子电路中的工作点漂移、频率特性改变也同样适用。

4. 切割法

把电气上相连的有关部分进行切割分区,以逐步缩小可疑范围。如查找某条线路的具体接地点,或者对于查找故障设备的具体故障点,也可采用切割法。查找馈线的接地点,通常在装有分支开关或便于分割分支点作进一步分割,或根据运行经验重点检查薄弱环节:查找电气设备内部的故障点,通常是根据电气设备的结构特点,在便于分割处为切割点。

5. 替代法

也就是替换法,即对有怀疑的电器元件或零部件用正常完好的电器元件或零部件替换,以确定故障原因和故障部位。对于电气元件如插件、嵌入式继电器等用替代法简便易行。电子元件如晶体管、晶闸管等用一般检查手段很难判断好坏,用替代法同样适用。采用替代法时,一定要注意用于替代的电器应与原电器规格、型号一致,导线连接正确、牢固,以免发生新的故障。

6. 菜单法

依据故障现象和特征,将可能引起这种故障的各种原因顺序罗列出来,然后一个个地查找和验证,直到找出真正的故障原因和故障部位。

7. 对比法

把故障设备的有关参数或运行工况和正常设备进行比较。某些设备的有关参数往往不能从技术资料中查到,设备中有些电器零部件的性能参数在现场也难于判断其好坏,如有多台电气设备时,可采用互相对比的办法,参照正常的进行调整或更换。此法多在"六诊"的"表测"是运用。

8. 扰动法

对运行中的电气设备人为地加以扰动,观察设备运行工况的变化,捕捉故障发生的现象。电气设备的某些故障并不是永久性的,而是短时区内偶然出现的随机性故障,诊断起来比较困难。为了观察故障发生的瞬间现象,通常采用人为因素对运行中的电气设备加以扰动,如突然升压或降压、增加或减少负荷、外加干扰信号等。

9. 再现故障法

接通电源,按下启动按钮,让故障现象再次出现,以找出故障所在。再现故障时,主要观察有关继电器和接触器是否按控制顺序进行工作,若发现某一个电器的工作不对,则说明该电器所在回路或相关回路有故障,在对此回路作进一步检查,便可发现故障原因和故障点。此法实施时,必须确认不会发生事故,或在做好安全措施情况下进行。

(三)"三先后"操作法

确保安全供电、用电,具体操作的电工要实施"三先后"操作法。

1. 先易后难

先易后难就是"先简单后复杂"。根据客观条件,容易实施的手段优先采用,不易实施或较难实施的手段必要时采用。即检修故障要先用最简单易行、自己最拿手的方法处理,再用复杂、精确的方法;排除故障时,先排除直观、显而易见、简单常见的故障,后排除难度较高,没有处理过的疑难故障。

2. 先动后静

先动后静,即着手检查时首先考虑电气设备的活动部分,其次才是静止部分。电气设备的活动部分比静止部分在使用中故障概率要高得多,所以诊断时首先要怀疑的对象往往是经常动作的零部件或可动部分,如开关、熔丝、闸刀、插接件、机械运动部分。在具体检测操作时,却要"先静态测试,后动态测量"。静态,是指发生故障后,在不通电的情况下,对电气设备进行检测;动态,是指通电后对电气设备的检测。

3. 先电源后负载

先电源后负载,即检查的先后次序从电路的角度来说,是先检查电源部分。后检查负载部分。因为电源侧故障势必会影响到负载,而负载侧故障则未必会影响到电源。例如,电源电压过高、过低、波形畸变、三相不对称等都会影响电气设备的正常工作。对于用电设备,通常先检查电源的电压、电流、电路中的开关、触点、熔丝、接头等,故障排除后才根据需要检查负载。

五、常见电路分析方法

(一)电压测量法

在检查电气设备时,经常通过测量电压值来判断电器元件和电路的故障点,检查时把万用表扳到交流电压500V挡位上。

1. 分阶测量法

电压的分阶测量如图5-5所示,所测电压及故障原因如表5-8所列。

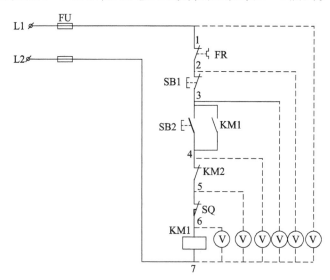

图5-5 电压的分阶测量法

表 5-8 分阶测量法所测电压及故障原因

故障现象	测试状态	7-6	7-5	7-4	7-3	7-2	7-1	故障原因
按下SB2时KM1不吸合	按下SB2时不放	0	380V	380V	380V	380V	380V	SQ 接触不良
		0	0	380V	380V	380V	380V	KM2 接触不良
		0	0	0	380V	380V	380V	SB2 接触不良
		0	0	0	0	380V	380V	SB1 接触不良
		0	0	0	0	0	380V	FR 接触不良

2. 分段测量法

电压的分段测量如图 5-6 所示,分段测量电压值及故障原因如表 5-9 所列。

表 5-9 分段测量法所测电压值及故障原因

故障现象	测试状态	1-2	2-3	3-4	4-5	7-2	故障原因
按下SB2时KM1不吸合	按下SB2时不放	380V	0	0	0	0	FR 常闭触头接触不良
		0	380V	0	0	0	SB1 触头接触不良
		0	0	380V	0	0	SB2 接触不良
		0	0	0	380V	0	KM2 常闭触头接触不良
		0	0	0	0	380V	SQ 触头接触不良

3. 对地测量法

机床电气控制线路也可用接地测量法来检查电路的故障。

电压的对地测量如图 5-7 所示,所测电压及故障原因如表 5-10 所列。

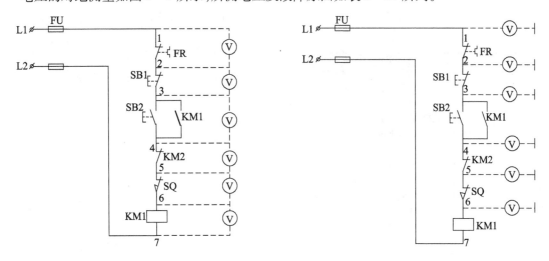

图 5-6 电压的分段测量法　　　　图 5-7 电压的对地测量法

用电压测量法检查线路电气故障时,应注意下列事项:

(1) 用分阶测量法来检查线路电气故障时,标号 6 以前各点对 7 点的电压,都应为 380V,如低于额定电压的 20% 以上,可视为有故障。

(2) 用分段或分阶测量法测量到接触器 KM1 线圈两端点 6 与 7 时,若测量的电压等于电源电压,可判断为电路正常。若接触器不吸合,可视为接触器本身有故障。

195

表 5-10 对地测量法所测电压值及故障原因

故障现象	测试状态	1	2	3	4	5	6	故障原因
按下SB2时KM1不吸合	按下SB2	0	0	0	0	0	0	FU 熔断
		220V	0	0	0	0	0	FR 常闭触头接触不良
		220V	220V	0	0	0	0	SB1 触头接触不良
		220V	220V	220V	0	0	0	SB2 触头接触不良
		220V	220V	220V	220V	0	0	KM2 常闭触头接触不良
		220V	220V	220V	220V	220V	0	SQ 常闭触头接触不良
		220V	220V	220V	220V	220V	220V	KM1 线圈断路或接线脱落

(二)电阻测量法

1. 分阶电阻测量法

如图 5-8 所示,按启动按钮 SB2,若接触器 KM1 不吸合,说明该电气回路有故障。检查时,先断开电源,把万用表扳到电阻挡,按下 SB2 不放,测量 1-7 两点间的电阻。如果电阻为无穷大,说明电路断路;然后逐段分阶测量 1-2、1-3、1-4、1-5、1-6 各点的电阻值。当测量到某标号时,若电阻突然增大,说明表笔刚跨过的触头或连接线接触不良或断路。

2. 分段电阻测量法

如图 5-9 所示,检查时先切断电源,按下启动按钮 SB2,然后逐段测量相邻两标号点 1-2、2-3、3-4、4-5、5-6 的电阻。如测得的某两点间电阻很大,说明该触头接触不良或导线断路。

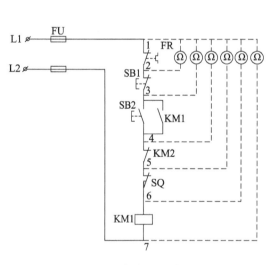

图 5-8 分阶电阻测量法

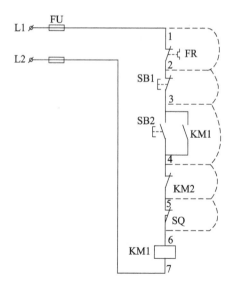

图 5-9 分段电阻测量法

3. 电阻测量法的优缺点

(1)电阻测量法的优点是安全。

(2)电阻测量法的缺点是测量电阻值不准确时易造成判断错误,为此应注意:用电阻测量法检查故障时一定要断开电源。所测量电路如与其他电路并联,必须将该电路与其他电路断开,否则所测电阻值不准确。测量高电阻电器元件,要将万用表的电阻挡扳到适当的位置。

（三）短接法

电气设备的常见故障为断路故障,如导线断路、虚连、虚焊、触头接触不良、熔断器熔断等。对这类故障,除用电压法和电阻法检查外,还有一种更为简便可靠的方法,就是短接法,如图 5-10 所示。短接法短接部位及故障原因如表 5-11 所列。

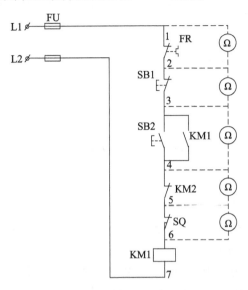

图 5-10 短接法

表 5-11 短接法短接部位及故障原因

故障现象	短接点标号	KM1 动作	故障原因
按下 SB2 时 KM1 不吸合	1-2	KM1 吸合	FR 常闭触头接触不良
	2-3	KM1 吸合	SB1 常闭触头接触不良
	3-4	KM1 吸合	SB2 常开触头接触不良
	4-5	KM1 吸合	KM2 常闭触头接触不良
	5-6	KM1 吸合	SQ 常闭触头接触不良

用短接法检查故障时的注意事项:

(1) 短接法要注意安全,避免触电事故。

(2) 短接法只适用于压降极小的导线及触头之类的断路故障。对于压降较大的电器,如电阻、线圈、绕组等断路故障,不能采用短接法,否则会出现短路故障。

(3) 对于机床的某些要害部位,必须在保障电气设备或机械部位不会出现事故的情况下,才能使用短接法。

思 考 题

5-1 测量绝缘电阻使用什么仪器？设备的绝缘电阻取何时的测量读数？为什么？

5-2 进行交流工频耐压试验时要注意哪些问题？

5-3 当发现运行中的电动机有冒烟现象时,应如何处理？

5-4 高压断路器在电路中起什么作用？若其拒绝跳闸,试分析电气方面的原因有哪些？

5-5 低压断路器定期维护和检修的内容有哪些？

第六章 液压系统的故障诊断与处理

在机械装备技术高度发展的今天,很多装备是机械、液压、电气、微机的结合体,它们在运行时发生的故障也是较复杂的,原因也是多方面的。本章主要讨论机械装备中液压系统的故障诊断及处理技术。

第一节 液压系统故障及诊断技术

一、液压系统故障类型

机械装备的液压系统故障主要表现在液压系统或其回路中的元件损坏,出现泄漏、发热、噪声等现象,导致系统不能正常工作。

故障按发生的原因可分为人为故障和自然故障两种。由于设计、制造、运输、安装、使用及维修不当等原因造成的故障称为人为故障;由于不可抗拒的自然因素(如磨损、腐蚀、老化及环境变化等)产生的故障称为自然故障。

故障类型按性质可分为突发性故障和渐进性故障两种。突发性故障的特点是具有偶然性,它与系统的使用时间无关,如管路破裂、液压件卡死、液压泵压力失调、运动速度突然下降、液压振动、液压噪声、油温急剧上升等,此类故障难以预测与预防;渐进性故障的特点是与系统的使用时间有关,尤其是在使用寿命的后期体现得最为明显,主要是与部件磨损、腐蚀、疲劳、老化、污染等劣化因素有关,它通常情况下是可以预防的。

故障按在线显现情况可分为功能性故障和潜在性故障两种。功能性故障是指液压系统不能正常工作或工作能力显著降低,如关键液压元件损坏等;潜在性故障一般是指系统故障尚未在功能方面表现出来,但可以通过观察分析及仪器测试出它的潜在程度。

液压系统发生故障的趋势符合可靠性工程中的故障曲线。一般在使用初期因设计、制造、运输、安装、调试等原因而故障率较高,随着使用时间的延长及故障的不断排除,故障率将逐渐降低。在使用中期,设备故障趋于较稳定期。而到了设备使用后期,由于长期使用过程中的磨损、腐蚀、老化、疲劳等,会使故障逐渐增多。但是,即使在有效的寿命周期内也不能排除出现突发性的各种严重故障。

二、液压系统故障特点

与一般机械与电气故障相比,液压系统故障具有下列特点:

(一)隐蔽性

当液压系统损坏与失效时,由于不便装拆,现场检测条件也很有限,难以直接观测,加之随机性因素的影响,故障分析很困难。如大型液压阀板内部孔系结构复杂,如果出现串通与堵塞,液压系统就会出现严重失调,在这种情况下寻找故障点的难度很大。

(二)交错性

液压故障系统的症状与原因之间存在着各种各样的重叠与交叉。一个症状可能有多种原因,例如,执行元件的速度慢,引起的原因可能有负载过大、执行元件磨损、系统内存在泄漏口、调压系统故障、调速系统故障及泵故障等。一个故障源也可能引起多处症状,例如,叶片泵定子内曲线磨损之后,会出现压力波动增大和噪声增大故障。一个症状也可能同时由多个故障源叠加起来形成,例如,当泵、换向阀和液压缸均处于磨损状态时,系统的效率会有较大幅度的下降。当逐一更换这些元件后,效率将逐步提高。

（三）随机性

液压系统在运行过程中,会受到各种各样的随机性因素的影响,如电网电压的变化、环境温度的变化、装备工作任务的变化等。由于随机性因素的影响,故障具体发生的时间和部位等不确定,引起判断困难。

（四）差异性

由于设计、加工材料及应用环境等的差异,各液压元件的磨损劣化速度相差很大,一般的液压元件寿命标准在现场无法应用,只能对具体的液压设备与液压元件确定具体的磨损评价标准,这又需要积累长期的运行数据。

三、液压系统故障诊断的一般步骤

（1）首先了解故障情况。可向现场操作手和维修保障人员了解装备近期的工作性能变化情况、维修保养情况、出现故障征兆后曾采取的具体措施、已检查和调整过哪些部位等。

（2）确定故障诊断参数。液压系统的故障属于参数型故障,可通过测量参数提取有用的故障信息。液压系统的诊断参数有系统压力、系统流量、元件温升、元件泄漏量、系统振动和噪声等。系统压力不足会表现为液压缸动作无力,液压马达输出功率或转矩不力等现象。系统流量不足会表现为执行元件运动速度慢或停止不动。元件泄漏量大会表现为动作速度慢和系统温升快。

（3）分析、确定故障可能产生的位置和范围。对所检测的结果,对照液压系统原理图进行分析,以确保故障诊断的准确性。

（4）制订合理的诊断过程和诊断方法。

（5）选择诊断用的仪器、仪表。诊断用的仪器、仪表有光电数字转速表、温度计、红外测温仪、压力表、油液分析仪、液压检测仪、各种接头和专用工具等。选择原则是:首先选用对系统尽可能不做任何拆卸的仪器、仪表;其次选用需连接于系统中的仪器、仪表;最后选用液压检测仪。但在故障很复杂时,也可先用液压检测仪来诊断。

要特别注意的是:在未确定故障产生的位置和范围之前,严禁任何盲目地拆卸、解体或调整液压元件,以免造成故障范围扩大或引发新的故障,使问题的解决更复杂化。

四、液压系统故障诊断方法

（一）直观检查法

直观检查法是液压系统故障诊断方法中一种最为简便的方法。它是指用眼看、手摸、耳听、嗅闻等手段对零部件进行检查和判断。该方法适用于一些较为简单的故障的检查,如破裂、漏油、松脱、变形等。直观检查法须在设备停机时进行。

（1）眼看。可观察各类仪表的指示状况,执行元件的速度或转速变化情况,各类元件的安装与连接状况,各类工作指示灯与故障指示灯工作的情况,液压油箱的油面高低情况以及油中有无气泡、是否混浊等。

（2）耳听。可用于液压泵是否有功率输出、液压泵运动件与轴承是否损坏、泵与液压马达是否有摩擦、系统内是否存在泄漏口、电磁铁是否吸合或放松、机器安装是否牢靠、是否存在液压冲击等。

（3）手摸。通过触摸液压元件表面或液压管道，可了解液压元件表面温升情况，也可判断其中是否有油液通过，以及流过的油是否具有较高的压力。

（4）嗅闻。主要用于判断电器元件及电磁铁是否烧坏、液压油是否变质等。

（二）仪表测量检查法

仪表测量检查法是检测液压系统故障最为准确的方法，主要是通过对系统各部分液压油的压力、执行元件的速度等的测量来判断故障点的。

1. 压力测量

压力是液压系统最重要的参数，压力测量应用于检测液压系统故障较为普遍。液压系统压力测量一般是在整个液压系统中选择几个关键点来进行，例如：泵的出口、执行元件的入口、多回路系统中每个回路的入口、故障可疑元件的出入口等部位。将所测数据与各关键点正常的压力值相对照，从而判定所测点前后油路上的故障情况。利用压力测量方法进行故障检查前，必须做好以下几个方面工作：

（1）对所测系统各关键点的正常压力值要有明确的了解；若在液压系统原理图上没有标出某关键点的正常压力值，则需要通过计算或分析得出数值来。

（2）准备多个不同量程的压力表，以提高测量的准确性。

（3）准备多种常用的测压接头，以满足连接系统中元件、油管接口等的需要。

2. 流量测量

流量也是液压系统的重要参数，用流量计可准确地测出液压元件内泄漏及容积效率，还能方便地检测出液压回路的阻塞情况。

3. 测量液压元件表面温度

液压元件表面温度的大小是由其内部热量的产生和发散情况所决定的。引起液压元件温度升高主要有节流发热和摩擦发热两种情况。在正常情况下，液压元件的表面温度在50℃以下，当发生故障时，温度可升至80℃以上。液压元件本身故障可引起其表面温度升高；系统中其他要素不正常，如冷却不当或压力流量调整不当，也会引起元件表面温度升高。因此，测量液压元件表面温度除要与正常情况下测得的标准值对照外，还必须结合其他方面获得的信息，对系统做出综合判断。

液压元件表面的温度测量，采用接触式温度计或红外测温仪器。后者灵敏度较高，更有利于在现场精密诊断液压系统故障。液压元件表面温度测量过程中必须注意环境温度、负载条件、冷却条件等的前后一致性；测量要在设备正常运行后，温度达到平衡状态时进行。

4. 测试执行元件的速度或转速

执行元件的运动速度或转速的变化，是液压系统中某些元件结构变化的反映。可通过考察执行元件的速度或转速的变化，结合一些其他方面的信息，来判断液压系统的故障状况。例如，液压马达转速下降，结合液压马达泄油管泄漏量较大，可判断是液压马达泄漏引起其转速下降。

考察执行元件的速度或转速变化，同时要以设备正常时测出的速度或转速度值作为判断故障的基准值。测试过程必须注意调整压力、流量与系统负载前后一致。

除上述方法外，还有逻辑分析法（故障树诊断法）、故障智能诊断法、模糊神经网络诊断法等。由于篇幅有限，在此不一一阐述。

第二节 液压油引起的故障及诊断

一、液压油选用不当

液压油是液压系统中重要的工作介质,它能有效地传递能量,保证液压系统可靠、准确地工作。此外,液压油还有润滑液压元件和冷却散热的作用。要根据不同的应用场合、液压泵类型、工作温度和压力等,选用不同类型的液压油。正确选用和合理使用液压油,对于液压设备运行的可靠性、延长系统和元件的使用寿命、保证设备安全运行有着重要的意义。

国外有关学者对液压系统的故障原因进行过分类统计,如表6-1所列。从表中可以看出,液压油选用不当和使用不善是液压系统产生故障的主要原因,所以应当重视液压油的选择和使用,并在储运和使用过程中使液压油不受到或尽量少受到外界各种介质的污染。

表6-1 液压系统故障原因分类统计表

故障原因	比例/%
液压油选用不当和使用不善	70
机械磨损	10
缺乏对液压设备的性能知识的了解	10
超载运行	5
其他	5

(1)各类液压油都有其适宜的工作温度和极限温度,如表6-2所列。若工作环境温度高于液压油的工作温度,则会使油品的黏度变低,造成内泄漏增加,油泵容积效率下降,泵的磨损增加,导致工作不正常。而且泵的使用寿命会缩短。温度高也会影响液压元件使其彼此间配合间隙减小,造成元件失灵或卡死。

表6-2 不同品种液压油的工作温度

液压油的类型	连续工作温度/℃	短期极限工作温度/℃	液压油的类型	连续工作温度/℃	短期极限工作温度/℃
高水基型	38~50	65	矿物油	45~55	120
油包水乳化液	50~65	65	磷酸酯	65~80	150
水、乙二醇型	50~65	70			

(2)各类液压油都有其使用极限压力,如表6-3所列。如果设计时液压油压力选择不当,则会影响液压泵的正常工作,致使液压系统压力不稳定或不足,从而带来一系列故障。

表6-3 各类液压油使用的极限压力

油品种类	使用极限压力/MPa	油品种类	使用极限压力/MPa
矿物油型液压油	425	水、乙二醇型	1400
矿物油加增黏剂	700	合成型	1400

二、液压油污染的原因

表6-4是液压油污染的原因,应针对这些原因采取必兽的防范措施。

表6-4 液压油污染的原因

污染原因	金属粉屑	铸造砂粒	尘埃	锈屑	焊屑	橡胶类磨屑	研磨粉液	纤维物类	涂料碎屑	液压油劣化物	水分	其他液体	空气	密封材料
制造时带入或清洗不干净	○	○	○	○	○	○	○	○	○	—	○	—	○
在保管运输中混入	—	—	○	○	—	—	—	—	○	—	○	○	○	—
维修时或平时有外部侵入	○	○	○	○	○	○	○	○	○	—	○	○	○	○
装置内部本身脱落的	○	○	○	○	○	○	○	○	○	○	—	○	—	○

注:"○"包含;"—"不包含

三、液压油引起的故障的分析和处理

人们从大量的生产实践中总结出表6-5所列的由于液压油(含液压油选择不当、液压油变质、液压油受到污染等)引起的液压系统故障的原因和应采取的措施。

表6-5 液压油引起的液压系统故障

表现		容易产生的故障	与液压油有关的原因	应采取的措施
黏度	太低	①泵产生噪声,排出量不足,产生异常磨损甚至烧结; ②由于机器的内泄漏,液压缸、液压马达等执行元件产生异常动作; ③压力控制阀不稳定,压力计指针振动; ④由于润滑不良,滑动面产生异常磨损	①由于油温控制不好,油温上升; ②在使用标准机器的装置中,使用了黏度过低的油; ③高黏度指数油长时间使用后黏度下降	①改进、修理冷却器系统; ②更换液压油牌号,或使用特殊的机器; ③更换液压油
	太高	①由于泵吸油不良,产生烧结; ②由于泵吸油阻力增加,产生空穴作用; ③由于过滤器阻力增大,产生故障; ④由于管路阻力增大,压力损失(输出功率)增加; ⑤控制阀动作迟缓或动作不良	①液压油黏度等级选择不当; ②设计时忽视了液压油的低温性能; ③低温时的油温控制装置不良; ④在标准机器中使用了黏度过高的油	①改用黏度等级低的油; ②设计低温时的加热装置; ③修理油温控制系统; ④更换或修理机器
防锈性不良		①由于滑动部分生锈,控制阀动作不良; ②由于发生铁锈,脱落后又卡住或烧结; ③由于随油流动的锈粒,产生动作不良或伤痕	①在无防锈剂的汽轮机油或防锈性差的液压油中混入水分; ②液压油中有超过允许范围的水混入; ③从开始时就已发生的锈蚀继续发展	①使用防锈性良好的液压油; ②改进防止水混入的措施; ③进行冲洗,并进行防锈处理
抗乳化性不良		①由于多量的水而生锈; ②促进液压油的异常变质(氧化、老化)	①新液压油的抗乳化性不良; ②液压油变质后,抗乳化性变坏,水分离性降低	①使用抗乳化性好的液压油; ②更换液压油
变质(老化氧化)		①由于产生油泥,机器动作不良; ②由于油的氧化增强,金属材料受到腐蚀; ③由于润滑性能降低,机器受到磨损; ④由于防锈性、抗乳化降低而产生故障	①由于在高温下使用液压油氧化变质; ②由于水分、金属粉末、酸等污染物的混入促进油的变质; ③由于局部受热	①避免在高温(60℃以上)下长时间使用; ②除去污染物; ③防止在加热器等处局部受热

续表

表现	容易产生的故障	与液压油有关的原因	应采取的措施
发生腐蚀	①铜、铝、铁的腐蚀; ②伴随着空穴作用的发生而产生的侵蚀; ③泵、过滤器、冷却器的局部腐蚀	①添加剂有腐蚀性; ②液压油的变质,腐蚀性物质的混入; ③由于水分的混入而产生空穴作用	①注意添加剂的性质; ②防止液压油受污染和变质; ③防止水分混入
抗泡性不良	①油箱内产生大量泡沫,液压油抗泡性能变差; ②泵吸入气泡而产生空穴作用; ③液压缸、液压马达等执行元件发生爆震(敲击),发出噪声,动作不良和迟缓	①抗泡剂已消耗掉; ②液压油性质不良	①更换液压油; ②研究、改进液压装置(油箱)的结构
低温流动性不良	在比倾点低10~17℃的温度下,液压油缺乏充分的流动性,不能使用	①由于液压油的性质不适合; ②由于添加剂的性质不适合	要选择合适的液压油
润滑性不良	①泵发生异常磨损,寿命缩短; ②机器的性能降低,寿命缩短; ③执行元件性能降低	①由于液压油混入水分; ②液压油变质; ③黏度降低	①选油时要考虑其润滑性; ②更换液压油牌号; ③更换液压油
受到污染	①泵发生异常磨损,甚至烧结; ②控制阀动作不良,产生伤痕,泄漏增加; ③流量调节阀的调节不良; ④伺服阀动作不良,特性降低; ⑤堵塞过滤器的孔眼; ⑥促进液压油变质	①组装时机器、管路中原有的附着物发生脱落; ②在机器运转过程中从外部混入污染物; ③由于生锈; ④在机器的滑动部分产生磨损粉末; ⑤液压油的变质	①组装时要把各元件和管路清洗干净,对液压系统要进行冲洗; ②重新检查装置的密封情况; ③利用有效的过滤器; ④换油; ⑤换油

第三节 装备液压系统中的测量装置

液压技术中最重要的物理量是压力、流量,其次是温度、转矩、转速、噪声、力、位移和速度等。这些量都是连续变化的,属于模拟量。这些量大多看不到摸不到,必须通过测量仪器转换(见图6-1)。

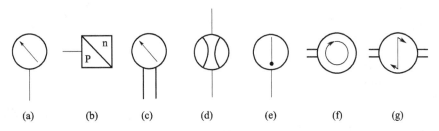

图6-1 测量仪器的图形符号
(a)压力测量单元(压力表);(b)压力传感器;(c)压差计;(d)流量计;
(e)温度计;(f)转速仪;(g)转矩仪。

一、压力的测量

在装备液压技术中,测量压力一般用压力表和压力传感器。压力表和压力传感器给出的精度一般都是引用误差,也就是说,误差是相对量程的。这样,在测量较低的压力时,就会有较大的相对误差。在对测量准确度要求较高时要特别注意。

要测压力,只要把压力表或传感器连到预留的测点即可,一般不必改动现有系统,相比测流量等方便得多,因此,是液压测量中最广泛采用的。

(一) 压力表

如图6-2所示为弹簧管式压力表,当压力油进入弹簧弯管1时,产生管端变形,通过杠杆4使扇形齿轮5摆转,带动小齿轮6,使指针2偏转,由刻度盘3读出压力值。这种压力表价格低,测试过程中没有中间环节,其显示值在出厂时就已经标定好了,因此,基本不会有系统误差。但也存在一定的局限性:

(1) 压力表的指针不耐振动,过快的压力波动很容易损坏压力表的指针。所以,在压力表的进口处常常设置很小的阻尼孔,或者在压力表的表盘里,注入了黏度较高的矿物油。因此,压力表的动态性能不高。

(2) 压力表的耐压性很差,一次超压就可能把指针打坏。所以,为保护压力表,量程应选得远超过可能的最高压力,但这样,相对误差又会较大。

(3) 使用压力表,如果肉眼读数,手工抄数据,很容易带来人为误差,而且事后也很难核查纠正。

(二) 压力传感器

压力传感器一般利用压敏电阻或压变元件,把压力的变化转化为电阻的变化,再通过电桥,转化为电压输出,如图6-3所示。压力传感器的响应速度较压力表高得多,可以检测到压力的快速变化。现在,新型的压力传感器的频响已高于10000Hz,可以满足几乎所有装备液压技术测量的要求。

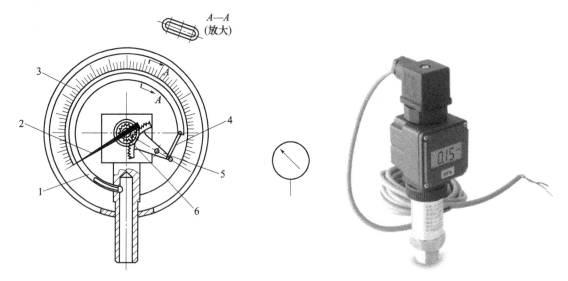

图6-2 弹簧弯管式压力表 图6-3 压力传感器

1—弹簧弯管;2—指针;3—刻度盘;4—杠杆;5—扇形齿轮;6—小齿轮

压力传感器的耐超压性能较压力表强得多。现在,一些好的压力传感器,耐压已达到量程的2倍。这样,在受到意外的压力冲击时,就不容易损坏。不同量程的压力传感器采用不同颜色的外壳,减小了错用的危险。

(三)数字压力表

近年来出现的所谓数字压力表,介于压力表与压力传感器之间,如图6-4所示。它做成压力表形式,实际上是个压力传感器,结合了数字显示屏。这样就比较不容易发生读数错误。它还有储存瞬时最高最低压力值的功能,有的还有压力值输出电信号的接口,以便记录压力的变化。

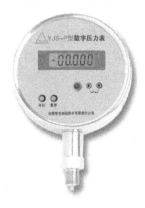

图6-4 数字压力表

二、流量的测量

在装备技术中,把一段时间内流过的液体总量称为累积流量,而与之相对应,把流量称为瞬时流量。两者量纲不同,根本不是同种物理量。因为流量是单位时间内流过的液体量,如果直接测液体量的话,总需要一定的时间,所以,就有一个响应时间的问题。又因液压油也是可以压缩的。当压力从0增加到20MPa时,体积大致缩小2%~3%,因此,测得的体积流量也会相应变小。

因为测流量必须把流量计串联到管道中去,因此一般需改动现有管道,相对测压力,麻烦一些。流量计的种类很多,如罗茨流量计、刮板流量计、转筒流量计、喷嘴型流计、文丘利管流量计、层流流量计、活塞式面积流量计、热线和热膜流量计等,在装备液压技术中,主要使用的流量计有以下两种。

(一)涡轮流量计

涡轮流量计(见图6-5),利用液体流动的动压使涡轮转动,根据旋转时叶片所触发的脉冲来计算流量。涡轮惯量很小,因此,响应速度较快。如果涡轮叶片的几何对称性做得很好,根据脉冲的时间间隔来计算流量,则可以在十多个毫秒内就获得一个测量值。

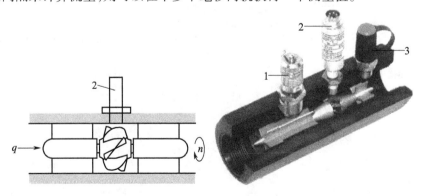

图6-5 涡轮流量计
1—可安装压力温度传感器;2—流量输出信号接头;3—可安装压力传感器。

注意:涡轮流量计的测量精度(一般在 ±2% 左右)受多种因素的影响。

(1) 黏度。适于黏度较低的液体,运动黏度一般为 $1\sim100\text{mm}^2/\text{s}$,高的也须低于 $270\text{mm}^2/\text{s}$。因此,也受到液体温度的影响。

(2) 流态。要达到生产厂给出的精度,前后需要有较长的导流管。

(3) 流动方向。

(二) 齿轮马达流量计

齿轮马达流量计(见图 6-6)是一种容积式流量计,工作原理与液压马达相似。相邻两齿和两侧板之间的空间构成计量容积。在侧板上装有探头,当流量推动齿轮旋转时,经过探头的齿便会触发电脉冲。根据脉冲的频率计算出流量。

图 6-6 齿轮马达流量计

1—流量信号输出接头;2—可安装压力传感器。

特点:

(1) 液体的运动黏度可以在 $10\sim5000\text{mm}^2/\text{s}$ 范围内。

(2) 测量精度(一般可达 ±0.4%~1%)基本不受液体流态影响。

(3) 量程较大:符合测量精度(注意,是相对误差)的最大最小流量比可达 100。

(4) 响应速度不如涡轮流量计。

(5) 价格高于涡轮流量计。

螺杆马达流量计(见图 6-7)的原理与齿轮马达流量计接近,它允许黏度在很大的范围内变化,对污染不敏感,噪声低。但因制造较复杂,成本较高,因此,在液压技术中用得不多。

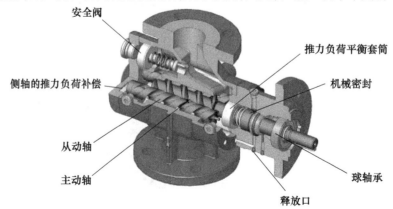

图 6-7 螺杆马达流量计

三、温度的测量

由于液压油的黏度和密度随温度而变,因此,测量液压油的温度对测试结果的可比性、再现性起着十分重要的作用。

液压技术中测量温度一般都使用接触式温度计。测温元件直接与被测对象相接触,两者之间进行热交换。达到热平衡时,测温元件的温度才代表被测对象的温度。因为热交换需要一定的时间才能达到热平衡,所以,接触式测温存在着延迟现象(大约10s后达到90%)。

(一)油温计

液压技术中最常见的是油温计(见图6-8)。装在油箱壁上。有的带电触点,可在温度高于或低于设定的温度时给出电信号,用于启动冷却器或加热器。

(二)温度传感器

液压用的温度传感器大多是基于热电阻原理:一些金属,如铂、镍,其电阻变化与温度变化成正比。有两大类(见图6-9):一类是不耐压的,可用以测量管道和油箱表面的温度;另一类是耐压的,可以插入高压管道,直接测量液压油的温度。

图6-8 油温计

图6-9 温度传感器

(三)温度测量条

温度测量条含有对不同温度的敏感带(见图6-10)。在达到某个温度时,相应的温度敏感带就永久性变色。这样,如果贴在油箱表面,就可以记录下油箱表面曾经达到过的最高温度。

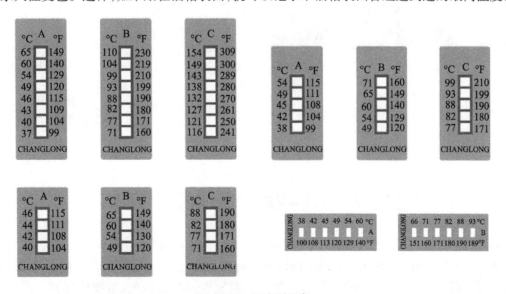

图6-10 温度测量条

需要注意的是：

（1）由于油箱中液体体积较大，因此油箱中液体的温度变化较慢。

（2）由于油箱散热面积大，因此，油箱内的油液温度一般是系统中最低的。

一般地，液压油经过泵的提升，压力达到最高。然后，经过管道、执行器、阀，特别是节流阀，压力逐级下降。几乎所有的压力降，扣除对外做的功，都转化为热能，导致油液温度上升（10MPa 压力降转化为热能后使油温升高 5.7℃）。因此，一般回油管口的油液温度是最高的。

四、液压万用表

便携式液压测试仪有以下几种类型。

比较原始的不含微处理器，直接使用压力表、流量监测仪。

比较先进的含微处理器，实际上，是一个便携式 CAT 系统（见图 6-11），集合了记录、储存、显示功能，有与计算机的接口。有通用的接口，可同时接多个压力、流量、温度传感器，完成各种液压测试。使用非常方便，所以，配得上称为"液压万用表"。

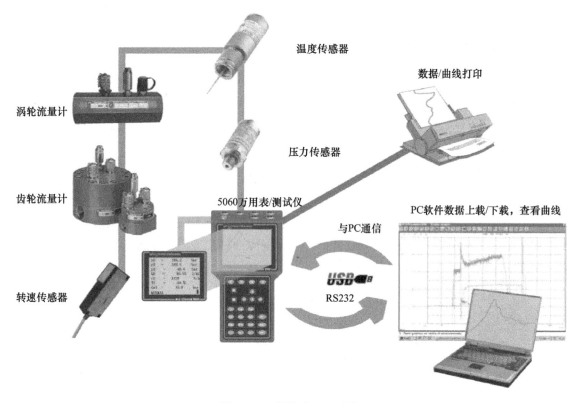

图 6-11 便携式 CAT 系统

第四节 液压系统常见故障分析与排除

不同的液压装备，由于组成液压系统的液压基本回路不同，组成各基本回路的元件也不同，出现的故障也就不同。液压系统大部分故障并不是突然发生的，常常伴随着一些预兆，如噪声、振动、冲击、爬行、污染、气穴和泄漏等，如果能及时发现、控制、修理，系统故障就可以消除或减少。

各种液压系统都是由具有各种功能的液压元件有机地组合而成的,这些元件通常分为驱动元件、执行元件、控制元件和辅助元件四个部分。由于篇幅所限,本节仅介绍装备液压系统中典型液压泵、缸、阀,以及辅助元件滤油器、油管的常见故障和维修方法。

一、齿轮泵常见故障与维修

齿轮泵常见故障中大部分是由于泵内部摩擦副磨损造成的,其正常磨损使径向间隙和轴向(端面)间隙增大,严重时泵体内孔或两侧板可磨损到无法修复的地步。另外,轴的密封也是常损坏的部件。

(一)齿轮泵产生的剧烈振动与噪声

1. 因密封不严吸入空气产生噪声

(1)外啮合齿轮泵的泵体与两侧端盖为直接硬接触密封,若接触面平直度达不到规定要求,则泵在工作时容易吸入空气;同样泵的端盖与压盖之间也为直接硬接触,空气容易侵入,若压盖为塑料制品,由于损坏或因温度变化而变形,使密封不严而进入空气。

排除这种故障,对于泵体与泵盖的平面度达不到规定要求时,可以在平板上用金刚砂研磨,或在平面磨床上修磨,使平面度不超过 0.005mm,并要保证平面与孔的垂直度要求;泵盖与压盖处的泄漏,可用环氧树脂胶黏剂涂敷于密封合面上,以保证密封。

(2)泵轴上采用骨架式油封密封,当装配时卡紧唇部的弹簧脱落或者油封装反,以及因使用造成唇部拉伤或者老化破损时,因油封后端经常处于负压状态,空气便会进入泵内,一般可更换新油封予以解决。

(3)油箱内油量不够,过滤器或吸油管未插入油面以下,液压泵便会吸入空气,此时应往油箱补充油液至油标线。

(4)回油管露出油面,有时也会因系统内瞬间负压使空气反灌进入系统。所以回油管一般也应插入油面以下。

(5)空度造成吸油不足而吸入空气。此时应调整液压泵与油面的相对高度,使其满足规定的范围。

(6)吸油过滤器被污物堵塞或设计选用过滤器的容量过小,导致吸油阻力增大而吸入空气。另外,进出油口通径过大都有可能带入空气。此时可清洗过滤器,选大容量的过滤器,并适当减少进出油口的通径加以排除。

2. 因机械原因产生振动与噪声

(1)泵与联轴器同轴度超出规定要求,此时应按规定要求调整联轴器。

(2)因油中污物进入泵内导致齿轮等磨损拉伤产生噪声,此时应更换油液,加大过滤,拆开泵清洗,齿轮磨损厉害要研修或予以更换。

(3)因齿轮加工质量问题产生噪声:如齿轮的齿形误差和周节误差大、两齿轮的接触不良、齿面粗糙度过高、公法线长度超差、齿间隙过小、两啮合齿轮的接触区不在齿宽和齿高的中间位置等。此时作为齿轮泵生产厂家,可调换合格齿轮。作为工程使用单位则可对研齿轮。

(4)泵内零件损坏或磨损产生振动与噪声:如轴承的滚针保持架破损,长短轴轴颈及滚针磨损等,导致轴承的旋转不畅,从而导致机械噪声,此时需拆修齿轮泵,更换滚针轴承。

3. 其他原因产生振动与噪声

(1)进油过滤器被污物堵塞是最常见的噪声大的原因之一,往往通过清洗过滤器后,噪声可立即降下来。

(2) 油液的黏度过高也会产生噪声,必须合理选用油液黏度。

(3) 进、出油口通径太大,也是噪声大的原因之一。因此,适当减小进出口通径,对降低噪声也有一定的效果。

(4) 齿轮泵轴向装配间隙过小,齿形上有毛刺。此时,可研磨齿轮端面,适当加大轴向间隙,并消除齿上的毛刺。

(二) 齿轮泵输出流量不足,压力上不去

(1) 进油过滤器堵塞,造成吸油阻力增大,产生吸空。此时需拆下过滤器清洗,并分析污物产生的原因与种类,防止因此产生吸油量不够并且还可能出现的其他故障。

(2) 齿轮端面与前后盖之间的滑动接合面严重拉伤产生的内泄漏太大,导致输出流量减少。

产生拉伤的主要原因:一是齿轮装配前毛刺(齿形上)未能仔细清除,运转后拉伤结合面;二是污物进入泵内楔入齿轮端面与前后盖之间的滑动间隙内,拉伤配台面,导致高低压腔径向拉伤的沟槽孔隙因而连通,流量输出减小。

此种情形很常见。此时,应拆开齿轮泵,用平磨磨平前后盖端面和齿轮端面,并消除齿形上的毛刺(不能倒角),经平磨后的前后盖,端面上卸荷槽尺寸会有变化,应适当加深加宽。

(3) 油温太高,温升使油液黏度降低,内泄漏增大使输出流量减少。此时需查明油温高的原因,采取相应措施。对中高压齿轮泵,需检查密封圈是否破损。

(4) 选用的油液黏度过高或过低,过高,吸油阻力增大;过低,内泄漏大。均造成输出流量减少,应按液压泵使用说明书选用合适黏度的油液。

(5) 一些外啮合齿轮泵为不可正反转泵,当泵转向不对时,吸不上油或流量极小,此时应检查电机转向。

(6) 拆修后,泵体装反,造成压油腔与吸油腔局部短接,使流量大为减小,所以泵体不能装反。

(7) 原动机转速不够,造成流量减小。

(8) 若是新泵,泵体可能有砂眼、缩孔等铸造缺陷。

(三) 齿轮泵旋转不畅或咬死

(1) 轴向间隙与径向间隙小。此时需重新调整修配轴向间隙与径向间隙。

(2) 泵内有残存或浸入污物。此时需将齿轮泵解体进行清洗,清除异物。

(3) 液压泵装配不好,齿轮泵两销孔为加工基准而并非装配基准,当先打入销,再拧紧螺钉便转不动,正确的方法是一边转动齿轮一边拧紧螺钉。最后再配钻销孔打入销子。

(4) 液压泵与原动机连接的联轴器同轴度差,同轴度应保证在 0.1mm 以内。

(5) 泵内零件未退磁,所以装配前所有零件要进行退磁。

(6) 滚针套质量不合格或滚针断裂。需修磨滚针套,更换有缺陷的滚针。

(7) 工作油输出口堵塞。此时应清除输出油口异物。

(四) 齿轮泵发热

上述齿轮泵逆转不畅或咬死的故障也均为导致齿轮泵发热的原因,因而排除方法可参照执行,除此还有:

(1) 油液黏度过高或过低。

(2) 侧板、轴套与齿轮端面严重摩擦。

(3) 环境温度高,油箱的容积又太小,散热不良等均造成液压泵发热,可分别予以处理。

(五)齿轮泵主要零件的修复

1. 齿轮

(1)齿形修理:用细砂布或油石去除拉伤或已磨成多棱形部位的毛刺,再将齿轮啮合面调换方位适当对研,清洗后可继续再用。但对用肉眼观察能见到的严重磨损件,应予以更换。

(2)端面修理:齿轮端面由于与轴承座或前后盖相对转动而磨损,轻度起线,可用研磨方法将起线毛刺痕迹研去并抛光,即可重新使用;磨损严重时,应将齿轮放在平面磨床上进行修磨。但应注意,两个齿轮必须同时放在平面磨床上修磨,目的是为了保证两个齿轮的厚度差在0.005mm范围内。

同时,必须保证端面与孔的垂直度及两端面的平行度在0.005mm范围内,并用油石将锐边倒钝,但切不可倒角,做到无毛刺飞边即可。

由于一对啮合齿轮工作过程中以一定的方向旋转,一个齿的两面齿形仅一面啮合工作,当齿轮的啮合表面磨损时,将磨损所产生的毛刺用油石去掉,调换齿轮啮合方位,使原来未啮合工作的齿形表面啮合,按工艺要求重新装配起来。这样不仅保证原有的工作性能,又能延长齿轮的工作寿命。

2. 泵体

泵体的磨损主要是内腔与齿轮齿顶圆相接触面,且多发生在吸油侧。如果泵体属于对称型,可将泵体翻转180°安装再用。如果泵体属于非对称型,则需采用电镀青铜合金工艺或刷镀的方法修整泵体内腔孔磨损部位。

3. 轴承座圈

轴承座圈磨损一般在与齿轮接触的端面和与滚针接触的内孔。端面磨损或拉毛起线时,可将4个轴承座圈放在平面磨床上以非齿轮接触面为基准一次将端面磨出,其精度保证在0.01mm范围内。轴承座圈内孔一般磨损较小,若磨损严重,可研磨或适当加大孔径选配滚针,或更换轴承座圈。

4. 长、短轴

长、短轴的失效形式主要是与滚针轴承相接触处容易磨损,少量的产生折断。如果磨损轻微,可抛光修复(并更换新的滚针轴承)。如果磨损严重或折断,则需用镀铬工艺修复或重新加工。重新加工时,长、短轴上的键槽对轴心线有平行度和对称度要求,装在轴上的平键与齿轮键的配合间隙均不能过大,轴不得在齿轮内产生径向摆动,轴颈与安装齿轮部分轴的配合表面的同轴度为0.01mm,两轴颈的同轴度为0.02~0.03mm。

二、活塞缸常见故障与维修

(一)爬行

(1)混入空气。排除空气。

(2)运动密封件装配过紧。调整密封圈,使之松紧适当。

(3)活塞杆与活塞不同轴。校正、修整或更换。

(4)导向套与缸筒不同轴。修正调整。

(5)活塞杆弯曲。校直活塞杆。

(6)液压缸安装不良,其中心线与导轨不平行。重新安装。

(7)缸筒内径圆柱度超差。镗磨修复,重配活塞或增加密封件。

(8)缸筒内孔锈蚀、拉毛。除去锈蚀、毛刺或重新镗磨。

(9)活塞杆两端螺母拧得过紧,使同轴度降低。调整螺母的松紧度,使活塞杆处于自然状态。

（10）活塞杆刚度差。加大活塞杆直径。

（11）液压缸运动件之间间隙过大。减小配合间隙。

（12）导轨润滑不良。保持良好润滑。

（二）冲击

（1）缓冲间隙过大。减小缓冲间隙。

（2）缓冲装置中的单向阀失灵。修理或更换单向阀。

（三）推力不足或工作速度下降

（1）缸体和活塞的配合间隙过大，或密封件损坏，造成内泄漏。修理或更换不合乎精度要求的零件，重新装配、调整或更换密封件。

（2）缸体和活塞的配合间隙过小，密封过紧，运动阻力大。增加配合间隙，调整密封件的压紧程度。

（3）运动零件制造存在误差和装配不良，引起不同心或单面剧烈摩擦。修理误差较大的零件重新装配。

（4）活塞杆弯曲，引起剧烈摩擦。校直活塞杆。

（5）缸体内孔拉伤与活塞咬死，或缸体内孔加工不良。镗磨、修复缸体或更换缸体。

（6）液压油中杂质过多，使活塞或活塞杆卡死。清洗液压系统，更换液压油。

（7）液压油温度过高，加剧泄漏。分析温升原因，改进密封结构，避免温升过高。

（四）液压缸漏油原因分析及维护

在实际生产中，液压缸往往因密封不良、活塞杆弯曲、缸体或缸盖等有缺陷、产生拉缸、活塞杆或缸内径过度磨损等原因引起液压缸产生漏油。当出现漏油时，液压缸的工作性能急剧恶化，将造成液压缸产生爬行、出力不足、保压性能差等问题，严重影响了液压设备的平稳性、可靠性和使用寿命。

1. 液压缸漏油的部位及原因。总的来说，液压缸的泄漏一般分为内泄漏和外漏两种情况。外部泄漏较容易发现，只要仔细观察即可做出正确判断。液压缸的内部泄漏检修较为困难，一方面内泄漏的部位因不能直接观察而难以判断其准确位置；另一方面对修理后的效果也难以做出准确的评判。

（1）液压缸外漏的部位及原因。

液压缸的外泄漏一般有以下几种情况。

① 活塞杆与导向套间相对运动表面之间的漏油。这种漏油现象是不可避免的。若液压缸在完全不漏油的条件下往复运动，活塞杆表面与密封件之间将处于干摩擦状态，反而会加剧密封件的磨损，大大缩短其使用寿命。因此，应允许活塞杆表面与密封件之间有一定程度的漏油，以起到润滑和减少摩擦的作用，但要求活塞杆在静止时不能漏油。活塞杆每移动100mm，漏油量不得超过两滴，否则为外漏严重。

沿活塞杆与导向套内密封间的外漏主要是由于安装在导向套上的V形（常用YX形）密封圈损坏及活塞杆被拉伤起槽、有坑点等引起的。

② 沿缸筒与导向套外密封间的漏油。缸筒与导向套间的密封是静密封，可能造成漏油的原因有：密封圈质量不好，密封圈压缩量不足；密封圈被刮伤或损坏；缸筒质量和导向套密封槽的表面加工粗糙。

③ 液压缸体上及相配合件上有缺陷引起漏油。液压缸体上及相配合件上的这些缺陷，在液压系统的压力脉动或冲击振动的作用下将逐渐扩大而引起漏油。例如：铸造的导向套有铸造气

孔、砂眼和缩松等缺陷引起的漏油；或缸体上有缺陷而引起的漏油；或缸端盖上有缺陷而引起的漏油。

④ 缸体与端盖接合部的固定配合表面之间的漏油。当密封件失效、压缩量不够、老化、损伤、几何精度不合格、加工质量低劣、非正规产品，或重复使用 O 形圈时，就会出现漏油现象。只要选择合适是 O 形圈即可解决问题。

（2）液压缸内漏的部位及原因。

液压缸内漏的部位。液压缸内部漏油有两处：一处是活塞杆与活塞之间的静密封部位，只要选择合适的 O 形圈就可以防止漏油；另一处是活塞与缸壁之间的动密封部位。

液压缸内漏的原因如下：

① 活塞杆弯曲或活塞与活塞杆同轴度不好。活塞杆弯曲或活塞与活塞杆同轴度不好可使活塞与缸筒的同轴度超差，造成活塞的一侧外缘与缸筒间的间隙减小，使缸的内径产生偏摩而漏油，严重时还会引起拉缸使内漏加重。

② 密封件的损坏或失效。主要原因是密封件的材料或结构类型与使用条件不符（例如，密封材质太软，那么液压缸工作时，密封件极易挤入密封间隙而损伤，造成液压油的泄漏）；密封件失效、压缩量不够、老化、损伤、几何精度不合格、加工质量低劣、非正规产品；密封件的硬度、耐压等级、变形率和强度范围等指标不合要求；如果密封件工作在高温环境下，将加速密封件的老化，导致密封件的失效而泄漏；密封件的安装不当、表面磨损或硬化，以及寿命到期但未及时更换。

③ 铁屑及硬质异物的进入。活塞外圆与缸筒之间一般有 0.5mm 的间隙，若铁屑或硬质异物嵌入其中，就会引起拉缸而产生内漏。

④ 设计、加工和安装有问题。主要原因是密封的设计不符合规范要求，密封沟槽的尺寸不合理，密封配合精度低、配合间隙超差，将导致密封件的损伤，产生液压油的泄漏；密封表面粗糙度和平面度误差过大，加工质量差，也将导致密封件的损伤，产生液压油的泄漏；密封结构选用不当，造成变形，使接合面不能全面接触而产生液压油的泄漏；装配不细心，接合面有沙尘或因损伤而产生较大的塑性变形，产生液压油的泄漏。

例如：液压缸的活塞半径、密封槽深度或宽度、装密封圈的孔尺寸超差或因加工问题而造成失圆、本身有毛刺或有注点、镀铬脱落等，密封件就会有变形、划伤、压死或压不实等现象发生，使其失去密封功能，将使零件本身具有先天性的渗漏点，在装配后或使用过程中发生渗漏。

2. 预防液压缸漏油的对策。

（1）防止污染物直接或间接进入液压缸。注意油箱加油孔及系统元件防雨、防尘装置的密封；维修液压系统时，应在清洁的车间内进行，不能进车间的，应选择空气清洁度高的环境；短时不能修复的，拆开部件要进行必要的密封，避免侵入杂质；当油箱加油时，要用滤网过滤，尽可能避开恶劣天气和环境；维修人员要注意个人的清洁，避免将粉尘、油污等杂质带入液压系统；拆卸液压缸前，首先要将液压缸及周围的油污、尘土等清除干净，同时注意维修工具的清洁；零件拆下修理后要进行清洗，洗后要用干燥的压缩空气吹干再进行装配；修理装配时应避免戴手套操作或用棉纱擦拭零件；装配用具及加油容器、滤网等要注意保持清洁，防止污物带入系统；适时地对油箱进行清洗，清除维修时带进的杂质以及沉积的污物；液压油的油质要坚持定期进行油样的检测，适时地更换油液。认真做好以上工作，对控制液压油的污染，降低液压缸的磨损，预防液压缸漏油，提高液压缸的使用寿命，有着非常重要的作用。

（2）要正确装配密封圈。安装 O 形圈时，不要将其拉到永久变形的位置，也不要边滚动边套装，否则可能因形成扭曲而漏油；安装 Y 形和 V 形密封圈时，要注意安装方向，避免因装反而漏油；对 Y 形密封圈而言，其唇边应对着有压力的油腔；此外，对 YX 形密封圈还要注意区分是轴用还是孔用，不要装错；V 形密封圈由形状不同的支承环、密封环和压环组成，当压环压紧密封环时，支承环可使密封环产生变形而起密封作用，安装时应将密封环开口面向压力油腔；调整压环时，应以不漏油为限，不可压得过紧，以防密封阻力过大；密封装置如与滑动表面配合，装配时应涂以适量的液压油；拆卸后的 O 形密封圈和防尘圈应全部换新。

（3）减少动密封件的磨损。液压系统中大多数动密封件都经过精确设计，如果动密封件加工合格、安装正确、使用合理，均可保证长时间无泄漏。从设计角度来讲，可以采用以下措施来延长动密封件的寿命：消除活塞杆和驱动轴密封件上的径向载荷；用防尘圈、防护罩和橡胶套保护活塞杆，防止粉尘等杂质进入；使活塞杆运动的速度尽可能低。

（4）合理设计和加工密封沟槽。液压缸密封沟槽的设计或加工的好坏，是减少泄漏、防止油封过早损坏的先决条件。如果活塞与活塞杆的静密封处沟槽尺寸偏小，密封圈在沟槽内没有微小的活动余地，密封圈的底部就会因受反作用力的作用使其损坏而导致漏油。密封沟槽的设计（主要是沟槽部位的结构形状，尺寸、形位公差和密封面的粗糙度等），应严格按照标准要求进行。

防止油液由液压缸静密封件处向外泄漏，须合理设计静密封件密封槽尺寸及公差，使安装后的静密封件受挤压变形后能填塞配合表面的微观凹坑，并能将密封件内应力提高到高于被密封的压力。当零件刚度或螺栓预紧力不够大时，配合表面将在油液压力作用下分离，造成间隙过大，随着配合表面的运动，静密封就变成了动密封。

（5）采用合理的、有效的维修方法。

① 液压缸拆检与维修方法。液压缸缸筒内表面与活塞密封是引起液压缸内泄的主要因素。如果缸筒内产生纵向拉痕，即使更换新的活塞密封，也不能有效地排除故障，缸筒内表面主要检查尺寸公差和形位公差是否满足技术要求，有无纵向拉痕，并测量纵向拉痕的深度，以便采取相应的解决方法。

缸筒存在微量变形和浅状拉痕时，采用强力珩磨工艺修复缸筒。强力珩磨工艺可修复比原公差超差 2.5 倍以内的缸筒。它通过强力珩磨机对尺寸或形状误差超差的部位进行研磨，使缸筒整体尺寸、形状公差和粗糙度满足技术要求。

缸筒内表面磨损严重，存在较深纵向拉痕时，可更换液压缸，也可采用黏结的方法进行修复。修复时，先用丙酮溶液清洗缸筒内壁，晾干后在拉伤处涂上一层胶黏剂（乐泰 602 胶或 TG205 胶），用特制的工具将胶刮平，待胶与缸筒内壁的金属表面粘在一起后，再涂上一层胶黏剂（厚度以高出缸筒内壁表面 2mm 左右为宜），此时应用力上、下来回将胶修刮平，使其稍微高出缸筒内表面，并尽可能达到均匀、光滑，待固化后再用细砂纸打磨其表面，直到原缸筒内壁表面高度一致时为止。

② 活塞杆、导向套的检查与维修。活塞杆与导向套间相对运动副是引起外漏的主要因素，如果活塞杆表面镀铬层因磨损而剥落或产生纵向拉痕时，将直接导致密封件的失效。因此，应重点检查活塞杆表面粗糙度和形位公差是否满足技术要求。如果活塞杆弯曲，应校直达到要求或按实物进行测绘，由专业生产厂进行制造。如果活塞杆表面镀层磨损、滑伤、局部剥落可采取磨去镀层，重新镀铬表面加工处理工艺。

③ 密封件的检查与维修。活塞密封是防止液压缸内泄的主要元件。对于唇形密封件应重

点检查唇边有无伤痕和磨损情况,对于组合密封应重点检查密封面的磨损量,然后判定密封件的是否可使用。另外,还需检查活塞与活塞杆间静密封圈有无挤伤情况。活塞杆密封应重点检查密封件和支承环的磨损情况。一旦发现密封件和导向支承环存在缺陷,应根据被修液压缸密封件的结构形式,选用相同结构形式和适宜材质的密封件进行更换,这样能最大限度地降低密封件与密封表面之间的油膜厚度,减少密封件的泄漏量。

三、换向阀常见故障与维修

(一) 电气故障

1. 电气线路故障

(1) 电气线路被拉断,电磁铁不通电,无控制信号:更换电线,使电磁铁通电。

(2) 电极焊接不良,接头松脱:重新焊接接头。

(3) 电压太低或不稳定:检查电磁铁两端电压,其变化值应在额定电压的10%以内。

2. 电磁铁线圈发热至烧毁。

(1) 线圈绝缘不良,产生漏电:更换线圈。

(2) 电磁铁铁芯不合格,吸不住:更换电磁铁铁芯。

(3) 推杆过长,电磁铁铁芯不能吸到位:修整推杆到适当位置。

(4) 电磁铁在高频下工作,铁芯干摩擦而引起发热膨胀,使铁芯卡死:检修或更换铁芯。

(二) 机械故障

1. 电磁换向阀动作不灵

一般当发现电磁换向阀动作不灵时,可用左手压下电磁铁铁芯,右手向阀体中油孔(P孔)进油孔注些油,若能从工作油孔(A或B孔)中冒出,面向回油口(O孔)注油,却从另一工作油孔(B或A孔)冒出;再放松左手同样先向P孔注油,而能从B(或A)孔冒出,面向O孔注油,却从B(或A)孔冒出,这说明电磁阀内滑阀位置正确,否则需拆开阀体进一步检查。

故障原因分析:

(1) 阀芯与阀体孔配合间隙太小,摩擦阻力太大,阀芯不能到位:检查配合间隙,当阀芯直径小于20mm时,配合间隙为0.008~0.015mm;当阀芯直径大于20mm时,配合间隙为0.015~0.025mm。配合间隙小于上述数值时,应配研阀体孔或阀芯外圆。

(2) 阀芯或阀孔几何精度差,移动时有卡死现象:修复阀芯或阀体孔的精度。

(3) 弹簧太硬或太软,太硬使阀芯行程不足,太软使阀芯不能复位:更换合适的弹簧。

(4) 连接螺钉紧固不良,使阀孔变形:重新紧固螺钉,并使之受力均匀同时检查精度是否良好,底垫厚度是否均匀。

(5) 油温太高,使零件变形而产生卡死现象:检查油温过高原因,采取措施降低油温。

(6) 油黏度太高,使阀芯运动不灵活:更换适宜的油液。

(7) 油过脏,使阀芯被卡住:过滤或更换油液,清洗阀芯与阀体内孔。

2. 液动换向阀动作不灵

(1) 阻尼器单向阀封闭性差:更换钢球、配研阀座孔。

(2) 阻尼器当采用针形节流阀时,调节性能差,或节流阀加工精度差,调节不出最小流量:改用精度高的三角槽节流阀。

(3) 节流阀控制流量过大,阀芯移动速度过快而又产生冲击:调小节流口,减慢阀芯移动速度。

3. 换向阀常见故障原因及排除方法(表6-6)

表6-6 换向阀常见故障原因及排除方法

故障现象	原因分析		排除方法
主阀芯不动作	电磁铁故障	电磁铁线圈烧坏	检查原因,进行修理或更换
		电磁铁推动力不足或漏磁	检查原因,进行修理或更换
		电气线路出故障	消除故障
		电磁铁未加上控制信号	检查后加上控制信号
		电磁铁铁芯卡死	检查或更换
	先导电磁铁故障	阀芯与阀体孔卡死(如零件几何精度差,阀芯与阀孔配合过紧,油液过赃)	修理配合间隙达到要求,使阀芯移动灵活,过滤或更换油液
		弹簧弯曲,使滑阀卡死	更换弹簧
	主阀芯卡死	阀芯与阀体几何精度差	修理配研间隙达到要求
		阀芯与阀体孔配台太紧	修理配研间隙达到要求
		阀芯表面有毛刺	除去毛刺,冲洗干净
	液控系统故障	控制油路无油 例如:控制油路电磁闸未换向;控制油路被堵塞	检查原因并排除;检查清洗,并使控制油路畅通
		控制油路压力不足 例如:阀端盖处漏油;滑阀排油腔一端节流阀调节得过小或被堵死	拧紧端盖螺钉;清洗节流阀并调整合适
	油液变化	油液过脏使阀芯卡死	过滤或更换油液
		油温升高,使零件产生热变形,而产生卡死现象	检查油温过高原因并排除
		油温过高,油液可产生胶质,粘住阀芯表面而卡死	清洗,消除高温
		油液黏度太高,使阀芯移动困难而卡死	更换适宜的油液
	安装不良	阀体变形 安装螺钉拧紧力矩不均匀	重新紧固螺钉,使之受力均匀
		阀体变形 阀体上连接的管子别劲	重新安装
	复位弹簧不符合要求	弹簧力过大;弹簧弯曲变形,致使阀芯卡死;弹簧断裂不能复位	更换适宜的弹簧
阀芯换向后通过流量不足	开口量不足	电磁阀中推杆过短	更换适宜长度的推杆
		阀芯与阀体几何精度差,间隙太小,移动时有卡死现象,不到位	配研达到要求
		弹簧太弱,拖力不足,使阀芯行程达不到终端	更换适宜弹力的弹簧
压力降过大	使用参数选择不当	实际通过流量大于额定流量	应在额定范围内使用

续表

故障现象	原因分析		排除方法
液控换向阀阀芯换向速度不易调节	可调装置故障	单向阀封闭性差	修理或更换
		节流阀加工精度差,调节不出最小流量	更换节流阀
		排油腔阀盖处漏油	更换密封件,拧紧螺钉
		针形节流阀调节性能差	改用三角槽节流阀
电磁铁过热或线圈烧坏	电磁铁故障	线圈绝缘不好	更换
		电磁铁芯不合适,吸不住	更换
		电压太低或不稳定	电压的变化值应在额定电压的10%内
		电极焊接不好	重新焊接
	负荷变化	换向压力超过规定;换向流量超过规定;回油口背压过高	降低压力;更换规格合适的电液换向阀;调整背压使其在规定值内
	装配不良	电磁铁铁芯与阀芯轴线同轴度不良	重新装配,保证有良好的同轴度
电磁铁吸力不够	装配不良	推杆过长	修磨推杆到适宜长度
		电磁铁铁芯接触面不平或接触不良	清除污物重新装到要求
冲击和振动	换向冲击	大通径电磁换向阀,因电规格,吸合速度快而产生冲击大	需要采用大径换向阀时,应选用电液动换向阀
		液动换向阀,因控制流量大,阀芯移动速度太快而产生冲击	调小节流阀节流口减慢阀芯移动速度
		单向节流阀中的单向阀钢球漏装或钢球破碎,造成无阻尼作用	检修单向节流阀
	振动	固定电磁铁的螺钉松动	紧固螺钉,并加防松垫圈

(三)液压系统的故障

1. 控制管路无油

(1)控制管路电磁阀不换向:检查电磁阀不换向原因,针对原因进行检修。

(2)控制管路被堵塞:检查清洗,使控制管路畅通。

2. 控制管路压力不足

(1)控制阀端盖处漏油:拧紧控制阀端盖螺钉。

(2)滑阀回油腔一端节流阀调节过小或被堵死:清洗节流阀并调整适宜。

四、滤油器的使用维护

滤油器带来的故障包括过滤效果不好给液压系统带来的故障,例如,因不能很好过滤,污物进入系统带来的故障等。

(一)滤芯破坏变形

这一故障现象表现为滤芯的变形、弯曲、凹陷、吸扁与冲破等。产生原因如下。

(1)滤芯在工作中被污染物严重阻塞而未得到及时清洗,流进与流出滤芯的压差增大,使滤芯强度不够而导致滤芯变形破坏。

(2)滤油器选用不当,超过了其允许的最高工作压力。例如,同为纸质滤油器,型号为ZU-100X202的额定压力为6.3MPa,而型号为ZU-H100X202的额定压力可达32MPa。如果将前者用于压力为20MPa的液压系统,滤芯必定被击穿而破坏。

(3) 在装有高压蓄能器的液压系统,因某种故障蓄能器油液反灌冲坏滤油器。

排除方法:及时定期检查清洗滤油器;正确选用滤油器,强度、耐压能力要与所用过滤器的种类和型号相符;针对各种特殊原因采取相应对策。

（二）滤油器脱焊

这一故障是对金属网状滤油器而言的。当环境温度高或滤油器处的局部油温过高,超过或接近焊料熔点温度时,再加上原来焊接就不牢和油液的冲击,就会造成脱焊。例如,高压柱塞泵进口处的网状滤油器曾多次发现金属网与骨架脱离,柱塞泵进口局部油温高达100℃的现象。此时可将金属网的焊料由锡铅焊料(熔点为183℃)改为银焊料或银镉焊料,它们的熔点大为提高(235~300℃)。

（三）滤油器掉粒

滤油器掉粒多发生在金属粉末烧结式滤油器中。脱落颗粒进入系统后,堵塞节流孔,卡死阀芯。其原因是烧结粉末滤芯质量不佳造成的。因此,要选用检验合格的烧结式器。

（四）滤油器堵塞

一般滤油器在工作过程中,滤芯表面会逐渐纳垢,造成堵塞是正常现象。此处所说的堵塞是指导致液压系统产生故障的严重堵塞。滤油器堵塞后,至少会造成泵吸油不良、泵产生噪声、系统无法吸进足够的油液而造成压力上不去,油中出现大量气泡以及滤芯因堵塞而可能造成因压力增大而击穿等故障。滤油器堵塞后应及时进行清洗,清洗方法如下。

1. 用溶剂清洗

常用溶剂有三氯化乙烯、油漆稀释剂、甲苯、汽油、四氯化碳等,这些溶剂都易着火,并有一定毒性,清洗时应充分注意。还可采用苛性钠、苛性钾等碱溶液脱脂清洗,界面活性剂脱脂清洗以及电解脱脂清洗等。后者清洗能力虽强,但对滤芯有腐蚀性,必须慎用。在洗后须用水洗等方法尽快清除溶剂。

2. 用机械及物理方法清洗

（1）用毛刷清扫。应采用柔软毛刷除去滤芯的污垢,过硬的钢丝刷会将网式、线隙式的滤芯损坏,使烧结式滤芯烧结颗粒刷落。此法不适用纸质过滤器,一般与溶剂清洗相结合,如图6-12所示。

图6-12 滤油器的清洗方法

（2）超声波清洗。超声波作用在清洗液中可将滤芯上污垢除去,但滤芯是多孔物质,有吸收超声波的性质,可能会影响清洗效果。

（3）加热挥发法。有些过滤器上的积垢可用加热方法除去,但应注意在加热时不能使滤芯内部残存有炭灰及固体附着物。

（4）压缩空气吹。用压缩空气在滤垢积层反面吹出积垢,采用脉动气流效果更好。

（5）用水压清洗。方法与上同,两法交替使用效果更好。

3. 酸处理法

采用此法时,滤芯应为用同种金属的烧结金属。对于铜类金属(青铜),常温下用光辉浸渍液($H_2SO_4 43.5\%$,$HNO_3 37.2\%$,$HCl 0.2\%$,其余为水)将表面的污垢除去;或用 $H_2SO_4 20\%$,$HNO_3 30\%$ 加水配成的溶液,将污垢除去后放在由 $Cr_{30}\cdot H_2SO_4$ 和水配成的溶液中,使其生成耐腐蚀性膜。

对于不锈钢类金属用 $HNO_3 25\%$,$HCl 1\%$ 加水配成的溶液将表面污垢除去,然后在浓 HNO_3 中浸渍,将游离的铁除去,同时在表面生成耐腐蚀性膜。

4. 各种滤芯的清洗步骤和更换

(1)纸质滤芯。根据压力表或堵塞指示器指示的过滤阻抗更换新滤芯,一般不清洗。

(2)网式和线隙式滤芯。清洗步骤为溶剂脱脂→毛刷清扫→水压清洗→气压吹净→干燥→组装。

(3)烧结金属滤芯。可先用毛刷清扫,然后溶剂脱脂(或用加热挥发法,400℃以下)→水压及气压吹洗(反向压力 0.4~0.5MPa)→酸处理→水压、气压吹洗→气压吹净脱水→干燥。

拆开清洗后的过滤器,应在清洁的环境中按拆卸顺序组装起来,若须更换滤芯的应按规格更换,规格包括外观和材质相同、过滤精度及耐压能力相同等。对于过滤器内所用密封件要按材质规格更换,并注意装配质量,否则会产生泄漏、吸油和排油损耗以及吸入空气等故障。

五、液压软管的故障分析与排除

在使用过程中,由于使用与维护不当、系统设计不合理和软管制造不合格等原因,经常出现液压软管渗漏、裂纹、破裂、松脱等故障。液压软管的松脱或破裂,轻则浪费油液、污染环境、影响系统功能的正常发挥及工作效率,重则危及安全。为了保证液压系统在良好状况下工作,预防液压软管早期损坏,延长液压软管的使用寿命,平时一定认真做好保养与维护工作。

(一)使用不合格软管引起的故障

1. 原因

在维修或更换液压管路时,如果在液压系统中安装了劣质的液压软管,由于其承压能力低、使用寿命短,使用时间不长就会出现漏油现象,严重时液压系统会产生事故,甚至危及人机安全。劣质软管则主要是橡胶质量差、钢丝层拉力不足、编织不均,使承载能力不足,在压力油冲击下,易造成管路损坏而漏油。软管外表面出现鼓泡的原因是软管生产质量不合格,或者工作时使用不当。如果鼓泡出现在软管的中段,多为软管生产质量问题,应及时更换合格软管。

2. 措施

在维修时,对新更换的液压软管,应认真检查生产的厂家、日期、批号、规定的使用寿命和有无缺陷,不符合规定的液压软管坚决不能使用。使用时,要经常检查液压软管是否有磨损、腐蚀现象;使用过程中橡胶软管一经发现严重龟裂、变硬或鼓泡等现象,就应立即更换新的液压软管。

(二)违规装配引起的故障

1. 原因

软管安装时,若弯曲半径不符合要求或软管扭曲等,皆会引起软管破损而漏油。当液压软管安装不符合要求时,软管受到轻微扭转就有可能使其强度降低和松脱接头,在软管的接头处易出现鼓泡现象。当软管在安装或使用过程中受到过分的扭曲时,软管在高压的作用下易损坏。软管受扭转后,加强层结构改变,编织钢丝间的间隙增加,降低了软管的耐压强度,在高压作用下软管易破裂。

在安装软管时,如果软管受到过分的拉伸变形,各层分离,降低了耐压强度。软管在高压作用下会发生长度方向的收缩或伸长,一般伸缩量为常态下的 −4%~+2%。若软管在安装时选得太短,工作时就受到很大的拉伸作用,严重时出现破裂或松脱等故障;另外,软管的跨度太大,则软管自重和油液重量也会给软管一个较大的拉伸力,严重时也会发生上述故障。

在低温条件下,液压软管的弯曲或修配不符合要求,会使液压软管的外表面上出现裂纹。软管外表出现裂纹的现象一般在严寒的冬季出现较为常见,特别在严寒的冬季或低温状态下液压软管弯曲时。在使用过程中,如果一旦发现软管外表有裂纹,就要及时观察软管内胶是否出现裂纹,如果该处也出现裂纹要立即更换软管。

2. 措施

在安装液压软管时应注意以下几点。

(1) 软管安装时应避免处于拉紧状态,即使软管两端没有相对运动的地方,也要保持软管松弛,张紧的软管在压力作用下会膨胀,强度降低。软管直线安装时要有30%左右的长度余量,以适应油温、受拉和振动的需要。

(2) 安装过程中不要扭曲软管。软管受到轻微扭转就有可能使其强度降低和松脱接头,装配时应将接头拧紧在软管上,而不是将软管拧紧在接头上。安装软管拧紧螺纹时,注意不要扭曲软管,可在软管上画一条彩线观察。

(3) 软管弯曲处,弯曲半径要大于9倍软管外径,弯曲处到管接头的距离至少等于6倍软管外径。

(4) 橡胶软管最好不要在高温有腐蚀气体的环境中使用。

(5) 如系统软管较多,应分别安装管夹加以固定或者用橡胶板隔开。

(6) 在使用或保管软管过程中,不要使软管承受扭转力矩,安装软管时尽量使两接头的轴线处于运动平面上,以免软管在运动中受扭。

(7) 软管接头常有可拆式、扣压式两种。可拆式管接头在外套和接头芯上做成六角形,便于经常拆装软管;扣压式管接头由接头外套和接头芯组成,装配时须剥离外胶层,然后在专门设备上扣压,使软管得到一定的压缩量。

(8) 为了避免液压软管出现裂纹,要求在寒冷环境中不要随意搬动软管或拆修液压系统,必要时应在室内进行。如果需长期在较寒冷环境中工作,应换用耐寒软管。

(三) 由于液压系统受高温的影响引起的故障

1. 原因

当环境温度过高时、当风扇装反或液压马达旋向不对时、当液压油牌号选用不当或油质差时、当散热器散热性能不良时、当泵及液压系统压力阀调节不当时,都会造成油温过高,同时也会引起液压软管过热,会使液压软管中加入的增塑剂溢出,降低液压软管柔韧性。另外,过热的油液通过系统中的缸、阀或其他元件时,如果产生较大的压降会使油液发生分解,导致软管内胶层氧化而变硬。对于橡胶管路如果长期受高温的影响,则会导致橡胶管路从高温、高压、弯曲、扭曲严重的地方发生老化、变硬和龟裂,最后油管爆破而漏油。

2. 措施

当橡胶管路由于高温影响导致疲劳破坏或老化时,首先要认真检查液压系统工作温度是否正常,排除一切引起油温过高和使油液分解的因素后更换软管。软管布置要尽量避免热源,要远离发动机排气管。必要时可采用套管或保护屏等装置,以免软管受热变质。为了保证液压软管的安全工作,延长其使用寿命,对处于高温区的橡胶管应做好隔热降温,如包扎隔热层、引入散热空气等都是有效措施。

(四) 由污染引起的故障

1. 原因

当液压油受到污染时,液压油的相容性变差,使软管内胶材质与液压系统用油不相容,软管受到化学作用而变质,导致软管内胶层严重变质,软管内胶层出现明显发胀。若发生此现象,应检查油箱,因有可能在回油口处发现碎橡胶片。当液压油受到污染时,还会使油管受到磨损和腐蚀,加速管路的破裂而漏油,而且这种损坏不易被发现,危害更加严重。

此外,管路的外表面经常会沾上水分、油泥和尘土,容易使导管外表面产生腐蚀,加速其外表面老化。由于老化变质,外层不断氧化使其表面覆盖上一层臭氧,随着时间延长而加厚,软管在使用中只要受到轻微弯曲,就会产生微小裂纹,使其使用寿命降低。遇到这种情况,就应立即更换软管。

2. 措施

在日常维护工作中,不得随意踩踏、拉压液压软管,更不允许用金属器具或尖锐器具敲碰液压软管,以防出现机械损伤;对露天停放的液压机械或液压设备应加盖蒙布,做好防尘、防雨雪工作,雨雪过后应及时进行除水、晾晒和除锈;要经常擦去管路表面的油污和尘土,防止液压软管腐蚀;添加油液和拆装部件时,要严把污染关口,防止将杂物、水分带入系统中。此外,一定要防止把有害的溶剂和液体洒在液压软管上。

(五) 其他原因引起的故障。

液压软管外胶层比较容易出现裂纹、鼓泡、渗油、外胶层严重变质等不良现象,平时要注意检查和维护,以延长液压软管的使用寿命,同时保证液压软管在良好的状态下工作。液压软管内胶层还会出现胶层变坚硬、裂纹、严重变质、明显发胀等不良现象,由于这些现象出现在液压软管的内胶层,隐蔽性较好,一般不容易发现,所以平时要注意认真检查和维护。有时液压软管加强层也会出现各种不同的故障现象。有时软管破裂,剥去外胶层检查,发现破口附近编织钢丝生锈,这主要是由于该层受潮湿或腐蚀性物质的作用所致,削弱了软管强度,导致高压时破裂。有时软管破裂后,剥去外胶层未发现加强层生锈,但加强层长度方向出现不规则断丝,其主要原因是软管受到高频冲击力的作用。

第五节　液压系统的维护保养

正确地使用和维护液压系统,是进一步降低故障发生率,提高工作效率的保证。所以,使用和维护阶段要做到对液压设备的合理使用和维护,从而保证液压系统的正常工作。

一、液压设备的合理使用

液压设备要做到正确合理使用就必须做到"点检"和"定检",来保证设备的正常运行。通过点检和定检,能够及早发现问题,并从中找出故障的发生规律,确定出系统元件、液压油、密封件等主要元件的更换周期,为排除系统故障提供保证。表6-7列出了液压系统点检的项目和内容,表6-8列出了液压系统定检的项目和内容。

表6-7　点检项目和内容

点检时间	项目	内容
起动前检查	油量	油箱是否注满,油量要加至油箱上限标记
	行程开关和限位块	是否紧固
	手动、自动循环	是否正常
	电磁阀	是否处于原始状态

续表

点检时间	项目	内容
起动和起动后的检查	油温	是否在 30~60℃ 范围内,不得高于 60℃;如果油温过低,如低于 10℃ 时,应使系统无负荷运转 20min 以上,并使溢流阀处于卸荷位置
	压力	系统压力是否稳定,并在规定范围内
	噪声、振动	有无异常(主要倾听泵的噪声)
	漏油	系统是否有漏油,特别注意液压元件的工作情况
	电压	应保持在额定电压的 85%~105% 范围内

表 6-8 定检项目和内容

项目	内容
管接头	定期紧固;系统压力 10MPa 以上,每月一次;10MPa 以下,三个月一次
过滤器	每月一次
密封件	按环境温度、系统工作压力而定
弹簧	按工作情况具体规定
油质	累计工作 1000h,应当换油;间断使用时,可根据具体情况每半年至一年换油一次
压力表	按具体情况而定
高压软管	根据使用工况,规定更换时间
液压元件	根据使用工况,对各元件进行性能测试

二、液压系统的精心维护

为了保证液压系统灵敏、准确、稳定、可靠地工作,预防液压系统产生故障,正确地操作液压系统、合理地维护液压系统是非常重要和必要的。

液压系统的精心维护包括液压系统的日常保养、定期保养、清洗,液压油的过滤,防止水分、液体和气体混入液压系统,加强液压油的检查和化验等内容。液压油品的维护前面已经叙述过,下面主要讨论液压系统的日常保养、定期保养和清洗等内容。

(一)液压系统的日常保养

认真严格地对液压系统进行日常维护保养,能够及时发现和排除小的故障,预防大的事故发生。日常维护保养的内容有:

(1)开机工作前,应仔细检查各紧固件和管接头有无松脱,管道有无变形或损伤等。

(2)试运行前,应先向液压泵内注满液压油,再进行无负载运转。

(3)液压泵无负载运转时,应观察运转是否灵活,确认运转正常、无异常响声后,再施加负载工作。进入稳定工作状态后,要随时注意油温、压力、噪声情况等;观察各液压元件的工作情况,检查系统的泄漏和振动等。

(4)调整工作装置系统分配阀的工作压力,应不超过或低于规定值。

(二)液压系统的定期保养

液压系统的定期保养一般分为四级保养。

(1)250h 检查保养。检查过滤器滤网上的附着物,若金属粉末过多,则说明液压泵磨损或液压缸拉缸。如果发现滤网损坏、污垢多,应及时更换滤网。

(2) 500h 检查保养。运行 500h 后,必须更换滤芯。

(3) 1000h 检查保养。运行 1000h 后,应清洗过滤器、油箱,更换滤芯和液压油。

(4) 7000h 检查保养和 10000h 检查保养。此时须由专业人员检测,并进行必要的调整和维修。

要说明的是:液压泵、液压马达工作 10000h 后必须大修。

(三) 液压系统的清洗

液压系统在装配过程中必然会对液压油、系统液压元件产生不同程度的污染,因此对新制造和刚维修好的液压系统在正式投入使用前,都要进行清洗。

液压系统的清洗就是在总装后、性能调试前,对整个液压系统进行冲洗。冲洗时借助清洗液在一定压力、流量,特别是在一定流速下,对整个系统各回路进行冲刷和洗涤。目的在于清除进入系统里的各种污染物,以排除系统在调试和早期运行中的故障。

1. 机械零件常用的清洗方法

常用的清洗方法有溶剂浸渍清洗、喷洗、擦洗和超声波清洗等。使用时,可把这些方法加以组合或进行多步清洗,依次在相邻的两个或三个清洗槽(机)中清洗,由于各清洗槽(机)清洗油污程度不同,因此清洗液的配方及加热温度也各不相同。

(1) 溶剂浸渍清洗。溶剂浸渍清洗是将要清洗的零件浸入带有加热设备的清洗槽中(加热温度一般为 35~85℃),并在清洗液中通入压缩空气或水蒸气。使清洗液处于运动之中,浸渍时间为 4~8h,对于油污严重的零件,清洗时还需手工擦抹。

(2) 喷洗。通过耐蚀泵把调配好的加热水溶液以 0.3MPa 的压力进行喷射清洗,一般情况下,被清洗零件经过预洗室、清洗室和热水清漂室三道连续喷射过程。此外,也可采用压缩空气产生的气流将污染物吹掉,其中采用脉动气流效果最佳。

(3) 擦洗。可采用软毛刷去除污物,以保持零件的精度和表面粗糙度。

(4) 超声波清洗。将适当功率的超声波射入清洗液中,产生具有几千个大气压数值的强大声压和机械冲击力(即空化作用),使置于清洗液中的零件表面上的污染物剥落。但过滤器这种多孔形零件具有吸收声波的作用,可能会影响清洗效果。

(5) 酸处理法。采用此法时,需对不同的金属材料采用不同的酸洗液清洗,将表面污染物除去后,放入由 CrO_3、H_2SO_4 和 H_2O 配合组成的溶液中浸渍,使表面产生耐蚀膜。

2. 液压元件的清洗

液压元件是液压系统中的重要部分,其清洁程度对系统工作的可靠性有直接影响。因此,在组装液压系统前,必须检查元件的清洁度是否符合要求。

液压元件清洗时可根据其结构、尺寸大小和被清洗表面上污染物的类型、性质及清洁度等要求,而采取适合的工艺方法进行清洗。对于工件上的氧化皮、砂粒、毛刺及锈迹等,可用压力喷射机或酸洗工艺等将其清除;若要清洗掉工件上的润滑油、硬脂酸、石蜡、凡士林及机械杂质等,可用清洗剂清洗。对于工件上的毛刺,可以采用振动去刺机、带磨料的尼龙去刺刷等清理。对于几何形状复杂的零件,则可采用超声波清洗。清洗完毕后,应进行全面检查。

所有零件清洗干净后,放入具有封闭性、便于清扫和保持清洁的干净地面,对于场地内的空气应经过过滤,且使场地内的气压高于外部气压,以防外部空气尘埃侵入。必要时还可用聚乙烯塑料将零件包裹起来,以便搬运和短期存放。场地内的湿度应保持在 35%~45% 为宜,温度一般为 20℃,以保证零件不生锈。

液压缸可安装在一个单独的预清洗油箱系统中,用预清洗油液进行循环冲击清洗。所需油量至少是液压缸容量的 5 倍以上,通常经过 5 次反复冲洗后,方可清洗干净。

油箱需用绸布或乙烯树脂海绵等手工清洗,不能用棉纱或棉布来擦洗油箱。油箱死角内的焊渣及铁屑等,可用胶泥团或面粉团粘取。此外,还可进行吹粒、真空吸尘和蒸汽清洗。清洗完毕后,再进行酸洗,以彻底去掉表面氧化物,然后在油箱内表面上用防锈剂进行处理。

3. 管道循环酸洗

液压系统管道在安装之后,要进行循环酸洗。循环酸洗是整个液压系统管道施工中十分重要的环节。管道酸洗效果的优劣是衡量管道质量的主要标志,它将直接关系到液压系统的洁净度,最终影响到系统是否能正常运行。

循环酸洗简要工艺过程如下:管路连接→管路吹扫→管路充水并测量其体积→水试漏(压力为 1MPa 左右)→脱油(3h,40～60℃,pH=14)→清水冲洗(pH=7)→酸洗(6h,pH=1)→钝化(3h,30～40℃,pH=9～10)→干燥压缩空气吹扫→注油循环(3h,40～60℃左右)→干燥压缩空气吹扫。

4. 液压系统的在线冲洗和清洗

液压系统在组装完毕后需进行全面的冲洗与清洗,以清除系统在组装过程中侵入系统和元件中的污染物。冲洗时可利用该系统的油箱和液压泵,也可以采用专用的冲洗泵站。

为了提高冲洗效果,在冲洗过程中液压泵以间歇运动为佳,其间歇时间一般为 10～30min,可在这一间歇时间内检查清洗效果。为了更有利于管内壁上附着物的脱落,在清洗过程中,可用木棍或橡胶锤等非金属棒轻轻敲击管道,可连续或间歇式地敲击。

冲洗液通常是实际使用的液压油或试车油,避免使用煤油、汽油、酒精和水蒸气等,以防腐蚀液压元件、管道、油箱及密封件等。冲洗液的用量一般以油箱工作容量的 60%～70% 为宜,冲洗时间不宜过长,一般为 2～4h,在特殊情况下不超过 10h。冲洗效果以回路过滤网上无污染杂质或要求的清洁度为标准。冲洗后的液压油需经检验才能确定能否继续使用。

思 考 题

6-1 液压系统故障诊断有哪些基本方法?

6-2 造成液压油污染的原因有哪些?常见的污染物是什么?

6-3 在液压系统中,液压油如何维护?

6-4 齿轮泵常见故障有哪些?

6-5 齿轮泵的主要零件如何修理?

6-6 液压系统的维护保养内容有哪些?

第七章 地空导弹武器系统典型机电装备常见故障的诊断与修理

第一节 地空导弹武器机械设备的修理

武器装备机械设备是一个由许多零部件组成的复杂系统,它的关键部件和机构直接影响装备的性能,决定了装备的使用寿命。因此,修理时要在充分了解其磨损、损坏和精度丧失程度的基础上,根据各部件和机构的特点以及技术要求,确定修理方案和编制修理工艺,并认真实施,使各关键部件和机构的修理达到预定的要求。

本节将主要讨论装备主轴、螺旋机构的损坏情况和常用的修理方法。

一、装备主轴部件的修理

主轴部件是装备实现旋转运动的执行体,由主轴、主轴轴承和安装在主轴上的传动件、密封件等组成,它们带动执行元件旋转,传递动力和直接承受扭矩,因此要求其轴线的置准确稳定。它的回转精度决定了执行元件的运动精度,它的旋转速度在很大程度上影响执行元件的运动速度。主轴部件是装备上的关键部件,其修理的目的是恢复或提高主轴部件的回转精度、刚度、抗振性、耐磨性,并达到温升低、热变形小的要求。

(一) 主轴的修理

各类装备主轴的结构形式、工作性质及条件各不相同,磨损或损坏的形式和程度也不一致,但总体来说,主轴的磨损常发生于以下部位:①与滚动轴承或滑动轴承配合的轴颈或端面;②与执行元件配合的轴颈或锥孔;③与密封圈配合的轴颈;④与传动件配合的轴颈。

主轴的损伤主要是发生在有配合关系的轴颈表面,可采用以下方法修理。

1. 修理尺寸法

即对磨损表面进行精磨加工或研磨加工,恢复配合轴颈表面几何形状、相对位置和表面粗糙度等精度要求,调整或更换与主轴配合的零件(如轴承等),保持原来的配合关系。采用此法时,要注意被加工后的轴颈表面硬度不能低于原图样要求,以保证零件修后的使用寿命。修理尺寸法在工艺及其装备上较简单、方便,在许多场合下只需将不均匀磨损或其他损伤的表面进行机械加工,修复速度快,成本低。

2. 标准尺寸法

即用堆焊、粘接等方法在磨损表面覆盖金属,然后按原尺寸及精磨要求加工,恢复轴颈的原始尺寸和精度。

例如,某装备主轴的修理方案和工艺:

(1) 首先按照图 7-1 所示的检测方法,对其主轴精度进行检查。其中主轴的主要技术条件为:

① 轴颈 A、B 处的圆度公差为 0.005mm。

② 轴颈 A、B 处的径向圆跳动公差为 0.005mm;

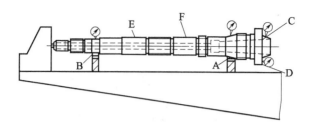

图 7-1 某装备主轴精度检查

③ 轴颈 A、B 处和莫氏 6 号锥孔表面用涂色法检查,要求接触面积达 70% 以上;

④ 短锥 C 对轴颈 A、B 处的径向圆跳动公差为 0.008mm;

⑤ 端面 D 对轴颈 A、B 处的轴向圆跳动公差为 0.008mm;

⑥ 轴颈 E、F 对轴颈 A、B 处的径向圆跳动公差为 0.01mm;

⑦ 莫氏 6 号锥孔对轴颈 A、B 处的径向圆跳动公差(在主轴锥孔中插入检验棒进行检查):近主轴端为 0.005mm,距主轴端 300mm 处为 0.01mm。

主轴最容易因磨损而丧失精度的部位是三个支承处,即轴颈 A、B、F 部位。

(2) 根据检测结果,确定磨损部位的修理方案。

如前所述,先考虑修理尺寸法,即精磨修理轴颈。加工时注意零件的结构强度、表层的强化层或表面硬度的削弱问题,具体规定如下:

① 主轴与滑动轴承相配合的轴颈修磨后的尺寸不得小于原图样尺寸的 5%~10%。

② 渗碳淬硬的轴颈其修磨加工层深度不得大于 0.5mm;渗氮轴颈修磨加工层深度不得大于 0.05mm。

③ 修磨后轴颈表面硬度不得小于原图样要求的下限值。

④ 磨损的主轴锥孔经修磨加工后,锥孔端面的位移量应控制在表 7-1 所列范围内。

表 7-1 主轴锥孔端面位移量

锥度(莫氏)	1	2	3	4	5	6
位移量/mm	1.5	2	3	4	5	6

(3) 主轴修理工艺。

① 在主轴两端内孔中分别镶装两个堵头。

② 在车床上装上中心架,分别在两端堵头上钻研中心孔,保证轴颈 A、B 处对两端中心孔的径向圆跳动误差小于 0.01mm。

③ 在外圆磨床上精磨主轴颈 A、B 处,如有必要,轴颈 F 处、短锥 C 处和端面 D 处也精磨一下,各项精度要达到原图样要求。

④ 拆除堵头,在万能外圆磨床上装上中心架,校正轴颈 A、B 处径向圆跳动以保证其在 0.005mm 以内,用内圆磨具磨削右端莫氏 6 号锥孔至规定要求。

(二) 某装备主轴轴承的修理

主轴部件上所用的轴承有滚动轴承和滑动轴承。滑动轴承具有工作平稳和抗振性好的特点,这是滚动轴承所难以替代的。而且各种多油楔的动压轴承及静压轴承的出现,使滑动轴承的应用范围得以扩大。

1. 滚动轴承的调整和更换

对于磨损后的滚动轴承,精度已丧失,应更换新件。对于新轴承或使用过一段时期的轴承,若间隙过大则需调整。

在滚动轴承的装配和调整中,保持合理的轴承间隙或进行适当的预紧(负间隙),对主轴部件的工作性能和轴承寿命都有重要的影响。

滚动轴承的调整和预紧方法,基本上都是使其内、外圈产生相对轴向的位移,通常通过拧紧螺母或修磨垫圈来实现。

对于主轴常用的圆柱滚子轴承的径向间隙,一般用螺母通过中间隔套压着轴承内圈来实现调整,以免直接挤压内圈而引起内圈偏斜。

高速的主轴部件经常采用角接触球轴承,一般采用如图 7-2 所示的几种方法调整。图 7-2(a)所示是将内圈或外圈侧面磨去一个根据预加载荷量确定的厚度 a,当压紧内圈或外圈时,即得原定的预紧量。此结构要求侧面垂直于轴线,且重调间隙时必须把轴承从主轴上拆下,很不方便。图 7-2(b)所示是在两个轴承之间装入两个厚度差为 $2a$ 的垫圈,然后用螺母将其夹紧,缺点同上。图 7-2(c)所示是在两个轴承之间放入一些弹簧(沿圆周均布),靠弹簧力保持一个固定不变的、不受热膨胀影响的预加载荷。它可持久地获得可靠的预紧,但对弹簧的要求比较高,此结构常见于内圆磨头。图 7-2(d)所示则是在两轴承外圈之间放入一适当厚度的外套,靠装配技术使内圈受压后移动一个 a 的量,它操作方便,在装配时的初调和使用时的重调中都可用,但要求有较高的装配技术。

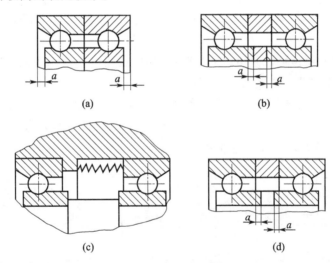

图 7-2 角接触球轴承游隙的调整

在主轴部件的一个支承上,常有两个或两个以上的轴承分别承受径向载荷和轴向载荷,需要分别控制径向和轴向间隙。因此,在结构上应尽可能做到在两个方向上分别调整。图 7-3(a)所示是两个轴承共用一个螺母调整;图 7-3(b)所示则采用两个螺母分别调整,当然其结构复杂些。

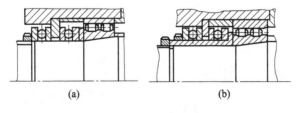

图 7-3 轴承间隙调整机构

此外,在用螺母调整轴承时,还应考虑到防松措施和尽量减少或避免拧紧螺母时主轴产生弯曲变形的问题。具体的结构可参看有关手册。

2. 滑动轴承的修理

滑动轴承按其油膜形成的方式,可分为流体(或气体)静压轴承和流体动压轴承;按其受力的情况,可分为径向滑动轴承和推力滑动轴承。

轴承间隙的调整方式,有径向和轴向两种。

径向调整间隙的轴承一般为剖分式、单油楔动压轴承和多油楔(三瓦或五瓦式)自动调位轴承。前者旋转不稳定,精度低,多用于重型机床主轴。修理时,先刮研剖分面或调整剖分面处垫片的厚度,再刮研(或研磨)轴承内孔直至得到适当的配合间隙和接触面,并恢复轴承的精度。后者旋转精度高,刚度好,多用于磨床砂轮主轴。修理时,可采用主轴轴颈配刮(或研磨)方法修复轴承内孔,用球面螺钉调整径向间隙至规定的要求。

轴向调整间隙的轴承一般分为外柱内锥式和外锥内柱式,如图7-4所示。图7-4(a)所示为主轴前轴承,采用外柱内锥整体成形多油楔轴承,径向间隙由螺母5、6来调整,轴承内锥孔可用研磨法或与主轴轴颈配刮方法修理;图7-4(b)所示为主轴后轴承,采用外锥(内柱)薄壁变形多油楔轴承,径向间隙由螺母3、4来调整,轴承内孔采用研磨或与主轴轴颈配刮的方法修理。

滑动轴承外表面与主轴箱体孔的接触面积一般应在60%以上。而活动三瓦式自动调位轴承的轴瓦与球头支点间保持80%的接触面积时,轴承刚度较高,常通过研磨轴瓦支承球面和支承螺钉球面来保证。

轴向推力滑动轴承精度的修复可以通过刮研、精磨或研磨其两端面来解决。修复后调整主轴,使其轴向圆跳动量在公差范围以内。

主轴部件修理完毕后,要检查主轴有关精度。机床修理后,需开车检查主轴的运转温升情况。机床主轴以最高速运转时,主轴规定温度要求如下:滑动轴承不超过60℃,温升不超过30℃;滚动轴承不超过70℃,温升不超过40℃。

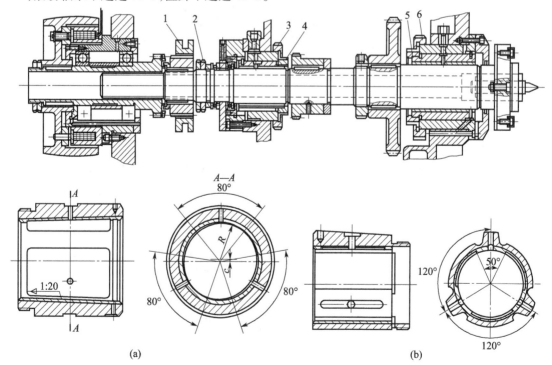

图7-4 主轴组件

二、装备螺旋机构的修理

某吊装设备的工作平台的举升和调平均采用的是螺旋机构,螺旋机构通常为丝杠副,广泛应用于低速直线进给运动机构以及运动精度要求较高的传动链中。丝杠副包括滑动丝杠传动、滚动丝杠传动、流体静压丝杠传动三种类型。本节主要介绍在装备中广泛使用的滑动丝杠传动调整与修理的相关知识。

(一) 磨损或损伤的检查与调整

滑动丝杠传动在装备中主要用于机构调整装置和定位装置。在使用过程中,丝杠和螺母会有不同程度的磨损、变形、松动和位移等现象,直接影响装备的运动平稳性和运动精度。因此必须定期检查、调整和修理,使其恢复规定的精度要求。

(1) 丝杠、螺母的润滑和密封保护。由于大部分的丝杠长期曝露在外,防尘条件差,极易产生磨粒磨损。因此在日常维护时,不但要清洁丝杠,检查有无损伤,还要定期清洗丝杠和螺母,检查、疏通油路,观察润滑效果。

(2) 丝杠的轴向圆跳动。丝杠的轴向圆跳动对所传动部件运动精度的影响,远大于丝杠径向圆跳动的影响,因此,在机床精度标准中,丝杠轴向圆跳动均有严格要求。

如检查中发现丝杠的轴向圆跳动超过公差,则需进一步检查预加轴向负荷状况(例如,丝杠端部的紧固螺母松动与否)和推力轴承的磨损状况,以便采取相应措施进行调整或更换。

(3) 丝杠的弯曲。经长时间使用,有些较长的丝杠会发生弯曲。如卧式车床的床身导轨或溜板导轨磨损,溜板箱连同开合螺母下沉,丝杠工作时往往只与开合螺母的上半部分啮合,而与其下半部分存在相当大的间隙。这种径向力的作用会引起丝杠产生弯曲变形,弯曲严重时会使传动憋劲和扭转振动,影响切削的稳定性和加工质量。检查时,回转丝杠,用百分表可较准确地测出丝杠的弯曲量。如超差,应及时加以校直(如压力校直和敲击校直)。校直时要尽量消除内应力,可增加低温时效处理工序来减轻车螺纹及使用过程中的再次变形。

(4) 丝杠与螺母的间隙。滑动丝杠副中的螺母一般由铸铁或锡青铜制成,磨损量比丝杠大。随着丝杠、螺母螺旋面的不断磨损,丝杠与螺母的轴向间隙随之增大,当此间隙超过公差范围时,对于有自动消除间隙机构的双螺母结构(如卧式车床横向进给丝杠副)应及时调整间隙;对于无自动消除间隙机构的螺母则应及时更换螺母。

(5) 丝杠的磨损。丝杠的螺纹部分在全长上的磨损很不均匀,经常使用的部分,磨损较大,如卧式车床纵向进给丝杠在靠近主轴箱部分磨损较严重,而靠近床尾部分则极少磨损。这使丝杠螺纹的厚度大小不一,螺距不等,导致丝杠螺距累积误差超过公差,造成机床进给机构进刀量不准,直接影响工作台或刀架的运动精度。当丝杠螺距误差太大而不能满足加工精度要求时,可用重新加工螺纹并配作螺母的方法修复或更换新的丝杠副。

(6) 丝杠的支承和托架。丝杠在径向承受的载荷小,转速低,多采用铜套做支承;而轴向支承的精度和刚度比径向支承要求高得多,多采用高精度推力轴承。如图7-5所示为卧式车床纵向丝杠,3、4为D级推力球轴承,调整螺母1通过垫圈2压紧推力轴承。

由于加工和装配精度的限制,往往存在着调整。螺母端面与螺纹轴线垂直度的误差,导致推力集中在轴承的局部,使磨损加剧,成为丝杠发生抖动的主要原因。因此在对丝杠副进行定期检查时,要注意各支承的磨损情况,尤其是推力轴承的预加负荷和磨损情况,保证螺母端面与垫圈均匀接触,从而保证丝杠轴向支承的精度要求。

对于水平安装的长丝杠,常用托架支承丝杠,以免丝杠由于自重产生下挠现象。在使用过程中,托架不可避免要被磨损。因此也要定期检查,以便调整或修理。

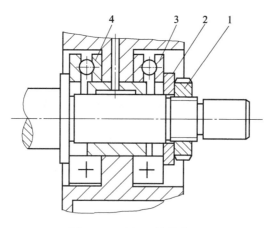

图 7-5 丝杠一端的支承
1—螺母；2—垫圈；3、4—D 级推力球轴承。

（二）丝杠副的修理

滑动丝杠副失效的主要原因是丝杠螺纹面的不均匀磨损，螺距误差过大，造成工件精度超差。因此，丝杠副的修理，主要采取加工丝杠螺纹面，恢复螺距精度，重新配制螺母的方法。

在修理丝杠前，应先检查丝杠的弯曲量。普通丝杠的弯曲度超 0.1mm/1000mm 时（由于自重产生的下垂量应除去）就要进行校直。然后测量丝杠螺纹的实际厚度，找出最大磨损处，估算一下丝杠螺纹在修理加工后厚度减小量，如果超过标准螺纹厚度的 15%~20%，则该丝杠予以报废，不能再用。在特殊情况下，也允许以减小丝杠外径的办法恢复原标准螺纹的厚度，但外径的减小量不得大于原标准外径的 10%。对于重负载丝杠，螺纹部分如需修理，还应验算其厚度减小后，刚度和强度是否仍能满足原设计要求。

对于未淬硬丝杠，一般在精度较好的车床上将螺纹两侧面的磨损和损伤痕迹全部车去，使螺纹厚度和螺距在全长上均匀一致，并恢复到原来的设计精度。精车加工时要尽量少切，并注意充分冷却丝杠。如果原丝杠精度要求较高，也可以在螺纹磨床上修磨，修磨前应:丝杠两端中心孔修研好。

淬硬的丝杠磨损后，应在螺纹磨床上进行修磨。

如果丝杠支承轴颈或其端面磨损，可用刷镀、堆焊等方法修复，恢复原配合性质。

丝杠螺纹部分经加工修理后，螺纹厚度减小，配制的螺母与丝杠应保持合适的轴向间隙，旋合时手感松紧合适。用于手动进给机构的丝杠副，经修理装上带有刻度装置的手轮后，手柄反向空行程量应在规定范围内。对于采用双螺母消除间隙机构的丝杠副，丝杠螺纹理加工后，主、副螺母均应重新配制。

第二节 地空导弹武器电气设备的修理

电气设备可能有很多种故障现象产生，而任何一种电气故障又都有可能是一种或几种原因造成的，也就是说，多种原因可能导致相同故障现象的产生。

某型吊装机电气系统的主要功能是在吊装机进入吊装场地后，在吊装控制软件的控制下完成吊装机的车体调平，并进行位置检测，同时计算出本车与发射设备各个架位的三维坐标及相对角度，自动进行吊装操作，完成吊装后，进行调平支腿的回收。

一、某型吊装机电气系统组成及工作原理

吊装机电气系统由泵站电机启动控制柜、吊装控制机柜、电缆网、液体摆、角度与位移传感

器、直流电机、压力传感器、行程开关和吊装控制软件等组成。

泵站电机启动控制柜主要用于吊装车液压系统泵站电动机的运行控制,另外还为控制计算机、电源箱、位置检测装置配送交流电。电机启动控制柜由交流电供配电路、Y—Δ启动电路、柜体以及转接电缆等组成。

吊装车电气控制系统的主要功能是在吊装车进入吊装场地后,在吊装控制软件的控制下完成吊装车的车体调平,并进行位置检测,同时计算出本车与发射车各个架位的三维坐标及相对角度,自动进行筒弹的吊装。控制机柜由控制计算机、手控箱、电源箱、控制机柜柜体等组成。控制计算机负责控制信号的处理和控制规律的运算;手控箱主要功能是切换吊装过程的抓放弹动作的手动与自动状态,实时显示车体水平度;电源箱为控制计算机、手控箱、吊机提供直流电源。控制计算机是控制系统的核心部件,在各专用接口电路和设备的配合下,控制随车吊机实现自动调平、回收和自动快速吊装。控制计算机通过 CAN 接口与吊机控制系统通信,发送对吊机的控制命令,接受吊机返回的状态信息;通过 CAN 接口接收吊机小臂角度传感、吊机大臂角度传感器、吊机伸缩臂位移传感器的数值。控制计算机拥有 1 路 RS232 串口,接收位置检测装置发送的位置信息。控制计算机拥有 8 路 A/D,其中 4 路采集液体摆信号,反映了车体前后、左右两个方向的水平精度;另外 4 路采集压力传感器信号,反映了车腿压力。控制计算机拥有 64 路数字量输入接口,采集立柱角度传感器、吊机回转角度传感器、吊机俯仰角度传感器的数值。控制计算机拥有 5 路开关量输入接口,采集抓弹到位输入信号,放弹到位输入信号,刚到位输入信号,柔到位输入信号。手控箱完成吊具抓弹、放弹功能的手动与自动切换。继电器板配合抓放弹到位行程开关控制两个直流电机,完成抓弹、放弹功能。液体摆指示仪控制实时显示车体前后方向、左右方向的水平精度。电源箱输入为电机启动控制柜 220V 交流电,通过 AC/DC 直流电源模块转化为直流电,通过安装在其后面板上的连接器向吊机提供 24V,40A 直流电,向控制计算机提供 +12V,−12V,24V 直流电,向手控箱提供 +12V,−12V,24V 直流电,向控制舱提供 24V 直流电。

控制计算机的外部接口关系如图 7-6 所示。手控箱的外部接口关系如图 7-7 所示。电源箱的外部接口关系如图 7-8 所示。

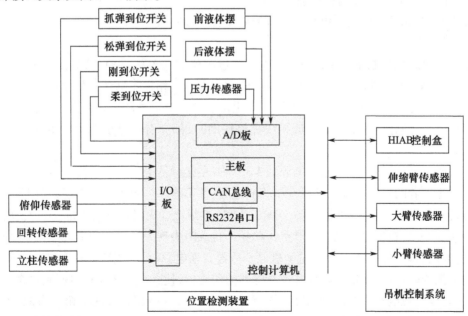

图 7-6 控制计算机外部接口图

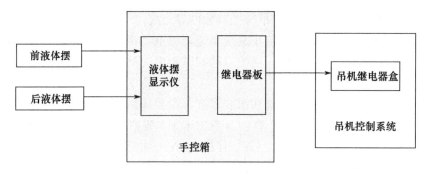

图 7-7 手控箱外部接口图

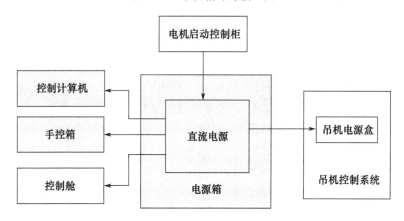

图 7-8 电源箱外部接口图

二、典型故障修理

（一）泵站电动机运行故障修理

1. 三相异步电动机单相运行故障

故障现象：三相异步电动机单相及运行的故障，使电动机过热或烧坏

原因分析：

三相异步电动机控制系统中常用热继电器作过载保护与单相保护，以防止异步电动机单相运行。由于热继电器不能准确整定动作值，因此常常发生三相异步电动机单相及运行的故障，使电动机过热或烧坏。这种故障产生的原因可从电动机故障和主电路不正常两方面分析。电动机电枢绕组发生一相断路、引出线断裂或接线螺钉松动时，都会引起异步电动机单线运行或 V 形三相运行。

从主电路来看，若熔断器烧断时电源缺少一项或主接触器触头接触不良，都将使电动机接通单相电源。运转着的三相异步电动机有一相断电时，并不停车。由于一般来说，三相异步电动机单相运行时只能承担额定负载的 60%~70%，因此若热继电器失灵或整定不准，电动机将在单相过载运行，时间稍长将使电动机发热严重。单相运行故障表现为定子三相电流严重不平衡，运行声音异常，电动机显得没有"力气"；电动机停车后再接通电源时，不能启动并发出嗡嗡声。

在维护保养时，应认真检查和调整热继电器的调定值，使其在单相运行时起到过载保护的作用；在巡视时应监视电动机的温升和运转的声音是否正常，以便及时发现单相运行故障；经常检查启动柜中主电路接触器的触头，当电器动作时，三相触头应能可靠接触。可用万用表检查单相运行故障。

2. 三相异步电动机定子绕组短路

三相异步电动机定子绕组短路有相间短路和匝间短路两种。

故障现象1：定子绕组相间短路

正常的三相异步电动机任意两相间的绝缘电阻应不低于 $0.5M\Omega$。当相间绝缘电阻为零或接近零时，则表明相间绝缘损坏，发生了相间短路故障。

原因分析：

（1）电动机绕组严重过热、尤其在井下环境（运行时发热、停车时吸潮）严重受潮时，由于定子绕组相间绝缘薄弱而产生电击穿。

（2）双层绕组的电动机，其一些槽中的上、下层边分属于两相绕组，可能会因层间绝缘薄弱而产生电击穿。

（3）相间短路故障表现为电动机运行声音不正常、定子电流不平衡、保护电器动作或熔断器烧断，甚至绕组烧坏。

故障现象2：定子绕组匝间短路

原因分析：

三相异步电动机定子绕组匝间短路，是指在某相绕组的线圈中线匝之间发生的短路。这种短路是由于线圈中导线表皮绝缘损坏，使相邻的导体互相接触而造成的。

匝间短路在刚开始时，可能只有两根导线因交叠处绝缘磨坏而接触。由于短路线匝内产生环流，使线圈迅速发热，进一步损坏邻近导线的绝缘，使短路的匝数不断增多、故障扩大。短路匝数足够多时，会使熔断器烧断，甚至绕组烧焦冒烟。

当三相绕组有一相发生匝间短路时，相当于该相绕组匝数减少，定子三相电流就不平衡。不平衡的三相电流使电动机振动，同时发出不正常的声音。电动机平均转矩显著下降，拖动负载时就显得无力。

产生匝间短路的原因有：

（1）在解体保养电动机时，由于操作不当，碰伤绕组端部绝缘，使导线互相接触。

（2）电动机长时间超负荷运行，电动机过热而使线圈局部较为薄弱的绝缘损坏导致匝间短路。

（3）定子下线时，个别导线在槽内交叠，长期运行后，由于电磁力的作用，会使交叉处的绝缘损坏而发展成匝间短路。用外观检查或短路侦察器可确定短路点。

故障现象3：定子绕组接地故障

定子绕组导体与铁芯之间绝缘电阻为零或接近于零时，即认为电动机发生了定子绕组接地故障。

原因分析：

发生定子绕组接地故障的原因主要有：电动机绝缘老化，失去绝缘性能；定子槽口处绝缘破损，导体与铁芯接触；绕组端部绝缘损坏并碰端盖。

定子绕组引出电缆绝缘破损而碰壳等。定子绕组接地后，若电动机机座未很好接地，会使机座带电，威胁操作人员的安全。

定子绕组多点接地时，会发生短路故障。所以当定子绕组发生一点接地后，必须认真检查及时排除。用兆欧表可以检查接地故障。

故障现象4：电动机过热，超过允许温度

异步电动机过热是较为常见的故障，其原因比较复杂，可从电源、电动机、控制设备和负载等方面分析。

原因分析：

（1）电源电压过高时，由 $U \approx 4.44 f_1 w_1 k w_1 \Phi$ 可知，磁通将增大，电动机磁路出现饱和。这时定子电流剧烈增加，使电动机温升提高。电源电压过低时，若负载转矩已定，磁通减少必然导致转子电流增大。这时定子电流同时增大，电动机温升提高。

（2）电源电压三相不对称。三相异步电动机需在三相对称电压下工作，其三相电压不对称度应小于额定电压的5%。当三相电压数值相差较大时，将使异步电动机定子三相电流不平衡，在额定负载下，会使某相绕组电流超过额定值，使该相绕组过热，发生异步电动机定子绕组局部过热的故障。

（3）控制线路。若控制线路维护不良，触头接触不好，电动机单相运行也会使电动机电流增大。有些设备的拖动电动机有刹车装置，刹车装置动作配合不好，电动机堵转严重，将使电动机过热。另外，电动机每小时启动次数过多，或电动机超定额运行对定子发热都有影响。

（4）负载原因。电动机长时间在过载下运行而保护装置又不可靠，不能及时动作，使电动机定子电流超过额定值；电动机与被拖动的机械连接不好、齿轮箱有污物或联轴器偏心等使电动机空载损耗增大；电动机承受不应有的冲击负荷；由于负荷的故障使电动机堵转等。

（5）电动机本身故障。电动机定子绕组有短路、接地或一相断线；修理后的电动机定子绕组接线错误；电动机转子断条、端环开焊；电动机散热有障碍，如风扇损坏、风路堵塞、表面污垢过多等；机械方面装配不良、转轴弯曲变形、轴承损坏、定转子相擦等。

3. 三相异步电动机其他故障

故障现象1：电动机启动后转速低且显得无力。

原因分析：

（1）负载过重。

（2）单相运行，勉强起动后过载。

（3）定子绕组应接"△"形而错接成"Y"形。

（4）鼠笼转子导条或端环断裂或开焊。

故障现象2：电动机温升过高。

原因分析：

（1）负载过重，且保护装置失灵。

（2）定子绕组有短路或接地。

（3）重载下单相运行。

（4）电动机机械方面不灵活，空载损耗大。

（5）散热有障碍。

故障现象3：电动机运行时噪声大。

原因分析：

（1）单相运行。

（2）定子绕组引出线接错。

（3）定、转子相摩擦（即扫堂）。

（4）轴承损坏严重缺少润滑脂。

（5）风扇叶变形碰壳。

（二）吊装控制系统故障

1. 自动调平时不能完成自动调平

故障现象：控制机柜加电后，运行自动调平程序，支腿有动作，但不能完成自动调平。

原因分析：

泵站电机启动后，运行自动调平程序，接通控制开关，控制组合控制计算机控制三位四通阀接通，液压油经过调平比例阀的控制进入液压油缸，推动活塞杆伸出。同时使液控单向阀接通。液压油缸的液压油经过液控单向阀、三位四通阀返回油箱。液压支腿触地，支撑起车体。车载液压摆测量发射车水平度，确定4台千斤顶的支腿伸出高度差并反馈给控制组合，控制组合控制计算机控制通入4个电液比例阀的电流，以最高点为基准，其他3个电液比例阀按比例控制通过的压力油流量，调整3台调平千斤顶向最高点看齐。在调平过程中，实时检测安装与每台液压千斤顶上的压力传感器值，并将实时压力反馈到计算机，计算机控制4条液压调平支腿的伸出速度，以确保每台调平千斤顶都着地并承载，实现整车调平。

压力传感器的功用：实时检测执行机构动作是产生的压力传感器值，并将实时压力反馈到控制计算机，计算机控制执行机构，完成相应的动作。

压力传感器失效或者接触不良可能出现的其他故障：

（1）吊装过程中，程序突然退出。

（2）吊机手动有动作但动作缓慢。

可能原因：

（1）检查机柜组合上的开关、按钮等位置，符合要求。

（2）检查X2B、X512电缆连接，连接正常。

（3）运行控制计算机的自检程序，运行界面中各项均显示OK。

（4）用万用表检查压力传感器通路连接情况，发现通路电压不足。用正常的压力传感器替换故障元件，经测试故障消除。故障原因定位为压力传感器失效。

排除方法：

更换失效的压力传感器。

工具器材：

电工维修工具、开口扳手、密封圈。

2. 吊装机吊具刚柔转换动作自动不动作

故障现象：使用遥控器进行吊装作业过程中，吊具抓放弹机构不动作。

原因分析：

吊具抓放弹过程中，由无线遥控器发出动作信号，由HIAB配电盒经W504和X204等电缆将信号输送至手控箱，手控箱通过X2B电缆接通控制计算机，控制计算机中的吊装软件控制三位四通阀接通，泵站液压油经过调平比例阀的控制进入液压油缸，推动活塞杆伸出，执行刚柔转换动作。

可能原因：

（1）检查无线遥控器电池组电压情况和吊机HIAB配电盒上无线遥控器开关状态，检查结果正常。

（2）检查机柜组合上的开关、按钮等位置，符合要求。

（3）检查X2B、X204等电缆连接，连接正常。

（4）运行控制计算机的自检程序，运行界面中各项均显示OK。

（5）用万用表检查压力传感器通路连接情况，发现通路电压不足，经检查发现马头与电机间的连线接触不良。故障定位为连线接触不良，线路实效。

排除方法：

将连线重新进行有效连接。

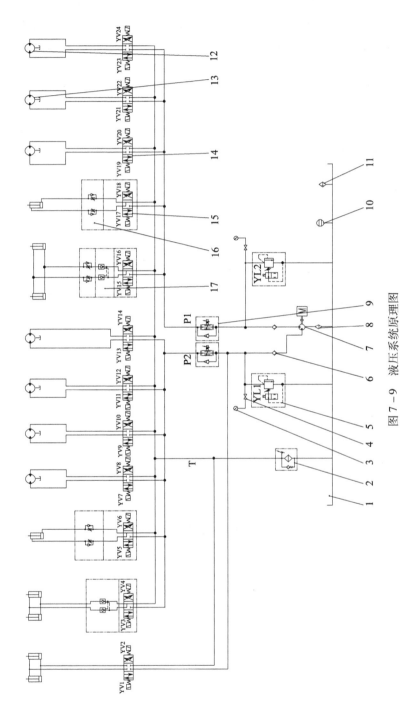

图7-9 液压系统原理图

1—油箱；2—回油过滤器；3—压力表；4—压力表开关；5—电磁溢流阀；6—单向阀；7—柱塞泵；8—吸油过滤器；9—比例流量阀；10—液位计；11—空气滤清器；12—柱塞马达Ⅰ；13—柱塞马达Ⅱ；14—电磁换向阀Ⅰ；15—电磁换向阀Ⅱ；16—叠加式双单向阀Ⅰ；17—叠加式双单向节流阀。

工具器材：
电工维修工具。

第三节　地空导弹武器液压设备的修理

液压设备由动力系统、执行部件、控制部件和辅助元件组成。装备液压系统典型的故障包括管路破裂、液压件卡死、液压泵压力失调、运动速度突然下降、液压振动、液压噪声、油温急剧上升等。本节讨论装备液压系统典型设备的修理。

一、"吊装装备一"液压设备修理

（一）液压系统原理

液压系统原理图如图7-9所示，主要系统参数如下：

系统工作压力（MPa）：15；

系统使用介质：10号航空液压油；

液压油箱容量（L）：140。

1. 动力部分

动力部分由取力器、柱塞泵和组合同步联轴器组成，作用是将汽车发动机的动力取出传递给柱塞油泵，并通过柱塞泵向液压系统提供一定压力的液压油。

2. 执行部分

执行部分由油缸和油马达组成，用于驱动对接架螺旋起重器滚轮的伸缩、对接架的升降、平移、千斤顶的升降、定向弯杆的升降、辅助支承的升降、滑动架的移动及推移装置抓钩的运动。

3. 液压控制部分

液压控制部分由电磁换向阀、电磁溢流阀、液压锁等组成，控制液压执行元件的运动方向、速度及压力。液压控制元件分别集成装入底盘、对接架及吊车臂中。液压集成块控制图如图7-10所示。

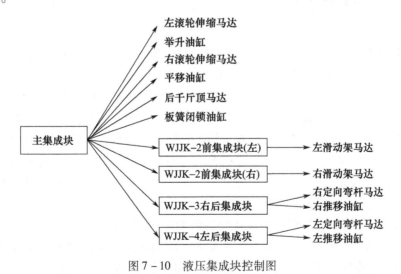

图7-10　液压集成块控制图

4. 液压辅助元件

液压辅助元件由压力表、过滤器、液位液温计等组成。

（二）装备液压设备维修

典型故障 1："钩松"与"辅升"联动故障

1. 故障现象

"钩松"与"辅升"联动，接近开关工作，但不能使动作停止。

2. 原因分析

吊车"钩松"与"辅升"动作均能正常工作，说明机械结构工作正常；接近开关工作，说明电控系统工作正常。根据现象分析为节流阀开口过大，导致流量过大，接近开关无法使动作停止。右后集成块 WJJK-3（见图 7-11）位于右吊装臂后半段内，由油路块、右定向弯杆控制阀组和右推移油缸控制阀组组成。推移油缸控制阀组上叠加的回油节流阀可以调节推移油缸的回油背压并实现速度调节功能。左后集成块 WJJK-4（见图 7-12）位于左吊臂后半段内，由油路块、左定向杆控制阀组和左推移油缸控制阀组组成。推移油缸控制阀组上叠加的回油节流阀可以调节推移油缸的回油背压并实现速度调节功能。

图 7-11 右后集成块 WJJK-3

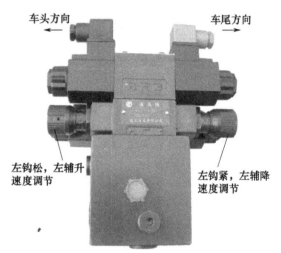

图 7-12 左后集成块 WJJK-4

3. 排除方法

调节节流阀开口大小。将底盘发动机转速控制在 950~1000r/min，挂上液压系统取力器，确认左、右溢流阀压力设定值均为 15MPa±0.5MPa。

参见图 7-11 ~ 图 7-14，松开两个节流阀两侧的锁紧螺钉，将两侧的流量调整手轮（见图 7-13）先顺时针旋转到转不动为止，再分别逆时针旋转整 3 圈。在不带弹情况下，操纵手持控制器进行"左钩松"的动作，观察"左钩松"时是否会有停不下来从而连动"左辅升"动作的情况。（换向阀加电时，不允许转动流量调整手轮）如没有连动，则可以通过逆时针旋转对应的流量调整手轮来适当增加"左钩松"的速度；如有连动，则须通过顺时针旋转对应的流量调整手轮来适当降低"左钩松"的速度。据此，可以获得一个不会引发连动、同时速度亦较快的"左钩松"速度。然后，在不带弹的情况下，操纵手持控制器进行"左辅升"的动作，观察"左辅升"时左辅助支撑运动是否平缓。此时，不可增加"左辅升"的运动速度；相反，如左辅助支撑运动不够平缓，则须通过顺时针旋转对应的流量调整手轮来适当降低"左辅升"的速度。

在不带弹的情况下，操纵手持控制器进行"左辅降"的动作，观察"左辅降"时是否会有停不下来从而连动"左钩紧"动作的情况。（换向阀加电时，不允许转动流量调整手轮）如没有连动，则可以通过逆时针旋转对应的流量调整手轮来适当增加"左辅降"的速度；如有连动，则须通过顺时针旋转对应的流量调整手轮来适当降低"左辅降"的速度。据此,可以获得一个不会引发连动、同时速度也较快的"左辅降"速度。然后,在不带弹的情况下,操纵手持控制器继续进行"左辅降"的动作,观察"左辅降"时左辅助支撑运动是否平缓。(换向阀加电时,不允许转动流量调整手轮)此时,不可增加"左辅降"的运动速度;相反,如左辅助支撑运动不够平缓,则须通过顺时针旋转对应的流量调整手轮来适当降低"左辅降"的速度。

至此,初步完成"左钩松""左钩紧""左辅升"和"左辅降"的速度调节。

采用类似上面的方法,初步完成"右钩松""右钩紧""右辅升"和"右辅降"的速度调节。

最后,比较"左辅升"和"右辅升"的速度,以两者中速度较慢者为基准(此较慢者不允许再进行调整),将速度快的调慢,最终两者速度差不多快。比较"左辅降"和"右辅降"的速度,以两者中速度较慢者为基准(此较慢者不允许再进行调整),将速度快的调慢,最终两者速度差不多快。拧紧两个节流阀两侧的锁紧螺钉,至此,完成"钩松""钩紧""辅升"和"辅降"的速度调节。

图 7-13 节流阀

图 7-14 节流阀流量调整手轮

注:进行流量调节时,松开锁紧螺钉(使用两面宽为 2mm 的内六方扳手),顺时针转动流量调整手轮,流量减少,执行元件运动速度降低,调整后,拧紧锁紧螺钉。

4. 工具器材

内六方板手 1 套等。

典型故障 2:对接架举升不到位故障

1. 故障现象

吊车举升到 1/3 时不动作,系统压力不正常,系统无外泄漏现象。

2. 原因分析

吊装装置,对接架起升和架降,液压控制回路,参见图 7-9 和图 7-10,主要由动力源(主要包括取力装置、柱塞泵等)、比例流量阀、电磁换向阀、电磁溢流阀、液压油缸、叠加式双向液控单向阀、叠加式双向节流阀、过滤器等组成;从现象分析为控制举升油缸内泄露或者是电磁溢流阀参数调整不正确,导致液压系统压力值达不到系统要求,进而使液压系统无法举升两个物体的重量。电磁溢流阀参数调整方法如下:

将底盘发动机转速控制在 950~1000r/min,挂上液压系统取力器。

(1) 左溢流阀压力调整。参见图 7-12~图 7-14,松开左溢流阀的锁紧螺母,将左溢流阀的压力调整手轮逆时针旋转到转不动为止。使用应急控制组合给溢流阀供电,将"电源"按钮拨到"应急"一侧,左、右工作模式选择按钮拨到"左"一侧。观察压力表"P2",顺时针缓缓转动左溢流阀的压力调整手轮(加电时,不允许转动压力调整手轮),使压力表指针落入 15MPa ± 0.5MPa(一般使用 14.5~15MPa 的压力区域)范围内。操纵应急控制组合的左、右工作模式选择按钮,间断给左溢流阀供电,观察重新加电后压力值是否仍能够落入指标范围。如漂移出指标范围则继续调整压力调整手轮,直至满足要求。确认满足以上压力设定范围后,拧紧左溢流阀的锁紧螺母,并复位应急控制组合。至此,左溢流阀压力调整完成。

(2) 右溢流阀压力调整。

参见图 6-15~图 6-17,松开右溢流阀的锁紧螺母,将右溢流阀的压力调整手轮逆时针旋转到转不动为止。使用应急控制组合给溢流阀供电,将"电源"按钮拨到"应急"一侧,左、右工作模式选择按钮拨到"右"一侧。观察压力表"P1",顺时针缓缓转动右溢流阀的压力调整手轮(加电时,不允许转动压力调整手轮),使压力表指针落入 15MPa ± 0.5MPa(一般使用 14.5~15MPa 的压力区域)范围内。操纵应急控制组合的左、右工作模式选择按钮,间断给右溢流阀供电,观察重新加电后压力值是否仍能够落入指标范围。如漂移出指标范围则继续调整压力调整手轮,直至满足要求。确认满足以上压力设定范围后,拧紧右溢流阀的锁紧螺母,并复位应急控制组合。至此,右溢流阀压力调整完成。

3. 排除方法

首先调整电磁溢流阀,使系统压力值为 15MPa。如若故障不能解决,则可能是举升油缸内泄露,需要维护或更换举升油缸。

4. 工具器材

内六方扳手 1 套等。

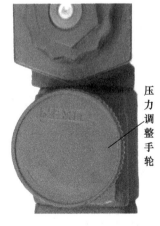

图 7-15 电磁溢流阀压力调整手轮

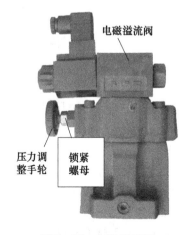

图 7-16 电磁溢流阀

注：进行压力调节时，松开锁紧螺母，顺时针转动压力调整手轮，压力增大，调整后，拧紧锁紧螺母。

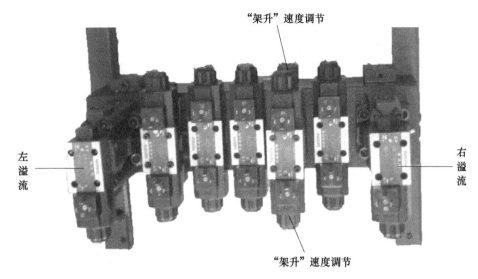

图 7-17 集成块 WJJK-1

典型故障 3：架降时对接架抖动故障

1. 故障现象

对接架在撤收过程中，有明显的抖动现象，其他正常。

2. 原因分析

吊车对接架起升和架降，液压控制回路，参见图 7-9 和图 7-10，主要由动力源（主要包括取力装置、柱塞泵等）、比例流量阀、电磁换向阀、电磁溢流阀、液压油缸、叠加式双向液控单向阀、叠加式双向节流阀、过滤器等组成；从现象可以看对接架起升工作正常，空载没有出现抖动现象，说明液压系统基本功能正常，电控系统工作正常。分析原因可能为节流阀的开口大小不合适。叠加式双向节流阀安装在液压控制箱内 WJJK-1 集成块上。

WJJK-1 集成块左、右两块电磁溢流阀，用于保证系统压力不超过 15MPa，而串联的左、右电磁比例流量阀则可以实现系统的高、低速变换。WJJK-1 集成块同时具有给板簧闭锁器换向阀和左、右吊臂上的集成块供油的功能。WJJK-1 集成块上五组控制阀组——右滚轮升缩马达控制阀组和举升油缸控制阀组的压力油来自右路电磁溢流阀，举升油缸控制阀组上叠加的回油节流阀可以调节举升油缸的回油背压并实现速度调节功能，叠加的液压锁则能够保证举升油缸在任意位置的可靠锁定；左滚轮升缩马达控制阀组、千斤顶电动机控制阀组和平移油缸控制阀组的压力油来自左路电磁溢流阀，平移油缸控制阀组上叠加的液压锁能够保证平移油缸在任意位置的可靠锁定。

3. 排除方法

调整节流阀（调节方法参见故障二）开口大小直到抖动消失。

4. 工具器材

内六方板手 1 套等。

二、吊装装备二液压设备维修

（一）液压系统原理

某装备主要由载车、吊机、吊具、筒弹支承装置、液压系统、控制舱、电气系统、控制软件和位置检测装置等组成。

液压系统是该装备各种动作的执行机构,它是一个双液压系统,主要由吊机、吊具、调平液压系统等组成。液压系统采用集成化设计,便于操作和维修。

双液压是指吊机液压系统和吊具的俯仰和回转系统的额定压力为32MPa,吊具刚柔转换、调平液压系统额定压力为16MPa。液压系统的压力切换由电磁换向阀实现。

吊机液压系统和吊具的回转、俯仰系统采用负载感应阀控制,吊机液压系统控制吊机的大臂、小臂、伸缩臂和回转力柱等功能,吊具的液压系统可完成吊具的俯仰、回转和刚柔转换等动作。

调平系统采用比例控制技术,可保证吊车实现快速四点调平。

(二)装备液压设备维修

典型故障 1:液压管路漏油

1. 故障现象

吊车的液压系统管路出现漏油现象。

2. 故障原因

吊车液压系统是吊车的重要组成部分,它是吊车的能源、吊装动作的控制与执行部分。液压系统主要由泵站、集成块、控制阀、油缸、管路、管路附件、吊机液压组合等组成。液压系统管路出现漏油现象是液压系统常见故障,其主要原因包括:

(1)管路接头处松动。

(2)密封圈老化。

(3)油管老化。

3. 排除方法

(1)紧固松动的接头。

(2)更换变形的密封圈。

(3)更换老化油管。

典型故障 2:吊具回转油缸的液压管路破裂

1. 故障现象

吊车吊具回转油缸的液压管路破裂。

2. 故障原因

吊具回转油缸是完成吊具绕吊具回转中心转动的执行部件。回转油缸为齿轮齿条油缸,油缸的两个活塞带动活塞之间的齿条,与齿条啮合的齿轮与吊具上框架相连接。当回转油缸两个油腔交替通如高压油流时,油流推动活塞做直线运动,而齿轮齿条的配合将直线运动转化为绕固定轴的转动。油缸的油管受到俯仰油缸的挤压和摩擦后容易导致油管破裂现象。

3. 排除方法

更换油管。

典型故障 3:吊具回转油缸接头处漏油

1. 故障现象

吊车的吊具回转油缸接头处出现轻微的漏油现象。

2. 故障原因

液压系统管路出现漏油现象是液压系统常见故障,其主要原因包括:

(1)管路接头处松动。

(2)密封圈老化。

检查漏油部位,发现蘑菇头配合有间隙。

3. 排除方法

紧固蘑菇头。

典型故障 4:刚柔转换不灵活

1. 故障现象

吊车的 V91 阀有裂纹、漏油,进行吊操作时,发现刚柔转换机构不灵活。

2. 故障原因

吊机液压组合最大特点就是采用了 V91 阀(见图 7-18),它是一个压力补偿、负载感应六通道阀,顾名思义:在泵流量足够的情况下,每一个阀芯上的压降都一样,不受负载的影响,流量只取决于控制手柄的运动;当一个阀芯动作时,信号油路被击活,并且由梭阀判断这个压力是否为所有 6 个通道中压力最高的一路,然后将当前最高压力进行调整使泵出口压力比这个最高压力大 1.3MPa,所以有了 V91 阀。给定操作手柄一个固定的位置,将产生同样的吊机反应,而且系统压力始终比负载的最大压力大 1.3MPa。除此之外,V91 阀还有分流作用,其目的是将油液送回油箱,并且维持泵连接管路中的给定压力。阀块可以配备一个电磁阀,用以管理泄流功能,该功能与遥控共同作用。

经过仔细观察,发现 V91 阀有裂纹、出现漏油,拆开后发现其内 O 形密封圈老化,密封修理包线路老化。

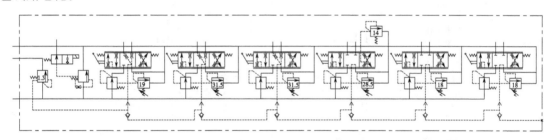

图 7-18 V91 阀结构原理

3. 排除方法

更换 V91 阀及密封修理包。

典型故障 5:钢柔转换机构的钢索带负载时易出现松动

1. 故障现象

在进行抓放过程中,发现钢柔转换机构的钢索在带负载时易出现松动现象。

2. 故障原因

吊具的工作状态分为刚性与柔性两个,当吊具对准筒弹后要对筒弹进行抓住动作之前,要将吊具转为柔性状态;当吊机运动到吊车吊位置时,要将吊具转为柔性状态才能将筒弹放入预定架位。这样吊具就需要一个活动部件,来实现以上功能,这个部件的控制与执行机构就是刚/柔转换液压组合。

刚/柔转换组合包括刚/柔转换集成块、电磁换向阀、手动调速阀、液控单向阀、分集流阀、刚/柔转换油缸、管路、管路附件。

故障部位为单向阀故障。

3. 排除方法

更换单向阀后工作正常。

典型故障 6:支腿自动泄压

1. 故障现象

吊车车体调平后,出现调平支腿自动泄压现象。

2. 故障原因

调平液压组合包括调平集成块、比例调速阀、液控单向阀、电磁换向阀、油缸、管路、管路附件等,如图7-19所示。

为了保证调平后车体能够长时间的保持水平,在调平液压组合中加装了液压锁,在停止调平,液压锁及时将调平支腿锁定,避免调平支腿下滑。当高压油液流经液控单向阀时,压力将两个单向阀芯打开,油液可以顺利地通过两个液控单向阀,当调平换向阀回到中位时,高压油不再可以流过液控单向阀,那么两个液控单向阀将关闭,从液控单向阀到调平油缸之间的部分将被封闭,油缸将会被安全的锁定在停止时的位置上。

调平液压组合的调试分为两个阶段。

(1)手动调平阶段。手动调平就是手动操作控制调平换向阀和比例调速阀来控制调平油缸完成调平工作。

(2)自动调平阶段。自动调平就是由程序控制调平换向阀和比例调速阀与压力传感器、液体摆配合来控制调平油缸完成调平工作。

故障原因为液压单向阀损坏。

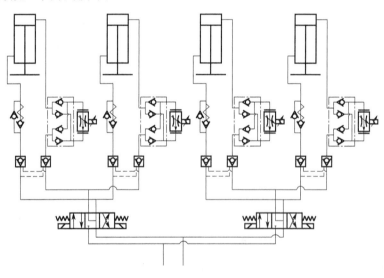

图7-19 调平支腿原理

3. 排除方法

更换支腿单向阀后,故障消失。

典型故障7:自动调平时不能完成自动调平

1. 故障现象

控制机柜加电后,运行自动调平程序,支腿有动作,但不能完成自动调平。

2. 故障原因

启动电机,运行自动调平程序,接通控制开关,控制组合控制计算机控制三位四通阀接通,液压油经过调平比例阀的控制进入液压油缸,推动活塞杆伸出。同时使液控单向阀接通。液压油缸的液压油经过液控单向阀、三位四通阀返回油箱。液压支腿触地,支承起车体。车载液压摆测量发射车水平度,确定4台千斤顶的高台差并反馈给控制组合,控制组合控制计算机控制通入4个电液比例阀的电流,以最高点为基准,其他3个电液比例阀按比例控制通过的压力油流量,调整3台调平千斤顶向最高点看齐。在调平过程中,实时检测安装与每台液压千斤顶上的压力传感器值,并将实时压力反馈到计算机,计算机控制4条液压调平支腿的伸出速度,以确保每台调平千斤顶都着地并承载,实现整车调平。

压力传感器的功用:实时检测执行机构动作是产生的压力传感器值,并将实时压力反馈到控制计算机,计算机控制执行机构,完成相应的动作。

压力传感器失效或者接触不良可能出现的其他故障:

(1) 吊装过程中,程序突然退出。

(2) 吊机手动有动作,但动作缓慢。

可能原因:

(1) 检查机柜组合上的开关、按钮等位置,符合要求。

(2) 检查 X2B、X512 电缆连接,连接正常。

(3) 运行控制计算机的自检程序,运行界面中各项均显示 OK。

(4) 用万用表检查压力传感器通路连接情况,发现通路电压不足。用正常的压力传感器替换故障元件,经测试故障消除。故障原因定位为压力传感器失效。

3. 排除方法

更换失效的压力传感器。

典型故障 8:吊具刚柔转换自动不动作

1. 故障现象

使用遥控器进行吊装作业过程中,吊具抓放弹机构不动作。

2. 原因分析

吊具抓放弹过程中,由无线控制器发出动作信号,由 HIAB 配电盒经 W504 和 X204 等电缆将信号输送至手控箱,手控箱通过 X2B 电缆接通控制计算机,控制计算机中的吊装软件控制三位四通阀接通,泵站液压油经过调平比例阀的控制进入液压油缸,推动活塞杆伸出,执行刚柔转换动作。

可能原因:

(1) 检查控制器电池电压情况和吊机 HIAB 配电盒上无线遥控器开关状态,检查结果正常。

(2) 检查机柜组合上的开关、按钮等位置,符合要求。

(3) 检查 X2B、X204 等电缆连接,连接正常。

(4) 运行控制计算机的自检程序,运行界面中各项均显示 OK。

(5) 用万用表检查压力传感器通路连接情况,发现通路电压不足,经检查发现马头与电机间的连线接触不良。故障定位为连线接触不良,线路实效。

3. 排除方法

将连线重新进行有效连接。

典型故障 9:泵站不能正常启动

1. 故障现象

吊装作业过程中,泵站不能正常启动。

2. 原因分析

泵站电机是通过电机启动机柜来控制的,电机启动控制采用 Y—△ 转换以降低电机启动电流。泵站由电机泵组合、高压油滤、箱泵、泵站集成块、液压换向阀、液流阀、管路等组成。

当泵站启动时,电机带动柱塞泵转动,泵从油箱中吸出液压油,在泵中运动的流向泵站集成块。在泵站集成块上油液受液动换向阀的控制,可以流向吊机的 V91 阀或者流向液流阀,驱动吊装各种动作的执行。

可能的故障原因：

（1）检查外部电源供电电缆连接可靠性,结果良好。

（2）检查 X50(3)X502 等外部电缆连接情况,检查良好。

（3）检查 X40(3)X402 等舱内电缆连接情况,检查发现 X402 电缆没连接好。故障定位为电缆连接不好。

3．排除方法

对故障电缆重新进行有效连接。

思 考 题

7-1 机械设备大修前应做哪些准备工作？

7-2 机床导轨的修复有哪些主要方法？各适用于什么情况？

7-3 刮研修复机床导轨时的修复基准应怎么选择？刮研顺序应怎么安排？

7-4 机床主轴常见的磨损部位有哪些？

7-5 机床主轴的滚动轴承、滑动轴承的修理和调整各有何特点？请比较其方法的不同之处。

7-6 数控机床的导轨、主轴部件与一般机床相比,结构上有什么不同？

7-7 数控机床如何维护和保养？

7-8 数控机床故障诊断有哪些步骤？常用哪些方法？

7-9 气缸体、气缸盖常见的损伤和缺陷有哪些？怎么修理？

7-10 气缸怎么测量？常见的修复方法有哪些？

7-11 曲轴修理时的主要检测项目有哪些？怎么修理？

7-12 活塞的损伤有什么特点？更换活塞时要注意哪些问题？

7-13 连杆的变形应怎么校正？

7-14 凸轮轴的损伤主要发生在哪些部位？修理凸轮轴时要注意哪些问题？

7-15 简述电气故障检修的一般步骤。

7-16 什么是绝缘电阻测量法？

第八章 战场抢修和装备战伤应急处理

第一节 战场抢修的特点与要求

一、战场抢修

(一) 基本概念

战场抢修是指在战场上运用应急诊断技术和修复等技术,迅速恢复装备战斗力的一系列活动。它包括对装备战场损伤的评估和对损伤的修复。外军将其称为"战场损伤评估与修复"(Battlefield Damage Assessment and Repair,BDAR)。其根本目的是使部队能在战场上持续战斗并争取胜利。

(二) 平时维修与战场抢修的区别

平时维修与战场抢修的目的和工作重点各不相同。两者的主要区别在以下方面:

1. 目标不同

平时维修的目标是使装备保持和恢复到规定状态,以最低的费用满足战备要求。

战场抢修的目标是使战损装备恢复其基本功能,以最短的时间满足当前作战要求。

2. 引起修理的原因不同

平时装备修理主要是由装备系统的自然故障或耗损而引起的。故障原因、故障机理、故障模式通常是可以预见的,其他一些因素往往也有其规律。战场抢修主要是由于战场上的战斗损伤(如射弹损伤,炸弹碎片穿透,能量冲击,核、生化学污染)、人员操作差错而引起的。另外,战时武器系统使用强度高也会引起一些平时不会或很少产生的故障。

3. 修理的标准和要求不同

平时维修是根据其技术和修理手册,由规定的人员进行的一种标准修理,是为了恢复装备的固有特性而进行的活动。维修所需的设施、工具、设备、器材、人力等都有规定要求。战场抢修则不同,并不要求恢复装备本来面目,而是要求它能在尽可能短的时间内恢复一定程度的作战能力,甚至只要能自救就可以了。其恢复后的技术标准随战术要求而异,使用的修理方法也不确定。但是,这并不是说在战时可以随便对武器进行任何形式的修理,一般应在指挥员授权后才进行。

4. 维修条件不同

平时维修是按规定在基层级或基地级实施,通常有确定的设施和设备。有规定技能的维修人员及器材等。战场抢修则是在战地装备损伤现场或靠近现场的地域实施,一般没有大型复杂的维修设备和设施,环境条件恶劣。由于损伤、供应、储存方面的原因,战场抢修可用的器材品种与平时有较大差别。此外,战场抢修人员水平与数量与平时也有显著区别。战场抢修人员可能是操作人员或损伤现场的任何维修人员。

(三) 装备战场抢修的主要特点

1. 抢修时间的紧迫性

一般来说,损伤的装备如果不能在24h内被修复,它就不能够被投入本次战斗。美国陆军研究所报告指出：在防御战中,允许的抢修时间：连为 2h,营为 5h,团为 24h,师为 36h,军为 48～96h。

2. 损伤模式随机性

在战场上,装备的损伤既可能是战斗损伤又可能是非战斗损伤。由于战斗损伤和非战斗损伤模式都是随机性,加之战斗损伤在平时的训练与使用维护中难以出现,使得战场抢修的预计分析与处理、维修保障资源的准备等较平时更加困难。

3. 修理方式的灵活性

战场抢修大多采用临时的应急修理方法,由于战场环境复杂多变,时间紧迫,难以采用平时的技术标准和方法恢复损伤装备的所有功能,因此,许多抢修是采用应急性的临时措施。但在时间允许、条件具备时,则应该按照规定的技术标准使装备恢复到规定状态。

4. 恢复状态的多样性

对于损伤装备,由于条件限制,进行战场抢修不一定能使损伤的装备恢复到原有的状态,有时采用某些临时的应急措施,虽然可恢复部分所需功能,却可能缩短部件及装备的寿命。在紧急情况下,可能使损伤装备恢复到下列状态之一。

① 能够担负全部作战任务：即达到或接近平时维修的规定状态。

② 能进行战斗：虽然性能水平有所降低,但能满足大多数的任务要求。

③ 能作战应急：能执行某一项具体任务。

④ 能够自救：使装备能够恢复适当的机动性,撤离战场。

(四) 战场抢修研究的发展及现状

在战时对损伤装备进行战场抢修由来已久,但是,引起各国军队关注并导致战场抢修理论与应用研究走向深入的则是 1973 年的中东战争。在这次战争中,以色列和阿拉伯军队双方武器装备损失都很惨重。以军在头 18h 内有 75% 的坦克丧失了战斗能力。但是,由于他们成功实施了坦克等武器装备的靠前修理和战场抢修,在不到 24h 的时间内,失去战斗能力的坦克 80% 又恢复了战斗能力,有些坦克损坏－修复达四五次之多。在以军修复的坦克中还有被阿军遗弃的坦克。以色列军队出色的战场抢修,使其保持持续的作战能力,作战武器装备对比是"由少变多",以军的经验和做法引起各国高度重视,从此,战场抢修成为各国军队的热门话题,开始从一种全新的角度重新认识并系统地研究战场抢修问题。

20 世纪 70 年代中后期,美国陆军对以军战场抢修经验进行了深入研究和总结,提出了"靠前维修",并结合陆军改编进行了大胆地尝试。随着实践的不断深入,美军认识到：实现"靠前维修"、快速修复战损装备的问题并不是一件简单的事情,它还涉及部队的编制体制、保障资源、装备设计等多个方面,必须综合、系统地考虑并给予全面规划才能有效地予以解决。与此同时,北约国家(如英国等)也对战场抢修问题进行了认真研究。英国空军于 1978 年制定了战场修复大纲,并在马岛之战中得到了验证。马岛之战,英国海军则损伤惨重,参战航船被击沉 4 艘、击伤 12 艘。对此引进美国海军的高度重视,并开始进行战场抢修系列研究。

进入 20 世纪 80 年代,战场抢修研究取得了新的进展。美军全面规划了武器装备的战场抢修(BDAR)工作,建立相应机构,组织实施培训,编写 BDAR 手册、标准,研制抢修工具、器材,开展学术研讨,并取得了显著成效。与此同时,德意志联邦共和国军队采用作战模拟方式对 BDAR 进行了深入研究,再现了 1973 年中东战争的过程,并由此高度地肯定了 BDAR 在战场上的作用。1986 年和 1987 年,德意志联邦共和国军队还组织了大规模的实弹试验(并邀请美、英等国派人参加)。通过研究他们得到如下结论：加强装备战场损伤修复能力是北约集团战胜兵力兵器优势的华约集团的重要途径。除此之外,在研究中还得出两条重要结论：

（1）西方国家现役武器装备在设计上并不便快速抢修，需要一个新的要求来约束承包商的装备设计，以便装备战损后修复；

（2）为了让士兵熟悉BDAR过程，需要进行广泛的专门训练。

上述结论也被其他西方国家所认识，并在1986年美国R&M年会上，美国陆军代表提出了战斗恢复力(combat resilience,CR)的概念，要求将其作为一个设计特性纳入新装备研制合同。

战斗恢复力是一个与BDAR紧密相关的概念，它是武器系统（人机系统）的一种新特性，在战场损伤修复中才能表现出来。利用这种特性，人们可以采用应急手段，就地取材，使损伤装备迅速地重新投入战斗。作为一种系统特性，它既有主装备的设计问题，即"抢修性"，又有关BDAR的资源问题。1992年，美国国防部指示DODI5000.2将有关战斗损伤修复纳入维修中，要求在维修性必须予以考虑。十余年来，西方国家在BDAR以及CR研究方面投入了大量的人财、物力，并取得了很大的进展。这些努力在20世纪90年代初的海湾战争中得到了回报，保证了装备的高出勤率和持续战斗力。在海湾战争中，美军成功地解决武器装备不适应海湾地区高温沙尘条件的问题：坦克机动车司令部和空军通信部门紧急组装1050套地面维修工具和大量BDAR工具箱运往海湾地区；海军在战争中成功地对遭受水雷严重损伤的"特利波里"两栖登陆舰和"普林西顿"导弹巡洋舰进行抢修抢救，使之迅速恢复战斗力；空军对A-10飞机70余架进行了战场抢修，导弹、坦克、火炮也都不同程度地开展了BDAR工作。BDAR工作赢得了人们的高度赞誉。同时，在战场抢修中也发现了一些问题，如计划担负M1坦克抢救任务的M88A1装甲抢救车"力不从心"、可靠性差，难以保障M1坦克战场抢修的需要。

我军长期以劣势装备对敌优势装备作战，一贯重视研究与实施战场抢修，素有战场抢修的优良传统。特别是在抗美援朝、炮击金门、抗美援越和对越自卫反击作战中，广大使用与维修人员不畏牺牲，勇于创造，积极抢修，保证了作战的胜利，积累了丰富的经验。近年来，在学习、贯彻中央军委新时期军事战略方针和引入国外战斗恢复力理论后，积极研讨现代技术特别是高技术条件下的局部战争，BDAR研究在三军正成为新的研究"热点"。海军重点研究了海湾战争中美军舰船BDAR的经验，空军在原总参谋部装备部支持和空军装备技术部的组织下，进行了飞机战伤修理能研究，并于1994年组织了第一次飞机抢修实兵演习，随后研究制定了飞机战伤修理研究的全面规划。原总参谋部兵种部在某师技术保障演习中也组织了战车抢修抢救演练。军械工程学院在引进与研究战斗恢复力及BDAR的理论与技术的同时，着手进行有关标准、手册及组织指挥的研究，并研制出了火炮等装备的战场抢修手册和工具。原第二炮兵、装甲、工程兵等部门也都进行了有关装备战场抢修的研究和探讨。特别需要指出的是，战斗恢复力、BDAR已引起国防科技部门的重视，不仅针对各种实际问题开展了研究准备，并且加强了理论方面的研究与探索。

（五）研究战场抢修的重要性和紧迫性

传统战场抢修并不是个新问题，但是，在新的历史条件下，开展装备战场抢修研究却是十分重要而紧迫的，具有重要的地位和作用。

1. 现代BDAR与传统战场抢修研究的不同

传统的战场抢修与当今的BDAR研究与实践已经不可同日而语，主要表现在：

（1）当今的战场损伤评估与修复是从武器系统的全系统考虑，强调统一规划，系统地研究和准备。

（2）当今的BDAR是从武器装备全寿命角度着眼，从装备研制、生产时就考虑未来的抢修，进行抢修性设计，准备抢修资源，而不是等到装备使用后再从头研究和准备。

（3）抢修对象的变化，由过去主要是甚至唯一是机械装备，改变为机械、电子、光学、控制等多种装备及其组合,各种金属、非金属、复合材料,包含电子线路的各种高新技术装备的抢修。

(4) 抢修技术的变化,由过去以各种机械或手工加工、换件等传统修理方法,发展到采用各种新技术、新工艺、新材料,以实现"三快",即快速检测、快速拆卸、快速修复。如各种快速检测诊断技术,以化工技术为主的粘接、修补、捆绑、充填、堵塞等。

(5) 研究与准备条件的变化,由过去以实战、实兵演练及其经验总结为主,发展于到各种分析技术、模拟技术的大量使用,特别是对一些新武器,没有经验可借鉴,进行试验又需要很大投入。因此,分析、模拟技术显得更为重要。

由此可见,在新的条件下,开展新武器战场抢修的研究和准备是非常必要的。

2. 战场抢修在现代战争中的地位与作用

在现代条件特别是高技术条件下的局部战争,装备战场抢修具有更加突出的地位和重要作用。这是因为:

(1) 武器装备战损的比例趋于增大。在现代高技术条件下的局部战争中,面对敌人陆、海、空、天多方面众多高效能武器的打击,武器装备损伤的比例明显增大,抢修任务会更加繁重和严峻。

(2) 武器装备以质量优势代替数量优势,一旦战损,对战斗力影响巨大。随着现代武器效能的提高,在完成某一规定任务时,其数量较传统武器装备明显减少,然而,以质量优势代替数量优势的情况下,一旦装备损伤对部队战斗力影响更大,通过装备战场抢修恢复其战斗力不但必不可少,而且更为重要。

(3) 在有限的战争空间和时间内对战损装备的抢修要求趋于增大。由于现代武器装备复杂程度的明显提高,在有限的被压缩了的作战空间和时间内,武器装备的战损趋于严重,抢修环境则更加恶劣,抢修时间更加紧迫,抢修难度趋于增大,在平时开展战场抢修研究和训练对战时装备抢修的反应时间的影响趋于增大。能否对战损装备做出快速反应,通过战场抢修实现"战斗力再生"尤为重要。

近20年一系列的局部战争和救援行动已深刻表明,战场抢修是战斗力的"倍增器"。1973年,以军依靠战场抢修实现了以少胜多。20世纪80年代,西方国家研究认为BDAR是"北约"战胜"华约"优势兵力兵器的重要手段。这些结论对我们具有重要意义。

二、抢修性(战斗恢复力)

(一) 基本概念

BDAR是部队在战场上进行的一种维修活动,其对象是装备的战场损伤(包括战斗损伤和非战斗损伤),目的是恢复装备作战能力或自救。显然,战场抢修是保持和恢复部队战斗力并最终战胜敌人的重要因素。但装备能不能、便于不便于抢修,以恢复战斗力,同可靠性维修一样,却不是部队、维修人员、操作人员所决定的,而是一种设计特性。美军把它称为"战斗恢复力"(CR)。考虑到我国的习惯,为便于理解称为抢修性,即在战场上使损伤的装备能够迅速地恢复到继续执行任务状态的一种设计特性。具有这种特性,就可以在战场上利用能够得到的器材,采用应急手段对损伤装备进行快速抢修。

战场抢修属于维修的范畴,所以,抢修性与一般维修性有着密切联系。它们有许多共同的要求,如可达性、互换性、通用性、模块化、防差错、标志、测试性等,许多提高维修性的措施都可用于提高抢修性。

但是,抢修性与一般维修又有很大区别。维修性是产品在规定条件下和规定的时间内,按照规定的程序与方法进行维修时,保持或恢复其规定状态的能力。这里有四个"规定"的限制。抢修性也是要求能够和便于抢修,却没有这么严格的约束。在战场上往往难以达到平时要求的条件。包括人员、器材、设备等条件;同时,它并不一定要求把装备恢复到规定状态,只是要求能恢复全部或部分基本功能,执行当前任务甚至能自救即可;修复的方法也多样,容许采取平时不能使用的非常规的应急方法或措施。所以,从设计上说,维修性要求把装备设计成能够、便于进行常规的维修,节省人力、物力资源和时间;而抢修性则要求装备能够、便于在战场上采取应急修复方法和措施。因此,抢修性与一般维修性相比,还会有特殊的要求和要求的程度有所不同。

(二)抢修性的主要要求

关于抢修性的要求,原则上说也可分为定性要求和定量要求。例如,可以用某些规定条件下抢修时间或者类似维修度的"抢修度"作为定量指标,但在实践中这些指标往往难以确定,难以验证。因此,直至目前,抢修性主要还是一些定性要求。这些要求如:

(1)容许取消或推迟预防性的设计。在紧急的作战情况下,往往要求取消或推迟平时进行的某些预防性维修。这就要从设计上采取措施容许这样做。首先,取消或推迟不致产生严重(安全性)后果,即装备耐受得住。例如,增加必要的冗余或强度储备。其次,允许推迟到什么程度,应在设计时考虑说明。例如,对大型、复杂装备设置报警、指示或安全装置,告知人们是否在安全使用范围内。

(2)便于人工替代的设计。在装备中设计和各种自动装置,应当考虑在其自动功能失灵,可用人工替代继续进行工作。例如,平时用机械动力,而设计上应当允许必要时用人力操作、维修。为此:

尽量减少使用的专用设备、设施、工具,使所设计的装备尽可能由人员使用手工工具进行抢修;可修单元的质量大小应限制在一个人就可搬动的程度;质量较大的产品要设置人工搬动时使用的把手或起吊的系点;尽可能放宽配合和定位公差,以便于人工安装和对中。

(3)便于截断、切换或跨接。截断好像人做截肢手术一样;切换或称重构,在电子电气、液压系统或设备修理中应用最多,即改变原来系统组成,把备用或次要的功能部件转为主要功能部件;跨接,如临时拉条线或接根管子,使系统恢复功能。装备设计要便于在战场上采取这些应急措施,例如:

截断某些非基本部分,不会造成事故;管路或线路要便于识别,要在全长或分段使用颜色标记(从一般维修性角度说,只要头尾标志就可以了);对流程和电路提供备用的(替代的)途径,以便主通路损坏时切换或重构;设置附加的电缆、管道、轴、支撑物等,以备替换或跨接。

(4)便于置代的设计。置代不是互换或正常的更换,而是用不能互换的产品去替代损伤的产品,以便恢复装备作战能力或自救。从设计上要给予这种条件或可能性。例如,发动机的功率不同,但基座相同,战场紧急情况下损伤时就可替代。实现置代要求产品有一定的"耐受性"或"兼容性",产品功能上或尺寸上的某种差异仍可容忍,可以置代。

(5)便于临时配用的设计。要使那些易损伤的部件、零件便于在战场上配用,就应使之结构、形状简单,公差大,易于对中、易于装配。

(6)便于拆拼修理和设计。拆拼修理是从另一台损伤装备上拆卸某个或某些部分,替换受损装备使其恢复作战能力。标准化、通用性、互用性和互换性,特别是模块化都是便于拆拼修理的。在美军坦克的 BDAR 手册附录中还列出了这种坦克在那些国家有装备,以便战时利用友军或敌军坦克进行拆拼修理。

(7)使损伤装备易于脱离战斗环境。如飞机设置牵引钩、牵引环;坦克设置机械手以便不出车的情况下就连接牵引钢索进行救援。

（8）选用易修材料。

（9）使装备具有自修能力。如各种自补（轮胎）、自充（气、液）、自动切换等。

以上内容已列入 GJB/Z91《维修性设计技术手册》中。此外，要形成战斗恢复力（抢修性），还要从保障资源上考虑。按照要求，在研制结束投入批生产和使用之前，提供战场抢修手册等资源。这样的要求，在装甲车辆、某型火炮研制中已明确地提出了。

（三）抢修性与装备研制过程

战场抢修性或战斗力恢复是装备的一种质量特性，因此，它应当在研制过程中，并在部署使用后不断完善。在整个过程中，军方作为用户要发挥主导作用。图8-1是装备抢修性形成过程的示意图。

图8-1表明装备抢修性要从论证阶段开始考虑，即在分析历史经验、部队演习和其他资料的基础上，形成初步的抢修性要求以及战场抢修的设想（方案）。这些要求和设想经过论证、研究与权衡，作为抢修性要求（或作为维修性要求的一部分）纳入合同。在设计装备的同时，就应该考虑未来战场抢修的需求，要进行抢修性设计；与此同时，进行战场损伤评估与修复分析。通过分析，制定战场损伤评估与修复大纲，确定战场抢修所需的资源，并根据分析在必要时提出更改设计的意见。在装备的试验验证时，要进行抢修性的试验验证，以检查武器装备受到战场损伤后是否能够、便于在战场上修复。对于发现的缺陷要采取措施纠正。在装备生产后交付部队使用时，应提供必要的抢修资源，如抢修手册、器材。装备投入使用后，部队进行战场抢修训练、演习，同时考验保障资源是否充足和适用，并加以完善，从而形成有效的战场抢修能力。

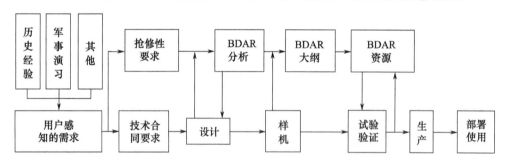

图8-1 装备抢修性的形成过程示意图

三、战场损伤的应急处理方法

并不一定所有的战场损伤都需要进行抢修。装备损伤发生后，首先应进行损伤评估，确定损伤部位，决定是否进行抢修。在战场上或紧急情况下，根据指挥员的决策，对于一些不影响装备完成当前任务和安全的损伤，只需要进行必要的处理，使装备迅速投入战斗或自救（后撤），而不必立即修理。常用的处理方法如下：

（一）带伤使用

装备的损伤若不直接影响战斗所需的功能，且对当时安全无大的影响，可以暂不作抢修，继续使用。如车辆轮胎漏气损伤，不影响飞行安全的飞机蒙皮损伤；不影响舰船航行的船体损伤；若情况紧急可推迟修理，继续使用。

（二）降额使用

装备受到损伤后战斗性能往往会降低，只要不危及安全，在战场上或紧急情况下可根据指挥员的决断继续使用。如多管火箭、火箭发射器在损伤若干身管或发射管后还可用剩余管继续发射,虽然杀伤区域减少了,但仍可起到作用。飞机、舰船、车辆在受损后减速行驶的情况是普遍可行的。

(三) 改变损伤方式

当装备受到损伤后,某些必要的功能丧失。如果能通过改变使用方法找到替代功能的措施,使装备继续战斗,就不必立即修理。例如,自动操作失灵,可用人工操作代替;火炮瞄准具打坏,可用膛中瞄准,目视测距,象限仪装定等继续射击。又如,飞机、舰船自动驾驶仪改用人工操作、导弹自动方式的改变等。

(四) 冒险使用

对装备某些部分(某些保险、监控装置)的损坏,继续使用有一定危险,在平时是必须禁止使用的。在作战紧急时经采取必要的安全措施(如人员暂时疏散等)后可以不作其他处理继续使用。如火炮炮闩无自动击发现象后,可取下保险器继续射击。

第二节 典型损伤模式的抢修方法

装备的战场损伤不仅与装备自身结构有关,并且与装备在战场上的配备位置、任务有很大关系。所以不同装备在战场上产生的故障现象、损伤模式是不一样的。某一单元损伤后,表现出来的往往是机构或装置甚至系统的故障,而不同的装备在结构上差异又是很大的。本节主要研究装备一些零部件的基本损伤模式及其修复方法,不涉及由此引起的系统、分系统、装置、机构的故障或损伤。

一、机械损伤的抢修方法

(一) 漏气、漏液

漏气、漏液是装备上盛气、盛液装置的接头、管道、箱体、开关等零部件的常见损伤模式。漏气、漏液直接影响系统或机构动作或者安全,从而影响装备的作战、行军或安全(如漏油导致燃烧)。

汽车水箱、油箱的渗漏、破孔,火炮反后坐装置驻退液的渗漏,充气轮胎气压不足、破裂等都属漏气、漏液的范畴。引起漏气、漏液的原因很多,如产品质量缺陷、零件磨损、螺纹接头滑丝、密封元件失效、战斗中弹片的损伤等。

战场上修复漏气、漏液的方法应在损伤评估后确定,在评估时应确定现象、找出部位、查明原因。确定现象就是确定是渗漏还是泄漏;找出部位要明确是管道漏还是箱体漏,是接头漏还是开关漏。查明原因就是弄清是裂缝还是破孔,是接头未旋紧还是接头损坏,还是密封元件失效。显然,不同的故障现象、部位和原因应用不同的抢修方法。

对于接头松动旋紧即可。接头损伤可考虑采用切换、剪除、拆换或原件修复的方法,应根据具体的损伤部位、工作原理加从确定。密封元件失效是漏气、漏液的主要原因之一,一般应进行修复,为保证修复方法快速及时,现多选择技术和性能均比较成熟的密封带进行缠绕修复。这种密封带由纯聚四氟乙烯构成,可在强氧化剂、各种油料、驻退液、氧气及各种化学腐蚀性介质中使用,是比较理想的密封材料。该密封带使用方便,操作简单。使用时将密封带缠于外螺纹上,旋紧螺纹即可。战场抢修时,若无密封带,利用擦拭布、麻丝、棉纱、保险丝等当作其代用品进行应急修理都是可行的。

箱体或管道裂缝会引起渗漏,轻微渗漏不影响装备完成基本功能,可不予修理。严重时可用肥皂或黏性较大的泥土堵塞裂缝,作为应急修理措施。当然,现在市场上专门用于堵漏的新材料比较多,如水箱止漏剂、易修补胶泥等。水箱止漏剂专门用于水箱渗漏,止漏时间仅需3min,固化时间需36~48h,固化后可保持一年不漏。使用时将其倒入水箱即可,很方便、实用,所以用水箱止漏剂是修复水箱渗漏的首选方法。易修补胶泥则是一种通用的堵漏材料,适用于对钢、铝等部件的破孔、碎裂、穿透等损伤进行快速和永久性修补。这种胶固化时间需5~10min,固化强度高,硬如钢铁,而且结合牢固。

破孔是严重漏气、漏液的主要原因。出现破孔,气体或液体会很快漏完。因此,对于破孔应进行及时的修理,使装备尽快恢复基本功能或能自救。对于平面内的破孔(如水箱、油箱上的破孔)可用易修补胶泥补孔,破孔直径小于15mm可直接用易修补胶泥填补,破孔直径大于15mm可先制作一盖片或镶料,将破孔盖上或堵上后再进行修理。管道上的破孔除使用易修补胶泥外,还可使用前面提到的密封带(或石棉、塑料布等),其方法是将密封带缠于管道上,然后用合适的管箍(或铁丝)夹住密封带后旋紧止漏;还可以将管道有破孔处切掉,然后用管箍和备用管子重新连一新管道,达到抢修的目的。

出现在充气轮胎上的破孔会使轮胎突然漏气,影响装备的行军和转移,因此轮胎上出现破孔应立即修复。目前,市场上出售的自动补胎充气剂可实现破孔轮胎的快速抢修。将该产品注入轮胎后,立即在破洞处聚合,将破洞纵向堵住,其余液体气化后膨胀,使补胎充气一次完成,注气后立即将车慢速行驶3~5km,使注入的补胎剂均匀分布在整个轮胎内层面;若轮胎过大,可能气压不足,但可以行驶,去有条件之处补胎打气。

(二) 锈蚀

锈蚀是机械产品常见的故障模式,产生锈蚀将影响零件的功能。螺纹锈蚀会导致拆卸困难,造成抢修时间过长。精密光滑表面锈蚀会影响精度或动作,其他部位锈蚀也会不同程度地影响零件的功能。产生锈蚀的主要原因是空气中的氧、水分与钢铁表面发生化学或电化学作用,在钢铁表面生成铁锈。由于战场环境较之平常更严酷、恶劣,武器装备经常处于露天摆放状态,因此战场环境中装备锈蚀更加严重。

在战场应急修理中,锈蚀一般不进行清除,但为了抢修,有时也要拆卸锈蚀的紧固件或零件,因此锈蚀也需要进行处理。通常在战场抢修时常用的快速除锈方法有金属调节剂除锈、有机溶剂除锈、机械除锈。

金属调节剂是一种压力罐装的有机溶剂,以其对金属的极强的吸附力渗入到金属表面,具有除锈、去湿、清洁的功能,对油污、油脂、污渍及锈斑有极强的清除作用,喷在锈斑处,使铁锈或沉淀物脱落并防止机械零件生锈,能去除装备表面湿气水分,使装备免受腐蚀。使用时将其喷到诱蚀部位,稍等片刻,使之渗透后即可擦拭除掉锈斑。当要拆卸锈蚀严重的零件或松开锈死的螺栓时,喷淋足够,必要时可间隔几分钟再喷淋一两次,以使铁锈疏松。但金属调节剂对油漆的渗透力较差,锈住的连接件被油漆覆盖时,应先去除油漆再使用本产品。

有机溶剂除锈。对于轻微锈蚀,可利用有机溶剂清洗、擦拭除锈。常用有机溶剂如汽油、煤油、柴油等,这些有机溶剂能很好地溶解零件上的油污、锈蚀,效果较好,而且使用简便,不需加温,对金属无损伤。

机械除锈法。利用机械的摩擦、切削等作用清除零件表面的锈蚀,可分为手工机械除锈和动力机械除锈。

手工机械除锈:靠人力用钢丝刷、刮刀、砂布等刷刮或打磨锈蚀表面,清除锈层。此法效率低,劳动条件差,除锈效果不太好。但操作简单、快捷,所需物资器材少,是装备抢修时常用的方法。

动力机械除锈:利用电动机、风动机等作动力,带动各种除锈工具清除锈层,如电动磨光、刷光、抛光、滚光等。磨光轮可用砂轮;抛光轮可用棉布或其他纤维织品制成。滚光是把零件放在滚筒中,利用零件与滚筒中磨料之间的摩擦作用除锈。磨料可以用砂子、玻璃等。具体采用何种方法,需根据零件形状、数量多少、锈层厚薄、除锈要求等条件决定。装备战场抢修时,应优先选择砂轮或钢丝砂轮除锈。

（三）磨损

磨损是相互接触物体的表面在相对运动中表面物质由于摩擦发生不断损失的现象。机械零件间的相互传动、运动都会造成零件的磨损。战场上的武器装备,由于使用强度大,加之战场环境恶劣,会加速零件的磨损。

磨损是一种低层故障模式。使用条件不同,使不同零件间或零件的不同部位的磨损所造成的后果是不一样的。有的零件磨损几小时就会出现故障,而有的零件磨损几十年仍未表现出故障。由于装备零件间的相互作用形式千差万别,因而磨损造成的故障现象也有很大差别。如传动零件磨损会造成传递精度的下降,零件间的间隙过大等,连接螺纹磨损会造成螺纹松动,紧固性能或连接性能下降。

磨损会造成零件尺寸变化,而有时直接恢复零件尺寸也是比较困难的。当磨损过大出现故障后,应根据零件的尺寸、位置、性能要求等的不同采取不同的维修策略。

磨损将造成间隙过大,通常可分为轴向间隙过大和径向间隙过大。轴向间隙过大可采取加垫方法修复（补偿）,用铁皮或钢皮制作一垫片加于适当位置,减少轴向间隙;径向间隙过大修复较难,可采用刷镀或喷焊方法修复。但刷镀和喷焊所需设备较复杂,对操作人员技术水平要求比较高。也可根据零件工作原理,选用其他较简单的修复方法,以满足战场抢修的要求。

（四）连接松动

连接松动是战时装备经常出现的一种故障现象,其主要原因是连接件磨损,还有像振动、零件老化等因素。对于连接松动的修复,可选择目前市场上流行的具有锁紧功能的有机制品（如锁固密封剂）来修复。锁固密封剂属厌氧胶,黏度低,渗透性好,强度中等,最大填充间隙 0.25mm,固化后具有较好的力学性能。使用时先用超级清洗剂或汽油对密封与胶黏的表面清洁除油,然后涂胶结合,室温下 10min 可初步固化,24h 达到最大强度,是一种快速理想的修复连接松动的物质。战场条件下,若缺乏锁固密封剂,可采用简易方法进行修复。如缠丝修复,将密封带（或麻丝或棉纱）缠于外螺纹上,旋紧螺帽,也可起到防松作用。

（五）变形

零件在使用过程中,由于内外因素的综合作用,特别是遭战斗损伤源作用（弹击、冲击波、嫩烧等）经常出现变形。引起零件变形的主要原因有以下几点。

（1）内应力作用:由于机械加工过程中零件内部产生了内应力,在使用过程中,内应力会使零件发生变形。

（2）外载荷:有些零件的变形是由于结构布置不够合理引起的,也有的变形是由于刚度不够造成的。而在使用过程中由于传递力而承受外载荷,也可能影响配合表面正确位置的变形。特别是机构在满载或超载工作条件下,外载荷对零件产生变形的影响最大。战斗紧急情况下,装备的过度使用会引起零件过载而产生变形。

（3）温度:高温条件下工作的零件容易产生变形。如连续射击,身管温度过高,引起身管弯曲就是高温作用的结果。

（4）材料内部因素:如空位、位错、缺陷、杂质等,都会引起变形,特别是位错及扩散是影响变形的主要内因。

（5）战斗损伤造成的变形:战斗损伤容易造成零件的变形,而且变形复杂,形式多样。此外,装备在运行中跌落、翻车、翻炮等也是零部件变形的重要原因。

装备使用中零件的变形是多种多样的,如弯曲、扭转等。如果零件变形后将影响机构动作,导致装备故障,战场条件下必须进行抢修。通过损伤评估,确定零件变形种类,根据变形种类选择适当的修复方法。

对于弯曲变形较小的零件,可采用修锉的方法进行修理。也可采用冲力校正法,将被校零件放在硬质木块上,用铜棒抵在零件上,用手锤敲击铜摊(或用铜锤直接敲击零件),直到校直为止。这是一种快速、简单、有效的修复方法。对于弯曲变形较大的零件,可采用压力校正法,如长杆类零件的弯曲就可用此法校正。其方法是:将弯曲的零件放在坚硬的支架上。用千斤顶顶弯曲部位的顶点(注意矫枉过正),并保持一定时间(一般 2~3min),同时用手锤对零件进行快速敲击,以提高零件的校直保持性。有条件的情况下,校直后应进行表面处理:对于调质的零件加热到 450~500℃,保温 2h 左右,对于表面淬硬的零件可加热到 200~250℃,保温 6h 左右。装备抢修时,为缩短抢修时间,不一定进行表面处理。

零件扭转变形的修复是较困难的。在评估后需要进行修理的,可采用拆配或制配的方法修理。

装备上的紧固螺帽,因维修保养时经常拆卸,往往出现棱角磨圆的现象。虽然其中有磨损的原因,但更直接的原因是变形所致。对于这类现象,虽不引起故障,但却造成拆装困难,严重影响排除故障的时间。拆装这类紧固螺帽,可先用锉刀修棱,情况紧急可直接用管钳拆卸和安装。

与上面情况类似,装备拆装工具如开口扳手,经常出现开口扩大的现象,造成拆卸过程中工具打滑,拆装速度降低或难以拆卸。对这种现象可用铁皮或铜皮制作一垫片,垫在螺帽与扳手之间,甚至可用起子或擦拭布垫在扳手和螺帽之间。当然更换合适扳手或以管钳替代扳手都是可行的。

(六)折断

折断是将零件分成两个或两个以上部分的现象。零件折断后不仅完全丧失工作能力,而且可能造成严重的事故后果,因此折断是零件最危险的故障模式。引起折断的原因很多,其中主要原因是零件的受力方式,不同的受力方式引起的折断具有不同的原因。如在交变载荷作用下,零件发生折断称为疲劳折断。零件在静载荷作用下引起的折断称为静载折断,包括静拉伸、静弯曲、静压缩、静扭转和静剪切折断等,静载折断是当静载荷增大到超过材料的相应抗力时,就会在机件的危险截面中发生材料几何表面断开的现象。还有如在腐蚀环境中,材料表面或裂纹由于腐蚀作用造成强度降低而引起的断裂又称为环境断裂。

由于战场环境十分恶劣,加之装备的过度使用,零件折断是经常发生的。折断零件经评估后需要进行修理的,应尽快进行修理,以确保装备及时发挥基本功能或能自救。

修复折断的方法通常有焊接、胶接、机械连接三种方法。焊接方法需有电源和焊接设备,对一般钢铁零件都是适用的,修复方便有效。胶接法是使用金属通用结构胶等进行粘接修理。金属通用结构胶可用于钢铁零件破损的修复和再生,抗磨性强,耐蚀性强,耐老化性好,强度和硬度也很高,粘接后还可进行机械加工。粘接工序为脱脂、酸洗、调胶、涂胶、固化等。机械连接法也是一种较好的抢修方法,可采用捆绑、紧固件连接、销接、铆接等方法。修理时首先确定连接方法,然后确定连接形式,最后实施连接。抢修时可首选捆绑方法,即用铁丝(或其代用品)将折断零件连接起来,这种方法最简单,当然应根据折断的实际情况选择合适的方法。

修理过程中常用的连接方式有搭接、对接、嵌接、套接等,在战场抢修时应根据具体情况,选择合适的连接形式及修复方法。

搭接是将零件折断的两部分搭在一起,实施连接。多数采用单搭接接头,这种接头应力集中还比较大,如果采用如图 8-2 的搭接形式,应力集中程度就可降低,抗剪强度就会提高。

对接是将折断零件沿断口对接,然后再进行焊接或胶接。为了减小应力集中,特别是减少接头的弯曲应力,可以采用图 8-3 的改进对接形式。图 8-3(a)、(b)、(c)中两平板也可采用斜接,这样的接头其胶接强度更强。

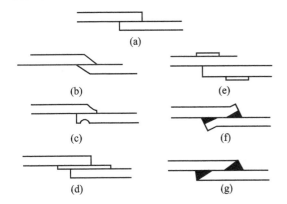
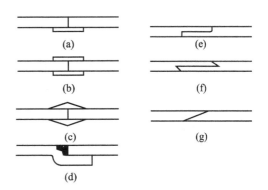

图 8-2 搭接接头形式
(a)简单搭接;(b)斜接;(c)减小搭接末端的刚度;
(d)中间胶接一薄柔性层;(e)胶上加强板;
(f)被粘件末端弯曲;(g)被粘件末端内部削斜。

图 8-3 改进的对接接头形式
(a)单贴接;(b)双贴接;(c)斜双贴接;
(d)凸起的单搭接;(e)半搭接;(f)切口半搭接;
(g)切口斜接。

嵌接是将折断零件断口制作成为像楔子一样,使折断零件衔接在一起。如果被连接零件的厚度较大,采用搭接是不合适的,可以采用嵌接形式,一些常见的嵌接接头形式如图 8-4 所示。

套接是制作一专门套管,将折断的两部分套在一起,然后焊接或胶接。棒和管材的胶接采用套接接头形式,是机械产品胶接结构中用得较多的接头形式。套接接头在承受拉伸、压缩、扭转等外力时,胶层主要是受剪切应力因而承载能力较大,可以在部分产品中取代压配合、键连接以及铆、焊等机械连接,有很大的实用意义。一些套接接头形式如图 8-5 所示。

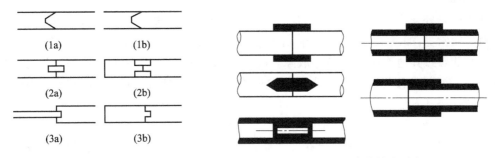

图 8-4 一些嵌接接头形式　　图 8-5 套接接头形式

(七) 凸起

零件表面的凸起可能是多种原因造成的,如外载荷、内应力、外来物的袭击等。产生凸起后会影响机构动作,经评估需要修复的,可采用锉削修复的方法,这是一种简单适用的方法。有条件时可用钻铣修复或用气焊修平。

(八) 压坑

零件表面由于过应力造成的凹陷称为压坑。这种过应力可能来自外来弹片的袭击作用或其他机械碰撞。尤其是装备暴露部分更容易产生压坑,如火炮身管在实战过程中很容易出现压坑。压坑可能造成零件强度降低,外表压坑还可能引起内表凸起,影响机构动作。

多数情况下,对不影响系统动作的压坑可不修复。而对于压坑的修复可采用胶补法、焊接法及锤击法。胶补法就是用易修补胶泥或金属通用结构胶将压坑补平,这两种胶均具有良好的黏补性能,适于压坑的修补,而且损伤简单,是抢修时的首选方法。在具备焊接条件下,可对压坑实施堆焊修复,焊后再进行打磨;在既不具备焊接也不具备焊接的条件下,可采用锤击法进行修复,将零件放在坚硬的木板上,若是空心零件应套上适当的心棒,用手锤轻敲压坑周围突起金属,直到不影响动作为止,装备抢修时可视情选用。

(九)裂缝

金属裂缝是完整的金属在应力、温度、时间共同作用下产生的局部破裂。

由于机械零件都是通过各种机械加工得来的,因此每个零件都必然带有从原子位错至肉眼可见的不同大小、不同性质的缺陷。这些缺陷是最初期的裂纹,如铸造裂纹、锻造裂纹、焊接裂纹、热处理裂纹、磨削裂纹。还有后来使用中形成的裂纹。零件经过长期的使用,裂纹也在不断地发生和发展,最后形成肉眼可见的裂纹(或裂缝)。裂纹的存在不仅直接破坏了金属的连续性,而且因多数裂纹尾端都很尖锐,必将引起应力集中,加速裂纹扩展,促使零件在低应力下提前破坏,甚至造成事故。因此,裂纹也是危险性最大的一种损伤模式。

一旦发现裂纹(或裂缝),经评估后确认对装备基本功能或其他功能有潜在危险,即应修复。目前对裂纹的抢修可选择下面几种方法:

胶补法,利用金属通用结构胶良好的性能,在裂缝里填满该胶,即可修复裂纹,这是一种简单适用的方法;焊修法是在裂缝处实施焊接,但需要电源和焊接设备;盖补法是制作一大于裂缝边缘的盖片,用盖片将裂缝盖住,然后将盖片焊接在零件上,但盖片应不影响零件的安装和使用。以上三种方法均是裂缝的修复方法,战场抢修时,可根据实际情况,合理选用。

对于发现的裂纹,经评估后确认不影响当前的使用,可采取必要措施防止裂纹进一步扩展。这些措施如:钻孔止裂法,在裂纹两端尽头钻直径3~6mm的小孔,可有效防止裂纹进一步扩展;捆绑法,用套箍和铁丝在裂缝适当位置沿与裂缝垂直方向进行捆绑止裂。待完成战斗任务后,再采用常规方法进行维修。

(十)破孔

破孔主要是外来弹丸或弹片强有力的冲击而引起的穿透。这在平时是很少见的故障模式,而在战时却较常见,如汽车、飞机的油箱,由于暴露较多,战时容易受到弹片袭击而发生破孔。发生破孔后可能导致其他连锁性(从属)故障。破孔的修理参见漏气、漏液的修理。另外,破孔还可采用补片(补强板)修复,补片可用粘接或紧固件固定。具体破孔的修理应根据不同的功能故障采取不同的修理方法。

(十一)工作表面损伤

工作表面损伤是指零件之间由于相对运动时存在其他介质的作用而引起的表面划伤、破损等。常见的有轴与轴孔之间的划伤,零件表面的划伤、沟痕等,它既区别于压坑,又不同于磨损。产生划伤会引起机构动作困难,影响装备顺利完成战斗任务。

轻微损伤可不进行修理。若影响机构动作可用锉刀清理,若沟痕较深,可在清理后用金属通用结构胶将沟痕补平。对轴类零件或接触平面的研伤,评估后若需进行修理,可采用喷焊法。这是一种比较复杂的方法,需要专用的喷焊设备和机械加工设备,对修理人员的技术水平要求也很高,所需抢修时长,战场抢修应谨慎选择。若需要进行抢修,而磨损不大或强度要求不高的零件损伤,也可用钎焊方法进行修补,这是一种简单、迅速的修复方法。

还有一类比较特殊的损伤,就是螺钉一字(十字)槽的损伤,这种损伤造成装备抢修时拆装困难,拖延抢修时间,对这类损伤常用的处理措施包括使用工具转动加强剂、修槽或进行冲打拆装。

工具转动加强剂是工具克服打滑的救星,令工具发挥最好的转动力,适用于扳手、起子等,能使已损坏螺丝槽的螺丝继续转动和保护经常要拆卸的螺丝不被损坏。使用时将工具转动加强剂滴在螺丝头槽内,立刻可用螺丝刀操作;用于其他手工工具可直接涂在螺丝头处或工具和金属接触部位之间,同样可以使操作产生最佳效果。

修槽就是对起子口进行修整,使之能与起子配合进行拆装,修整无效可用锯条重新开起子口,或进行冲打拆装,用尖头冲子沿起子口一侧,朝松动(拆卸时)或旋紧(安装时)方向锤击冲子,实施强行拆装,此时应注意防止螺钉头部拆断。

（十二）弹簧失效或折断

弹簧的功能在于受载时变形,同时吸收能量,而在卸载时恢复原形,同时释放能量。弹簧在各种装备上应用很广泛。

弹簧失效或折断主要是过应力或长期受载引起的疲劳折断。由于弹簧在加工过程中会产生各种缺陷,如拉裂、拉痕、碰伤、锈蚀等。这些缺陷在弹簧使用期内,会产生裂缝或应力腐蚀,弹簧在受力时裂缝尖端的应力集中会使裂缝扩展,最后导致弹簧失效或折断。

弹簧失效或折断后,会影响机构功能。经评估需要修复的,可根据弹簧类别选择不同的修理方法。

小弹簧失效,可将弹簧(压簧)拉长,并进行回火处理;中等大小的弹簧失效可加一适当厚度的垫圈,相当于增加其自由高度,保证所需弹力。

弹簧折断后,应将折断处磨平,并调头安装,再在两节弹簧间加一垫圈;大型弹簧折断,可在折断处实行焊接修理。

拉簧钩或扭簧头部折断可将拉簧或扭簧再拉出一圈,重新加工钩或扭簧头。

（十三）油泥太多

战时武器装备所处环境十分恶劣,灰沙、尘土极易吸附于装备的机构或零件表面,并可能逐步渗透到机构内部中,与机构内部的润滑油(脂)混合,形成大量油泥,进而产生动作困难,甚至影响装备完成正常的作战任务。

清除油泥的方法很多,如可用煤油、汽油等清洗,这也是常规处理方法,该方法简单有效。还可以使用前面提到的金属调节剂清除油泥,只要将金属调节剂喷淋到零件表面,稍等片刻,即可进行擦拭。此外,利用"超级清洗剂"去除油泥也是一种理想的方法。超级清洗剂具有较强的去油去污能力,且不易燃烧,不刺激皮肤,对零件无腐蚀性,喷淋于零件表面,擦拭后即可去除油泥,是一种理想的去油去污剂。

（十四）轴承损坏

轴承广泛地用于机械装备上,用于定位、减摩、支承。轴承损坏将使机构不能正常运转,影响装备的基本功能,一般应进行修理。

轴承可分为滚动轴承和滑动轴承,两类轴承的损坏形式、原因及修理是不同的。

1. 滚动轴承

滚动轴承的损坏形式及原因如下:

（1）轴承变成蓝或黑色,这是使用过程中温度过高被烧引起的。此时若几何精度和运动精度尚好,应检查硬度是否尚好,其方法是用锉刀锉削轴承外圈圆角部分,锉不动,说明硬度尚好,轴承仍可用;锉得动,说明轴承已退火,不能用。

（2）运转时有异响,可能是滚动体或滚道表层金属有剥落现象,有时可能是由于零件安装不当造成的。

（3）滚动体严重磨损,可能原因是滚动体不滚动产生滑动摩擦,以致磨伤,或者是轴承温升过高,致使滚动体过热而硬度显著降低,加速磨损。机械振动或轴承安装不当,也会使滚动体挤碎。

（4）工作表面锈蚀,不是使用的问题也非战损,主要原因是没有防潮,或润滑剂变质和含有水分,或密封不严进水而造成的。轴承工作表面的锈蚀,将会过早地出现麻点和剥离。锈蚀生成物及泥水、润滑剂等混合在一起时会形成磨粒磨损,加速损坏。

滚动轴承的修复(处理)方法:

一般来讲,装备战场抢修时修复轴承是比较困难的,但可选择代用法维持其作用。

（1）直接代用,代用轴承的内径、外径和厚度尺寸与原配轴承完全相同,不需任何加工即可安装代用。

（2）加垫代用,是代用轴承的内径与原配轴承完全相同,仅宽度较小时,可采用加垫代用法。所加垫圈的厚度等于原配轴承和代用轴承的厚度差。垫圈内径与轴采用间隙配合,外径等于轴承内圈的外径。

（3）以宽代窄,有的轴承找不到尺寸相近的代用轴承,而其轴向安装位置又不受限制时,可用较宽轴承代替较窄轴承。

（4）内径镶套改制代用,若代用轴承外径与原配轴承相同,而内径较大,可采用先改制后代用。即在轴承内径与轴之间增加一镶套,套的内径与轴配合,外径与代用轴承的内径采用稍紧的过渡配合。

（5）外径镶套代用,代用轴承内径与原配轴承相同,而外径较小时,可采用外径镶套改制的办法。套的外径直接与箱壳孔配合,套的内径与代用轴承外径采用稍紧的基轴制过渡配合。

（6）内外径同时镶套代用,即内径镶套与外径镶套的综合。

2. 滑动轴承

滑动轴承的损坏形式及原因如下:

（1）异常磨损,造成异常磨损的主要原因是:超载或超速运行;轴承润滑不良;润滑油杂质的含量过高或中、大颗粒的杂质过多;轴承与轴颈磨合不良。

（2）擦伤,轴承处于摩擦状态下,轴承摩擦副工作表面粗糙微体呈固相接触;在流体润滑状态下,润滑介质中大颗粒的杂质穿破润滑膜并与摩擦副工作表面粗糙微体呈固相接触,当摩擦副工作表面相对滑动时,在剪切作用下,使轴承减摩材料脱落,即为擦伤。

（3）划伤,硬质杂质颗粒在轴径的驱动下,在轴承工作表面沿轴径运动方向或杂质运动方向形成一条较深的沟痕即为划伤。造成划伤的主要原因有:轴承装配时污物的介入;润滑物中含有硬质大颗粒杂质;轴承表面有磨削等。

（4）疲劳,在过高的交变应力作用下,轴承的承载层产生裂纹,并发展到裂纹闭合,导致产生材料剥落现象,即为疲劳损坏。形成疲劳损坏的主要原因有:设备超负荷运行;装配不良引起的轴承边缘载荷或局部应力过高;应力集中的因素等。

滑动轴承的修复是较困难的,就目前的工艺技术而言,还没有较好的方法来抢修战场上损坏的滑动轴承。采取清洗、擦拭、重新涂油等措施会起到一定的作用。

二、电气损伤的抢修方法

（一）断路

断路(开路)是电气系统常见故障模式,电路中的多种元器件(如电阻、电容、电感、电位器、电子管、晶体管、集成块、开关、导线等)均可能发生断路故障。元器件遭弹片损伤或爆炸冲击波引起设备的震动、位移,都可能造成断路故障。一个元器件的断路,可能导致设备或系统的故障。由于电气元件的种类较多,因此断路的形式也很多,如电阻烧断会引起断路,电位器断线、脱焊、接触不良也会引起断路。

断路的抢修可以采用短路法,即将损坏的元件或电路用短路线连接起来。连接的方式可将短路线缠绕在需短路的两点上,或用电烙铁焊接或在一根导线两端焊上两个鳄鱼夹,使用时直接将鳄鱼夹夹住需短路的两点则更方便迅速。

如开关类,包括乒乓开关、组合开关、门开关、琴键开关等不能动作或接触不良,可将有关触点短路。应注意组合开关和琴键开关的对应触点不能接错,测量无误后再连接。如果是高压开关,直接接通可能影响大型电子管的寿命,可以把开关两触点用导线引出,打开低压后再短路这两根线,此时为带电操作,注意不要触电。

电线及电缆一般都捆扎成匝或包在绝缘胶层内,当发现内部某线开路时可在该线的两端用一根导线短路。有时一条线路通过几个接插件、几个电缆或电线匝,当发现这条线路开路时,不必再继续压缩故障范围可直接将两端短路。

接插件接触不良是经常发生的,而且也不易修复,可将接触不良的触点上相应的插针、插孔的焊片或导线短路起来。

电流表都是串联在电路中的,如果电流表开路,则电路因不能形成回路而不能工作,可将电流表两接线柱短路。虽然电流表不能指示,但电路可恢复正常工作状态。

有时继电器虽然受控、能动作但某对触点可能接触不良,可将该对触点短路,也可将有关触点的弹簧片稍微弯动,使每对触点都接触良好。

扼流圈开路后如找不到可替换品可将其短路,虽然会增大某些干扰,但有时还能工作。

自保电路,通常由继电器、门开关等元器件组成。如果仅仅是自保电路本身故障,可将自保电路全部或部分短路即可使电路恢复正常。

(二) 短路

短路是电流不经过负载而"抄近路"直接回到电源。因为电路中的电阻很小,因此电流很大,会产生很大热量,很可能使电源、仪表、元器件、电路等烧毁,致使整个电路不能工作。如元器件战斗损伤、震动、电容的击穿、绝缘物质失效等均可能造成短路。短路最明显的特征是启动保护电路,如保险烧断。

如果将这些元件开路,电路即可恢复正常或基本恢复正常。这是电路发生短路时应急修复中最常用的方法。开路的方法可以用剪刀剪断导线、焊下元件或将导线从接线板或接线柱上拧下来,究竟采用哪种方法,应根据当时的条件进行选择。首先应考虑速度要快,其次再考虑以后按规程修理时应方便。注意不要将开路的导线与其他元器件相碰而产生短路。

例如,滤波电容击穿后会造成烧断电源熔断器而产生电源故障。可将被击穿的电容开路,电路即可恢复正常或基本正常。

电压表都是跨接在电源两端用于指示电路工作状态的,电压表击穿或短路后也将使电源短路。若将电压表开路,电路工作将完全恢复正常。

指示灯和电压表一样也是用于指示电路工作状态的,当指示灯座短路后将其开路,电路即可恢复正常。

冷却用的风机风扇发生短路或绝缘性能降低时,影响其他电路不能正常工作。可将其引线开路,其他电路即可恢复正常。但大型发热元器件很容易被烧坏,故应尽量采取措施对装备进行通风冷却,例如,打开机器盖板或用另外的风扇吹风。

(三) 接触不良

接触不良是电路常见故障模式之一,可能引起电气系统时好时坏,不稳定等现象。产生接触不良的主要原因有开关或电路中的焊点有氧化、断裂、烧蚀、松动等。战斗损伤、冲击波、振动常常导致这类故障。

修复接触不良最简单的方法是机械法,即利用手或其他绝缘体将失效的元器件采用机械的方法进行固定,使其恢复原有性能。

例如,按钮开关损伤。当按下按钮开关,电路接通;手松开按钮时,电路又断开。这是因为自保电路中的继电器或有关电路有故障。这时可以不必去排除故障,只要继续用手按住按钮不放,或用胶布粘住或用竹片、木片、硬纸片等将按钮开关卡住,使电路继续工作,到战斗间隙再进行修理。

继电器损伤。对于不是频繁转换的继电器,如电源控制继电器、工作转换继电器,由于线包开路、电路开路或机械卡住等原因,继电器不能动作。可以采用胶布、布带或其他绝缘材料将继电器捆绑住,强制使继电器处于吸合状态。如果继电器不能释放,也可用胶布或纸片将衔铁支起,使电路恢复正常工作。

琴键开关损伤。当琴键开关的自锁或互锁装置失灵时,则不能进行工作状态转换,也可采用手按、胶布粘、硬物卡的办法使琴键开关处于正常工作状态。

天线阵子损伤。通信设备或雷达的天线上的有源阵子或无源阵子,由于机械的原因从主杆上脱落时,可用胶布、绳或铁丝将阵子按原来的位置捆绑好,其性能将不受任何影响。

(四) 过载

过载也是电气系统常见故障现象,过载会使某些元器件输出信号消失或失真,保护电路会启动,电路全部或部分出现断电现象。应该指出,过载造成的断电现象,只有在保护电路处于良好状态时才会发生;否则,将会损坏某些个别单元。过载引起断路或短路,其修复方法参见本部分有关内容。

(五) 机械卡滞

机械卡滞常出现于电气系统的开关、转轴等机械零部件上。其主要原因是过脏、零件变形、间隙不正常等。

修复电气系统的机械卡滞可采用酒精清洗,砂布打磨,调整校正等方法。可根据具体的故障原因,合理选择具体方法。

三、其他损伤的抢修方法

(一) 烧蚀

烧蚀通常是指高温的火药气体或液体燃料燃烧对金属表面的物理化学作用,使表层金属性质发生变化而产生的网状裂纹、金属熔化和剥落现象。射击中的火炮产生炮膛烧蚀和磨损就是这一现象。战斗中的火炮由于超强度频繁使用,往往出现炮膛的烧蚀和磨损,进而导致药室增长,阳线磨损,口径增大,造成弹丸起始位置前移,引起膛压下降,初速和射程减小。

一般来讲,炮膛的烧蚀和磨损是难以修复的,即使在平时射击也是如此,因此只能采取一些减缓炮膛烧蚀和磨损的措施。这些措施包括:严格遵守发射速度的规定;在完成射击任务的情况下,尽量选用小号装封;正确保管弹药;正确使用发射药中的辅助元件;正确吊装炮弹;正确执行勤务规定等。在战时,对炮膛烧蚀、磨损一般不属 BDAR 的范畴,不做处理。当烧蚀、磨损严重,且有条件时可更换身管。

（二）爆炸

此处爆炸是指装备的燃油箱或其他易燃机构由于被击中而引起的爆炸，或是装备自身引起的爆炸。如战场上飞机燃油箱的爆炸和火炮的膛炸。爆炸会给装备和人员造成毁灭性的打击，导致严重的事故后果。一般说来，装备上发生爆炸是难以实施战场抢修的。因此战场上的装备应尽量采取一些防护措施，防止发生爆炸，如装备在阵地设置时应选择平坦、干燥的地方，便于进出；进行必要的伪装；对空、对地面隐蔽良好，尽量避开敌炮、敌机控制或易于控制的地域；便于构筑工事和伪装，以及对原子、化学武器的防护。

对于装备自身因素引起的爆炸，主要的防护措施是加强对装备的维护和保养，严格遵守使用规定；确保装备始终处于良好的技术状态。

爆炸后，应首先清理现场，排除可能存在的再次爆炸源；然后对损伤状况进行评估，确定是修复、后送或报废。其修复方法视具体情况而定。

（三）燃烧

燃烧是装备上的易燃机构出现的着火现象。燃烧会对装备造成毁灭性的打击，并且战场抢修较困难。防止装备发生燃烧的措施是加强对易燃部位、装置的防护，一旦发生燃烧立即用灭火器补救或用沙土覆盖，使损失减到最小。扑救后，根据结构及零部件损伤情况，确定是否和如何修复。

思 考 题

8-1 简述战场抢修的基本概念。

8-2 战场损伤的应急处理方法有哪些？

8-3 简述平时维修与战场抢修的区别。

8-4 简述抢修性的概念。

8-5 简述抢修性的主要要求。

8-6 简述装备战场抢修的主要特点。

参 考 文 献

[1] 郑东良. 装备保障概论[M]. 北京:北京航空航天大学出版社,2017.
[2] 黄志坚. 机械故障诊断技术及维修案例精选[M]. 北京:化学工业出版社,2016.
[3] 张梅军. 机械状态检测与故障诊断[M]. 北京:国防工业出版社,2008.
[4] 张翠凤. 机电设备诊断与维修技术[M]. 北京:机械工业出版社,2016.
[5] 侯文英. 摩擦磨损与润滑[M]. 北京:机械工业出版社,2012.
[6] 魏龙. 密封技术[M]. 北京:化学工业出版社,2009.
[7] 吴拓. 实用机械设备维修技术[M]. 北京:化学工业出版社,2013.
[8] 亓亮. 何宁辉,等. 非接触式超声波局放监测仪校验平台研究[J]. 宁夏电力,2019(1):35-39.
[9] 杨杰. 梁盛乐,等. 基于超声波检测的10kV开关柜电缆局放故障分析研究[J]. 电运运维,2018(11):41-45.
[10] 陈晓军. 机电设备故障诊断与维修[M]. 北京:机械工业出版社,2018.
[11] 杨志伊. 设备状态监测与故障诊断[M]. 北京:中国计划出版社,2016.
[12] 陆全龙. 机电设备故障诊断与维修[M]. 北京:科学出版社,2017.
[13] 刘念. 电气设备状态监测与故障诊断[M]. 北京:中国电力出版社,2016.
[14] 张豪. 机电一体化设备维修[M]. 北京:化学工业出版社,2017.
[15] 张翠凤. 机电设备诊断与维修技术[M]. 北京:机械工业出版社,2018.
[16] 杨洁. 装备液压与气动技术[M]. 北京:化学工业出版社,2019.
[17] 陆望龙. 看图学液压维修技能[M]. 2版. 北京:化学工业出版社,2014.
[18] 陆望龙. 液压知识名师讲堂·陆工谈液压维修[M]. 北京:化学工业出版社,2012.
[19] 陆望龙. 图解液压阀维修[M]. 北京:化学工业出版社,2014.
[20] 刘忠,杨国平. 工程机械液压传动原理、故障诊断与排除[M]. 北京:机械工业出版社,2018.
[21] 张海平. 实用液压测试技术[M]. 北京:机械工业出版社,2015.
[22] 李新德. 液压系统故障诊断与维修技术手册[M]. 2版. 北京:中国电力出版社,2013.